Excel 2016 常见工程应用
(第 4 版)

[美] 拜伦·戈特弗里德(Byron S. Gottfried)　　著

张　鼎　译

清华大学出版社

北　京

北京市版权局著作权合同登记号　图字：01-2019-3032

Byron S. Gottfried

Spreadsheet Tools for Engineers Using Excel, Fourth Edition

EISBN：978-1-260-08507-5

图书在版编目(CIP)数据

Excel 2016 常见工程应用：第 4 版 / (美) 拜伦·戈特弗里德 (Byron S. Gottfried) 著；张鼎 译. —北京：清华大学出版社，2020.1

书名原文：Spreadsheet Tools for Engineers Using Excel, Fourth Edition

ISBN 978-7-302-54273-5

Ⅰ.①E… Ⅱ.①拜… ②张… Ⅲ.①表处理软件 Ⅳ.①TP391.13

中国版本图书馆 CIP 数据核字(2019)第 258756 号

责任编辑：王　军
封面设计：孔祥峰
版式设计：思创景点
责任校对：成凤进
责任印制：杨　艳

出版发行：清华大学出版社
　　　网　　　址：http://www.tup.com.cn，http://www.wqbook.com
　　　地　　　址：北京清华大学学研大厦 A 座　　　　　　邮　　编：100084
　　　社　总　机：010-62770175　　　　　　　　　　　　邮　　购：010-62786544
　　　投稿与读者服务：010-62776969，c-service@tup.tsinghua.edu.cn
　　　质　量　反　馈：010-62772015，zhiliang@tup.tsinghua.edu.cn
印　装　者：三河市君旺印务有限公司
经　　销：全国新华书店
开　　本：190mm×260mm　　　印　　张：22.75　　　字　　数：737 千字
版　　次：2020 年 5 月第 1 版　　　印　　次：2020 年 5 月第 1 次印刷
定　　价：98.00 元

产品编号：082458-01

译者序

作为 Office 系列办公软件中的核心部分，Excel 一直是最知名的电子表格处理工具。但是，受到传统办公习惯和行业、岗位分工的影响，Excel 长期只流行于财务和金融领域，大多数人往往是只知其名，不知其然，并且认为 Excel 只是个擅长制作表格的软件，而且普通的表格处理 Word 也完全可以胜任。所以就忽视了对它的深入学习，束之高阁。

随着信息化和人工智能技术的爆发式发展，我们的工作和生活被越来越多的数字所包围。身处大数据的时代，我们每个人都时刻面临着数据采集、整理、分析和判断的任务，如何从大量数据中找出内在规律、预测发展趋势，是我们面临的新挑战。Excel 这个办公利器，无疑将成为你的新助手。而当你打开 Excel 2016 时，一定会为其强大、高效的功能喝彩，被其新颖、美观的图表所惊艳。

作为畅销书籍，本书已经是第 4 版，除了实现与 Excel 2016 完全匹配，作者还对内容、习题、附录进行了全面更新。选题紧贴实用需求，"理论-实际操作-习题"紧密配合，辅以大量界面截图，确保你读得懂、看得明、记得牢，轻松掌握最常用的数据编辑、图表绘制、统计分析、数据拟合、排序和筛选、单位换算、数据转换、方程求解和经济性分析等功能，摇身一变成为 Excel 达人。本书既可作为办公族和一线工程师的工具书，也可作为工程类本科生的教辅资料。

本书主要由张鼎翻译，敬请广大读者提供反馈意见。

前 言

微软公司开发的 Excel 是世界上使用最广泛的电子表格程序。它主要用于预算、财务计划和记录活动。此外,它还包含了解决许多问题的特殊功能,特别是工程分析中遇到的问题,比如解代数方程,用曲线拟合数据集,数据统计分析,开展工程经济分析研究以及求解复杂的最优化问题。Excel 还可用于解决其他类型的技术问题,如积分计算和求解插值问题,只是还缺少自动完成这些任务的特殊功能。它特别适合于以各种图形格式显示数据。配备这些工具后,Excel 就成为工程师的现代版计算尺。

本书的前几版十分畅销。这个修订后的最新版已经与 Excel 2016 相一致。此外,本书还补充了一些习题,新增了一个附录,总结了 Excel 2016 的常用功能;同时对上一版中的错误和一致性问题进行了纠正。

本书主要用作入门工程课程的补充教材,也适用于高年级学生和许多一线工程师。第 1 章通过展示解决问题的简单方法和介绍电子表格的作用,为工程分析奠定了基础。第 2 章和第 3 章描述 Excel 的基础知识。虽然这些章节无法面面俱到,但它们包含了足够的背景材料,以便读者能够理解并解决后续各章中的问题。

第 4 章讨论使用 IF 函数进行逻辑决策。该函数的使用扩展了使用 Excel 分析和解决问题的范围。

第 5~7 章涉及图形及其相关的重要应用。第 5 章讨论工程中常用的几种不同类型的图。该章主要研究 x-y 图(在 Excel 中称为 XY 图或散点图),包括半对数坐标图和对数-对数坐标图。对折线图(在 Excel 中称为折线图)、条形图(在 Excel 中称为柱形图)和饼图也进行了讨论。该章的材料可作为学习第 6 章和第 7 章所需的绘图背景知识。

第 8 章和第 9 章涉及在 Excel 工作表中进行数据组织和处理,以及将数据导入 Excel 或从 Excel 导出数据。第 10 章讨论 Excel 中的单位换算,而第 11~13 章则介绍工程师们常用的各种分析技术。

第 14 章讨论如何在 Excel 中创建、使用宏。该章还介绍一些关于 VBA 的内容。虽然这种材料只介绍了 VBA 的皮毛,但对理解宏以及用 Excel 编写自定义函数的精髓是有帮助的。

最后,第 15 章和第 16 章涉及工程师特别感兴趣的主题(工程经济学和系统优化)。Excel 通过提供各种专用函数和内置的问题求解功能,促进了对这些领域问题的分析。这些特殊功能将通过具体示例进行讨论和说明。

本书的后 12 章在内容上是相互独立的,因此你可以按照任何顺序阅读。以本书为教材的教师,可以根据自己的喜好自由地选择这些章节。每一章都包括许多例题和大量习题。教师可很容易地用其他问题集来补充这些问题,从而反映出自己的教学兴趣。

McGraw-Hill 公司的专用网站包括所有例题的电子表格文件和部分超长习题的问题设置文件,还为授权的教师提供习题答案。请填写本书末尾的 McGraw-Hill 教师反馈表,与销售代表联系获取这些资料。

欢迎你继续为下一版提出修改和建议,请发送邮件至 bsg@pitt.edu。

最后,我要感谢早期版本的许多读者,这些读者提供了许多有益的意见和建议。感谢 Angela Shih 教授、Paul Nissenson 教授和 Il-Seop Shin 教授为我们另外提供了复习题。感谢 McGraw-Hill 公司的编辑人员对本书的密切支持与合作。

目　　录

第1章

工程分析与电子表格

工程分析是分析和理解各种工程领域问题的系统过程。要成功地实现此过程，你必须熟悉一般的问题求解技术，必须全面了解与具体问题相关的工程学基础，并且必须具备数学求解过程涉及的实用知识。一旦你定义了问题且对问题做了恰当的设置，那么拥有一个基于计算机的电子表格软件就很有帮助了，它能快速而轻松地解决你的问题。

本书讨论用电子表格来解决各种入门性工程问题。这一版，我们的重点是用微软公司的 Excel 2016 来执行这些过程。书中的例题说明了这些过程在简单却有代表性的工程应用中的应用情况。同时，还清楚地展示了相关的数学求解过程，以便你能够理解电子表格做了什么以及它是如何做的。本章，我们首先讨论问题求解技术(problem-solving technique)，然后是 Excel 概述。我们还简要讨论了应用工程学基础 (applicable engineering fundamental)和数学求解过程(mathematical solution procedure)。

1.1 问题求解技术

在开始讨论 Excel 之前，我们先介绍一下问题求解的相关基本概念。在你的职业生涯初期就养成良好的问题求解习惯是非常重要的。以下是一些有助于你解决问题的基本建议。这些建议适用于所有工程问题，并与任何特定应用或者数学过程无关。

1. 你对问题的看法会随着时间的推移而改变。因此，在你试图解决问题之前，就应该拿出一些时间来思考。这有助于你更清楚地理解问题。

2. 许多工程问题都可以用图形或图片表示。因此，当遇到这类问题时，在解决问题前应当先画出问题的草图。这将有助于你可视化地理解问题。

3. 一定要确保你能理解问题的全部目的及其关键点。不要让自己被外围或不相关的信息所影响。

4. 问问自己哪些信息是已知的(输入数据)，哪些信息是要求解的(输出数据)。用通用术语列出输入和输出信息 (尽量以具体变量的形式来表示，而不是简单地只写下数字)。

5. 问问自己哪些基本工程学原理适用于该问题。一定要确保你理解这些原理是如何应用于你将要解决的特定问题的。

6. 在开始实际求解工作之前，你应先考虑一下该如何解决问题。许多问题都有多种解法。你打算用哪种数学方法？是否需要计算机？你打算如何展示结果？提前做一些计划会为你节省很多时间并且避免挫折。

7. 在实际解决问题的时候，要慢慢来。要以有序且有逻辑的方式设计解决方案。特别是当你手动求解问题的时候，一定要确保你的工作有明确的标记。

8. 一旦你得到了答案，先要想一想。答案合理吗？有意义吗？你有什么证据确保它是正确的？用这种方法常常能够检测出错误的答案。

9. 确保你的答案清晰且完整。答案是否是以有序的方式展示出来的？结果有标记吗？数值答案是否包含单位？解决方案采用的逻辑是否清晰？是否需要用表格或图形来清晰而简洁地展示结果？

请记住，问题求解是一种需要时间和练习才能学会的技能。随着你对各种越来越复杂的问题具有更多的经验，就会更擅长于此。

习题

1.1 如后面的例题 1.1 所示，假设我们希望分析弹丸的轨迹。初始速度、发射角和重力加速度分别为 100 米/秒、45 度和 9.81 米/秒^2。我们希望求出弹丸落地的时间及其达到的最大垂直距离。

a. 已知信息是什么？
b. 要求的信息是什么？
c. 求解策略是什么？
d. 答案是什么？

1.2 电子表格概述

尽管电子表格软件最初是用于进行复杂财务计算的，但如今的电子表格软件还包含了许多科学和工程中常用的功能。在本书中，我们将主要介绍微软公司的 Excel 电子表格软件，因为它很流行、应用广泛且功能强大。Excel(以及其他几个与之竞争的电子表格软件)允许工程师们运行复杂的分析程序，而不必陷入繁杂的手工计算中。此外，Excel 还能以清晰而有逻辑的方式组织结果。

Excel 还具有其他优点。例如，Excel 的内置功能允许你：
- 导入、导出和存储数据。
- 通过分类和筛选来组织数据。
- 图形化地显示数据。
- 统计化地分析数据。
- 通过数据集拟合代数方程。
- 求解单个和联立代数方程。
- 求解最优化问题。

此外，利用其基本功能，还可在 Excel 中实现其他许多数学过程。因此，Excel 允许你轻松解决工程分析中常见的大多数问题。它是如何做到这一点的，将是本书的主题之一。

在进一步讨论之前，让我们先看一个典型的 Excel 电子表格。你不必在意具体细节，这些将在本书后面加以讨论。目前，我们只需要关注如何使用 Excel 构建工程分析中的典型问题的概要。

例题 1.1 用电子表格分析弹丸的轨迹

在这个例子中，我们将展示一张 Excel 电子表格，它能解决一个常见的物理问题：即确定初始速度为 v_0 且初始角度为 θ 的弹丸的轨迹。为此，我们将利用下列著名的方程：

$$x = v_x t \tag{1.1}$$
$$y = v_y t - gt^2/2 \tag{1.2}$$

其中：

$x =$ 从初始位置计算的水平位移，单位是英尺。
$y =$ 从初始位置计算的垂直位移，单位是英尺。
$t =$ 时间，单位是秒。
$v_x =$ 初始水平速度，根据 $v_x = v_0\cos\theta$ 求出，单位是英尺/秒。
$v_y =$ 初始垂直速度，根据 $v_y = v_0\sin\theta$ 求出，单位是英尺/秒。
$v_0 =$ 角为 θ 时的初速度，单位是英尺/秒(请注意 θ 的单位是弧度，而不是角度)。

g =重力加速度，32.2 英尺/秒 ^{2}。

你应该明白 v_0 和 θ 代表已知信息(输入数据)。我们将使用式(1.1)和式(1.2)对数据进行处理，得到 x 和 y 相对于 t(输出数据)的函数。

图 1.1 显示了本问题的 Excel 电子表格(称之为工作表)。

H3　100

弹丸的轨迹

时间/秒	x/英尺	y/英尺
0.0	0.00	0.00
0.2	16.38	10.83
0.4	32.77	20.37
0.6	49.15	28.62
0.8	65.53	35.58
1.0	81.92	41.26
1.2	98.30	45.65
1.4	114.68	48.74
1.6	131.06	50.56
1.8	147.45	51.08
2.0	163.83	50.32
2.2	180.21	48.26
2.4	196.60	44.92
2.6	212.98	40.29
2.8	229.36	34.38
3.0	245.75	27.17
3.2	262.13	18.68
3.4	278.51	8.90
3.6	294.89	-2.17

初始速度 (v_o) = 100 英尺/秒

角度 (θ) = 35 度

重力加速度 (g) = 32.2 英尺/秒^2

v_x = 81.9 英尺/秒

v_y = 57.4 英尺/秒

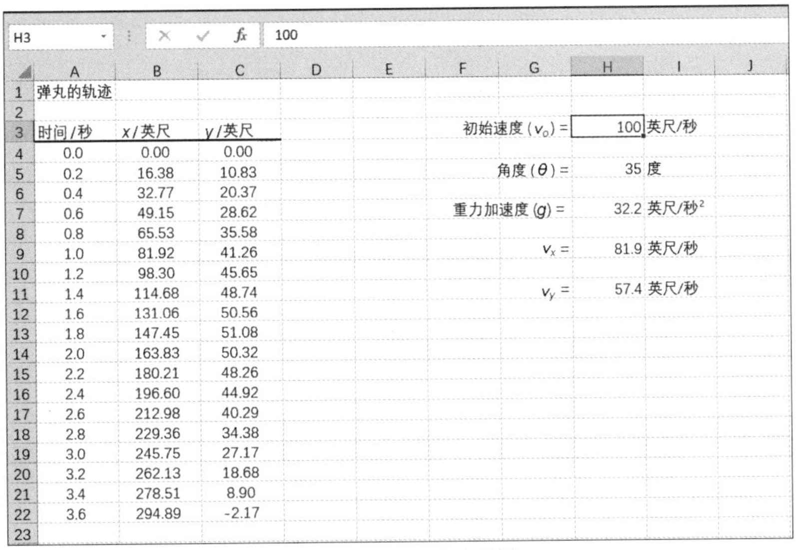

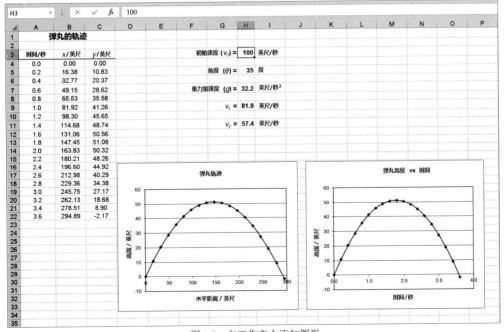

图 1.1　Excel 工作表示例

请注意，工作表被细分为行和列，每行指定一个数字，每列由一个字母标识。行和列的交集定义为单元格(cell)，它具有唯一的地址(address)。例如，H3 标识了包含数值 100 的单元格；因此，H3 是单元格地址。请注意，已知的参数(v_0、θ 和 g)都被输入工作表的右边部分(分别在单元格 H3、H5 和 H7 中)，随后是计算结果 v_x 和 v_y。相应的轨迹显示在工作表左侧部分的表格中(从第 A 列到第 C 列)。注意，每个数字都被标记清楚并且带有单位，遵循良好的电子制表习惯。

表列数据还可以图形化地显示在工作表中，具体可参见图 1.2。尽管在这个例子中得到的曲线形状相同，但这里我们看到两种不同的方法来绘制数据，分别是：y 相对于 x(实际轨迹)和 y 相对于时间。

图 1.2　向工作表中添加图形

请注意，整个工作表只需要三个数值作为输入——v_0、θ 和 g 值。其余的值都由公式生成。图 1.3 显示了 Excel 能生成图 1.1 所示工作表的公式。请注意，第 B 列和第 C 列所示的公式分别是对式(1.1)和式(1.2)的 Excel 解释。

	A	B	C	D E F	G	H	I
	H3	▾	: × ✓ fx	100			
1	弹丸的轨迹						
2							
3	时间/秒	x/英尺	y/英尺		初始速度 (v_0) =	100	英尺/秒
4	0	=$H$9*A4	=$H$11*A4-($H$7*A4^2)/2				
5	=A4+0.2	=$H$9*A5	=$H$11*A5-($H$7*A5^2)/2		角度 (θ) =	35	度
6	=A5+0.2	=$H$9*A6	=$H$11*A6-($H$7*A6^2)/2				
7	=A6+0.2	=$H$9*A7	=$H$11*A7-($H$7*A7^2)/2		重力加速度 (g) =	32.2	英尺/秒²
8	=A7+0.2	=$H$9*A8	=$H$11*A8-($H$7*A8^2)/2				
9	=A8+0.2	=$H$9*A9	=$H$11*A9-($H$7*A9^2)/2		v_x =	=$H$3*COS(RADIANS($H$5))	英尺/秒
10	=A9+0.2	=$H$9*A10	=$H$11*A10-($H$7*A10^2)/2				
11	=A10+0.2	=$H$9*A11	=$H$11*A11-($H$7*A11^2)/2		v_y =	=$H$3*SIN(RADIANS($H$5))	英尺/秒
12	=A11+0.2	=$H$9*A12	=$H$11*A12-($H$7*A12^2)/2				
13	=A12+0.2	=$H$9*A13	=$H$11*A13-($H$7*A13^2)/2				
14	=A13+0.2	=$H$9*A14	=$H$11*A14-($H$7*A14^2)/2				
15	=A14+0.2	=$H$9*A15	=$H$11*A15-($H$7*A15^2)/2				
16	=A15+0.2	=$H$9*A16	=$H$11*A16-($H$7*A16^2)/2				
17	=A16+0.2	=$H$9*A17	=$H$11*A17-($H$7*A17^2)/2				
18	=A17+0.2	=$H$9*A18	=$H$11*A18-($H$7*A18^2)/2				
19	=A18+0.2	=$H$9*A19	=$H$11*A19-($H$7*A19^2)/2				
20	=A19+0.2	=$H$9*A20	=$H$11*A20-($H$7*A20^2)/2				
21	=A20+0.2	=$H$9*A21	=$H$11*A21-($H$7*A21^2)/2				
22	3.6	=$H$9*A22	=$H$11*A22-($H$7*A22^2)/2				
23							
24							

图 1.3　用于生成图 1.1 所示数值的公式

如果任何输入参数被赋值为不同的值，那么整个工作表将自动重新计算；认识到这一点至关重要。如图 1.4 所示，其中 v_0 变为 120 英尺/秒，θ 变为 40 度。因此，用户可以通过更改各种输入参数并立即看到更改的全部效果。这是一个重要功能，也是使用电子表格软件建立工程分析问题的主要优点之一。

	A	B	C	D	E	F	G	H	I	J
	H3	▾	: × ✓ fx	120						
1	弹丸的轨迹									
2										
3	时间/秒	x/英尺	y/英尺				初始速度 (v_0) =	120	英尺/秒	
4	0.0	0.00	0.00							
5	0.2	18.39	14.78				角度 (θ) =	40	度	
6	0.4	36.77	28.28							
7	0.6	55.16	40.48				重力加速度 (g) =	32.2	英尺/秒²	
8	0.8	73.54	51.40							
9	1.0	91.93	61.03				v_x =	91.9	英尺/秒	
10	1.2	110.31	69.38							
11	1.4	128.70	76.43				v_y =	77.1	英尺/秒	
12	1.6	147.08	82.20							
13	1.8	165.47	86.68							
14	2.0	183.85	89.87							
15	2.2	202.24	91.77							
16	2.4	220.62	92.39							
17	2.6	239.01	91.71							
18	2.8	257.39	89.75							
19	3.0	275.78	86.50							
20	3.2	294.16	81.97							
21	3.4	312.55	76.14							
22	3.6	330.93	69.03							
23	3.8	349.32	60.63							
24	4.0	367.70	50.94							
25	4.2	386.09	39.96							
26	4.4	404.47	27.70							
27	4.6	422.86	14.14							
28	4.8	441.24	-0.70							
29										

图 1.4　改变两个参数的效果

本书后续章节将讨论输入数据和创建公式的细节。目前，你只要关注"大图"——即什么是 Excel 电子表格，以及它为什么对工程师和工科学生有用。

1.3　应用工程学基础

许多工程学问题都基于以下三个基本原则之一：

1. 平衡。大多数稳态问题(例如，事物相对于时间保持不变的问题)，是建立在某种平衡的基础上的。下面是一些常见的平衡形式，你可能在基础工程学问题中见过它们。

　　a. 力平衡。

　　b. 通量平衡(见第 3 条)。

　　c. 化学平衡。

　　2. 守恒定律。两条常用的守恒定律是质量守恒定律和能量守恒定律。工程领域的许多问题都是以这两条定律中的一条或两条为基础 (某些问题基于动量守恒原理，但是你在入门课程中不太可能遇到这些问题) 。

　　3. 速率现象。物理学中有许多不同的速率现象，但是它们都能表示成相同的形式：即电势驱动通量。一个常见的例子是电流的欧姆定律($I = V/R$)，其中 I 表示电流(通量)，V 表示电势差。在这里，电势差驱动电流(通量)。

　　速率现象的另一个常见例子是热传导中的傅里叶定律($q = k\Delta T/\Delta L$)，其中 q 表示热通量(表示每秒单位面积上的热流量)，ΔT 表示温差(势能)，而 ΔL 表示导电材料的厚度。因此，温差(势能)驱动热通量。

例题 1.2　准备解决问题

　　下面是一个你在大学一年级甚至是高中物理课上就可能会遇到的问题。假设你希望分析图 1.5 所示的电路。

　　a. 该问题的总目的是什么？

　　b. 已知信息是什么？

　　c. 需要求哪些信息？

　　d. 哪些基本工程学原理适用于这个问题？

　　e. 整体解决策略是什么？

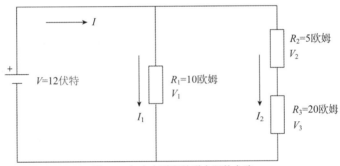

图 1.5　包含串联和并联电阻的电路

答案：

　　a. 这个问题的目的是求出所有表征电路行为的未知参数,包括流过每条路径的电流和每个电阻两端的电压。

　　b. 已知信息包括电路配置、电源电压($V = 12$ 伏特)、各电阻的阻值($R_1 = 10$ 欧姆、$R_2 = 5$ 欧姆和 $R_3 = 20$ 欧姆)。

　　c. 必须求出下列各项：电流 I、I_1 和 I_2，以及电压 V_1、V_2 和 V_3。请注意 V_1、V_2 和 V_3 分别是 R_1、R_2 和 R_3 上的电压。

　　d. 要应用的基本原理是欧姆定律(速率现象)和基尔霍夫定律(平衡)。

　　1. 欧姆定律：电阻两端的电压等于流过电阻的电流与电阻阻值的乘积：即 $V = IR$。

　　2. 基尔霍夫定律——电阻串联：总电阻等于各电阻之和：即 $R_t = R_2 + R_3$。

　　总电压等于各个电阻电压之和：即 $V_t = V_2 + V_3$

　　3. 基尔霍夫定律——电阻并联：电源电压等于各并联路径上的电压：即 $V = V_1 = V_t$。

　　电源输出的电流等于流过每条并联路径的电流之和：即 $I = I_1 + I_2$。

　　总(等效)电阻的倒数等于每条并联路径总电阻的倒数之和，即 $1/R_{eq} = 1/R_1 + 1/R_t = 1/R_1 + 1/(R_2 + R_3)$

　　e. 总策略是应用基尔霍夫定律来构建新电路。新电路与原电路等效，但更易于分析。欧姆定律用于求解线路上的未知电流和电压。计算顺序必须仔细确定。在每一步，都必须根据已知信息来求解一个未知量。因此，可按下列方式进行计算。

- 求最右路径的总电阻 R_t，即 $R_t = R_2 + R_3$。这使得我们可用图 1.6 所示的简单网络替换原来的网络。
- 认识到 $V_1 = V_2 + V_3 = $ 电源电压 V。
- 求流过最左边路径(即 R_1 两端)的电流 I_1，$I_1 = V_1/R_1$。
- 求流过最右边路径的电流 I_2，$I_2 = V/R_t$。
- 求总电流 I，$I = I_1 + I_2$。
- 求 V_2，$V_2 = I_2 \times R_2$。
- 求 V_3，$V_3 = I_2 \times R_3$。
- 检查：是否如期望的那样 $V_2 + V_3 = V$ 吗？如果不是，那就说明某个地方出错了。请返回并找出错误。
- 求 R_{eq}，$1/R_{eq} = 1/R_1 + 1/R_t$。这使得我们可以用图 1.7 所示的简单网络代替图 1.6 所示的网络。
- 检查：是否如期望的那样 $I = V/R_{eq}$？如果不是，则返回并找出错误。

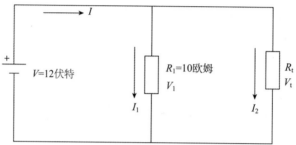

图 1.6　用一个总电阻代替两个串联的电阻

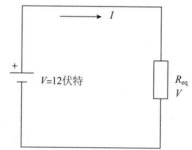

图 1.7　用一个等效电阻代换两个并联的电阻

虽然这个问题非常简单，手动就能解决，但在例题 1.4 中还是给出了如何用电子表格来求解。

例题 1.3　评估解的准确度

一组学生对例题 1.2 所示问题求得的解如下：

$I = 1.68$ 安培　　　　$I_1 = 0.48$ 安培　　　　$I_2 = 1.20$ 安培

$V_1 = 12.0$ 伏特　　　　$V_2 = 9.6$ 伏特　　　　$V_3 = 2.4$ 伏特

a. 解是否明确且完整？

b. 解看起来是否正确？

答案：

a. 尽管没有给出详细的计算过程，但是解是明确且完整的。未知量都用适当的单位表示。

b. 当学生们考虑解时，他们会意识到解并不正确。首先，两条支路的电流 I_1 和 I_2，较大的电流(1.20 安培)却流过阻值更大(25 欧姆)的最右边路径。这是没有道理的。此外，在最右边的路径中，较大的电压(9.6 伏特)却出现在较小的电阻上。这也是没有道理的(因为欧姆定律表明电压与电阻成正比)。

只要学生们更加仔细地检查结果，他们就会意识到自己的计算是正确的，但是结果弄反了。正确的解是：

$I = 1.68$ 安培　　　　$I_1 = 1.20$ 安培　　　　$I_2 = 0.48$ 安培

$V_1 = 12.0$ 伏特　　　$V_2 = 2.4$ 伏特　　　$V_3 = 9.6$ 伏特

例题 1.4　用电子表格求解电路问题

下面一起看看是如何用 Excel 电子表格求解例题 1.2 所示的电路问题。在这个例子中，重点是再次概览用电子表格软件求解简单的工程问题。至于具体是“如何”求解的，我们将在后续章节介绍。

图 1.8 显示了整个问题的 Excel 工作表。大体上说，它与图 1.1 所示的工作表类似。请再次注意，工作表被划分为行和列。每行都有数字编号，每列都用字母标识。行和列的交集被称为单元格，并且拥有唯一地址。因此，单元格 B12 包含的数值是 25。围绕单元格 B12 的粗线框表明它是当前活动单元格(currently active cell)。

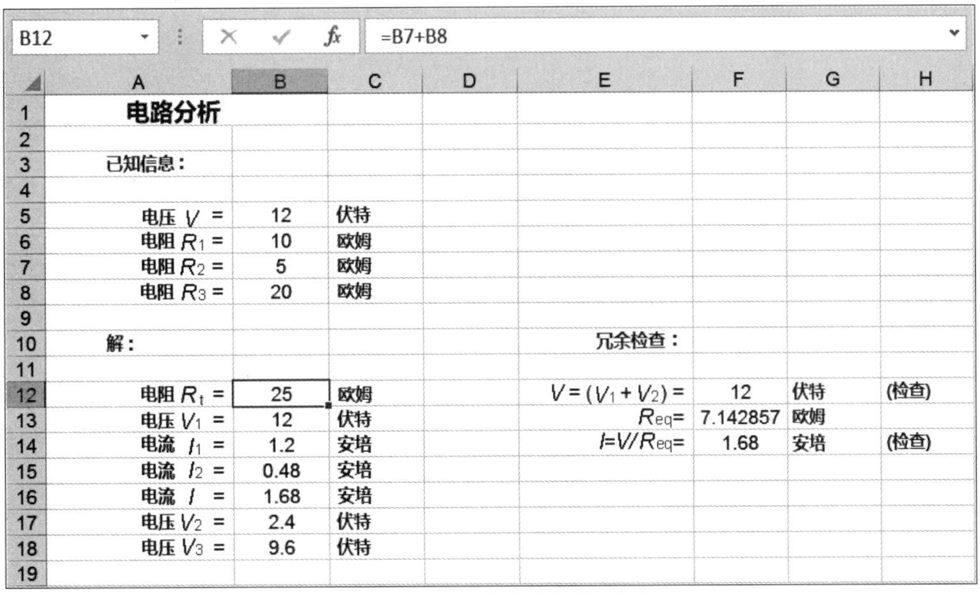

B12　=B7+B8

	A	B	C	D	E	F	G	H
1	电路分析							
2								
3	已知信息：							
4								
5	电压 V =	12	伏特					
6	电阻 R_1 =	10	欧姆					
7	电阻 R_2 =	5	欧姆					
8	电阻 R_3 =	20	欧姆					
9								
10	解：				冗余检查：			
11								
12	电阻 R_t =	25	欧姆		$V = (V_1 + V_2)$ =	12	伏特	(检查)
13	电压 V_1 =	12	伏特		R_{eq}=	7.142857	欧姆	
14	电流 I_1 =	1.2	安培		$I=V/R_{eq}$=	1.68	安培	(检查)
15	电流 I_2 =	0.48	安培					
16	电流 I =	1.68	安培					
17	电压 V_2 =	2.4	伏特					
18	电压 V_3 =	9.6	伏特					
19								

图 1.8　电路问题标记完整的工作表

图 1.9 显示了相同工作表的更简短版本(不包括伴随数值出现的单位，并且第 A 列的标签描述得不太具体)。大多数学生(和许多实习工程师)都是以这种方式开发工作表的，但是你的教授很可能要求你遵从图 1.8 所示的更具描述性的风格。标记完整的电子表格总是有助于避免混淆并能使沟通错误最小化。

在图 1.9 中，A 列和 D 列包含用于标识 B 列和 E 列数字的描述性文本(标签)，单元格 B5 到 B8 包含表示已知(给定)信息的数字常数。然而，单元格 B12~B18 以及 E12~E14 则包含由公式生成的数值。这些值表示了求解问题的步骤。每个单元格(从单元格 B12 开始并往下，然后到 E 列)都对应例题 1.2 中 e 部分所列的一个步骤。

请注意单元格 B12 被一个长方形的方块勾勒出来。这表明它是当前活动单元格。其值(25)是由工作表顶部显示的公式(=B7+B8)生成的。因此，该单元格的值等于单元格 B7 的数值加上单元格 B8 的值(它们的值分别为 5 和 20)。

图 1.10 显示了包含图 1.7 中使用的所有单元格公式的相应工作表。B12 还是当前活动单元格。请注意，根据活动单元格公式用到的数值(即单元格 B7 和 B8 中的常数)也被勾勒出来，但是边框的粗细与当前活动单元格的边框不同。

最后，在图 1.11 中，我们将看到当某个已知值改变后会发生什么。特别地，我们将 R_2 的值从 5 欧姆改为 10 欧姆。结果，R_t、I_2、I、V_2 和 V_3 的值都发生了变化(因为它们各自的单元格公式都与 R_2 的值有关)。为了强调，新值以粗体显示。因此，我们看到使用电子表格的主要好处之一，就是如果你改变了一个或多个已知输入值，那么整个工作表将自动并立即重新计算。

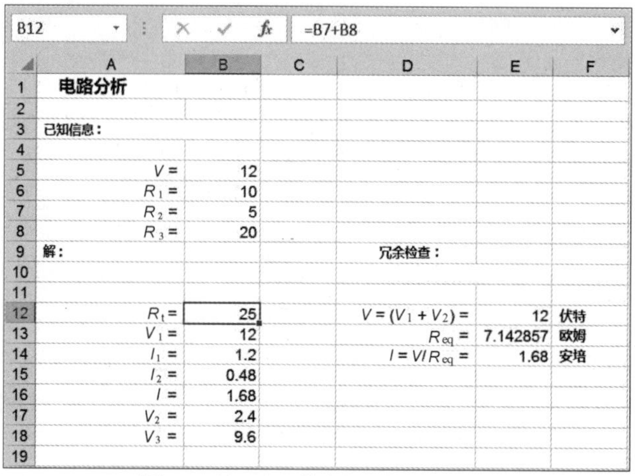

B12 | =B7+B8

	A	B	C	D	E	F
1	**电路分析**					
2						
3	已知信息：					
4						
5	V =	12				
6	R_1 =	10				
7	R_2 =	5				
8	R_3 =	20				
9	解：			冗余检查：		
10						
11						
12	R_t =	25		$V=(V_1+V_2)$ =	12	伏特
13	V_1 =	12		R_{eq} =	7.142857	欧姆
14	I_1 =	1.2		$I=V/R_{eq}$ =	1.68	安培
15	I_2 =	0.48				
16	I =	1.68				
17	V_2 =	2.4				
18	V_3 =	9.6				
19						

图 1.9　同一个工作表但更简短的形式

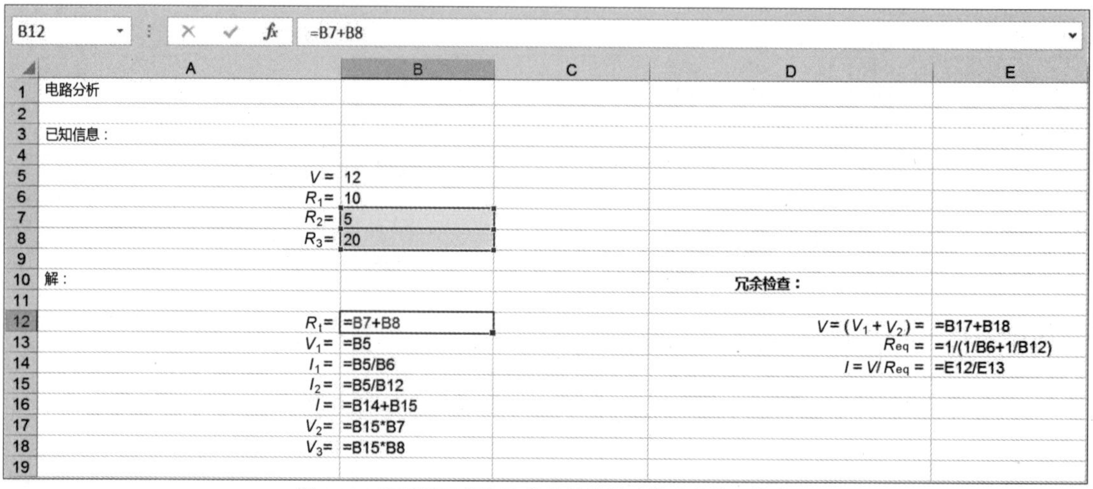

B12 | =B7+B8

	A	B	C	D	E
1	电路分析				
2					
3	已知信息：				
4					
5	V=	12			
6	R_1=	10			
7	R_2=	5			
8	R_3=	20			
9					
10	解：			冗余检查：	
11					
12	R_t=	=B7+B8		$V=(V_1+V_2)$ =	=B17+B18
13	V_1=	=B5		R_{eq} =	=1/(1/B6+1/B12)
14	I_1=	=B5/B6		$I=V/R_{eq}$ =	=E12/E13
15	I_2=	=B5/B12			
16	I=	=B14+B15			
17	V_2=	=B15*B7			
18	V_3=	=B15*B8			
19					

图 1.10　显示用于获取计算结果的单元格公式的工作表

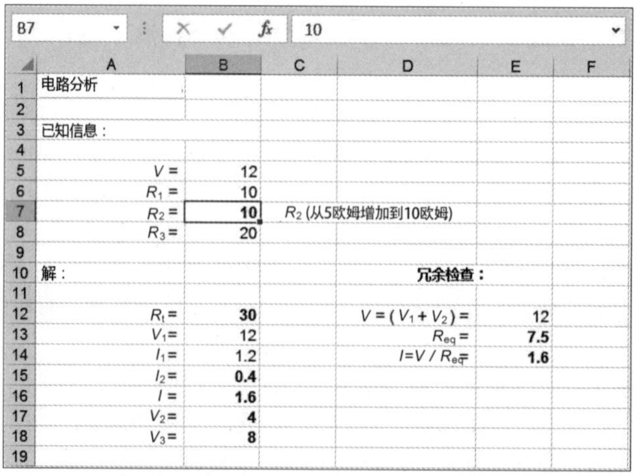

B7 | 10

	A	B	C	D	E	F
1	电路分析					
2						
3	已知信息：					
4						
5	V =	12				
6	R_1 =	10				
7	R_2 =	**10**	R_2 (从5欧姆增加到10欧姆)			
8	R_3 =	20				
9						
10	解：			冗余检查：		
11						
12	R_t=	**30**		$V=(V_1+V_2)$ =	12	
13	V_1=	12		R_{eq} =	**7.5**	
14	I_1=	1.2		$I=V/R_{eq}$=	**1.6**	
15	I_2=	**0.4**				
16	I =	**1.6**				
17	V_2=	**4**				
18	V_3=	**8**				
19						

图 1.11　将 R_2 从 5 欧姆增加到 10 欧姆的效果

关于标签、数值常数和单元格公式的使用细节，以及显示所有单元格公式的方法，将在第 2 章和第 3 章中讨论。你现在只需要关注整体功能。

当使用电子表格软件求解问题时，请注意必须仔细考虑问题并应用合适的工程学基础原理。电子表格只是帮助你进行计算(因此能消除许多频繁出现的错误的来源)，并使你能以有序的方式显示结果。

习题

1.2 考虑图 1.12 中所示的电路。电阻 R_1 和 R_2 串联，而电阻 R_3 和 R_4 并联。电阻两端的电压分别为 V_1=6 伏特、V_2= 15 伏特、V_3=6 伏特和 V_4=6 伏特。测得的电流为 I_1=3 安培和 I_2=2 安培。

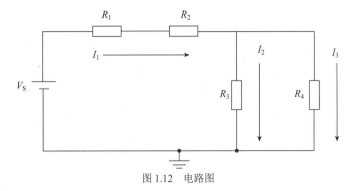

图 1.12 电路图

a. 求电流 I_3。通过列出已知信息、待确定的信息以及涉及的基本原理，陈述问题求解策略。

b. 确定每个电阻的阻值。

c. 求 R_1 和 R_2、R_3 和 R_4 的等效电阻，所用的基本原理是什么？

d. 求电源电压 V_S，所用的基本原理是什么？

1.3 假设你正在测试一个由二次方程 $y = ax^2 + bx + c$(其中 x 是输入，y 是输出)表示的机械系统。当对系统以 $x = -4$、2 和 7 为输入进行测试时，测得的输出为 $y = 18$、30 和 205。求二次方程的系数 a、b 和 c。

a. 哪些信息已知？

b. 哪些信息是未知的且需要确定？

c. 该问题适用哪些基本原理？

d. 该问题的求解策略是什么？

1.4 数学求解过程

一旦定义了问题，并且用恰当的公式表示出来，当然就必须求解出期望的未知量。这通常需要适用于正在考虑的问题的特定数学过程。因此，你必须知道一些常用的数学求解过程，还必须能够判别出每个特定问题该使用哪种类型的求解过程。

以下类型的数学过程经常用于初级(和更高级)的工程分析问题。

1. 数据分析技术。这些是用于分析数据的简单统计技术(例如，计算均值、中位数、众数、标准偏差和直方图)。工程师使用它们就能够从隐藏在一组数据中的信息得出有意义的结论。

2. 曲线拟合技术。这里关心的是通过数据聚集区而不是通过单个数据点来形成曲线。可将此过程看成在一组数据中"看出"曲线的系统方法。得到的曲线通常比单个数据点更有价值，特别是当数据点受到一些散点(scatter)的影响时(当处理实际数据时经常会遇到这种情况)。

3. 插值技术。当对应的自变量落在一组表列数据点中时，工程师使用这些技术就能获取因变量的准确值。这类问题在处理测量数据时经常遇到。

4. 求解单个代数方程的技术。这类方程在几乎所有的工程领域都经常出现。能够快速有效地解决这些问题至关重要。

5. 求解联立的线性代数方程的技术。大多数生成单个代数方程的应用，在问题条件变得更复杂时也会产生联立代数方程。此外，工程分析中还有许多非常复杂的问题，可以表示为一组联立线性代数方程。

6. 计算积分的技术。在微积分中，积分的经典解释是曲线下的面积。许多工程应用都需要计算积分，以便确定平均值或确定某些随时间或距离而变化的过程的累积效应。

7. 开展工程经济性分析的技术。大多数实际的工程问题都有不止一个解(例如,设计桥梁就有很多方法)。其中的选择往往是基于经济性考虑。工程经济性分析为比较各个解决方案提供了判断依据和技术。

8. 最优化技术。如果问题有多个解,要想求出最优解可能需要经历漫长而乏味的搜索过程。最优化技术为开展这些搜索提供了有效且系统化的方法。

每组求解过程都有不同的方法。在大学数学课程最开始时所讲授的经典方法,是基于代数和微积分的。这些方法看起来非常优雅,但是通常只适用于相对简单的问题。

计算机可以解决更复杂的问题,它通常采用基于逐次逼近的数值方法。遗憾的是,以这种方式得到的解,只能用数值(而不能用代数方程)来表示因变量和自变量之间的关系。因此,数值方法无法表示出像经典方法那样的函数关系——这是一个明显的缺点。另一方面,即使是面对庞大而复杂的问题,数值方法也可以快速且容易地算出解。因此,对于工科学生和一线工程师来说,使用基于计算机的数值解已经变得非常普遍了。

习题

下列习题可以由个人独立解决,也可以由一小组学生共同完成。

1.4 像例题 1.1 那样,提出两个可能需要计算物体轨迹的实际情况。

1.5 菲克定律适用于薄膜上的分子扩散。菲克定律通常写成 $q = D(\Delta C / \Delta L)$,其中 q 表示每秒单位面积上的分子流量,D 为扩散系数(或者称为扩散率),ΔC 为膜间浓度差,ΔL 为薄膜的厚度。

a. 在这个过程中,哪个是通量?它的单位是什么?

b. 哪个是势能?它的单位是什么?

c. 哪个是与通量和势能有关的比例因子?它的单位是什么?

1.6 举一个基于力平衡的例子,画一幅草图。指出哪些可能已知?哪些可能未知?

1.7 举一个基于化学平衡的例子,画一幅问题的草图。指出适用于该问题的基础物理和/或化学原理是什么。建议该如何解决这个问题(但不要真的试图去求解)。

1.8 举一个基于质量守恒定律的工业过程的例子。指出可能适用的其他物理和/或化学过程。

1.9 举一个基于能量守恒定律的工业过程的例子(选择一个不同于前面习题的过程)。指出还适用哪些基础物理和/或化学原理。

1.10 假设你要分析图 1.13 所示的桁架。

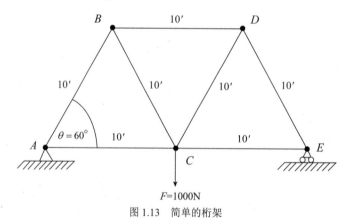

图 1.13 简单的桁架

a. 该问题的总目标是什么?

b. 已知信息是什么?

c. 必需的信息是什么?

d. 本问题适用哪些基本工程原理?

e. 整体求解策略是什么?

1.11 你能提出几个适用于 NASA 航天飞机发射的基本工程原理吗?

第2章

创建 Excel 工作表

现在，我们要将注意力转移到与电子表格尤其是 Excel 有关的一些基本概念上。在 Excel 中，工作表基本上是由多个单元格组成的表(请注意，术语"电子表格"和"工作表"经常可以互换使用，但是它们在技术上并不相同；电子表格是通用术语，通常指一个或多个工作表)。单元格可以包含数字常数(数字)或文本常数(也称为标签或字符串)。单元格也可以是空白的(即什么也没有)。每个单元格由其列标题(通常是一个字母)和行号引用。这被称为单元格地址或单元格引用。因此，在工作表中，B3 就是指第 3 行、B 列的单元格。

如果单元格含有数值，那么该数值既可能是直接输入的，也可能是公式计算的结果。公式表示工作表中单元格之间的相关性。例如，假设单元格 C7 中的数值是由公式=(C3+C4+C5)产生的。这个公式表明，单元格 C7 中的值是通过将单元格 C3、C4 和 C5 中的数值相加得到的。因此，更改其中某一个单元格的内容(例如 C4)就可能会更改其他单元格的内容(比如单元格 C7 和任何其他引用单元格 C4 的公式生成值的单元格)。这个重要功能使得我们可以开展假设(what-if)研究——也就是说，如果某个特定单元格的内容发生变化，那么会导致什么结果？这个变化对工作表中的其他值有什么影响？

Excel 2016 是微软公司开发并销售的一款流行的电子表格软件，它是微软 Office 2016 套件的一部分。本书涉及 Excel 2016 的技术功能。这些功能在很大程度上与以前版本的 Excel 相同，但是用户界面可能有所不同，特别是与早期版本(尤其是 Excel 2003 及更早的版本)相比。

在接下来的两章中，我们将讨论 Excel 的基本功能，这些功能对于理解本书中描述的内容是非常重要的。有关 Excel 的更多信息，建议你咨询 Excel 的在线帮助或任何描述其使用方法的在售书籍。

2.1 启动和退出 Excel

要启动 Excel 2016，如果桌面上有 Excel 图标，就可以选择 Excel 图标，或者单击计算机的"开始"按钮，然后选择"所有程序"或者"所有应用"，再选择"Excel 2016"。无论采用哪种方式，你都将看到一个打开的 Excel 窗口，其中包含一个空的 Excel 工作表以及围绕工作表的几行信息，如图 2.1 所示。

窗口的上部包括标题栏、功能区和快速访问工具栏。其主要组成部分如图 2.2 所示。

顶部第一行是标题栏。它包括工作表名称和位于右边的图标，这些图标依次能最小化工作表、改变活动窗口大小或退出 Excel。当需要时，我们将在后面讨论这些图标。但现在，还请注意，你若想退出 Excel，既可以通过单击"文件"选项卡，然后从随之弹出的下拉菜单中选择"关闭"，也可以单击最右边的图标(即标题栏中的×符号)。

第二行包含功能区选项卡。每个选项卡都有自己的一组功能图标，它们出现在选项卡下方的宽阔区域中。随着需要的增加，本书后面将讨论各种选项卡及其附带图标的详细信息。现在，还请注意功能区图标是按组("字体""对齐""数字"等)排列的。每个选项卡都只显示自己的一组。

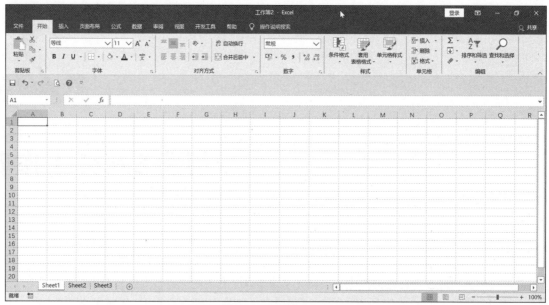

图 2.1　Excel 2016 窗口

图 2.2　Excel 2016 的标题栏、功能区和快速访问工具栏

　　快速访问工具栏显示在功能区的下面。它包含常用的收藏图标(请注意图 2.2 中快速访问工具栏中的"保存"和"帮助"按钮)。快速访问工具栏可以通过添加或删除图标来定制,也可以放在功能区的上方或下方。为此,右击快速访问工具栏(即用鼠标右键单击工具栏)然后按照说明操作即可。更多信息可在互联网上找到。

　　Excel 窗口的其余部分(功能区和快速访问工具栏下面的部分)如图 2.3 所示。包括占据窗口大部分位置的实际工作表及其周围的控件。工作表包含许多网格状的单元格。每个单元格都有自己的列字母和行号。这些单元格包含实际的问题描述;因此,它们的内容又包含详细的工作表。我们将在本章后面看到如何在这些单元格中输入和处理信息(参见第 2.3 节)。

　　公式栏位于工作表上方。它包含关于活动工作表单元格的信息。公式栏包含右侧的大公式显示区以及左侧更小的名称框。在图 2.3 中,名称框包含对当前活动单元格 A1(位于左上角)的引用。在工作表下面是一组工作表选项卡。每个选项卡都能访问不同的工作表。要选择这些工作表中的任何一个,只要单击相应的选项卡即可。这些工作表统称为工作簿(workbook)。因此,图 2.3 表明 Sheetl 是工作簿 Book1 中的活动工作表。基本假设是,某个工作簿中的所有工作表都彼此相关。每个工作簿都可以保存并存储为单个文件。

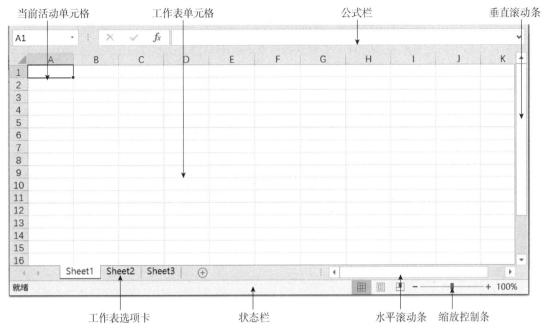

当前活动单元格　　　　　工作表单元格　　　　　　　　　　公式栏　　　　　　　　垂直滚动条

工作表选项卡　　　　状态栏　　　　水平滚动条　缩放控制条

图 2.3　Excel 2016 的工作空间

　　Excel 窗口还包含水平和垂直滚动条。水平滚动条出现在工作表选项卡右侧的倒数第二行,垂直滚动条出现在屏幕的右侧。滚动条允许在工作表中快速移动。它们对于那些超出屏幕范围的工作表特别有用。只需要拖动每个滚动条,就能快速移动到所需的方向。

　　底部的那一行被称作状态栏。它提供有关电子表格模型的当前状态(例如就绪)和当前命令或菜单选择的信息。它还包含一些允许你确定如何查看工作表(普通、页面布局或分页预览)的按钮。此外,状态栏还包括缩放控制——也就是说,当你查看工作表时,它允许你进行放大或缩小。

2.2　获得帮助

　　Excel 2016 包含了非常全面的帮助功能。若要访问帮助,请单击“帮助”按钮(见图 2.2)或按功能键 F1。在上述任一情况下,都会出现图 2.4 所示的“帮助”窗口。帮助窗口包含许多你可能希望查阅的有用链接。

总分类列表　　　　　　搜索框

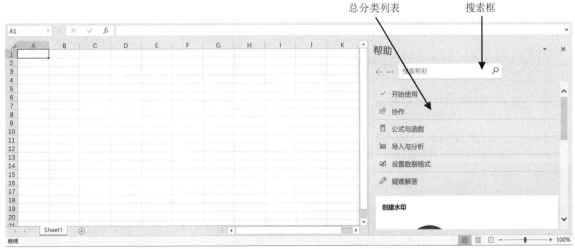

图 2.4　Excel 2016 的“帮助”窗口

窗口顶部的"搜索框"允许你输入与正在寻求的帮助相关的单词或短语。然后,"帮助"功能就会返回一个含有匹配链接或解释的对应窗口。例如,图 2.5 显示了在"搜索框"中输入"公式"后出现的链接。请注意,在这个特定主题中还有若干个子主题。单击其中一个子主题可以获得关于公式使用的详细信息。还可单击"帮助"下面显示的左箭头,返回到子主题的初始列表。

图 2.5　使用"搜索框"获取的信息

还可单击"总分类"下显示的其中一个链接,以获得有关所列每个类别的信息。单击"帮助"下面的左箭头将恢复"总分类"的原始列表。你可能需要多次单击才能返回原始列表。

退出 Excel

我们已经看到了几种不同的退出 Excel 的方法。回顾一下,你可以单击左上角的"文件"选项卡,然后从结果菜单中选择"关闭",或者单击标题栏最右边的图标(包含×)。

如果你的工作表是新建的,或者对其进行了任何形式的修改,那么退出时就会生成对话框,询问你是否保存工作表的当前版本。如果你选择"是",则会出现另一个对话框,提示你输入工作表的文件名和位置。这两个对话框可以防止你不小心在没有保存工作的情况下退出 Excel (还有其他一些保存选项,允许你在退出 Excel 之前定期保存工作,具体参见 2.8 节)。

只要稍加练习,就可以学会使用功能区中的功能。当需要时,我们将在本书后面讨论其中的许多功能。

习题

2.1 在解决本题和接下来的问题时,请先解决建议的问题,再自己自由练习。

a. 从桌面启动 Excel。

b. 单击几次标题栏右上角的三个一组的中间图标,一定要理解这个图标的作用。

c. 单击标题栏中三个一组的最左边的图标,使 Excel 的窗口最小化。然后单击桌面底部"任务栏"中的 Excel 按钮,就能恢复 Excel 窗口。

d. 要关闭 Excel(即返回桌面),只需要先单击"文件"选项卡,再从出现的菜单中选择"关闭"即可。

c. 重返 Excel。单击"文件"选项卡,检查左列菜单中的各种选项。然后通过按下 Escape 键或单击左上角的箭头即可返回到工作表。

f. 选择功能区中的某个选项卡,检查生成的图标,对其余的选项卡重复该过程。然后单击"开始"选项卡即可返回原始图标集。

g. 单击"帮助"按钮(或按下功能键 F1)选择"帮助",用"搜索框"获取与单元格地址有关的帮助。然后用"搜索框"获取关于设置数字格式的信息,单击"总分类"中的某一个,注意它的作用。最后,单击右上角的"关闭"按钮,关闭"帮助"窗口。

2.3　操作工作表

现在我们关注工作表,它是电子表格的主要部分。你可以通过单击"文件"选项卡,然后依次选择"新建""空白工作簿"打开一个新的工作表。新的工作表将显示为一个空白的网格,如图 2.6 所示。网格中的每个矩形表示一个空白单元格。单元格 A1 是当前活动单元格,围绕该单元格的加粗矩形表明了这一点。单元格 C6 中显示的图形对象是鼠标指针(mouse pointer)。这表示当前鼠标在工作表中的位置。在 Excel 中,根据正在执行的任务不同,鼠标指针将呈现出不同的形状。

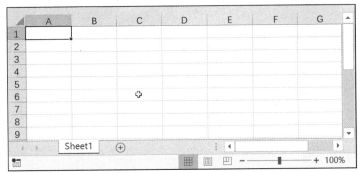

图 2.6　空白的 Excel 工作表

有许多方法可以操作工作表并更改当前活动单元格。通过下面描述的任何一种方式都可进行单元格的移动。

鼠标

改变当前活动单元格的最简单的方法,是将鼠标指针放在所需的单元格上,然后单击左键。

如果你的鼠标在左键和右键之间有滚轮,那么就可以通过旋转滚轮来在工作表中垂直向上或向下翻动。或者,也可通过按住滚轮并将鼠标拖动到所需的方向来移动工作表。

方向键

方向键包括左箭头(←)、右箭头(→)、上箭头(↑)和下箭头(↓)。按下其中任何一个键一次,就能在指定的方向移动到相邻的单元。按住其中一个键不放将导致在指定方向上持续移动,直到释放该键为止。一旦释放按键,那么所选中的单元格将是当前活动单元格。

上翻页和下翻页

按下 PgUp 或 PgDn 键会导致工作表中发生垂直移动。每次移动都涉及多行。这种移动还将产生新的当前活动单元格。

Ctrl+左箭头、Ctrl+右箭头、Ctrl+上箭头、Ctrl+下箭头

按住 Ctrl 键(也叫"控制键")并按下其中一个方向键,会导致水平或者垂直移向工作表的相反边缘。该移动还导致某个新的单元格成为当前活动单元格。

滚动条

单击滚动条上的箭头，会导致每次移动一行或一列(具体方向取决于单击的是哪个滚动条)。单击滚动条中的任意位置将导致更大幅度的移动。拖动滚动块可在指定方向上进行更可控的移动。这种类型的移动并不会导致当前活动单元格发生变化。

Home 键、End 键

按 Home 或 Ctrl+Home 键能将光标返回至工作表的左上角，并使单元格 Al 成为当前活动单元格(某些情况下，按 Home 键只会使当前行的首列成为活动单元格)。按 Ctrl+End 键会移动到工作表中包含数据的最后一个单元格。

GoTo 键

键盘上的功能键 F5 就是 GoTo 键。按下此键后将出现一个对话框。在对话框底部输入你希望激活的单元格地址。该对话框将保留最近移动的历史记录，以便你可以轻松返回到之前的某个位置。

习题

2.2 本练习提供了在 Excel 工作表中移动的实践练习。

a. 将鼠标指针移动到窗口内的任意位置，然后左击，哪个单元格是当前活动的？重复做几次。

b. 用方向键改变当前活动单元格的位置，注意每次按下箭头键后会发生什么。

c. 按几次 PageDown 键，每次按下 PageDown 键后发生了什么？哪个单元格是当前活动的？请用 PageUp 键重复上述操作。

d. 按住 Ctrl 键(又称"控制"键)，再按"右箭头"键(→)，会发生什么？哪个单元格是当前活动的？用 Ctrl 键和其他箭头键重复上述操作。

e. 用鼠标在垂直滚动条内上下拖动垂直滚动块，注意会发生什么。对水平滚动条重复上述操作，当前活动单元格是否受到这种操作的影响？

f. 用鼠标单击每个滚动条末端的箭头，注意会发生什么。另外，尝试在每个滚动条的不同位置单击鼠标，并注意会发生什么。

g. 你的鼠标按钮之间有滚轮吗？如果有，请转动滚轮并注意这导致工作表的移动情况。按下滚轮并松开，然后用鼠标拖动工作表，看看会发生什么。

h. 将活动单元格移到工作表中的任意位置，然后按下 Home 键，看看会发生什么。再按下 Ctrl+Home 键重复上述操作。

i. 按功能键 F5，然后在对话框底部指定任意的单元格地址，单击"确定"按钮后会发生什么？

j. 单击"开始"选项卡，然后依次单击"查找和选择"和"转到...",在对话框底部指定任意单元格地址，注意单击"确定"按钮后会发生什么(这是功能键 F5 的另一种用法)。

2.4　输入数据

你可以在任何工作表单元格中输入数值(在 Excel 中称为数字常数)或字符串(在 Excel 中称为文本常数)。请记住，利用第 2.5 节描述的技术总可以纠正错误。

数值

数值以普通数字的形式输入，可以带或不带小数点。负数的前面有一个负号。允许使用科学记数法(例如，要想输入 $4×10^8$，可以输入 4E+8 或简单地输入 4E8)。因此，下列的任何数值都可以输入工作表中：

2	–6	3.33		2.55E–12	–7.08E+6
0.0	0.004	–1.2e–7	4E8	1e10	

数值也可以用其他方式输入；例如，采用嵌入式逗号，以货币符号($)为前导符，或者后面紧跟百分号(%)。你也可以输入数字日期(例如，5/24/2009)或者时间(例如，7:20PM 或 19:20:00)。但是，在进行技术性计算时，通常都不采用上述这些格式；因此，我们不再进一步讨论它们。

在当前活动单元格中输入数值时，你将看到输入的值同时出现在公式栏以及活动单元格中。当你输入完数字后，就可以按下 Enter 键。你也可以单击公式栏中的√符号以接受该数字，或单击×符号来拒绝该数字。图 2.7 显示了正在单元格 A1 中输入的数字。请注意公式栏中的√、×和 *fx* 符号(这证明公式栏是工作表中的活动元素，正如输入数字后闪烁的垂直光标一样)。一旦输入完数字，它将同时出现在公式栏和活动单元格中。但是，公式栏中的符号×和√将消失。

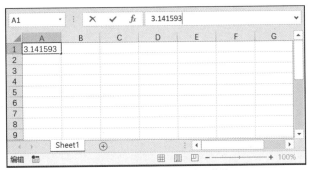

图 2.7　在单元格 A1 中输入数值

可以轻松地更改单元格中数值的外观(例如，可以更改小数位数、添加逗号或切换到科学记数法)。为此，请选中数值，激活"开始"选项卡，并使用"数字"组中的控件，如图 2.8 所示。带有左箭头(从右数第二个)的按钮能增加小数位数，带有右箭头的按钮(位于最右边)能减少小数位数。请注意，当小数位数减少时，显示的值是四舍五入的(而不是截断的)。但是，工作表中存储的实际值并没有更改。

要在数值中添加逗号(从小数点向左算起，每三位加一个逗号)，则请选中数值并单击"逗号"按钮(位于按钮组的中心)。

可通过单击"指定数字格式"旁边的小向下箭头来选择不同的数字格式——例如，图 2.8 中为"常规"。随后会出现图 2.9 所示的列表。然后你可以从这个列表中选择不同的数字格式(如数字、货币等)。工程应用特别感兴趣的是"科学记数"格式，它允许以科学记数法表示数值(即带指数)。

图 2.8　"开始"选项卡中的"数字"组

图 2.9　"数字格式"列表

　　最后，要对所选数字格式进行更多控制，可单击数值格式列表底部的"其他数字格式..."。这将显示"设置单元格格式"对话框，如图 2.10 所示。"设置单元格格式"对话框将提供对数字的外观、对齐方式、显示字体等全面控制。

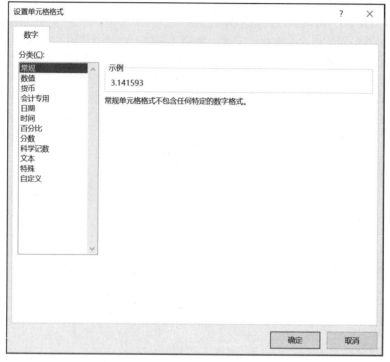

图 2.10　"设置单元格格式"对话框的"数字"选项卡

字符串(标签)

　　只要在活动单元格中输入期望的文本，就能生成被称为字符串(也称为标签)的文本常数。文本在输入时和输入到活动单元格后都可以在公式栏中看到。在输入字符串时，×、√ 和 *fx* 符号都会出现在公式栏中，就像输入数值时一样。如果字符串的宽度大于活动单元格的宽度，该字符串将自动扩展到活动单元格的右侧。

　　现在假设在当前活动单元格(例如，单元格 C5)中输入了一个长字符串，然后你希望在当前活动单元格右侧的单元格(例如，单元格 D5)中输入一些其他数据。输入新数据后，长字符串的最右边的部分将隐藏在新数据后面。因此，只有字符串的最左边部分出现在原始单元格(C5)中。但是，整个字符串仍然存储在计算机的内存中，并且它仍然与原始单元格(C5)相关联。如果再次激活该单元格，你将在"公式栏"中看到完整的字符串，而在工作表中显示时覆盖部分字符串。你还可以增加原始单元格的宽度(通过用鼠标拖动分隔单元格标题列的边界，或者通过选择功能区中的"开始"选项卡并单击"单元格"组中的"格式"图标)，从而在单元格中显示完整的字符串。

习题

　　2.3 在空白的 Excel 工作表中输入以下成绩报告。将标题("成绩报告")放在 A1 单元格中。数值成绩与字母成绩对应，例如，A=4.0、B=3.0、C=2.0、D=1.0、F=0。非整数成绩用正、负号表示，如 A-=3.7，B+=3.3，B-=2.7 等。请确保所有字符串在工作表中都是完全可见的。

　　成绩单
　　(你的全名)
　　(你的社会保险号)

课程	学分	成绩
化学 I	4	3.0
物理 I	4	3.3
英语写作	3	2.0
工程学导论	3	4.0
微积分 I	3	3.7
研讨会	1	2.7

2.4 请创建包含以下物理常数列表的 Excel 工作表：

物理常数

常数	数值	单位
阿伏伽德罗常数	$6.022\ 142 \times 10^{23}$	mol
理想气体常数	0.082 054	L·atm/(mol·K)
π		3.141 592 7
光在真空中的速度	$2.997\ 925 \times 10^{8}$	m/s
声音在空气中的速度(20℃)	343	m/s

请将标题放在第 1 行，并用三列表示该列表，A 列为名称，B 列为值，C 列为单位。每列都有标题。标题和列标题以粗体显示。数值显示到三位小数。用科学记数法的符号来表示阿伏伽德罗数和光速。

2.5 假设你已经确定了"ENGIN 300 自动平衡机器人"的一组项目所需的部件及其数量。请在 Excel 工作表中构建如图 2.11 所示的物料清单(BOM)。

	A	B	C	D	E
1	物料清单				
2	(编号和标题)				
3	(项目组名称)				
4					
5	部件编号	部件名称	描述	数量	单价
6			微控制器	2	
7			连接器	5	
8			通信模块	1	
9			运算放大器	3	
10			蓝牙调制解调器	1	
11					
12					

图 2.11　物料清单

a. 在 A2 单元格中输入编号和标题。在 A3 单元格中输入项目组名称。

b. 完成物料清单，输入清单中所列项目的部件编号、部件名称和单价。

#83-17300	Raspberry PI 2 Model B	35 美元
H2181-ND	连接器插座，4 针	0.16 美元
3DR-Data-433MHz	3DRobotics 3DR 音频无线通信套件	26.99 美元
LM741CNNS	LM741 运放	0.59 美元
WRL-12577	SparkFun BlueSMiRF Silver	20.95 美元

c. 改变单价栏中数值的外观，使数字显示两位小数。

2.5　更正错误

输入数据时发生的错误很容易更正。如果你仍在输入数据(还没有按下 Enter 键或单击公式栏中的 √ 符号)，则可以用 Backspace 键删除不想要的字符，然后照常进行。或者，你可以在输入错误的数字或字符串之后重新键入整个数据项。一旦按下 Enter 键，原来不正确的数据项就会被新数据项代替。你也可以通过按下 Delete 键清除某个活动单元格(即删除其中的内容),或选择功能区中的"开始"选项卡,然后单击"编辑"组中的"清除"图标。

如果错误的数据项很长,你可能更喜欢编辑数据项的一部分,而不是删除它并从头开始重新键入。为此,请先使单元格处于活动状态,以便单元格内容出现在公式栏中。然后,进入编辑模式(公式栏中的三个特殊符号可见)后,就可在公式栏或单元格中编辑数据项。编辑就按通常的方式进行,将光标定位到所需的编辑点,然后根据需要删除和/或插入单个字符。如果你愿意,还可将光标拖过几个字符以便突出显示一个区域,然后根据需要删除整个突出显示的区域。你还可以双击字符串中的数字或单词,然后按 Delete 键删除该数字或单词。

当完成编辑时,可以通过按 Enter 键或单击√符号接受编辑后的数据项。你还可以通过单击×符号取消编辑,从而将数据项恢复到原始状态。请记得定期保存你的工作,以避免由于电源故障等原因造成意外的数据损失。还有些保存数据的方法将在第 3 章进行说明。

习题

2.6 对习题 2.3 所描述的工作表进行以下更改。
a. 将标题由"成绩报告"改为"学期成绩报告"。
b. 清除你填写的社会保险号。
c. 将"工程学导论"改为"工程分析"。
d. 将物理 I 的学分从 4 分改为 3 分。
e. 把英语写作的成绩从 3 分改为 2.7 分。
在进行这些更改时,请尝试使用上面所述的各种单元格编辑功能。

2.6 使用公式

我们已经看到公式表示了工作表中不同单元格的数值之间的相互依赖关系。公式允许你对数值进行算术运算、合并字符串,以及比较两个单元格的内容。

在 Excel 中,公式都以等号 (=) 开头,后面是一个包含常数、运算符和单元格地址的数值表达式。例如,公式=(B2+C3+5)。在这个公式中,数值表达式是(B2+C3+5),其中 B2 和 C3 是单元格地址。5 是数值常数,加号(+)是算术运算符(arithmetic operator)。如果将此公式输入单元格 D7,那么单元格 D7 就等于单元格 B2 和 C3 中的数字之和,再加上 5。因此,如果 B2 包含常数 2,C3 包含 8。那么 D7 将包含 15(因为 2+8+5=15),如图 2.12 所示。

你应该了解,如果单元格 B2 和 C3 中任何一个的数值发生了变化,那么单元格 D7 中的数值也会相应地发生变化。

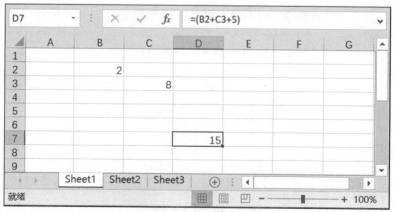

图 2.12 使用公式

运算符

　　Excel 包括多个算术运算符、一个字符串运算符(string operator)和多个比较运算符(comparison operator)。算术运算符组合数值(称为操作数)来生成数值。字符串运算符用于合并(即连接)两个字符串。比较运算符将一个操作数与另一个操作数进行比较,从而产生为真或为假的条件。

　　下面总结了一些常用的 Excel 运算符。它们与 Microsoft 的 Visual Basic 编程语言中的运算符相同。

　　对于初学者来说,Excel 运算符的完整列表似乎有点让人不知所措。然而,大多数简单的工程应用只用到前 5 个算术运算符(加法、减法、乘法、除法和指数运算)。

算术运算符	目的	例子
+	加	A1+B1
-	减	A1-B1
*	乘	A1*B1
/	除	A1/B1
^	指数	A1^3
%	百分比(除以 100)	A1%

　　注意,%运算符只需要一个操作数(单元格引用或常数)。不要将此运算符与 "格式" 工具栏中的% 图标相混淆。

字符串运算符	目的	例子
&	连接	A1&B1

　　尽管单个操作数既可以是字符串也可以是数字,但是连接的结果始终是字符串。

比较运算符	含义	例子
>	大于	C1 > 100
$\geq$	大于或等于	C1 $\geq$ 100
<	小于	C1 < 100
$\leq$	小于或等于	C1 $\leq$ 100
=	等于(相等)	C1 = C2
<>	不相等(不等)	C1 <> C2

　　请注意,比较操作的结果要么为真,要么为假。

例题 2.1　编写 Excel 公式

假设我们要用 Excel 工作表计算代数方程

$$z = (5x^2 + 3y - 7)/(2x + 1)$$

　　其中,x 和 y 被赋值为 $x = 10$ 和 $y = 12$。假设 x 值位于单元格 B1,且为数值常数;y 值位于单元格 B3,且为常数;计算得到的 z 值,位于单元格 B5。那么在单元格 B5 中应输入的适当 Excel 公式,即

$$= (5*B1^2 + 3*B3-7) / (2*B1 + 1)$$

　　请注意,这个公式包含变量 x 和 y 的地址,而不是变量本身。此外,请注意单元格地址 B1 和 B3 之前的乘法运算符 (乘法运算不能在 Excel 中隐含实现——必须显式地表示)。

　　图 2.13(a)显示了相应的 Excel 工作表。请注意,如单元格 B5 所示,计算结果为 $z=25.19048$ (该值会自动显示到小数点后 5 位的精度)。公式栏显示了计算出该数值所采用的公式。请注意,公式仅在单元格 B5 活动时可见。

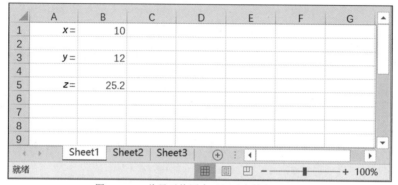

图 2.13(a)　在 Excel 中计算算术表达式

图 2.13(b)显示了相同的工作表，只是显示的值已按照第 2.4 节所介绍的方法四舍五入到小数点后一位。

图 2.13(b)　将显示值四舍五入至小数点后一位

大多数公式都包含对其他单元格的引用。当然，单元格引用可以直接输入，也可以单击每个要引用的单元格而不是输入它。因此，要计算公式= "5*B1+3"，就可以先输入 "=5*"，然后单击单元格 B1，最后输入 "+3" 完成公式。这可以简化输入冗长乏味的公式的过程，并减少输入错误公式的机会。

引用其他单元格的公式可以写成两种不同的方式——采用相对寻址或绝对寻址。我们将在第 3 章继续讨论这个话题。

循环引用

一个公式还可以引用另一个公式，前提是第二个公式(即被引用的公式)不引用第一个公式。如果公式相互引用，就构成了一个循环引用，其中两个公式都无法计算，因为每个公式都需要对方的先验知识。因此，在编写单元格公式时必须避免出现循环引用。

例如，假设单元格 A1 和 A2 分别包含一个数值常数，单元格 C1 包含公式 "=A1+A2"，单元格 C2 包含公式 "=2*C1"。这是允许的，因为第一个公式(位于单元格 C1)与第二个公式(位于单元格 C2)不相关。当计算第二个公式时，第一个公式的值是已知的。因此，它的计算很简单。

但是，现在假设单元格 A1 和 A2 都像以前一样分别包含一个数值常数，但是单元格 C1 包含公式 "=C2+3"。我们假设单元格 C2 仍然包含公式 "=2*C1"。因此，第一个公式(位于单元格 C1)引用了第二个公式(位于单元格 C2)，第二个公式也引用了第一个公式。这就是一个循环引用，因为在不知道另一个公式的值之前，两个公式的值都不知道。因此，两个公式都不能求值。

当遇到循环公式时，就会出现一个如图 2.14 所示的消息框。单击"确定"按钮将自动打开一个"帮助"屏幕，其中包含更正问题的说明。此外，在工作表中还会出现标记将包含冲突公式的单元格连接起来，如图 2.15 所示。

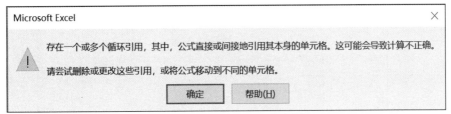

图 2.14　提示出现循环引用的消息框

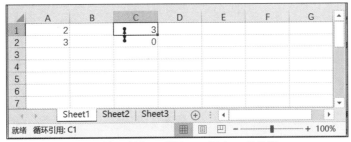

图 2.15　循环引用(C1 引用 C2，同时 C2 又引用 C1)

　　如果你输入的公式不正确，Excel 也会尝试警告你。例如，图 2.16 显示了一个工作表，其中用户错误地将公式 "=3A1"（而不是 "=3*A1"）输入单元格 A3。当用户按下 Enter 键后，就会出现图 2.17 所示的警告。

图 2.16　在单元格 A3 中包含错误公式的工作表

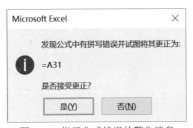

图 2.17　指示公式错误的警告消息

例题 2.2　一个简单的电子表格应用

一间小型机械商店备有下列部件：

<u>项目</u>	<u>数量</u>
螺丝	8000
螺母	7500
螺栓	6200

　　请创建一个包含该信息的工作表，并在工作表中给出所备部件的总数。请用公式计算总数。

　　所需的工作表如图 2.18 所示。请注意，工作表包括多个字符串(单元格 B2 到 B5、单元格 B7 和单元格 C2)、三个数字常数(单元格 C3、C4 和 C5)和一个公式(单元格 C7)。单元格 C7 周围的粗线边框表明它当前处于活动状态。注意，单元格 C7 中用于生成数值的公式 "=(C3+C4+C5)" 此时在公式栏中可见。因此，你可以通过检查公式栏的内容来区分数值常数和公式值。

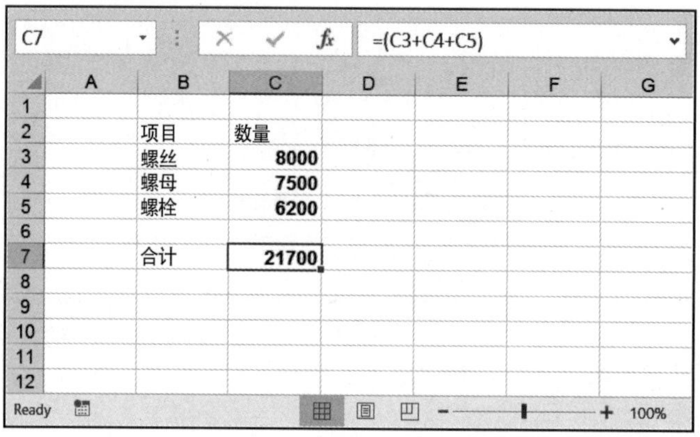

图 2.18　用公式计算总和

单元格 C7 中的总和也可以通过简单地选择单元格 C7 并单击功能区上的"求和"图标(Σ)来获得(选择"开始"选项卡,该图标位于"编辑"组中,如图 2.19 所示)。可以在一列数字下或一行数字的右边激活求和功能。Excel 的最新版本还包括其他数字列的自动选择功能,如"平均"、数字个数、最大值和最小值。要激活其中某个功能,只需要单击Σ符号旁边的下箭头。

图 2.19　"开始"选项卡中的"编辑"组

运算符的优先级

有些公式包含多个不同的运算符。然后就会出现这样的问题:应当首先执行哪个运算,然后执行哪个运算等。为回答这个问题,Excel 包含几组运算符优先级,它们决定了执行运算的顺序。下面按照从最高到最低的顺序列出这些运算优先级。因此,首先执行百分数运算,然后执行指数运算,以此类推。最后进行关系比较。

运算符的优先级	运算符
1	百分比(%)
2	求幂(^)
3	乘法和除法(*和/)
4	加法和减法(+和-)
5	连接(&)
6	比较(>, ≥, <, ≤, =, <>)

如果有同一组的多个运算符连续出现,则按照从左到右的顺序进行运算。例如,在公式"=(C1/D2*E3)"中,两个运算符属于同一组。因此,先进行除法运算,得到的商再与单元 E3 的内容进行乘法运算。

可通过引入一对括号来覆盖正常的优先级。例如,可将前面的公式改为"=(C1/(D2*E3))"。现在将首先进行乘法运算,因为公式的这一部分包含在最里面的一对括号中。然后将单元格 C1 的内容除以前面计算得到的乘积。根据特定问题的逻辑,可自由地使用这些括号。

我们将在第 3 章讨论如何在工作表中复制和移动单元格时,再进一步讨论单元格公式的使用。

单元格名称

Excel 允许你命名单个单元格,这样你就可以在公式中使用单元格名称而不是单元格地址。为此,请选择一个单元格并突出显示"名称框"中显示的单元格地址(公式栏最左边的部分)。然后在单元格地址的位置输入所需的单元格名称(以字母开头,避免空格),并按 Enter 键。然后你就可以重写访问这些单元格的公式,这些公式既可以用单元格名称,也可以用单元格地址。

你还可以用"定义名称"图标(位于"公式"选项卡的"定义的名称"组中)直接从功能区对单元格命名。单击此图标后，按照上面的描述继续操作。

例题 2.3　命名单元格

更改例题 2.2 中创建的工作表，使单元格 C3 的名称为 Partl，单元格 C4 的名称为 Part2，单元格 C5 的名称为 Part3，单元格 C7 的名称为 Part_Total。将单元格 C7 中的公式由"=(C3+C4+C5)"改为"=(Partl+Part2+Part3)"。

图 2.20 显示了在单元格 C3 更名为 Part1 之后，处于活动状态的工作表。单元格名称显示在公式栏左侧的"名称"框中。请注意，此单元格的值(8000)不受单元格名称更改的影响。

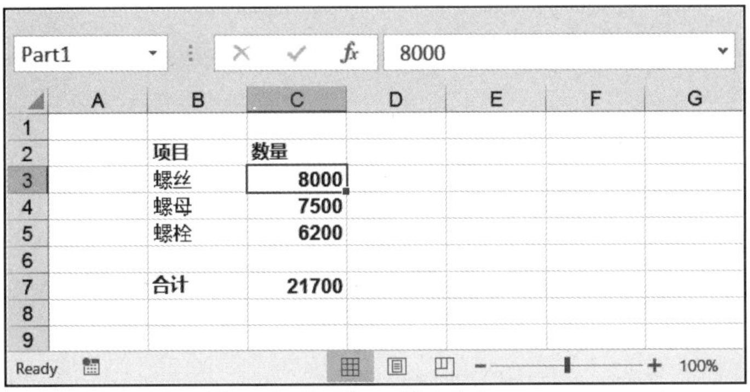

图 2.20　单元格 C3 被命名为 Part1

图 2.21 显示了相同的工作表，其中单元格 C7 处于活动状态。请注意，如"名称"框中所示，这个单元格已被重命名为 Part_Total。如公式栏右侧所示，这个单元格中的公式也被更改为"=(Partl+Part2+Part3)"。注意，公式生成的值(21700)与例题 2.2 中的值相同(见图 2.19)。

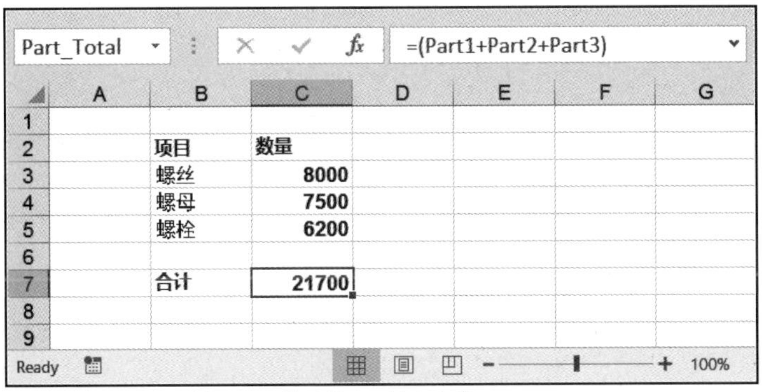

图 2.21　单元格 C7 被命名为 Part_Total

习题

2.7 更改例题 2.2 中图 2.17 所示工作表中的数值。请注意，随着每个数值的变化，总和会发生什么变化。

部件	数量
螺丝(Screws)	6500
螺母(Nuts)	9000
螺栓(Bolts)	5400

a. 如例题 2.2 所示，在单元格 C7 中用公式求和。

b. 在单元格 C7 中用求和功能求得总数。

c. 如例题 2.3 所示，先重命名单元格，再根据新的单元格名称用公式求和。

2.8 扩展例题 2.2 中图 2.18 所示的工作表，如下：

a. 增加第三列，其中包含以下成本信息：

成本

0.02 美元/个

0.03 美元/个

0.05 美元/个

b. 添加第四列，其中包含螺丝、螺母和螺栓的价格。

c. 在第四列的底部，添加一个包含所有部件总价的单元格。用公式求出总价。然后尝试使用"求和"功能求得总价。

d. 将螺丝数量更改为 6500，对工作表中其他地方会产生什么影响？

e. 将螺母的成本改为 0.04 美元/个，对工作表中其他地方会产生什么影响？

f. 按原价格计算，每个部件的平均成本是多少？回答这个问题时不区分部件类型。

2.9 在每学期期末，将按照下列公式计算每名学生的平均绩点(GPA)：

$$GPA = \frac{\sum_i C_i G_i}{\sum_i C_i}$$

其中 C_i 为第 i 门课程的学分，G_i 为该门课程的成绩。

请输入习题 2.3 中描述的成绩报告，并在工作表的底部添加一行，表示该学生在指定学期的 GPA。请用基于上述方程的 Excel 公式求出 GPA。

2.10 一个 10 升的容器中储存了 400 克氮气(分子量=28 克/摩尔)。假设氮气是理想气体，请建立 Excel 工作表来确定气体的压强相对于温度和体积的函数。将每个变量的值放在它自己的单元格中。请把所有的量都清晰地标出来。

回顾一下理想气体定律为：

$$PV = nRT$$

其中 $P =$ 压强

$V =$ 体积

$n =$ 摩尔数

$R =$ 理想气体常数

$T =$ 绝对温度

a. 对应于温度为 22℃时的压强是多少？

b. 如果温度变为 37℃，那么压强变为多少？

c. 如果又恢复至原始温度(22℃)，但是容器的体积减少到 7 升，那么压强又是多少？

d. 如果原始的 10 升容器中含有 300 克氧气(摩尔质量= 32 克/摩尔)，那么在 18℃时的压强是多少？

2.11 建立 Excel 工作表，以确定如果向银行账户存入 P 美元，且每年的复利为 r%，那么未来 n 年累积的货币数量(F)。将每个数量都放在它自己的单元格中，把所有的量都标记清楚。

计算复利的公式是：

$$F = P(1 + i)^n$$

其中 $i=$ 以小数形式表示的年利率=$r/100$。

a. 如果将 1000 美元存 20 年，且每年可获得 5.5%的复利，那么将累积多少钱？

b. 如果将 1000 美元存 20 年，且每年可获得 6%的复利，那么将多累积多少钱？

c. 如果将 1000 美元存 30 年，且每年可获得 5.5%的复利，那么将累积多少钱？

d. 如果将 5000 美元存 25 年，且每年可获得 5.75%的复利，那么将累积多少钱？

2.12 图 2.22 显示了一个由直流电源和三个串联电阻组成的电路。假设电源是 12V 电池，电阻值为

$R_1 = 15\Omega$、$R_2 = 250\Omega$ 和 $R_3 = 50\Omega$。

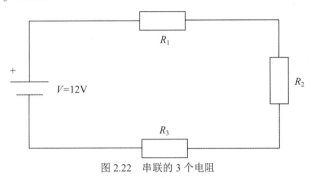

图 2.22 串联的 3 个电阻

请创建 Excel 工作表来确定流过电路的电流(I)、每个电阻上的电压、每个电阻的功耗以及总功耗。请按照以下方式建立工作表：

电源电压=

电流=

| 电阻 | 电压 | 功耗 |

$R_1 =$

$R_2 =$

$R_3 =$

总和=

请注意，电流可由 $I = V/(R_1+R_2+R_3)$ 来确定，其中 V 代表电源电压。每个电阻上的电压可由 $V_1 = IR_1$、$V_2 = IR_2$ 等来确定，每个电阻上的功耗可由 $P_1 = IV_1$、$P_2 = IV_2$ 等来确定。

a. 求出该电路的所有未知量。

b. 如果电源电压增加到 15V 会发生什么？

c. 如果电源电压恢复到 12V，但是电阻的阻值变为 $R_1 = 175\Omega$、$R_2 = 100\Omega$ 和 $R_3 = 225\Omega$，又会发生什么？

d. 如果所有的量都恢复到原来的值，并且增加了第四个阻值为 200Ω 的电阻，那么会发生什么？

2.13 重新制作如图 1.8 所示的 Excel 工作表，解决例题 1.2 所示的并联电路问题。

a. 验证例题 1.2 中给出的解决方案是正确的。

b. 将 R 值从 20Ω 改为 10Ω。这对问题中的其他变量有什么影响？

2.14 流过管道的流量体积可由下式确定：

$$V = vA$$

其中： V =流量，单位是立方英尺/秒

v =平均流速，单位是英尺/秒

A =流体横断面，单位是平方英尺

请创建 Excel 工作表来回答以下问题：

a. 如果平均流速为 10 英尺/秒，并且管道外径为 4 英寸、厚度为 0.25 英寸，那么通过管道的流量是多少？

b. 需要多大的管径才能确保流量达到 1.5 立方英尺/秒(假设平均流速保持在 10 英尺/秒)？

2.15 热交换器通常使用同心管，热流通过内管，而冷却剂(将变热)通过圆环区(即内管四周的区域)，见图 2.23。

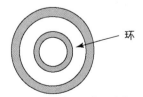

假设环与内管的流速相同，创建 Excel 工作表来确定与内径流量相同的外径管径。提示：由于平均流速相同，环横断面流面积必须与内管的横断面流面积相等，即 $A_2 = A_1$。因此：

图 2.23 由两个同心管组成的环的截面

$$\frac{\pi}{4}\left(d_2 - 2t_2\right)^2 - \frac{\pi}{4}\left(d_1\right)^2 = \frac{\pi}{4}\left(d_1 - 2t_1\right)^2$$

或者

$$d_2 = 2t_2 + \sqrt{d_1^2 + \left(d_1 - 2t_1\right)^2}$$

其中： d_2 =外管外径，单位为英寸

d_1 =内管外径，单位为英寸

t_2 =外管厚度，单位为英寸

t_1 =内管厚度，单位为英寸

对于厚度为 0.25 英寸的管道，如果内径为 3 英寸，厚度为 1/8 英寸，请求出外径。

2.16 压强计是用来测量压强差的 U 形管。管子里有液体，通常是水银。如果管的两端的压强不同，则压强差将导致流体在压强计内(低压侧)上升。压强差越大，液柱就越高 (即流体液面变化)。描述该过程的恰当方程是：

$$\left(p_2 - p_1\right) = \rho g h$$

其中： p_2 = 高压强，单位为帕(1 帕= 1 牛/米 ^{2})

p_1 = 低压强，单位为帕

ρ = 流体的密度，单位为千克/立方米

g = 重力加速度，单位为9.80 米/秒 ^{2}

h = 在低压侧增加的流体液面高度，单位为米

创建 Excel 工作表来确定压强差相对于流体柱高度和流体密度的函数。

a. 如果压强计中含有水银，柱高为 10 厘米，那么压强差是多少？已知水银的密度是 13.6×10^3 千克/立方米。

b. 压强差为 20 千帕(即 20×10^3 帕)对应的柱高是多少？

2.17 请用习题 2.5 所示的工作表回答下列问题。

a. 添加新列"小计"和新行"总计"，如图 2.24 所示。

	A	B	C	D	E	F
1			物料清单			
2			(ENGIN 300 微电子			
3			自动平衡机器人)			
4						
5	部件编号	部件名称	描述	数量	单价	小计
6	#83-17300	Raspberry PI 2 Model B	微控制器	2	$35.00	
7	3DR-Data-433MHz	3DRobotics 3DR音频无线通信套件	通信模块	1	$26.99	
8	WRL-12577	SparkFun BlueSMiRF Silver	蓝牙调制解调器	1	$20.95	
9	LM741CNNS	LM 741 运放	运算放大器	3	$0.59	
10	H2181-ND	连接器插座，4针	连接器	5	$0.16	
11			总计			
12						

图 2.24 添加行和列

b. 通过在单元格 F6 至 F10 中编写 Excel 公式计算各项的小计。

c. 通过在单元格 F11 中编写 Excel 公式(或用求和功能)计算总计。

d. 对图2.24中的物料清单(BOM)进行格式化，如将表中的标题、编号和组名合并和居中，字体加粗，并且增加表格线。

2.7 使用函数

Excel 包含许多不同的函数，这些函数可用来执行各种操作。例如，有很多组函数可以执行数学和统计运算、处理财务数据、处理文本和返回关于工作表的信息。表 2.1 列出本书其他地方将用到的一些

常用函数(该表中的字母统一使用正体)。附录 A 中还有一个更详细的总结。不过，现在我们将集中讨论使用函数的一般技术问题。

表 2.1　常用的 Excel 函数

函数	目的
ABS (x)	返回 x 的绝对值
ACOS(x)	返回余弦为 x 的角(以弧度表示)
ASIN(x)	返回正弦为 x 的角(以弧度表示)
ATAN(x)	返回正切为 x 的角(以弧度表示)
AVERAGE(x1, x2, ...)	返回 x1、x2，…的平均值
COS(x)	返回 x 的余弦值
COSH(x)	返回 x 的双曲余弦值
COUNT(x1, x2, ...)	确定参数列表中有多少个参数
DEGREE(x)	将 x 弧度转换为角度
EXP(x)	返回 e^x，其中 e 是自然对数(Naperian)系统的底
INT(x)	将 x 四舍五入到最接近的整数
LN(x)	返回 x 的自然对数(x> 0)
LOG10(x)	返回 x 的以 10 为底的对数(x> 0)
MAX(x1,x2, ...)	返回 xl,x2,…的最大值
MEDIAN(xl,x2, ...)	返回 xl,x2,…的中值
MIN(x1, x2, ...)	返回 x1,x2,…的最小值
MODE(x1, x2, ...)	返回 x1,x2,…的众数
PI()	返回 π 值(必须有空圆括号)
RADIANS(x)	将 x 度转换为弧度
RAND()	返回 0 到 1 之间的随机值(必须有空圆括号)
ROUND(x,n)	将 x 四舍五入到小数点后 n 位
SIGN(x)	返回 x 的符号(如果 x>0，则返回 1；如果 x<0，则返回-1)
SINH(x)	返回 x 的双曲正弦值
SQRT(x)	返回 x 的平方根(x> 0)
STDEV(x1, x2, ...)	返回 xl,x2,…的标准差
SUM (x1, x2, ...)	返回 x1,x2,…的和
TAN(x)	返回 x 的正切值
TANH(x)	返回 x 的双曲正切值
TRUNC(x, n)	截断 x 到 n 位小数
VAR (x1, x2, ...)	返回 xl,x2,…的方差

　　函数由函数名和一个或多个参数组成。参数用圆括号括起来，并以逗号分隔。例如，考虑函数声明 SUM(C1,C2,C3)。这个函数计算单元格 C1、C2 和 C3 中的数量之和。函数名是 SUM，参数是单元格引用 C1、C2 和 C3。

　　前面的函数也可写成 SUM(C1:C3)。术语 C1:C3 被称为范围。它指的是给定边界之间的所有单元格(即在单元格 C1 和单元格 C3 之间)。当函数需要多个相邻单元格作为参数时，范围指定非常方便。

　　函数参数不需要局限于单元格引用。任何公式都可以用作函数参数，只要它的类型正确(例如，如果需要字符串类型的参数，就不能使用数值公式)。函数的参数甚至可以是对另一个函数的引用。例如，考虑函数声明 SUM(A1, SQRT(A2/2), 2*B3+5, D7:D12)。这个函数有四个参数：单元格地址 A1、函数声明 SQRT(A2/2)、公式 2*B3+5 以及范围 D7:D12。SQRT 函数返回自己参数的平方根，在本例中是公式 A2/2；也就是说，本例中的 SQRT 函数将返回单元格 A2 中数量的 1/2 的平方根。

例题 2.4　学生的考试分数

一组学生在工程学导论课上取得了以下考试分数。

学生	第一次考试	第二次考试	期末考试
Davis	82	77	94
Graham	66	80	75
Jones	95	100	97
Meyers	47	62	78
Richardson	80	58	73
Thomas	74	81	85
Williams	57	62	67

将这些信息输入 Excel 工作表。然后求出每个学生的总分，假设每次考试的权重相等。另外，确定每次考试的班级平均分，并确定学生总分的班级平均成绩。

包含所有学生姓名和考试成绩的 Excel 工作表如图 2.25 所示。活动单元格 B10 显示考试 1 的班级平均分(71.6)，在单元格 B2 到 B8 个人得分的下方。请注意公式栏中对应的公式=ROUND(AVERAGE(B2:B8), 1)。在这个公式中，AVERAGE 函数用来计算实际的平均值。这个函数又是 ROUND 函数的一个参数，ROUND 函数将计算得到的平均值四舍五入到小数点后一位。使用类似的公式能生成单元格 C10 和 D10 的平均值。

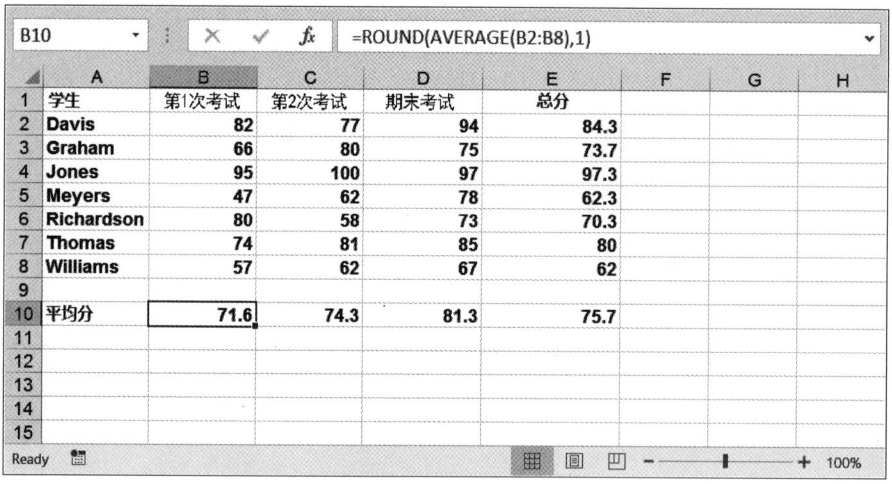

	A	B	C	D	E	F	G	H
1	学生	第1次考试	第2次考试	期末考试	总分			
2	Davis	82	77	94	84.3			
3	Graham	66	80	75	73.7			
4	Jones	95	100	97	97.3			
5	Meyers	47	62	78	62.3			
6	Richardson	80	58	73	70.3			
7	Thomas	74	81	85	80			
8	Williams	57	62	67	62			
9								
10	平均分	71.6	74.3	81.3	75.7			
11								
12								
13								
14								
15								

图 2.25　学生的考试分数

单元格 E2 到 E8 包含每个学生的总分。这些四舍五入的平均值都是用类似的公式得到的。例如，计算单元格 E2 中所示值的公式为=ROUND(AVERAGE(B2:D2),1)；单元格 E3 的公式为=ROUND(AVERAGE(B3:D3),1)，等等。单元格 E10 中的值，代表学生总分的平均值，也是以类似的方式求得的(见下文的习题 2.18)。

例题 2.5　计算三角函数

假设我们希望使用 Excel 工作表计算下列代数公式(取自例题 1.1)：

$$v_x = v_0 \cos\theta$$
$$v_y = v_0 \sin\theta$$

其中角 θ 用弧度表示。注意，若 θ 最初以度表示，则只有先将其转换为弧度，才能求三角函数的值。

图 2.26(a)显示所需的 Excel 工作表。相应的单元格公式如图 2.26(b)所示。注意嵌入式函数的使用，例如：

= B3* COS(RADIANS(B5)) 和 = B3*SIN(RADIANS(B5))

可将弧度的转换和公式计算分开来做。比如公式：

$$= \text{RADIANS(B5)}$$

可能出现在单元格 B6 中，而公式：

$$= \text{COS(B6)} 和 = \text{SIN(B6)}$$

分别位于单元格 B7 和 B9 中。但是，我们在工作表中选择的方法更简洁。

图 2.26(a)　计算代数公式

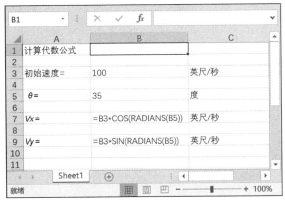

图 2.26(b)　对应的单元格公式

选择函数

可能有几种不同的方法来选择函数。你可以直接输入它，作为公式的一部分。如果你恰好记得确切的函数名，那么这种方法就可行。在这方面，Excel 通过在键入公式时显示函数列表来提供帮助。图 2.27 演示了在单元格 A2 输入不完整的公式=2*a 时会发生什么。要从列表中选择一个函数，只需要单击它；否则，继续输入所需的公式，直到完成为止。

图 2.27　输入公式时显示的函数列表

还可通过单击公式栏中的"函数"按钮 fx 来搜索函数。这将在一个单独的对话框中显示函数和类别列表，如图 2.28(a)所示。然后可以从附带的列表中选择一个类别和一个函数，如图 2.28(b)所示。

选定函数后，列表中就会列出函数的正确写法，例如 ABS 函数如图 2.28(a)和图 2.28(b)所示。如果你不记得要使用的函数的细节，这个功能就非常有用。

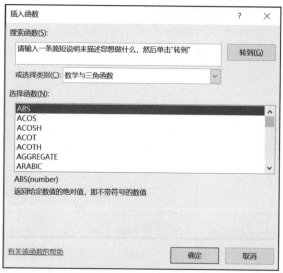

图 2.28(a)　搜索函数

图 2.28(b)　选择函数类别

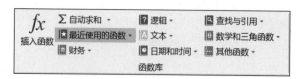

图 2.28(c)　"公式"选项卡中的函数库

还可从"函数库"中选择函数，该函数库位于功能区的"公式"选项卡中。图 2.28(c)显示了"函数库"中的图标组。如果单击 fx，就会生成如图 2.28(a)所示的函数列表。其余图标将分别生成对应于特定类别的函数列表。

习题

2.18 对于例题 2.4 中图 2.25 的工作表，请回答以下问题：

a. 写出生成单元格 C10 所示值的公式。

b. 写出生成单元格 E4 所示值的公式。

c. 写两个不同的公式，来生成单元格 E10 中显示的值。

2.19 对于例题 2.4 中给出的学生考试分数，假设前两次考试的分数分别占学生总分的 30% 和期末考试的 40%。

a. 针对这种情况，构建类似于图 2.25 所示的工作表。一定要在公式中包含新的权重因子。

b. 根据需要在 G 栏中计算每个学生的总分和班级平均分(即总分的平均值，如单元格 E10 所示)。

c. 在单元格 G10 中，计算单元格 G2 到 G8 的差值的平均值。你希望在这里看到的值是多少？为什么？

2.20 修改你对习题 2.15 所做的解答，用含有 SQRT 函数的公式来计算 d_2。

2.21 创建 Excel 工作表，计算下列代数表达式。请用适当的 Excel 函数计算每个表达式。

a. $y = 4e^{-3x}$，其中 $x = 0.3$。

b. $z = \sqrt{\left| x^2 - y^2 \right|}$，其中 $x = 2.5$ 且 $y = 3.7$。

注意，这个表达式需要两个不同的 Excel 函数——一个用来求 $x^2 - y^2$ 的绝对值，另一个用来求绝对值的平方根。

c. $y = 2\sin(3\theta)$，其中 $\theta = 27$ 度。

注意，这个表达式需要两个不同的 Excel 函数——一个将 θ 从角度转换为弧度，另一个将确定 θ 的 sin 值(参见例题 2.5)。

2.22 Excel 工作表包含如图 2.29(a)所示的公式。这些公式生成的数值结果如图 2.29(b)所示。无论你何时按下 F9 键，计算值都会发生变化。

这个工作表的目的是什么？

E4		▼	f_x
	A	B	C
1	一	二	和
2	=RAND()	=RAND()	
3	=INT(6*A2)+1	=INT(6*B2)+1	**=A3+B3**
4			

图 2.29(a)　包含的公式

E4		▼	f_x
	A	B	C
1	一	二	和
2	0.330244	0.542368	
3	2	4	6
4			

图 2.29(b)　数值结果

2.23 工程师在系统分析和设计中经常使用复数。复数可写成 $x + y\mathrm{i}$ 或 $x + y\mathrm{j}$ 的矩形形式，其中 x 和 y 分别是复数的实部和虚部，都是实数。i 和 j 是虚部的后缀。复数也可以用大小 ($m = |x + y\mathrm{i}| = \sqrt{x^2 + y^2}$) 和相位 ($\phi = \tan^{-1}(y/x)$) 表示为极坐标或指数形式。反过来，$x$ 和 y 也可以由大小和相位 ($x = m\cos\phi$ 且 $y = m\sin\phi$) 得到。请建立一个如图 2.30 所示的 Excel 工作表，使得当在单元格 B5、B6、B9 和 B10 中输入值时，工作表能用单元格 D5、D6、D9 和 D10 中的公式和 Excel 函数生成要确定的值。注意，数字必须显示两位小数，并且用 Excel 公式将相位的单位转换成度(ϕ(弧度)=$\phi \times (180/\pi)$(度)，或者 ϕ(度)=$\phi \times (\pi/180)$(弧度))。

	A	B	C	D
1			复数 = $x + y*$i = $x + y*$j	
2			(其中 x = 实部, y = 虚部, 它们都是实数)	
4	已知:		求解	
5	x (实部):		模 (m=sqrt(x^2 + y^2)):	
6	y (虚部):		相位 (ϕ =arctan(y/x), 单位度):	
7				
8	已知:		求解	
9	m (模):		x (=m*cos(ϕ)):	
10	ϕ (相位, 单位度):		y (=m*sin(ϕ)):	
11				

图 2.30 工作表

2.8 保存和恢复工作表

要是第一次保存工作表，请单击"文件"选项卡，选择"另存为"，然后单击"浏览"按钮(参见图 2.31)。此后会出现"另存为"对话框，如图 2.32 所示。此对话框允许你指定文件的位置(即文件夹)以及文件名和文件类型。文件夹选项出现在对话框顶部，其余选项出现在底部附近(见图 2.32)。

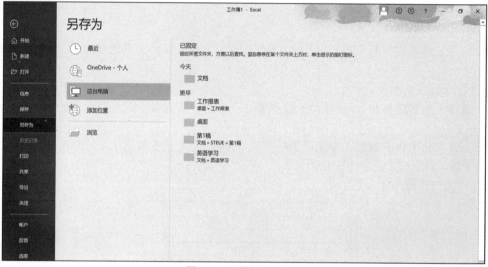

图 2.31 "另存为"窗口

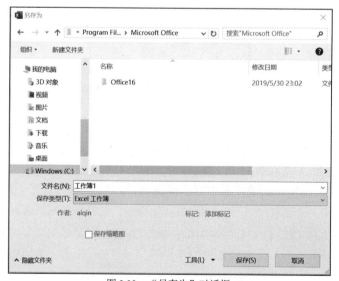

图 2.32 "另存为"对话框

当选择文件类型时，通常选择"Excel 工作簿"。但是，如果希望与旧版本的 Excel 保持兼容，你可能更喜欢"Excel 97-2003 工作簿"。请注意，"Excel 工作簿"文件的扩展名是.xlsx，而"Excel 97-2003 工作簿"文件的扩展名是.xls。

可通过单击"文件"选项卡并选择"保存"来保存先前保存的工作表的当前版本，也可以通过单击快速访问工具栏中的"保存"图标(参见图 2.2)来保存当前版本的工作表。

例题 2.6　保存工作表

假设你希望在名为 My Designs 的文件夹中以 Sample Bridge Design 为名保存一个工作表。图 2.33 显示了"另存为"对话框中的正确条目。请注意，位置(My Designs)显示在对话框的顶部。在"文件名："中输入的工作表名称靠近底部的输入区域。扩展名(.xlsx)不需要输入，它将自动添加，因为工作表会被保存为 Microsoft Excel 工作表(*.xlsx)文件，如对话框底部所示。

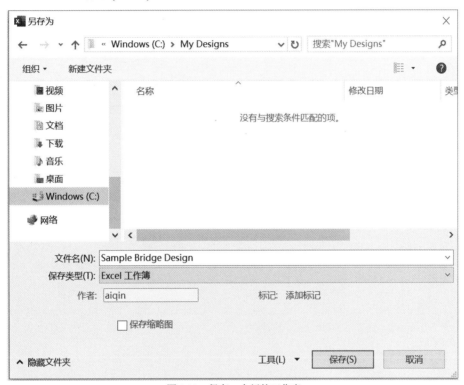

图 2.33　保存一个新的工作表

如果自上次保存以来工作表以任何方式发生了更改，且你想退出 Excel，那么首先会看到一个对话框，询问你是否在退出之前保存工作表的当前版本。如果你回答"是"，将出现"另存为"对话框，提示你输入文件名和存储位置。这个功能的目的是防止你在不保存最新工作的情况下退出 Excel，从而丢失自上次保存以来所做的任何更改。

你应该在构建或编辑工作表时经常保存这些更改。这将使意外断电或对保存提示的粗心回复(例如，回答了"否"而不是"是")所造成的损害最小化。

恢复工作表

要恢复之前保存的工作表，请单击"文件"选项卡然后选择"打开"。这会出现如图 2.34 所示的"打开"窗口。如果你要找的工作表出现在窗口右侧，只需要单击它，工作表就会打开。否则，单击"浏览"按钮，会出现"打开"对话框，如图 2.35 所示。然后可以选择当前位置中的已有工作表，或者也可以用对话框顶部的控件转移到其他位置。

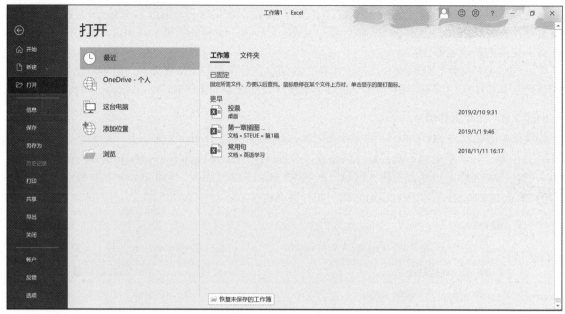

图 2.34 "打开"窗口

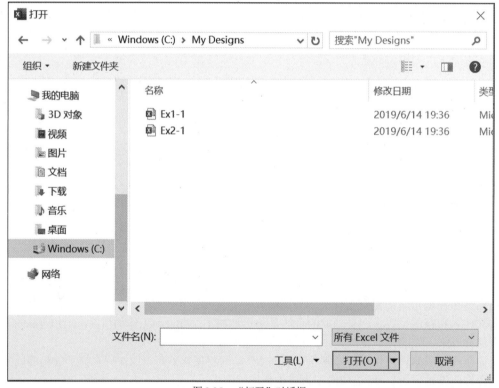

图 2.35 "打开"对话框

2.9 打印工作表

完成并编辑工作表后,你可能希望将其打印在纸上。在 Excel 中,你可以打印当前工作表、工作表的任意一部分或者整个工作簿。要打印当前工作表,只需要单击"文件"选项卡并选择"打印"。这将打开"打印"窗口,如图 2.36 所示。"打印"窗口的右半部分将显示工作表的预览视图(如果工作表很大,则只显示工作表的一部分)。左半部分允许你选择打印机,并指定如何进行打印(即包括打印哪一页、单面或双面、纵向或横向、份数等)。

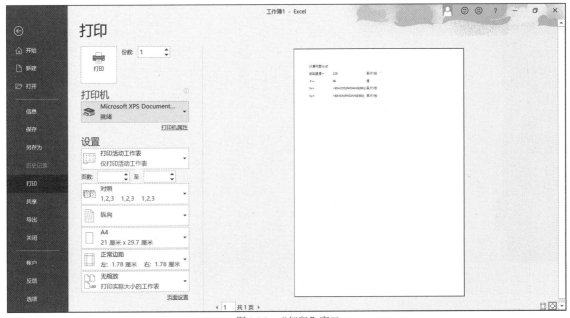

图 2.36　"打印"窗口

底部的选项尤其值得注意,因为它允许你指定打印输出的大小(以及将显示多少信息)。例如,如果工作表的宽度大于纸张的宽度,则可以选择将所有列放在一个页面上。你还可以选择将所有行放在一个页面上,或者可将整个工作表打印在单个页面上。

通过单击"打印"窗口底部的"页面设置",还可以使用其他打印选项。

要想打印工作表的某一部分(即工作表中的一块单元格),必须首先选择要打印的单元格。为此,只需要将鼠标拖动到工作表中所需的单元格上。然后从打印选项列表中的第一个控件中选择"打印活动工作表"。单击向下的箭头可以发现其他选项。

例题 2.7　打印工作表

以两种不同的方式打印如图 1.1 所示的 Excel 工作表:

a. 与正常显示的一样,不要网格线和行/列标题。

b. 使用网格线和行/列标题。

要确保所有列都适合放在一个页面上。换句话说,确保没有任何内容超出第一个打印页面的右边缘。

图 2.37 显示了 a 中指定的打印工作表的设置。注意窗口底部的设置"将所有列调整为一页"。单击"打印"按钮(靠近左上角)就能生成实际输出。

打印出的工作表如图 2.38 所示。请注意实际打印输出与图 2.37 所示的预览之间的相似性。

要显示网格和行/列标题,请单击"打印"窗口底部的"页面设置"(参见图 2.37)。然后出现"页面设置"对话框,如图 2.39 所示。注意,在"工作表"选项卡中选中"网格线"和"行和列标题"复选框。单击"确定"按钮,然后生成如图 2.40 所示的打印输出。

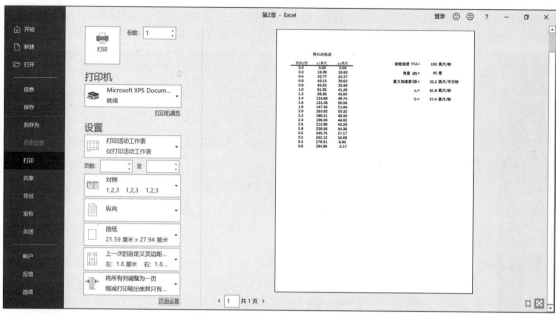

图 2.37 "打印"窗口，另一个视图

弹丸的轨迹

时间/秒	x/英尺	y/英尺
0.0	0.00	0.00
0.2	16.38	10.83
0.4	32.77	20.37
0.6	49.15	28.62
0.8	65.53	35.58
1.0	81.92	41.26
1.2	98.30	45.65
1.4	114.68	48.74
1.6	131.06	50.56
1.8	147.45	51.08
2.0	163.83	50.32
2.2	180.21	48.26
2.4	196.60	44.92
2.6	212.98	40.29
2.8	229.36	34.38
3.0	245.75	27.17
3.2	262.13	18.68
3.4	278.51	8.90
3.6	294.89	-2.17

初始速度 (v_0) = 100 英尺/秒

角度 (θ) = 35 度

重力加速度 (g) = 32.2 英尺/平方秒

v_x = 81.9 英尺/秒

v_y = 57.4 英尺/秒

图 2.38 打印的工作表的图像

图 2.39 "页面设置"对话框

	A	B	C	D	E	F	G	H	I
1		弹丸的轨迹							
2									
3	时间/秒	x/英尺	y/英尺			初始速度（V_0）=		100	英尺/秒
4	0.0	0.00	0.00						
5	0.2	16.38	10.83			角度（θ）=		35	度
6	0.4	32.77	20.37						
7	0.6	49.15	28.62			重力加速度（g）=		32.2	英尺/平方秒
8	0.8	65.53	35.58						
9	1.0	81.92	41.26				$V_x=$	81.9	英尺/秒
10	1.2	98.30	45.65						
11	1.4	114.68	48.74				$V_y=$	57.4	英尺/秒
12	1.6	131.06	50.56						
13	1.8	147.45	51.08						
14	2.0	163.83	50.32						
15	2.2	180.21	48.26						
16	2.4	196.60	44.92						
17	2.6	212.98	40.29						
18	2.8	229.36	34.38						
19	3.0	245.75	27.17						
20	3.2	262.13	18.68						
21	3.4	278.51	8.90						

图 2.40 添加网格和行/列标题

习题

2.24 重构如图 2.18 所示的工作表，并采用下列方式打印工作表：

a. 以标准打印输出方式，先依次单击"文件""打印"，然后单击"打印"按钮。

b. 使用"页面设置"功能显示网格线以及页面和列标题。

2.25 重构如图 2.25 所示的工作表，并以下列方式打印工作表：

a. 以正常方式打印在一页纸上(不包括网格线，不包括行/列标题)。

b. 包括网格线和行/列标题。

c. 只显示单元格 B1 至 E8。

第 **3** 章

编辑 Excel 工作表

在第 2 章，我们学习了创建 Excel 工作表的基础知识。现在我们主要关注编辑已有工作表的基础知识，包括复制单元格、移动单元格、移动单元格公式，插入和删除一个单元格、一行和一列，以及设置一个单元格或一组单元格的格式(即改变其外观)。我们还将了解智能标记和超链接，以及如何在工作表中显示单元格公式。

3.1 编辑工作表

许多电子表格操作是在单元格块(即包含一行、一列或若干相邻行或列中的一组相邻单元格)上进行的。例如，你可能希望用一列数字创建图形、对一列名称进行排序、打印数据块，或者将数据块从工作表的一个位置移动到另一个位置。Excel 有许多编辑命令，可供你完成这些块类型操作。

选择单元格块

要在 Excel 中处理单元格块，必须首先选择单元格，然后执行所需的操作。选择多个单元格最好用鼠标进行。要选择单元格块，请将光标移动到单元格块的一角，然后按住鼠标左键，并在工作表中将鼠标拖动到对角。这样就选择了整块单元格，即这个单元格块将突出显示。

Excel 还允许你选择几组不相邻(即物理上相互分离)的单元格。为此，请先按照常规方式选择第一个单元格。然后按住 Ctrl 键，再选择其余非相邻的单元格。不相邻的单元格块也可以采用相同的方式来选择，即先按照常规方式选择第一个单元格块，然后按住 Ctrl 键选择其余块。

还可通过单击"全选"按钮(位于左上角的空白按钮，即正好位于列标题的最左侧和行标题的最上方)来选择整个工作表。或者可先同时按住 Ctrl 和 Shift 键，然后按下空格键(或在 Macintosh 电脑上用 Command+Shift 键和空格键)。

Excel 能自动显示平均值、计数值(即数值的个数)，显示包含数值的选定单元格块内的数值和。这些结果都出现在状态栏中。

例题 3.1 选择单元格块

在例题 2.4 所示的学生考试分数工作表中，请选择从单元格 B2 斜向扩展到单元格 E10 的单元格块。

图 3.1 中再次显示了原先在图 2.25 中出现过的工作表，并且选中了所需的单元格块。操作方法为：首先使单元格 B2 处于活动状态，然后按住鼠标左键，并沿对角线向下拖动到单元格 E10。

请注意，整个选中的部分将突出显示(背景色发生了变化)。单元格 B2 现在是活动的，这就是为什么它的外观不同于块中的其他单元格。它的值(数值常数)同时出现在公式栏和单元格中。

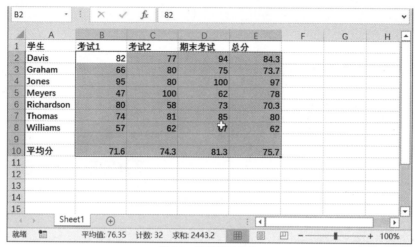

图 3.1 选择单元格块

请注意状态栏中的信息,这些总体值与单元格块的各个值相关。

清除单元格块

清除单元格块的方式与清除单个单元格一样(请记住,当清除单元格后,单元格内的所有信息都将丢失)。要清除单元格块,请先选中该单元格块,然后按 Delete 键。或者在功能区的"开始"选项卡中单击"编辑"组中的"清除"按钮,如图 3.2 所示。然后选择"全部清除"或"擦除内容"。

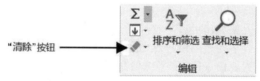

图 3.2 "开始"选项卡中的"编辑"组

通过拖动将单元格复制到相邻的单元格块中

通过移动,可以很容易地将常数或公式从一个单元格复制到相邻的一块单元格中。为此,请按照以下步骤进行操作:

1. 选择要复制的单元格。
2. 将鼠标指针放在(或靠近)单元格右下角的小正方形上(当鼠标指针位置正确时,其外观将变为+号)。
3. 按住鼠标左键,将选择的单元格拖动到期望的所有目标单元格上。
4. 松开鼠标按钮。原始单元格的内容就被复制到目标单元格,并且覆盖了目标单元格原先的所有信息。

现在假设要将一个数值常数复制到相邻行或相邻列中的一个或多个单元格中。如上所述,将原始常数拖动到目标单元格会导致常数复制到目标单元格。但如果在拖动时按住 Ctrl 键,目标单元格将被自动填充为连续递增的数值。因此,如果单元格包含常数 5,而且拖动单元格 A1 至单元格 A2、A3、A4 时同时按住 Ctrl 键,就会将数值 6、7 和 8 填入这些目标单元格。

如果被复制的对象是公式而不是常数,那么公式中的单元格地址值就将自动调整,以适应每一个新的单元格位置(除非使用绝对寻址,这将在接下来的 3.3 节中进行讨论)。这就为使用自调整重复公式填充工作表提供了一种非常方便的方法,下面的例题将展示这一点。

例题 3.2 通过复制单元格来准备表格

准备一个包含 y 相对于 x 的表格的 Excel 工作表,其中:

$$y = 2x^2 + 5$$

且 $x = 0, 1, 2, \cdots, 10$

图 3.3 显示了构建早期阶段的工作表。请注意，单元格 A4 中已经输入了常数 0。此外，请注意鼠标标记位于单元格 A4 的右下角，其形状变成+号。

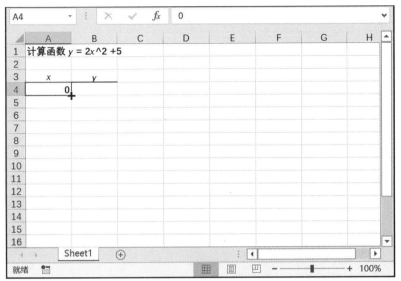

图 3.3　复制连续数字列表时的第一步

现在按住 Ctrl 键和鼠标左键，并将鼠标一直拖动到 A14。图 3.4 显示了生成的工作表结果。请注意，从 1 到 10 的值分别被复制到单元格 A5 到 A14 中。

接下来在单元格 B4 中输入公式"=2*A4^2+5"，这导致该单元格的值为 5(见图 3.5)。然后将这个公式复制到单元格 B5 至 B14。这可以通过按住鼠标左键并在单元格 B5 到 B14 之间拖动单元格 B4 来完成。然后就出现了 7,13,23,…,205 等值，如图 3.5 所示(注意，在复制公式时，不必按住 Ctrl 键)。

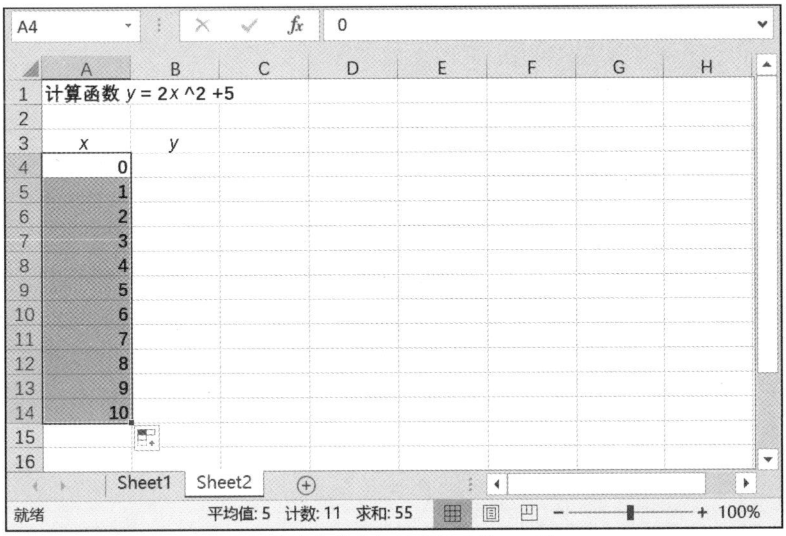

图 3.4　将连续数字复制到单元格 A5 至 A14

这样就生成了所需的表格。注意，我们只输入了一个数值常数(在单元格 A4)和一个公式(在单元格 B4)。该表格的其余部分是通过将适当的信息复制到其余单元格中获得的，从而大大简化了整个过程。

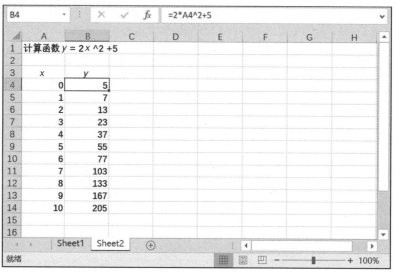

图 3.5　将公式从单元格 B4 复制到单元格 B5 至 B14

将一个单元格块复制到不相邻的单元格

你可以通过以下四个步骤，将一个单元格块从工作表的一个部分复制到另一个部分：

1. 选择要复制的一块单元格。

2. 在功能区的"开始"选项卡中，单击"剪贴板"组中的"复制"图标(见图 3.6)。然后，选定单元格周围的边框将出现移动点，这表明该块已准备好被复制。

3. 将鼠标指针移动到新位置的左上角单元格。

4. 按下 Enter 键，或单击"剪贴板"组中的"粘贴"图标。就会将原始单元格块复制到新位置。复制的单元格块将覆盖新位置中的原始单元格。

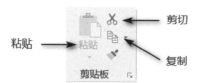

图 3.6　"开始"选项卡中的"剪贴板"组

还可通过将单元格块从原始位置拖动到新位置，实现将单元格块从一个位置复制到另一个位置。为此，请按下列方式进行：

1. 选择要复制的单元格块。

2. 将鼠标指针移动到选定的单元格边界上的任何点(请注意，指针的形状随之变为箭头)。

3. 同时按住 Ctrl 键和鼠标左键，将选中的块拖动到新位置。

4. 松开鼠标按钮。原始单元格块就被复制到新位置。再次注意，复制的单元格块将覆盖新位置中原来的单元格。

移动单元格块

将单元格块从一个位置移动到另一个位置的操作与复制操作类似。因此，要将一个单元格块从一个位置移到另一个位置，需要执行以下四个步骤：

1. 选择要移动的单元格块。

2. 在功能区的"开始"选项卡中，单击"剪贴板"组中的"剪切"图标(见图 3.6)。然后，所选单元格周围的边框将出现移动点，这表明块已准备好移动。

3. 将鼠标指针移动到新位置的左上角单元格。

4. 按下 Enter 键，或单击"剪贴板"组中的"粘贴"图标。然后原始单元格块将被移动到新位置，并覆盖之前的单元格。原始位置将为空。

你也可以通过拖动实现单元格块的移动。为此，请按下列步骤进行：

1. 选择要复制的单元格块。
2. 将鼠标指针移动到选定单元格边界上的任何点(再次注意，指针的形状将变为箭头)。
3. 按住鼠标左键并将选定的块拖动到新位置。
4. 松开鼠标按钮。原始单元格块就被移到新位置，并覆盖该位置的原始单元格。

3.2　取消更改

如果在将单元格块从一个位置复制或移动到另一个位置后又改变了主意，则可以通过单击位于快速访问工具栏中的"撤消"图标(逆时针方向的箭头)来撤消更改(即将工作表恢复至之前的状态)。事实上，"撤消"并不局限于撤消单元格移动——还可用来撤消许多其他的编辑更改。因此，"撤消"总是针对最后一次编辑更改(如"撤消粘贴""撤消删除"等)。此外，撤消功能可以重复使用，从而能够类似地撤消最近执行的一系列编辑更改。

类似地，可使用"恢复"箭头(位于快速访问工具栏中紧邻"撤消"按钮的顺时针箭头)来抵消上一个"撤消"的效果。也可以重复用它来取消一系列撤消操作。

还可用 Ctrl+Z 命令通过键盘执行撤消操作，也可以按 Ctr+Y 键执行恢复操作。

3.3　复制和移动公式

复制或移动公式时必须特别小心。例如，假设单元格 Cl 包含公式"=A1+B1"。这表明单元格 C1 将包含其左侧两个单元格的数值之和。现在假设要将单元格 C1 的内容(公式)复制到单元格 C2。则公式将自动变为=A2+B2，因此单元格 C2 的值也等于其左侧两个单元格数值之和。以这种方式编写的单元格地址称为相对地址，因为当包含该地址的公式复制到另一个单元格时，公式里的地址会自动更改。

相对与绝对单元格地址

单元格 C1 中的公式也可以写成不同的形式，比如"=$A$1+$B$1"。以这种方式编写的单元格地址(行号和列标题前面都有美元符号)称为绝对地址。当包含该地址的公式被复制或移动到其他位置时，绝对地址不会改变。因此，如果将单元格 C1 的内容复制到单元格 C2，则单元格 C2 中的公式与单元格 C1 中的公式相同：即"=$A$1 + $B$1"。

单个单元格公式还可同时包含相对地址和绝对地址，例如"=$A$1+B1"($A$1 是绝对地址，但 B1 是相对地址)，或者$A1+$B1(列标题$A 和$B 是绝对的，但是行号是相对的)。如果将这些公式复制到另一个单元格，相对地址将自动更改，但绝对地址将保持不变。因此。如果公式"=$A$1+B1"从单元格 C1 复制到单元格 El。单元格 E1 中的公式就是=$A$1+D1。某些情况下需要使用这种包含混合地址类型的公式。

用 F4 键在相对单元格地址和绝对单元格地址之间切换

在公式中输入单元格地址时，功能键 F4 可用于在相对、绝对以及混合相对/绝对寻址之间进行切换。这是非常方便的，因为它避免了输入$符号的麻烦。举个例子，假设你已输入公式"=Al+B1"。如果在公式中高亮显示 A1 并按下 F4 键，那么公式将变为"=$A$1+B1"(请注意 A1 已变更成$A$1——绝对地址)。再次按下 F4 键，公式又变成"=A$1+B1"。再按一次 F4 键，公式就变成"=$A1+B1"。最后，再按一次 F4 键即可恢复到原公式，即"=A1+B1"。

不需要突出显示整个单元格地址，就可以这样使用 F4 键。可以简单地将鼠标光标放在地址前面(在

A 的前面)、地址中间(在 A 和 1 之间)或地址后面(在 1 的后面),或者,可以在一个公式中突出显示多个单元格地址,并用 F4 键同时切换它们。因此,如果突出显示整个公式"=Al+B1"并按下 F4 键,那么公式将变成"=$A$1+$B$1"。如上所述,也可以进行多次切换。

移动公式

如果是移动公式而不是复制公式,那么公式中所有的单元格地址都将保持不变。因此,当移动公式时,单元格地址是写成相对地址还是绝对地址并不重要。

另外,当目标单元格(即被公式引用的单元格)移动时,无论单元格引用是相对的还是绝对的,公式都将自动更改以适应该移动。例如,假设单元格 C1 包含公式"=A1+B1"。现在假设单元格 Al 的内容移到单元格 B5,那么 C1 单元格中的公式将自动变为"=B5+B1"。此外,如果原公式是"=Al+B1",那么公式就变成"=$B$5+B1"。因此,如果公式中引用的单元格发生更改,那么绝对地址和相对地址都会自动更改。

处理单元格公式并不像看起来那么复杂。请记住,在大多数基本应用程序中,采用相对单元格寻址通常是合适的。在将公式从一个单元格位置复制到另一个单元格位置时要特别小心。

3.4　插入和删除行和列

有时要在现有工作表中插入一个或多个行或列,并且不破坏工作表中当前的任何信息。要在工作表中插入一行,请单击新行所在的行号(位于工作表最左侧)。然后,在功能区"开始"选项卡的"单元格"组中单击"插入"(见图 3.7)。或者,可右击行号或新行中的任何一个单元格。然后,从下拉菜单中选择"插入行"。在这两种情况下,都会在选定的行位置插入一个新的空行。原先占据这一行的信息以及它下面的所有行都将被"下推",这样工作表中原有的信息就不会丢失。公式中出现的单元格地址也将自动根据移动的各行的新位置进行调整。

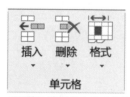

图 3.7　"开始"选项卡中的"单元格"组

插入行块的方式与此相同。首先将鼠标拖动到包含新行的行号处(在工作表的左侧)。然后,在功能区的"开始"选项卡的"单元格"组中单击"插入"图标。或者,可在一列中选择垂直的单元格块,并指示新行的位置。然后单击"单元格"组中的"插入"|"插入工作表行",将新行插入工作表中。或者,选择将包含新行所在的行号(在工作表的左侧)。然后右击所选行号中的任意一个,并从弹出的下拉菜单中选择"插入行"。于是,这些行及其下的所有行中的信息都被"下推"到插入点以下。公式中出现的单元格地址将根据移动行的新位置自动进行调整。

图 3.8(a)和图 3.8(b)说明了在工作表中插入两个新行之前和之后的外观。请注意在插入点以下通过移动行(及其下面的所有行),为新行腾出空间的方式。

插入列与插入行的方式相同。要插入单个列,请单击将插入新列的列字母(在工作表顶部)。然后,在功能区的"开始"选项卡的"单元格"组中单击"插入"(见图 3.7)。或者,你可右击列字母或新列位置中的任何单元格。然后从下拉菜单中选择"插入"。在上述两种情况下,都将在所选列的位置插入一个新的空列。原先占据选定列的信息及其右边的所有列都将被"向右推一列",以便保留工作表中的原有信息。在所有已有公式中出现的单元格地址,都将根据需要自动调整。

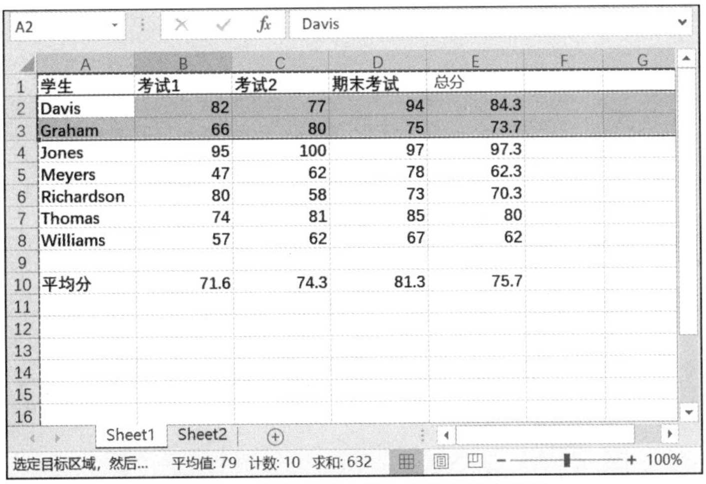

图 3.8(a)　准备在第 2 行上面插入两个新行

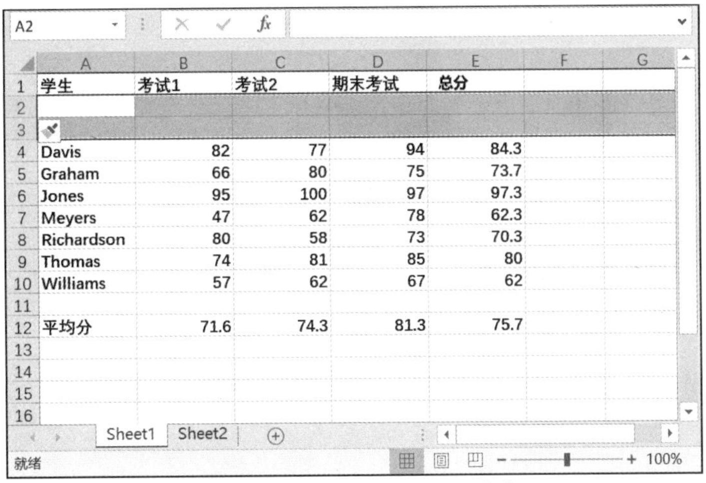

图 3.8(b)　插入两个新行后的工作表

插入列块的过程与插入单个列的过程非常相似。首先将鼠标拖过包含新列的列字母(位于工作表顶部)。然后在功能区的"开始"选项卡的"单元格"组中单击"插入"图标(见图 3.7)。或者，你可以选择一行中的水平单元格块，这指示新列将插入的位置。然后单击"单元格"组中的"插入"|"插入工作表列"，从而将新列插入工作表中。或者，选择包含新列的列字母(位于工作表的顶部)。然后右击所选列中的任意一个字母，并从弹出的下拉菜单中选择"插入"，将新列插入到工作表中。原先位于这些列及其右边所有列的信息都将被"推到右边"，从而确保不丢失信息。公式中出现的单元格地址将根据被移动列的新位置自动调整。

从工作表中删除行和列的方式与插入行和列的方式基本相同。因此，要删除某一行，可以右击行号或行中的任何单元格，并从弹出的菜单中选择"删除行"。或者，也可以选择行中的任何单元格，然后从功能区的"开始"选项卡的"单元格"组中选择"删除"|"删除工作表行"。

要删除行块，请将鼠标移至行号上方，然后单击"单元格"组中的"删除"图标。还可以先在不需要的行中选择一组相邻的单元格，再从"单元格"组中选择"删除"|"删除工作表行"。

类似地，通过在列字母上拖动鼠标并单击"单元格"组中的"删除"图标，就可以删除列块。或者可以在不需要的列中选择一组相邻的单元格，并从"单元格"组中选择"删除"|"删除工作表列"。

请记住，在工作表中删除行或列将导致工作表中的信息丢失。

如果你无意中做了一次不必要的删除操作，那么可以"撤消"这次删除，从而恢复被删除的信息。为此，请单击功能区下方快速访问工具栏中的"撤消"箭头(指向后方的箭头)，或按 Ctrl+Z 键。注意，撤消必须在删除之后立即执行。

请注意，引用已删除行或已删除列的任何单元格公式都会导致错误消息。

习题

3.1 用下列方法修改习题 2.17 中的工作表。

a. 在物料清单中插入两个空行，并输入下列附加项。

EG4791	E-Switch	按钮开关	8	0.40 美元
ISE1212A	12V DC/DC 变换器	12V DC-to-DC 转换器，1W	1	1.50 美元

b. 通过拖动填充而不是复制-粘贴来输入公式。确保对总和做了适当的更改。

c. 移动表格的行，按照从最大到最小的顺序列出各项目。

d. 将页面设置从竖向更改为横向，以便将整个表格打印在一页中。

3.5 插入和删除单个单元格

我们还可在工作表中插入和删除单个单元格。单元格插入操作会使现有单元格向右或向下移动。要插入一个或多个相邻的单元格，首先选择新单元格的位置；然后从功能区的"开始"选项卡的"单元格"组中选择"插入" | "插入单元格"；当出现"插入"对话框时，指定是将现有单元格右移还是下移。还可以右击所选的单元格，以弹出"插入"对话框。单元格插入过程如图 3.9(a)~图 3.9(c)所示。请注意，单元格 C4:E5 的内容已经转移到单元格 D4:F5。

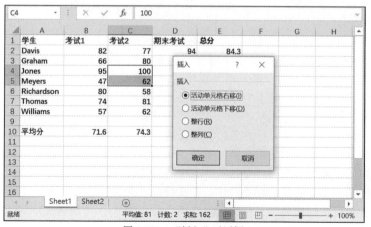

图 3.9(a) 准备在单元格 C4 和 C5 之间插入两个单元格

图 3.9(b) "插入"对话框

学生	考试1	考试2	期末考试	总分	
Davis	82	77	94	84.3	
Graham	66	80	75	73.7	
Jones	95		100	97	97.3
Meyers	47		62	78	62.3
Richardson	80	58	73	70.3	
Thomas	74	81	85	80	
Williams	57	62	67	62	
平均分	71.6	74.3	81.3	75.7	

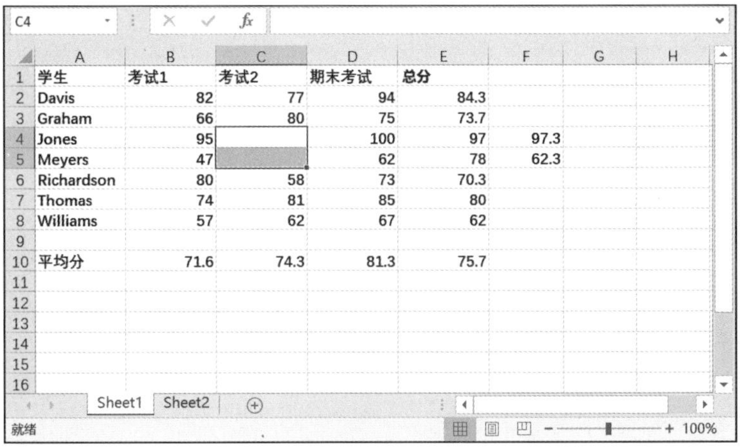

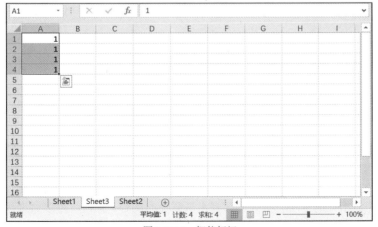

图 3.9(c)　插入两个新单元格后的工作表

单元格删除的过程与此类似。只需要选择待删除的单元格块，并从功能区的“开始”选项卡的“单元格”组中选择“删除/删除单元格”。当出现“删除”对话框时，指定是将相邻的单元格向左移动还是向上移动(从而填充删除后产生的空单元格)。你也可以右击选中的单元格以显示“删除”对话框。

你应该认识到，删除单元格与清除单元格并不相同。当删除的单元格被位于其他位置的公式所引用时，这种区别非常重要。例如，假设单元格 A1 和 B1 分别包含了数字 10 和 20，单元格 C1 包含公式=A1+B1。那么单元格 C1 中将出现值 30(10+20=30)。现在假设 A1 单元格被清除，那么它的数值将变为 0，因而单元格 C1 中显示的值将为 20(0+20=20)。但是，如果单元格 A1 是被删除的，那么单元格 C1 中的公式将指示错误，因为对单元格 A1 的引用是无效的。

当插入或删除单元格时，请记住，所有剩余单元格公式的响应方式与插入或删除整行或整列相同。因此，对于任何因插入而错位的已有单元格，引用了它们的公式都将自动调整。任何引用了已删除单元格的公式都会产生错误消息。

3.6　智能标记

Excel 的最新版本包括智能标记——小按钮，它们能提供各种方便的编辑和纠错选项。智能标记能够自动出现，以便响应用户采取的各种行动。例如，图 3.10(a)显示了一个工作表，其中单元格 A1 中的信息(常数 1)被复制到单元格 A2~A4 中。单元格 A4 旁边显示了一个智能标记，以便响应复制操作。单击智能标记，就可以看到显示的选项，如图 3.10(b)所示。

图 3.10(a)　智能标记

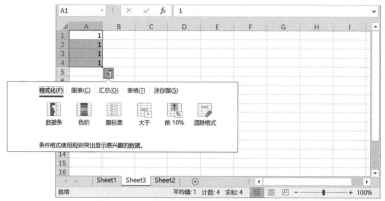

图 3.10(b)　单击"智能标记"时可用的选项

　　智能标记很方便,但它们也可能具有侵入性,因为它们往往会频繁出现,而且很难删除。尤其是初学者,可能会觉得它们很烦人。可通过以下步骤禁用智能标记。

- 单击"文件"选项卡按钮并选择"选项"。然后从生成的"Excel 选项"对话框的左侧面板中选择"高级",如图 3.11 所示。定位到"剪切、复制和粘贴"组,取消选中"粘贴内容时显示粘贴选项按钮"和"显示插入选项按钮",如图 3.11 所示,然后单击对话框底部的"确定"按钮。

图 3.11　"Excel 选项"对话框的"高级"选项卡

3.7　调整列宽

　　我们可通过更改一个或多个列的宽度来改进工作表的外观,特别是当某一列包含非常短的数字(如两位或三位数)、非常长的数字或长字符串时。你可单独更改列宽,也可组合更改列块的宽度。

　　更改单个列宽的最简单方法是拖动。为此,将鼠标指针放在包含列标题(A、B、C 等)的行上,位于所需列的右边缘。此时指针的形状会更改为带有水平箭头的加号。然后,可以通过按住鼠标左键并将列沿所需方向拖动来更改列的宽度。

　　如果单元格太窄而无法显示数字,Excel 将尝试自动加宽列,以便显示该数字。然而,有些数字格式可能会阻止这种情况的发生。这种情况下，可能出现几个井字符(如###)来代替数字。要纠正这种情况，只需要拖动列标题，使列更宽既可。

列的宽度也可从功能区的"开始"选项卡中更改。为此，单击"单元格"组内的"格式"图标(参见图 3.7)，然后选择"列宽"。这将显示一个对话框，要求输入列宽。或者，可单击"格式"图标然后选择"自动调整列宽"。将自定义列宽度调整到与当前活动单元格中的数据项同宽(双击列标题的右边缘也可以激活"自动调整列宽")。要将列宽度恢复到其原始(默认)大小，只需要从"格式"图标中选择"默认宽度"即可。

可更改某个列块的宽度，方法是首先在任意行中选择一组相邻的列标题或一组相邻的单元格，然后从"单元格"组中的"格式"图标中选择"列宽"。还可从"格式"图标中选择"自动调整列宽"。但请注意，"自动调整列宽"将分别调整各列的大小，以适应每个数据项。

3.8　格式化数据项

改善工作表外观的另一种方法是在单个单元格中格式化数据项。格式化是指数值的外观、单元格内数据项的对齐方式、字体的选择等。在第 2.4 节中，我们了解到可以通过单击功能区"开始"选项卡"数字"组中的图标来执行一些简单的数字格式化(参见图 2.9)。我们还学习了如何访问"设置单元格格式"对话框(参见图 2.10 或图 3.12)，单击控件顶部向下的箭头即可。"设置单元格格式"对话框也可以通过其他方式打开，在功能区的"开始"选项卡中选择"单元格"组，然后单击"设置单元格格式"图标，或者直接右击数据项，选择"设置单元格格式"。

要格式化数据项，必须首先选择数据项。还可选择一组相邻的数据项。然后，从功能区的"开始"选项卡中选择"单元格"组。通过"单元格"组中的"格式"图标启动"设置单元格格式"，这将弹出如图 3.12 所示的"设置单元格格式"对话框。然后，可以在对话框中选择适当的选项卡("数字""对齐""字体"等)来执行所需类型的格式化。

图 3.12　"设置单元格格式"对话框的"数字"选项卡

选择"数字"选项卡可以看到不同的数值格式，如图 3.12 所示。对所有这些格式的详细讨论已经超出了本章的范围。然而，在大多数技术应用中，"数值"和"科学记数"类别是最常用的，这两个选择都允许指定显示的小数位数。请记住，计算结果中有效数字的总数不应超过相关输入数据中有效数字的总数；这通常会限制小数位数。如有必要，"数字"格式还允许在数字中插入逗号。还可以尝试用其中几种格式代码设置工作表中一些数字的格式。

单元格对齐是另一个有用的格式化特性。在这里，我们首先关注的是单元格内数据项的水平和/或垂直对齐。要对齐单元格，首先选择一个或多个单元格，然后从"设置单元格格式"对话框中选择"对齐"选项卡来更改，如图 3.13 所示。最后可从显示的选项中选择所需的"水平对齐"和"垂直对齐"功能。"文字方向"也可从这个对话框中选择。

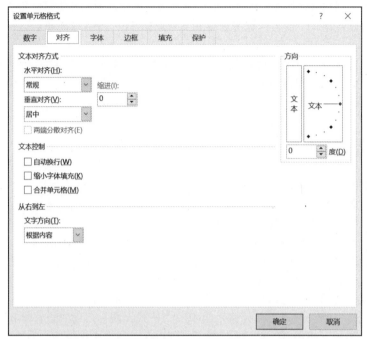

图 3.13　"设置单元格格式"对话框的"对齐"选项卡

习题

3.2 图 3.14 中 RC 电路中的开关代表数码相机的快门按钮。当快门在 $t=0$ 时按下，电容器将其电能重新分配给闪光灯，以电阻 R 表示，从而产生短暂但强烈的光。为使闪光灯正常工作，其电压应至少 1.8V，至少 10ms。设计显示，当 $t>0$ 时，闪速电压为 $V(t) = 3\mathrm{e}^{-\frac{t}{RC}}$，其中 $R= 62\Omega$，$C= 320\mu\mathrm{F}$。

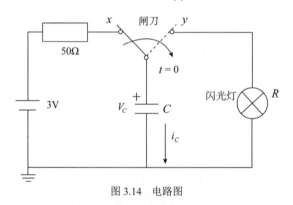

图 3.14　电路图

a. 构造如图 3.15 所示的 Excel 工作表，在单元格 E6 中编写 Excel 公式，计算并显示 $t=0$ms 时的闪速电压，输入给定设计的参数值，即 R 取单元格 B6 的值，C 取单元格 B7 的值。确保正确使用绝对地址和相对地址。将用单元格 E6 编写的公式复制到单元格 E7~E26，以完成表格。

b. 从第 a 部分开始，确定你的设计是否符合规范。当设计参数改为 $R= 60\Omega$，$C= 250\mu\mathrm{F}$ 时，闪光会持续多久？

	A	B	C	D	E
1	数码相机闪光灯上的电压				
2	$V(t)$ = 3*exp(-t/RC) (V)				
3					
4	已知			待求解	
5				t (ms)	$V(t)$ (V)
6	R(Ω) =	62		0	
7	C(μF) =	320		1	
8				2	
9				3	
10				4	
11				5	
12				6	
13				7	
14				8	
15				9	
16				10	
17				11	
18				12	
19				13	
20				14	
21				15	
22				16	
23				17	
24				18	
25				19	
26				20	
27					

图 3.15　Excel 工作表

c. 当保持 C= 320μF 时，求出电阻器值，使闪光至少持续 15ms。

3.3 下面所示的 Maclaurin 级数可通过在 $n\to\infty$时添加 n 项来近似得到 cos(x)的值。

$$\cos(x)=1-\frac{x^2}{2!}+\frac{x^4}{4!}-\frac{x^6}{6!}+\cdots$$

其中!代表阶乘。例如，cos(5.15) = 0.424，可以用 Maclaurin 级数近似。当 n 为 1 时，级数的第一项为 1，且 cos(5.15)≈1，但误差为 136%，如图 3.16 的 Excel 工作表所示。当 n = 2 时，级数中要添加的第二项是$-x^2/2!= -5.15^2\ /\ 2!\ \approx -13.26125$，cos(5.15)≈-12.26125，误差约为 3000%。要添加的第三项是$x^4/4!=5.15^4\ /\ 4!\approx 29.31012526$，而 cos(5.15)≈17.04887526，误差仍然较大。随着 n 的增加，cos(5.15)将收敛到精确值 0.424。

	A	B	C	D
1	用Maclaurin级数近似 cos(x)			
2				
3	已知		精确值	
4	x (弧度) =	5.15	cos(x)=	0.423776818
5				
6				
7	n	累加到第n项	Maclaurin级数	Maclaurin级数与精确值之间的误差 / %
8	1	1	1	135.973
9	2	-13.26125	-12.26125	2993.327
10	3	29.31012526	17.04887526	3923.079
11	4			
12	5			
13	6			
14	7			
15	8			
16	9			
17	10			
18	11			
19	12			
20	13			
21	14			
22	15			
23	16			
24	17			
25	18			
26	19			
27	20			
28				

图 3.16　所用的 Excel 工作表

a. 在单元格 D4 中输入 Excel 公式，当在单元格 B4 中输入一个值时，实际的余弦值将被计算并显示在单元格中。

b. 通过编写 Excel 公式和/或使用 Excel 函数，完成第 11~27 行第 20 项的 Excel 工作表(提示：第 n 项可由 $(-1)^{(n-1)}\dfrac{x^{2(n-1)}}{(2(n-1))!}$) 求得)。

c. 要使 cos(5.15)的 Maclaurin 级数的误差百分比小于 0.01%，最小的 n 是多少？

3.4 抵抗电荷流动的特性行为称为电阻，用欧姆(Ω)表示，它取决于材料。假设材料的横截面积为 A (mm^2)，长度为 l (mm)，则电阻可表示为：

$$R = \rho \frac{l}{A}$$

其中 ρ 为材料电阻率，单位为 Ω • m。

a. 构造一个铝电阻率表，其电阻率为 2.80×10^{-8} (Ω • m)，如图 3.17 所示。横截面积和长度范围分别为 1≤A≤10 和 0.1≤l≤1.0。

	A	B	C	D	E	F	G	H	I	J	K	L
1												
2							电阻 *R* (Ω) = ρ x (*l* / *A*)					
3												
4							已知					
5						材料：		铝				
6					电阻率	,ρ (Ω x m)：		2.800E-08				
7												
8		电阻						横截面积 A / (mm x mm)				
9			1	2	3	4	5	6	7	8	9	10
10	长度 / mm	0.1	2.800E-06	1.400E-06								
11		0.2										
12		0.3										
13		0.4										
14		0.5										
15		0.6										
16		0.7										
17		0.8										
18		0.9										
19		1.0										
20												

图 3.17 铝电阻率表

b. 在单元格 C10 中编写 Excel 公式来计算电阻，然后通过拖动填充手柄而不是复制粘贴公式，将其从单元格 D10 复制到 L10。首先，正确使用 C10 中的公式的相对单元格地址和绝对单元格地址是很重要的。将数字格式改为含三位小数的“科学格式”。图中显示了前两个单元格作为示例。如有必要，调整表格显示格式。

c. 通过突出显示单元格 C10~L10 来完成表格，然后只复制粘贴公式到表格的其余部分(提示：看看“选择性粘贴...”选项)。同样，要确定哪个列标题和行号应该在相对地址或绝对地址中。

d. 针对电阻率为 6.40×10^{2}(Ω • m)的硅，重做前面的各部分。

Excel 允许其他类型的格式化，包括选择几种字体和字体大小、使用斜体和粗体、在各种单元格周围放置边框、使用下标和上标以及单元格样式。可以通过在“设置单元格格式”对话框中选择适当的选项卡来访问这些功能(请注意，其中一些功能可从功能区“开始”选项卡的“字体”组更直接访问)。具体情况可直接通过简单实验来确定。

3.9 编辑快捷键

通过选择一个或多个单元格，然后按下鼠标右键，可以更快地访问许多编辑和格式化功能。我们已经看到可以通过这种方式访问“设置单元格格式”对话框。

其他常用的编辑功能，如“剪切”“复制”“粘贴”“插入”“删除”和“清除内容”，也可通过右键单击来访问。这包括“选择性粘贴”功能，它允许你有选择地粘贴(例如，只“粘贴公式”、只“粘贴值”等)。

3.10 超链接

Excel 可以自动创建到互联网网页和电子邮件地址的超链接。因此，如果单元格条目是一个万维网地址(例如 www.mcgraw-hill.com)。Excel 可能会自动将其转换为网页超链接。一旦建立了这个超链接，单击它将自动打开 Web 浏览器。类似地，如果单元格条目显示为电子邮件地址(例如 author@mcgraw-hill.com)，

Excel 可能会自动将其转换为电子邮件超链接。单击此超链接将自动打开电子邮件软件。你还可以在当前电子表格中插入到其他对象或其他位置的超链接，但是有关该主题的详细信息已经超出了我们当前讨论的范围。

不需要的超链接可通过右键单击来删除，并从生成的菜单中选择删除超链接。

此外，可通过从"Excel 选项"对话框中选择"校对"来禁用自动超链接创建(单击"文件"选项卡来访问"Excel 选项"对话框)。具体方法是首先单击"自动更正选项"按钮，并选择"键入时自动套用格式"选项卡。然后，在"键入时替换"标题下，取消选中"Internet 及网络路径替换为超链接"复选框。

例题 3.3　编辑工作表

增强最初在例题 2.2 中创建的图 2.18 所示工作表的外观。

如图 3.18 所示，请注意，添加了一个标题和几个空白行，并拓宽了 B 列和 C 列。此外，一些文本已斜体化，数据项在单元格中居中，并且在原始单元格块周围放置了边框，标题下方和总数上方添加了水平线，数字内添加逗号。这些更改都是通过"设置单元格格式"对话框进行的(通过在功能区的"开始"选项卡中选择"单元格"组的"格式"图标来启动)。最后，请注意，网格线和行/列标题已被删除(通过单击"文件"选项卡并依次选择"Excel 选项"和"高级"，然后取消选择"显示网格线"，或者从功能区"视图"选项卡的"显示"组中取消选中"网格线"复选框)。

图 3.18　视觉增强处理后的工作表

习题

3.5 重构例题 1.1 中图 1.1 所示的工作表。将近似公式输入单元格 H9、H11、A5、B4 和 C4(公式如图 1.3 所示)。然后用例题 3.2 中描述的公式复制技术将剩余的公式复制到单元格 A6~A21、B5~B21，以及 C5~C21。验证结果是否正确。

3.6 重构包含学生考试分数的工作表，如图 2.25 所示。然后通过以下方式编辑它来增强外观：

a. 在工作表的顶部添加一些空白。将工作表标题(例如"工程分析 100 课程的学期成绩报告")放置在这个空间内某个方便的位置。尝试单行标题和双行标题，并使用你最喜欢的一个。

b. 设置数值格式，使它们都显示两位小数。

c. 根据需要调整列宽，使工作表更具可读性。

d. 将数值及其标题对齐，使它们在各自的单元格内居中。

编辑完成后，打印工作表的编辑版本。用工作表填充打印页面，使用横向布局。

3.7 在习题 2.9 中，要求你准备一份包含学生第一学期成绩报告的工作表，包括该学期学生的平均绩点(GPA)的计算。数据见习题 2.3。

本问题要求你通过添加第二学期的成绩报告来扩展该工作表,从而显示完整的学年(两个学期)。展开工作表的步骤如下:

a. 在社会保险号和首行("课程学分等级")之间加两行空白。然后在这个空格内加上"第一学期"的标题。

b. 在第一学期成绩报告的右侧,添加以下第二学期成绩报告。记得在成绩报告下面加上第二学期的平均绩点,如习题 2.9 所述(可通过复制第一学期成绩报告,然后按要求编辑,轻松输入这些信息)。

第二学期

课程	学分	成绩
化学II	4	3.7
物理II	3	3.0
经济	3	3.3
工程分析	3	4.0
微积分II	3	3.3
研讨会	1	3.0

c. 在工作表底部添加整体(第一年)平均绩点的计算。

d. 通过添加空白行和列、调整列宽、格式化数值、给标题加下画线等方法,润色电子表格的外观。

e. 尝试通过选择不同的字体,为标题选择较大的字体,并有选择地使用粗体字体,以改变文本。

添加完信息后,打印新版本的工作表。用工作表填充打印页面,采用横向布局。

3.8 按照以下方式重新排列习题 3.7 中创建的工作表:

a. 将第二学期成绩报告放在第一学期成绩报告的下方,而不是右侧。

b. 将每学期的平均绩点放在个人课程清单和成绩的右边。

c. 将整个(第一年)的平均绩点放在学期平均绩点下方。

d. 调整工作表的整体外观,增加或删除空白行和列,调整列宽,重新定位标题等。

3.9 机械工程师经常研究阻尼振动物体的运动。这种类型的研究在车辆悬挂系统设计中起着重要作用。

该方程给出了物体水平位移随时间的函数:

$$x = x_0 e^{-\beta t}[\cos(\omega t) + (\beta / \omega)\sin(\omega t)]$$

参数 β 和 ω 取决于物体的质量和系统的动态特性。

使用例题 3.2 中所示的公式复制技术,准备一个间隔为 $0 \leq t \leq 30$ 秒的 x 与 t 的表格。在输入公式时,请注意根据需要正确使用相对单元格和绝对单元格寻址。要构造这个表格,假设 $x_0=8$ 英寸,$\beta = 0.1$ 秒$^{-1}$,$\omega = 0.5$ 秒$^{-1}$。使用 1 秒间隔(即令 $t=0,1,2,\cdots,30$ 秒)。估计 x 第一次穿过 t 轴的时间点(即估计 $x=0$ 时 t 的值)。

3.10 电气工程师经常研究 RLC 电路(包含电阻、电感和电容)的瞬态特性。这些研究在各种电子元件的设计中起着重要作用。

假设某开路的 RLC 电路有初始电荷存储在电容中。当电路闭合时(通过抛出开关),电荷从电容器中流出,并按照下面的公式流过电路:

$$q = q_0 e^{-Rt/(2L)} \cos\left[\sqrt{\frac{1}{LC} - \left(\frac{R}{2L}\right)^2} \, t\right]$$

在该公式中 R 为电路中的电阻值,L 为电感值,C 为电容值。

用例题 3.2 中所示的公式复制技术,在 $0 \leq t \leq 0.5$ 秒的时间间隔内准备一个 q 与 t 之间的表格。在输入公式时,请注意根据需要正确使用相对单元格和绝对单元格寻址。为构造这个表,假设 $q = 10$ 库仑,$R=0.5\times10^3$ 欧姆,$L=10$ 亨利,$C=10^{-4}$ 法拉。令 t 以 0.01 秒的间隔变化(换句话说,令 $t = 0$、0.01、0.02,单位为秒)。估计 q 第一次穿过时间轴的时间点(即估计 $q=0$ 时 t 的值)。

注意这个问题和习题 3.9 中描述的振动质量之间的相似性。

3.11 显示单元格公式

当在单元格输入公式时，公式将同时显示在单元格和公式栏中。然而，一旦完成公式并按下 Enter 键后，公式在单元格中就不再可见了。相反，公式生成的值显示在单元格中(但是公式仍然可以在当前活动单元格的公式栏中看到)。

有时可能需要在各自的单元格中查看实际的单元格公式，而不是由公式生成的值。例如，如果你交了一份家庭作业，你的老师可能想看看你用的是单元格公式还是输入的数字。或者，你可能希望自己检查工作表中的单元格公式，只是为了验证它们是正确的。

要在各自的单元格中查看单元格公式，可单击"文件"选项卡并选择"选项"。然后从生成的"Excel 选项"对话框的左侧面板中选择"高级"。在此对话框中，找到"此工作表的显示选项"，并选中"在单元格中显示公式而非其计算结果"选项(参见图 3.19)。你可在稍后通过停用此项目来删除公式显示。请注意，当显示单元格公式时，工作表单元格的宽度将增加。

图 3.20 显示了一个简单的工作表，其中显示了单元格 C7 的公式。这与图 2.18 中最初显示的工作表相同。请注意，为了适应单元格公式，单元格宽度现在更宽了。

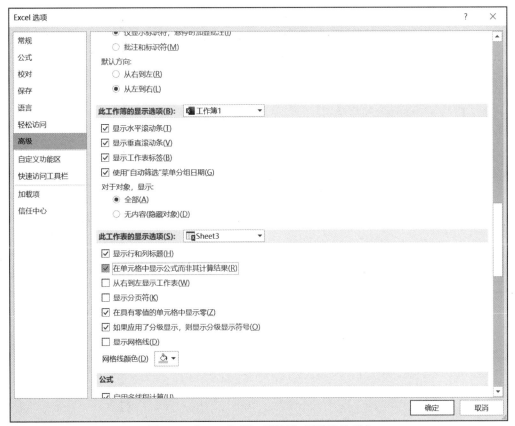

图 3.19　"Excel 选项"对话框的"高级"选项卡

在打印单元格公式时，有时可以方便地包括网格线以及行和列标题，以便可以清楚地标识单元格地址。为此，请选择功能区中的"页面布局"选项卡。然后选择"工作表选项"组中的"网格线"|"打印"和"标题"|"打印"选项。

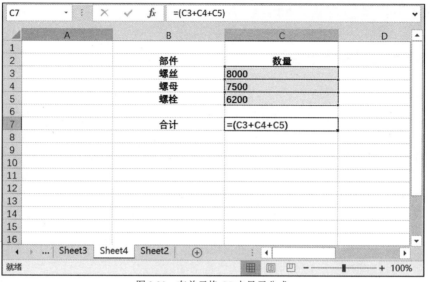

图 3.20　在单元格 C7 中显示公式

习题

3.11 显示下列工作表的单元格公式。然后打印每个显示单元格公式的工作表。

a. 习题 2.10 所述的气体定律问题。

b. 习题 2.11 中描述的复利问题。

c. 习题 2.12 中描述的电路问题。

d. 习题 2.15 中描述的热交换器问题。

e. 习题 2.19 中描述的学生考试成绩问题。

f. 习题 3.9 中描述的位移与时间的关系表。

g. 习题 3.10 所述的电荷与时间的关系表。

3.12　结束语

在本章,我们重点介绍了 Excel 中一些最常用的功能,为随后几章将要讨论的各种工程应用做准备。Excel 还包含其他许多功能,其中大多数都很容易使用,但超出了目前讨论的范围。建议你从 Excel 提供的优秀在线帮助和教程以及目前市场上的许多 Excel 图书中了解更多关于 Excel 的知识。

第 4 章

逻辑决策

如果你学过编程语言，那么对分支的概念就不会陌生(通常称为 if-then-else)。该功能使得计算机能够根据逻辑表达式的结果(要么为真，要么为假)来做出逻辑决策。然后根据每个结果指定不同的操作。

Excel 利用 IF 库函数执行分支。虽然我们已经学会了在 Excel 公式中使用函数，但还是要特别注意 IF 函数，因为它打开了 Excel 电子表格中更广泛应用的大门。在本章，我们将学习如何用 IF 函数创建逻辑表达式，以及它们为什么有用。

4.1 逻辑(布尔)表达式

在第 2 章中，我们学习了比较运算符>、⩾、<、⩽、=和<>(参见第 2.6 节)。这些运算符将各种操作数连接起来，形成要么为真要么为假的逻辑表达(也称为布尔表达式)。例如，考虑逻辑表达式 C1 > 100。如果单元格 C1 中的数值大于 100，则表达式为真；否则(如果单元格 C1 中的值小于等于 100)，表达式将为假。同样，只有当单元格 C1 和 C2 中的值相同时，逻辑表达式 C1=C2 才为真；否则，该表达式为假。

逻辑表达式还可以是逻辑函数 AND、OR 和 NOT 的组合。AND 和 OR 函数都能接受多个参数。每个函数的返回值要么为真要么为假。例如，考虑逻辑表达式 AND(C1>0, C2>C1)。只有当单元格 C1 的值大于 0 并且单元格 C2 的值大于单元格 C1 的值时，这个函数才为真(只有两个条件都为真时，AND 函数的结果才为真)。但是，如果单元格 C1 的值大于 0 或者单元格 C2 的值大于单元格 C1 的值，那么逻辑表达式 OR(C1>0, C2>C1)就为真(只要有一个条件为真，那么 OR 函数的结果就为真)。

NOT 函数能反转其单个参数的值。例如，如果单元格 C1 的值大于 0，那么表达式 NOT(C1>0)的结果就为假(也就是说，只有当单元格 C1 的值不大于 0 时，表达式的结果才为真)。

有些逻辑表达式还会用到 MOD 函数，通常写成 MOD(C1, C2)。该函数返回单元格 C1 的值除以单元格 C2 的值的余数。其参数可以是常量、公式或单元格地址。因此，MOD(C1, 2)将返回单元格 C1 的值除以 2 后的余数。如果单元格 C1 的值是正整数，那么余数只可能是 0(如果值是偶数)或者 1(如果值是奇数)。

现在假设将 MOD 函数合并到一个逻辑表达式中，并写作 MOD(C1, 2) = 0。如果余数为 0(即单元格 C1 的值为偶数)，那么表达式为真；如果余数为 1(即单元格 C1 的值为奇数)，那么表达式为假。因此，我们找到了一种确定一个正整数是偶数还是奇数的简便方法。

4.2 IF 函数

在 Excel 中，IF 函数用于执行分支操作。IF 函数需要三个参数：一个逻辑表达式，以及紧随其后的两个值。如果逻辑函数为真，则 IF 函数返回第一个值；如果为假，则函数返回第二个值。值可以是常量、数值表达式或者字符串。

例如，假设单元格 B5 包含公式：

=IF(C1>100, 50, C1/2)

如果单元格 Cl 中的值大于 100，将在单元格 B5 填入 50。否则，如果单元格 C1 中的值不大于 100，就将单元格 C1 的值的一半填入单元格 B5 中。

为分析当最后两个参数是字符串时会发生什么，假设单元格 B5 包含公式：

=IF(C1>100, "Too Big", "Ok")

如果单元格 Cl 的值大于 100，就在单元格 B5 中填入"Too Big"。否则(如果单元格 C1 中的值小于等于 100)，就在单元格 B5 中填入"Ok"。

4.3 嵌套 IF 函数

IF 函数还可一个接一个地嵌套。最大嵌套深度可达 65 层(即一个 IF 函数中最多还可以出现 64 层 IF 函数)。这个功能使得我们能够进行更复杂的逻辑测试。例如，假设单元格 A3 包含一箱水的温度值，单位是摄氏度。根据水温，我们就可以用下列任何一种方法来确定水的状态：

=IF(A3<0, "Ice", IF(A3< 100, "Water","Steam"))

=IF (AND(A3≥0, A3< 100), "Water",IF(A3<0, "Ice", "Steam"))

因此，当水温小于 0℃时，水的状态就被定义为"Ice"；当水温大于等于 0℃但是小于 100℃时，状态就被定义为"Water"；当水温大于等于 100℃时，状态就被定义为"Steam"。

例题 4.1 学生成绩

为例题 2.4 的工作表中所列的每个学生指定一个期末字母成绩(参见图 2.25)。根据以下规则划分字母成绩：

总分	成绩
90 分及以上	A
80 至 89.9 分	B
70 至 79.9 分	C
60 至 69.9 分	D
低于 60	F

用下面的公式可以很容易地通过计算实现字母成绩转换，其中就用到几个嵌套的 IF 函数：

=IF(E2≥90,"A",IF(E2≥80,"B",IF(E2≥70,"C",IF(E2≥60,"D","F")

该公式假设单元格 E2 包含被转换的数值分数，如图 4.1 所示。该公式首先出现在单元格 F2 中，然后被复制到单元格 F3~F8 中，以处理所有剩余学生的成绩。

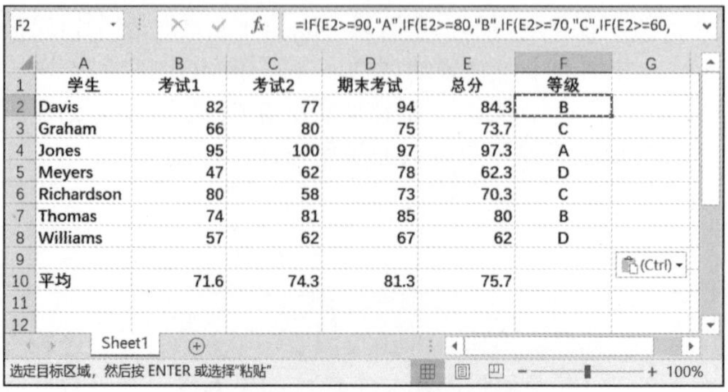

	A	B	C	D	E	F	G
1	学生	考试1	考试2	期末考试	总分	等级	
2	Davis	82	77	94	84.3	B	
3	Graham	66	80	75	73.7	C	
4	Jones	95	100	97	97.3	A	
5	Meyers	47	62	78	62.3	D	
6	Richardson	80	58	73	70.3	C	
7	Thomas	74	81	85	80	B	
8	Williams	57	62	67	62	D	
9							
10	平均	71.6	74.3	81.3	75.7		
11							
12							

图 4.1 用嵌套 IF 函数指定字母成绩

有时，可通过巧妙使用公式来避免使用深度嵌套 IF 函数。例如，可将一个复杂的 if-then-else 条件分解为两个或多个子集，然后在确定每个子集的逻辑结果后，通过组合得出结果。例题 4.2 就演示了这样一个过程。

例题 4.2　修改学生成绩

修改前面的例题，使字母成绩包含正号和负号(以便学生可获得 A-、C+等最终成绩)。我们将采用这样的规则：在任意 10 分的区间内，3 分或更低的分数都将被指定为减号。而得分在 7 分或以上者将获得加号。因此，在 80 ~ 89.9 区间内，分数为 83 或以下的成绩为 B-，分数为 87 或以上的成绩为 B+，分数介于 83 和 87 的成绩为普通 B。

处理这个问题最直接的方法是创建一组更复杂的嵌套 IF 函数，例如：

=IF(E2≥97, "A+",IF(E2>93, "A",IF(E2≥90, "A-",I(E2≥87, "B+"…t))))

这种方法虽然有效，但相对复杂，因为它涉及深度嵌套的 IF 语句。另一个选择是，我们可将问题分解为以下两部分：首先可确定一个基本的字母成绩，就像我们上例所做的那样；然后决定是否用下面的嵌套 IF 函数添加+或-：

IF(MODE2,10)≤3,"-",I(MOD(E2,10) ≥7,"+",""))

然后可用第 2.6 节中讨论过的字符串运算符(&)合并这两个嵌套 IF 的结果。因此，最终的公式可以写成：

=IF(E2≥90, "A",IF(E2≥80,"B",IF(E2≥70,"C",IF(E2≥60,"D","F"))))&
IF(MOD(E2,10)≤3,"-",IF(MODE2,10)≥7,"+",""))

采用这种方法，得到的两个嵌套 IF 语句相对简单。

图 4.2 是使用上述公式确定每个学生最终成绩时得到的工作表(请与图 4.1 中所示的工作表相比较)。

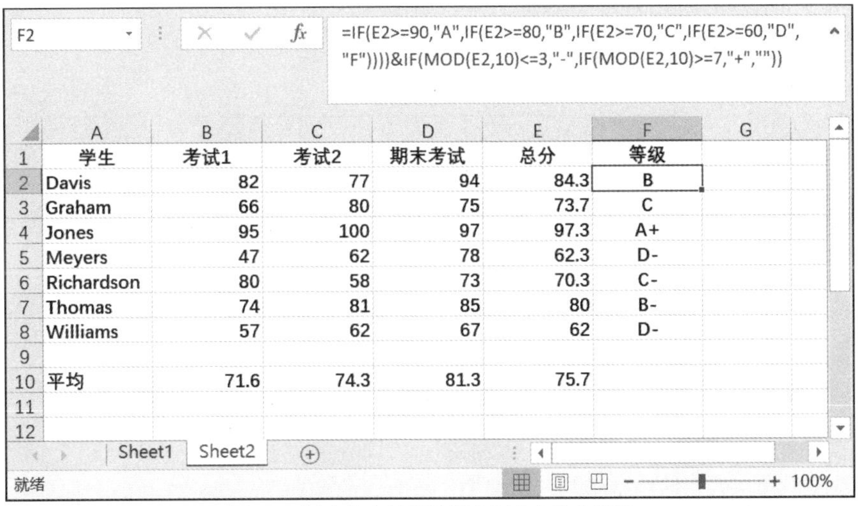

	A	B	C	D	E	F
1	学生	考试1	考试2	期末考试	总分	等级
2	Davis	82	77	94	84.3	B
3	Graham	66	80	75	73.7	C
4	Jones	95	100	97	97.3	A+
5	Meyers	47	62	78	62.3	D-
6	Richardson	80	58	73	70.3	C-
7	Thomas	74	81	85	80	B-
8	Williams	57	62	67	62	D-
9						
10	平均	71.6	74.3	81.3	75.7	
11						
12						

图 4.2　用字符串运算符组合两个条件字符串

例题 4.3　计算复杂公式

在 Excel 工作表中用 IF 函数计算公式：

IF(MOD(E2,10)≤3,"-",IF(MODE2,10)≥7,"+",""))

其中每个 y 值都可计算为：

$$y = e^{-x^2}$$

其中 x=0.0, 0.1, 0.2, ⋯, 1.0。因此，共有 11 个数据点，i 将从 1 变化到 11(注意，该公式需要奇数个数据点)。

我们将用 IF 函数来确定内部求和项的适当系数(4 或 2)。图 4.3 包含 Excel 工作表。A 列是与每个数据点对应的下标。这个值可在 IF 函数中测试,以确定它是偶数还是奇数(即确定合适的系数是 4 还是 2)。例如,用下面的公式计算单元格 D5 中的值为:

$$=IF(MOD(A5,2)=0,4,2)*C5$$

在这个公式中,MOD 函数测试单元格 A5 中的整数,以确定它是偶数还是奇数。然后,IF 函数根据偶/奇检验的结果生成适当系数(4 或 2)。最后得到的系数乘以单元格 C5 中相应的 y 值,生成单元格 D5 中所示的数量。类似公式将用于生成单元格 D6~D13 中的值。

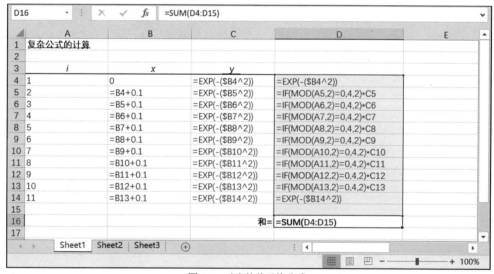

图 4.3　用 IF 函数计算复杂公式

这个例子使用了很多 Excel 库函数。图 4.4 显示了用于生成此工作表的单元格公式。请务必理解用于生成各种数值量的公式。

图 4.4　对应的单元格公式

习题

4.1 创建一个包含 $f(x)$ 相对于 x 数据表的 Excel 工作表,其中:

$$f(x) = 2x, \quad 0 \leqslant x \leqslant 3 \tag{4.1}$$

并且

$$f(x) = (x-3)^2 + 6, \quad 3 < x \leqslant 10 \tag{4.2}$$

在构造表格时，请使用以 0.5 为间隔的 x 值(即 $x = 0, 0.5, 1.0, \cdots, 9.5, 10.0$)。

4.2 在习题 3.7 中，要求你根据习题中最初给出的信息和习题 3.7 中给出的附加信息创建包含学生成绩报告的工作表。修改这份成绩报告，使每门课程除了习题陈述中包含的数字分数外，还能得到字母成绩。在适当条件下，利用例题 4.2 中的规则，添加+和-(例如，B+、A-等)。使用嵌套 IF 函数来确定字母成绩并添加如例题 4.2 所述的+和-符号。

4.3 创建 Excel 工作表，模拟掷骰子 20 次。为此，需要在 A 列的前 20 行和 B 列的前 20 行中输入公式 "=RANDBETWEEN(1,6)"。得到的每个值都是 1 到 6 之间的随机整数，表示一次随机投掷骰子的结果。每行的 C 列，填写对应的 A 列和 B 列值之和。每行的 D 列，填写下面的标签之一：

a. 如果第 C 列的值是 7 和 11，则显示 "你赢了"。

b. 如果第 C 列的值是 2、3 或 12，则显示 "你输了"。

c. 如果值是 4、5、6、8、9 或 10，则显示 "不确定"。

注意，RANDBETWEEN(a, b)是一个 Excel 库函数，它能返回限制在 a 和 b 之间的随机整数(其中 $b > a$)。

4.4 斐波那契数列是一个有趣的正整数序列，其中每个值都是前两个值的和。我们先令：

$$F_1 = F_2 = 1 \tag{4.3}$$

然后从公式中得到每个连续的值：

$$F_i = F_{i-1} + F_{i-2}, \quad i = 3, 4, 5, \ldots \tag{4.4}$$

请创建一个包含前 20 个斐波那契数列的 Excel 工作表。测试每个斐波那契数，以确定它是奇数还是偶数。将斐波那契数放在 A 列，并将相应的奇数/偶数标签放在 B 列。

4.5 创建 Excel 工作表，它能根据给定值的大小，将英寸转换为以下公制单位之一：毫米、厘米、米或千米(注意，1 英寸= 2.54 厘米)。请用以下规则确定将显示哪个公制单位：

● 如果给定值小于 1 英寸，则转换为毫米；

● 如果给定值大于等于 1 英寸，但小于 100 英寸，则转换为厘米；

● 如果给定值大于等于 100 英寸，但小于 10 000 英寸，则转换为米；

● 如果给定的值大于等于 10 000 英寸，则转换为千米。

请用工作表进行以下转换：

a. 0.04 英寸

b. 32 英寸

c. 787 英寸

d. 15 500 英寸

4.6 在消费经济学中有一个常见的问题：假设你将 P 美元存入银行账户，并打算将这笔钱在银行里存 n 年。如果银行按年利率 i(用小数表示)支付利息，那么 n 年后会累积多少钱？

根据下列公式，累积的金额将根据复计的频率而有所不同：

每年复计：

$$F = P(1+i)^n \tag{4.5}$$

每季复计：

$$F = P(1+i/4)^{4n} \tag{4.6}$$

每月复计：

$$F = P(1+i/12)^{12n} \tag{4.7}$$

每日复计:

$$F = P(1+i/365)^{365n} \tag{4.8}$$

在每个方程中,n 都是年数,i 是年利率(用小数表示)。注意,复利计算在第 15 章会有更广泛的讨论。

请构建 Excel 工作表,根据用户直接输入到工作表中的 P、i、n 和单个字母 A、Q、M 或 D(依次表示年、季、月或日复计)等信息计算 F 值。请用包含嵌套 IF 函数的 Excel 公式,根据表示复计频率的字母,得出正确的方程。

请用两种不同的方法构建工作表:

a. 假设复计的频率总是指定为一个有效的大写字母(A、Q、M 或 D)。

b. 假设表示复计频率的字母可以是大写也可以是小写字母,可以是有效的也可以是无效的(即复计频率可以是 A、Q、M 或 D 以外的其他字母)。如果表示复计频率的字母无效,则显示"数据错误"消息。

请把所有的信息都清楚地标注出来。

作为一个测试用例,请求出 $P=5000$ 美元、$i=0.05$(对应的年利率是 5%)和 $n=20$ 年时的 F 值。用年、季、月、日复计来计算 F。复计频率对结果有显著影响吗?

4.7 二次方程

$$ax^2 + bx + c = 0 \tag{4.9}$$

通常有两个根,其大小取决于系数 a、b 和 c 的值。

如果 $b^2 > 4ac$,那么根由下面著名的二次公式给出:

$$x_1 = \frac{-b+\sqrt{b^2-4ac}}{2a} \quad x_2 = \frac{-b-\sqrt{b^2-4ac}}{2a} \tag{4.10}$$

如果 $b^2 < 4ac$,则根是复数,由下列公式给出:

$$x_1 = \frac{-b}{2a} + \frac{\sqrt{4ac-b^2}}{2a}\mathrm{i} \quad x_2 = \frac{-b}{2a} - \frac{\sqrt{4ac-b^2}}{2a}\mathrm{i} \tag{4.11}$$

其中 i 表示虚数 $\sqrt{-1}$。

如果 $b^2 = 4ac$,则有一个重根,即:

$$x = -b/2a \tag{4.12}$$

最后,如果 $a=0$,则只有一个根,即:

$$x = -c/b \tag{4.13}$$

请创建 Excel 电子表格,根据系数 a、b 和 c 确定二次方程的根。对于复数根,请用 TEXT 库函数先将虚数转换为字符串(即标签),然后用字符串运算符(&)将得到的字符串与字母 i 组合在一起。

在工作表中输入以下几组系数,并确定对应于每组系数的根:

a. $a=2, b=4, c=1$

b. $a=4, b=2, c=3$

c. $a=2, b=4, c=2$

d. $a=0, b=3, c=2$

4.8 在流体力学中,雷诺数(Re)是用来预测流体流动特征的无量纲参数。对于增压管道,Re 可用下列方程计算:

$$\mathrm{Re} = \frac{\rho V D}{\mu}$$

其中 ρ 为流体密度，V 为平均流速，D 为管径，μ 为绝对黏度。请注意，ρ、V、D 和 μ 的单位应该统一，以便使 Re 无量纲。

a. 如果 Re $\leqslant$ 2300，则流动为"层流"，其特征是可预测的缓慢混合行为。

b. 如果 Re $\geqslant$ 4000，则流动为"湍流"，其特征为混沌行为。

c. 如果 Re 为 2300 ~ 4000，则流动处于"过渡"状态，表现出层流和湍流特征。

对于具有以下参数的流体，完成以下任务：

$$\rho = 998 \text{kg} / \text{m}^3$$
$$V = 5 \text{m/s}$$
$$D = 0.1 \text{m}$$
$$\mu = 1.12 \times 10^{-3} \text{kg} / (\text{s} \cdot \text{m})$$

a. 在 Excel 工作表的单元格 Al~A4 中输入密度、平均流速、管径和绝对黏度。

b. 在单元格 A6 中创建计算 Re 的公式。

c. 在单元格 A7 中，创建 IF 函数，根据 Re 确定是层流、过渡流还是湍流，并将流动状态输出给用户。

4.9 理想气体定律反映了气体的绝对压强(P)、体积(V)、摩尔数(n)和绝对温度(T)之间的关系。

$$PV = nRT$$

其中 R 为通用气体常数，大小为 0.082 054 L · atm/(mol · K)。在电子表格内完成下列工作：

a. 在单元格 A1~A5 中输入以下体积：10L、20L、30L、40L 和 50 L。

b. 在单元格 B1~B5 中输入以下摩尔气体：3.2mol、2.5mol、0.4mol、2.1mol 和 1.2 mol。

c. 在单元格 C1~C5 中输入以下温度：305K、302K、299K、296K 和 293K。

d. 在单元格 D1 中，利用理想气体定律计算气体压强(atm)。将这个公式复制到单元格 D2~D5 中。

e. 在单元格 E1 中，创建 IF 函数，将 D 列中的压强与标准大气压(1atm)进行比较。根据这个比较，告诉用户"大于等于标准大气压"或"小于标准大气压"。将这个公式复制到单元格 E2~E5。

4.10 某公司生产的螺丝目标直径为 1.250 英寸，理想公差范围为 1.245~1.255 英寸。这个范围内的螺丝(包括这个范围的端点)可以全价卖给大型五金店。不过，如果螺丝尺寸为 1.255~1.270 英寸，或为 1.230~1.245 英寸，该公司也可以向小型五金店打折出售。如果螺丝直径小于等于 1.230 英寸，或大于等于 1.270 英寸，则必须将其剔除。

a. 在 Excel 工作表的 A1~A5 单元格中输入以下螺丝直径(单位为英寸)：1.251、1.242、1.231、1.229 和 1.277。

b. 在单元格 B1 中，创建 IF 函数，确定螺丝是否可以卖给大型五金店，是否可以卖给小型五金店，或者必须被剔除。告诉用户应该"卖给大型五金店""卖给小型五金店"或"剔除"。将这个公式复制到单元格 B2~B5 中。

第 **5** 章

数据图形化

你**是**否曾尝试找出一列或一表格数字的意义吗？这是可以做到的，但肯定是乏味的。一列数字并不容易揭示趋势，也无法显示变量之间的相互依赖关系。但是，如果你将数据绘制为图形，那么这种趋势和相互依赖关系就会变得很明显，并且很容易理解。当然，如果说一幅画胜过千言万语，那么一幅图胜过一千个数字。

将数据绘成图形是电子表格软件执行的最常见任务之一。Excel 能够生成各种图形(在 Excel 中，图形被称为图表)。尽管有些类型的图形比其他类型的图形更容易生成，但是所有图形在 Excel 中都比较容易创建。我们的兴趣将主要集中在 x-y 图的使用上(在 Excel 中称为散点图或 XY 图)，因为这是工程师最常用的一种图形。然而，我们还将讨论线形图(在 Excel 中称为折线图)、条形图(在 Excel 中称为柱形图)和饼图，因为这些图在工程应用中也经常使用。

工程师一般以水平轴(x 轴)为横坐标，纵轴和垂直轴(y 轴)为纵坐标。然而，在 Excel 中，根据图表类型的不同，水平轴被称为类别轴或数值轴(大多数图表采用类别轴，而 XY 图采用数值轴)。纵轴通常称为数值轴。

5.1 好图的特征

构建图形不仅仅是简单地绘制数据点。图形必须以一种清晰而明确的方式传达信息，并有吸引力。例如，图 5.1 所示为弹丸高度相对于时间的函数的 x-y 图。该图是由数学公式生成的。

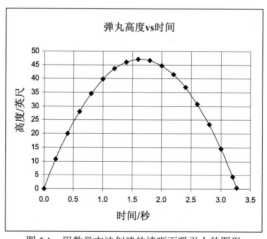

图 5.1　用数学方法创建的清晰而吸引人的图形

注意，图中包含标题，并且清楚地标记了坐标轴，包括采用的单位。网格可读而整洁。在该图中，清晰的背景下显式地显示了绘制的点，并有一条光滑的曲线贯穿其中。但请注意，以这种方式创建的图形(由数学公式创建)不一定要显示绘制的点。

图 5.2(a)显示了一个 x-y 图，图中数据点表示单独的测量值。这种情况下，由于测量中出现的微小误差和变化，数据点可能无法定义成一条光滑曲线。这称为数据散点。被测数据点应始终单独显示，每个数据点用一个符号表示，这样就可以清楚地看到数据散点，如图5.2(a)所示。图 5.2(b)显示了同一组测量数据，有一条趋势线从数据中穿过。当我们在第 7 章讨论数据拟合方程时，会更多地讨论趋势线。

最后，在图 5.2(c)中，我们看到一个 x-y 图，它显示了一个球体的面积和体积是球体半径的函数。因此，我们在同一个图中有两组不同的数据集，每组数据集以不同的颜色显示。在本例中，数据也是由数学公式生成的，但是数据点是显式显示的。注意，图中包含图例，以便查看者辨别每组数据集。数据集也可以绘制在独立的数值轴上(纵坐标)，一个在左侧，另一个在右侧。

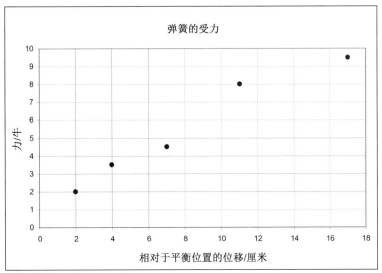

图 5.2(a)　显示测量数据点的图

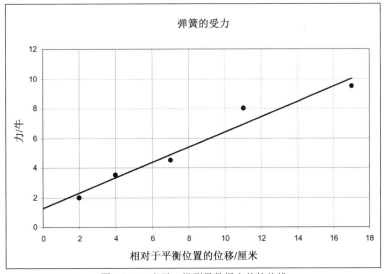

图 5.2(b)　表示一组测量数据点的趋势线

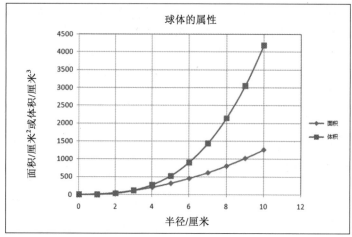

图 5.2(c)　显示两个不同数据集的图形

5.2　在 Excel 中创建图形

要在 Excel 中创建图形，请按如下步骤进行：

1. 选择包含待绘制数据(源数据)的连续单元格块。如果数据是垂直向输入的，则应选列标题；如果数据是水平向输入的，则应选择行标签(一种不太常见的布局)。

2. 在功能区的"插入"选项卡中选择"图表"组(参见图 5.3)，然后单击"推荐的图表"。这时会出现"插入图表"窗口，如图 5.4 所示。这通常会根据所选的数据提供最佳选择。单击左侧列中的图表类型，查看其总体外观。

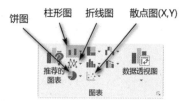

图 5.3　"插入"选项卡中的"图表"组

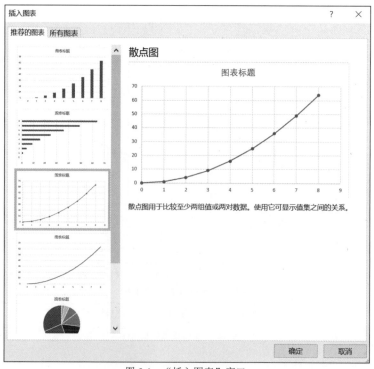

图 5.4　"插入图表"窗口

3. 一旦选定了图表类型，单击"确定"按钮就可以在工作表中实际创建图表。

你还可以直接从功能区的"插入"选项卡的"图表"组中选择图表类型。图 5.3 显示了要想获得饼图、柱形图、折线图或散点图，分别要选择哪些图标。以这种方式选择图表类型可以提供更多选项来确定图表将如何显示。例如，如果单击"散点图"图标，将出现如图 5.5 所示的子菜单，显示散点图的几种不同变体。然后你可从可用样式中选择一种。

每张图都由单独的对象组成，每个对象都可以单独编辑或删除。因此，图表区域(即，整个图形对象)、标绘区域(实际图形，不包括边框、标签、坐标轴等)、数据点、图例、图表标题、坐标轴等，均可单独编辑或删除。为此，右击对象并选择适当的命令(格式化或删除)。你也可以单击功能区的"图表工具"|"设计"选项卡(如图 5.6(a)所示)，或者"图表工具"|"格式"选项卡(如图 5.6(b)所示)，并选择合适的按钮。

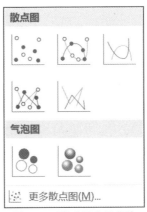

图 5.5　"散点图"子菜单

请注意，除非图表在工作表中处于活动状态，否则"图表工具"选项卡不会显示。你必须单击图表才能选中它。当图形处于活动状态时，它将有双边框，并且沿着它的边缘将出现 8 个小正方形块(一定要选择整个图，而不是其中的一个组件)。图形可以拖到工作表中的另一个位置，或者通过拖曳边缘上的小正方形块以改变它的形状。

不包括在原图中的对象(如坐标轴标题)可以通过单击功能区的"设计"选项卡并选择喜爱的按钮来添加。例如，如果要向坐标轴添加标题，则从"图表布局"组中选择"添加图表元素"|"轴标题"(参见图 5.6(a))。

图 5.6(a)　功能区的"设计"选项卡

图 5.6(b)　功能区的"格式"选项卡

类似地，可通过单击对象，然后单击"格式"选项卡并从"当前所选内容"组中选择适当按钮来更改现有对象的格式。例如，要调整垂直轴格式，则单击该轴，然后从"图表工具"|"格式"选项卡中的"当前所选内容"组中选择"设置所选内容格式"(见图 5.6(b))。

在创建图形前，请记住所选择的数据必须适合所需的图形类型。因此，应该使用 *x-y* 图来表示成对的数据；即一组 *x* 值和一组对应的 *y* 值。另外，折线图、条形图或饼图适用于单值数据；即仅有 *y* 值。

最后，嵌入到工作表中的图形可以通过右键单击绘图区域外的图形，然后选择"移动图表…"，轻松地移动到它自己的工作表中。或者可以使用以下过程，实现对图形大小和位置的更多控制：

1. 单击图表，使其成为工作表中的活动对象。然后右击绘图区域外的图形，并选择"剪切(或复制)"。

2. 从屏幕底部显示的选项卡中选择另一个工作表(必须启用"显示数据表标签"功能，使选项卡可见。要启用此功能，请单击工作表的"文件"选项卡，选择"选项"|"高级"，并激活位于列表的下半部分的"该工作簿的显示选项/显示数据表标签"功能选项)。

3. 在新工作表中，选择一个单元格，该位置将定义图表的左上角。然后右击并选择"粘贴"。

5.3   *XY* 图形(Excel 的散点图或 *XY* 图)

通过绘制一系列成对的数据点就可以创建 *x-y* 图。每个成对的数据点都由一个 *x* 值和一个 *y* 值组成，因此称为 *x-y* 图。直线或曲线可通过这些数据点。大多数工程和科学数据都以成对数据点形式记录，并以 *x-y* 图形式显示。数据点不需要沿 *x* 轴均匀间隔。

请不要将 *x-y* 图(在 Excel 中称为 *XY* 图或散点图)与线形图(在 Excel 中称为折线图)混淆。如果自变量连续变化(例如，时间或距离)，应该始终使用 *x-y* 图而不是线形图来表示数据(5.7 节中将讨论线形图)。

最常见的 *x-y* 图类型是将 *x* 轴细分为一系列等间距的区间，而 *y* 轴又细分为另一组等间距的区间。当坐标轴以这种方式细分时，我们就称图形具有算术坐标(或笛卡尔坐标)。

图 5.7 显示了一个采用算术坐标的 *x-y* 图。这种类型的图表通常是在 Excel 中创建的，方法是在相邻的行或列(通常是列)中输入 *x* 和 *y* 值，其中 *x* 值在最上面一行或最左边一列。然后将 *x* 和 *y* 值选择为单元格的单个块。但是，你也可以在不相邻的行或列中输入数据，通常情况下先选择 *x* 数据然后按住 Ctrl 键(或 Command 键)，同时选择 *y* 数据。

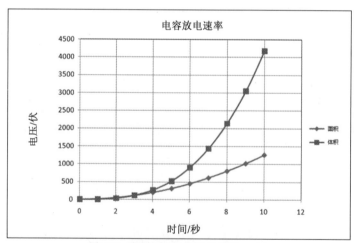

图 5.7   采用算术(笛卡尔)坐标的 *x-y* 图

选择数据后，选择功能区的"插入"选项卡，选择"推荐的图表"|"散点"，或者选择"散点图"图标(不要选择"折线图")，5.2 节会详细介绍。请注意，在 *XY* 图表中，这两个坐标轴都称为数值轴。然后从可用的子类型中选择期望的 *x-y* 图类型。这些选择允许你显示或隐藏单个数据点、通过数据点传递线段或曲线等。一旦选择了图表类型，就可按 5.2 节所述方法，通过添加和/或编辑单个功能对图表进行微调。

例题 5.1   在 Excel 中创建 *x-y* 图
电容上的电压随时间变化可由下列公式描述：

$$V = 10e^{-0.5t}$$

其中 V 表示电压，单位为伏特，t 表示时间，单位为秒。准备一张电压的 x-y 图，时间变化从 0 秒到 10 秒。用算术坐标将数据显示为三位小数精度。给图表加上标签，使其清晰易读，引人注目。

图 5.8 显示了一个工作表，其中包含多个 V 值和 t 值，时间间隔为 10 秒。自变量(时间)位于第一列(A 列)，因变量(电压)位于第二列。因变量由公式生成，如生成单元格 B2 的公式所示。

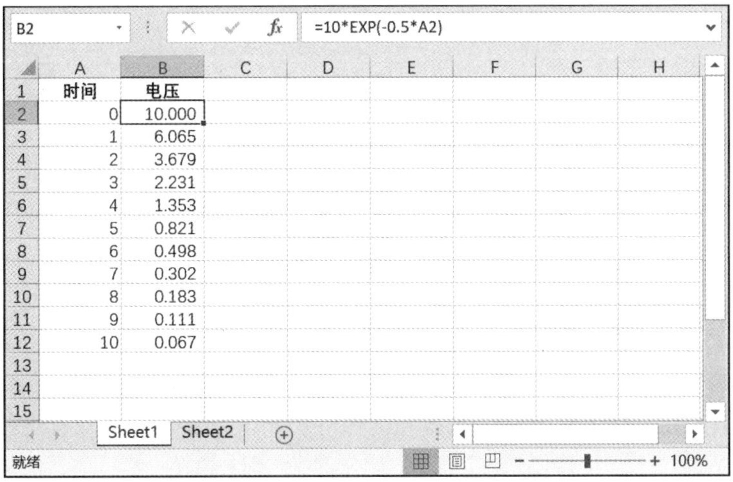

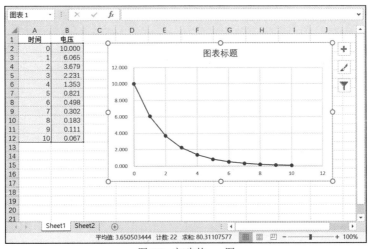

图 5.8　包含成对数据的 Excel 工作表

要创建 x-y 图，我们首先选择 A 列和 B 列中的数据(单元格 A2~B12)。然后从功能区的"插入"选项卡的"推荐的图表"列表中选择"散点图"(参见图 5.4)。如果我们选择"散点图"，则得到一条通过显示数据点的曲线，结果就得到了初步的 x-y 图，如图 5.9 所示。

图 5.9　初步的 x-y 图

现在可以对该图进行编辑，以改善其外观和易读性。要启动编辑，请单击图形，使其处于活动状态。然后执行以下步骤：

1. 单击"图表标题"。然后，一个矩形将包围它，表示它是图中的活动对象。然后删除"图表标题"(只删除文本，不删除周围的矩形角)，替换为"电容放电速率"。然后你可以通过右击并从下拉菜单中选择"字体"选项，来改变其大小、颜色等。图 5.10 以更大号的粗体字显示了采用新标题的图形。

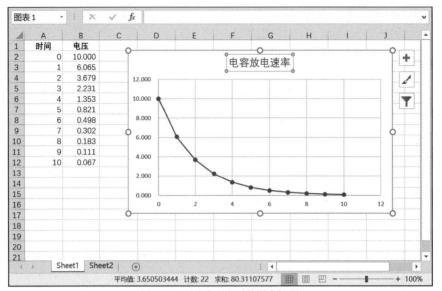

图 5.10　更改为更合适的图表标题

2. 右击垂直轴并从结果菜单中选择"设置坐标轴格式..."。这将弹出"设置坐标轴格式"对话框。单击"数字"(接近底部),将小数位数更改为零,结果如图 5.11 所示。

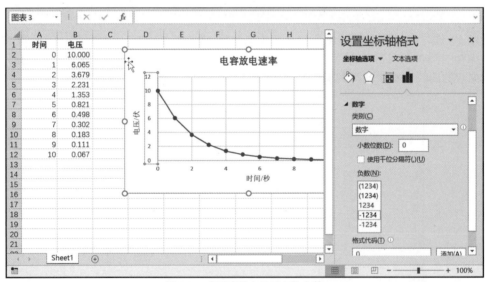

图 5.11　在垂直轴上显示 0 位小数

3. 激活图形后,单击功能区的"设计"选项卡。然后单击"图表布局"组中的"添加图表元素/轴标题"|"主垂直轴"。然后你将看到"坐标轴标题"被一个矩形包围(指示这是一个活动的图形对象),如图 5.12(a)所示。删除"坐标轴标题"(只删除文本,不删除周围的矩形),替换为"电压/伏"。然后,你可以像以前一样,通过右击并从生成的下拉菜单中选择"字体"来更改坐标轴标题的字体大小和颜色等。

4. 对水平轴重复步骤 3,将坐标轴标题替换为"时间/秒"。

向坐标轴添加标题的另一种方法是单击图右侧的加号(图 5.12(a)中的 K 列下面)。请注意,要显示加号,图形必须是活动的。然后从结果菜单中选中"坐标轴标题",如图 5.12(b)所示。单击附带的黑色小箭头,可以指定将显示哪个轴标题。

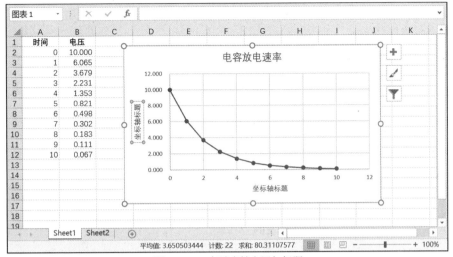

图 5.12(a)　在垂直轴上添加标题

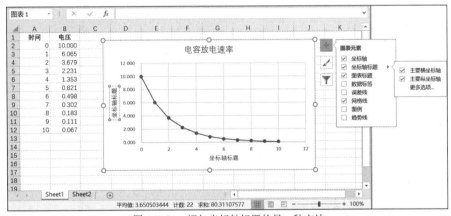

图 5.12(b)　添加坐标轴标题的另一种方法

包含最终编辑图的工作表如图 5.13 所示。

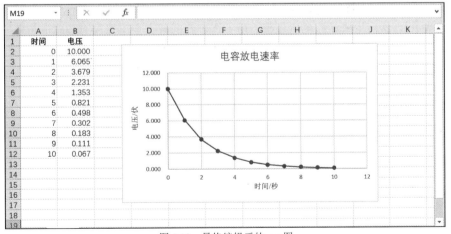

图 5.13　最终编辑后的 x-y 图

5.4　向现有数据集中添加数据

一旦创建了图表，就可以随时添加其他数据点。为此，请执行下列步骤。

1. 将新的数据点添加到工作表中，新的 x 值按正确顺序排列。如果 x 值位于现有值范围内，则添加的数据应自动包含在图中。

2. 如果新的 x 值超出了现有值的范围，则按以下步骤进行：

a. 单击图形来激活它。现有的 x 和 y 值四围将出现轮廓。

b. 定位数据点周围轮廓边缘的黑色小方块。拖动这些方块，使得新的数据点包含在轮廓中。然后，新的数据点将出现在图中。

例题 5.2　向 x-y 图添加数据

假设我们希望在例题 5.1 中已有的数据中添加两个额外的数据点。电压将按照前面的表达式计算：

$$(\Delta P)V = 10\mathrm{e}^{-0.5t}$$

对应于值 $t = 0.5$ 秒和 $t = 12$ 秒。

图 5.14 显示了包含原始数据和相应图表的工作表。请注意，图是通过单击激活的，这一点可以从围绕该图的轮廓以及自变量的值(A 列)和因变量的值(B 列)中看出。

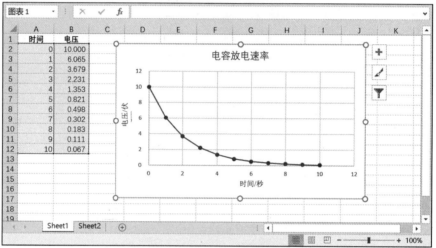

图 5.14　原始电压与时间数据

在第 3 行上面插入一个新行，并在新的(现在是空的)单元格 A3 中输入值 0.5。将单元格 B2 中的公式复制到单元格 B3，然后生成相应的电压值。由于这个新的数据点落在现有的时间值范围内，它自动出现在图中，如图 5.15(a)所示。

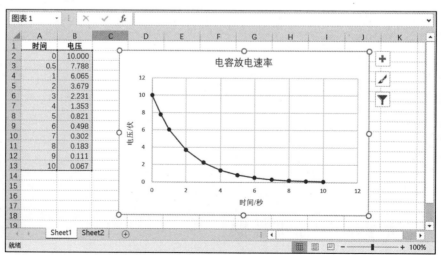

图 5.15(a)　在数据集中添加新的数据点

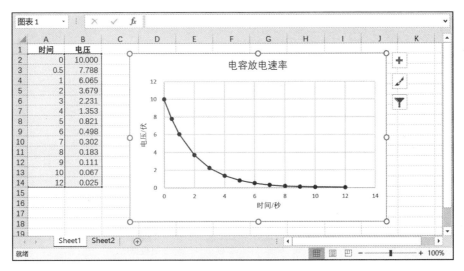

图 5.15(b)　在数据集下面添加第二个数据点

　　然后在单元格 A14 中输入值 12，并将单元格 B13 中的公式复制到单元格 B14。接下来，我们拖动 A 列和 B 列中的数据周围的边框，以便它们在第 14 行中包含新数据。完成后，新的数据点将出现在图中，如图 5.15(b)所示。

添加新的因变量数据集

　　现在假设你想再输入并绘制一组因变量。当然，假定新数据和现有数据都对应于同一组自变量。处理过程类似于添加单独的数据点，只是新的因变量要被输入到单独的列中(或者单独的行，如果工作表使用逐行布局的话)。特别是：

　　1. 在单独的行或列中添加新的因变量。如果这个新行或新列位于现有因变量的旁边，则可能是最简单的。

　　2. 通过单击图表来激活它。围绕现有的数据集将出现一个边框。

　　3. 定位数据集四围边框的黑色小方块。拖动这些方块，使新的因变量包含在边框内。然后，新的数据集将自动显示在图中。当然，你也可以从头开始，突出显示整个数据集，然后继续执行第 5.3 节中介绍的步骤。

　　例题 5.3　向 x-y 图添加因变量

　　现在，假设我们希望在例题 5.2 中绘制的数据中再添加一组电压。新的电压数据将施加于第二个设备。这些电压将用以下这个表达式来计算：

$$V = 8e^{-0.3t}$$

其中 V 表示电压(单位为伏)，t 表示时间(单位为秒)。

　　图 5.16 显示了工作表，其中 A 列和 B 列是原始数据，C 列是新数据表，图中只包含原始数据。请注意，通过单击该图，可以激活它，如下图周围的边框、时间值(A 列)和原始电压(B 列)所示。

　　要将新的电压数据添加到图中，只需要拖动边框的角，使其包含 C 列。然后，新数据将自动包含到图中，如图 5.17(a)所示。

　　遗憾的是，即使数据集用两种不同的颜色绘制，我们也很难区分图中的两个数据集。可通过在图表中添加图例来纠正这个问题。要做到这一点，当图表处于活动状态时，可单击功能区的"设计"选项卡。然后单击"图表布局"组中的"添加图表元素"|"图例"|"右侧"。最终结果如图 5.17(b)所示。

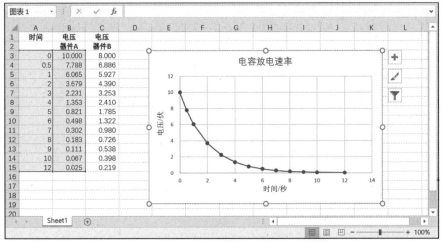

图 5.16　两组电压/时间数据；只绘制一组数据

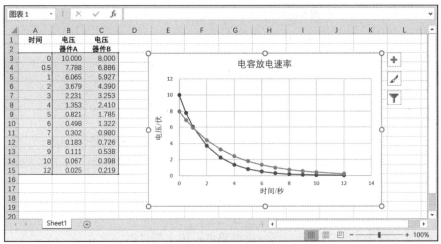

图 5.17(a)　将新数据添加到图中

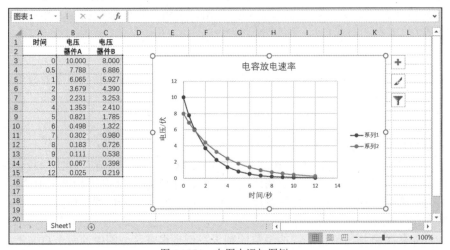

图 5.17(b)　向图中添加图例

不相邻的数据

在我们目前看到的所有例题中，数据都是连续的；即自变量和因变量的值是相邻的。因此，可以轻松地选择数据，因为所有数据都属于一个大块。然而，这不是必需的。自变量和因变量的值不必相邻，它们可以用一行或多行或多列分隔。类似地，如果在工作表中包含几组因变量，它们的值不必相邻。这种情况下，在选择不相邻的自变量和因变量时，只需要按住 Ctrl 键或 Command 键即可。

习题

5.1 对于例题 5.1 中描述的电容器，求以下电压随时间的测量值。注意，数据中有一些散点，因为这些是测量值，而不是计算值。

时间/秒	电压/伏	时间/秒	电压/伏
0	9.8	6	0.6
1	5.9	7	0.4
2	3.9	8	0.3
3	2.1	9	0.2
4	1.0	10	0.1
5	0.8		

a. 用面向行的布局将数据放在工作表中(将自变量的值放在最上面一行，因变量的值放在最下面一行)。

b. 构建数据的 x-y 图。不要互连数据点。添加适当的标题并编辑图形的整体外观，如例题 5.1 所示。

c. 将 x-y 图形的位置从原始工作表更改为单独的工作表。重新定位图形后，测试图形的各种编辑功能。

5.2 聚合物材料包含的溶剂，其蒸发量是时间的函数。溶剂的浓度(以聚合物总重量的百分比表示)如下表所示，它是时间的函数。

溶剂浓度/重量百分比	时间/秒
55.5	0
44.7	2
38.0	4
34.7	6
30.6	8
27.2	10
22.0	12
15.9	14
8.1	16
2.9	18
1.5	20

将数据输入 Excel 工作表，并将数据绘制为 x-y 图，以时间为自变量。显示各个数据点。

5.3 许多气体的压强、体积和温度之间的关系可用理想气体定律近似，即：

$$PV=RT$$

其中 P 是绝对压强，V 是每摩尔体积，R 是理想气体常数(0.082 054L·atm/(mol·K))，T 是绝对温度。

a. 构建 Excel 工作表，其中包含从 0~800K 温度范围内的压强与绝对温度表，以及 20L/mol、35 L/mol 和 50L/mol 的特定值。

请注意，工作表应该包含四列。绝对温度的值应放在第一列，第二列应包含 20L/mol 时相应的压强。第三和第四列应该分别包含 35L/mol 和 50L/mol 特定值的压强。

b. 将所有数据(即三个压强与温度的曲线)绘制在同一个 x-y 图上。编辑这张图，使它清晰易读。包括图例，表示与每个曲线相关联的特定体积。

5.4 弹簧所受的力为:

$$F = kx$$

其中 F 为力,单位是牛;x 为弹簧相对于平衡位置的位移,单位是米;k 是劲度系数。准备一张包含 x-y 图的 Excel 工作表,显示力是两个弹簧间距离的函数,这两个弹簧的劲度系数分别为 100 牛/米和 500 牛/米。把两条曲线都画在同一张图上。对于每个弹簧,考虑 0~0.2 米的位移。

5.5 几个工科学生已经制造了一种风力发电装置。利用该装置获得了以下数据:

风速/(英里/小时)	功率/瓦
0	0
5	0.26
10	2.8
15	7.0
20	15.8
25	28.2
30	46.7
35	64.5
40	80.2
45	86.8
50	88.0
55	89.2
60	90.3

将数据输入 Excel 工作表,并绘制电力与风速的关系图。显示各个数据点。

5.6 下面的数据描述了通过电子设备的电流,单位为毫安,它是时间的函数。

时间/秒	电流/毫安	时间/秒	电流/毫安
0	0	9	0.77
1	1.06	10	0.64
2	1.51	12	0.44
3	1.63	14	0.30
4	1.57	16	0.20
5	1.43	18	0.14
6	1.26	20	0.091
7	1.08	25	0.034
8	0.92	30	0.012

将数据输入 Excel 工作表,并绘制电流相对于时间的函数。显示各个数据点。

5.7 下面的数据描述了 A→B→C 的化学反应序列。A、B、C 的浓度单位是摩尔/升,浓度是时间的函数。

时间/秒	浓度A/(摩尔/升)	浓度B/(摩尔/升)	浓度C/(摩尔/升)
0	5.0	0.0	0.0
1	4.5	0.46	0.02
2	4.1	0.84	0.06
3	3.7	1.2	0.13
4	3.4	1.4	0.22
5	3.0	1.6	0.33
6	2.7	1.8	0.45
7	2.5	1.9	0.58

8	2.3	2.0	0.72
9	2.0	2.1	0.87
10	1.8	2.2	1.0
12	1.5	2.2	1.3
14	1.2	2.2	1.6
16	1.0	2.1	1.9
18	0.83	2.0	2.2
20	0.68	1.85	2.5
25	0.41	1.5	3.1
30	0.25	1.2	3.5
35	0.15	0.93	3.9
40	0.09	0.71	4.2

将数据输入 Excel 工作表。把这三个浓度作为时间的函数画在同一张图上。显示各个数据点。用不同颜色显示每个数据集。

5.8 绝对黏度 (μ) 是描述流体在剪切应力作用下抵抗变形能力的一个性质。对于液体，μ 是温度的强函数，可用以下关系计算：

$$\mu = \mu_0 e^{a + b\left(\frac{T_0}{T}\right) + c\left(\frac{T_0}{T}\right)^2}$$

其中 μ_0 为参考温度 T_0 下的绝对黏度，a、b 和 c 为与液体有关的参数。在这个方程中，μ 的单位是 kg/(m·s)，温度的单位是开尔文。对于温度为 $T = 273.16K$ 的水，绝对黏度为 $\mu_0 = 0.001792\,kg/(m·s)$。水的参数值为 a=-1.94、b=-4.80 和 c= 6.74。在电子表格中完成下列任务。

a. 以 2K 为增量，创建一列从 274K 到 364K 的温度值，并计算相邻列中相应的 μ 值。

b. 以 T 为自变量，绘制 x-y 图。显示各个数据点，并为 x 和 y 轴添加适当的标签。

c. 添加趋势线并将一个三阶多项式拟合到数据中。将三阶多项式拟合与高阶、低阶多项式拟合进行比较。

5.5　半对数图

有时，在绘制 y 与 x 的关系时使用对数坐标是有利的。为理解对数坐标，考虑图 5.18，它在算术坐标下方直接显示了对数坐标。注意对数刻度单位是非等间距的。另外注意，对数刻度上 1 的位置与算术刻度上 log 1 的位置相同(因为 log 1 = 0，如算术刻度所示)。

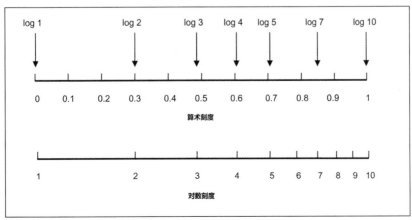

图 5.18　算术和对数刻度的比较

类似地,对数尺度上 2 的位置相当于算术刻度上 log 2 的位置(因为 log 2 = 0.30),以此类推。因此,我们看到在对数刻度上绘制 x(或 y)等价于在算术刻度上绘制 log x(或 log y)。

注意,在对数刻度上绘制数据时,只需要直接绘制 x(或 y)的值。你不需要计算 log x(或 log y),对数刻度会自动计算。

y 轴(纵坐标)采用对数刻度、x 轴(横坐标)采用算术刻度的图形称为半对数图。半对数图广泛应用于工程、化学、物理、生物学和经济学等多个领域。图 5.19(a)显示了例题 5.3 中最初给出的电压与时间数据的算术图。图 5.19(b)中所示的附图使用半对数坐标用于比较。这两个图都基于指数方程:

$$V = 10e^{-0.5t}$$

在 $0 \leq t \leq 10$ 的区间内。请注意,曲线在图 5.19(b)中显示为一条直线。另外,请注意图 5.19(b)中 y 轴的下限是 0.01 而不是 0,因为 0 的对数没有定义。

工程师在半对数图上绘制数据有两个原因。首先,y 值的范围可以大得多,通常跨越几个数量级(即 10 的几次方)。例如,图 5.19(b)中的 y 轴从 0.01 到 10,这是三个数量级。因此,图 5.19(b)被称为三周期半对数图。

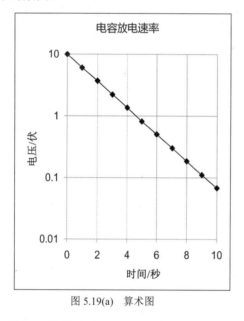

图 5.19(a) 算术图

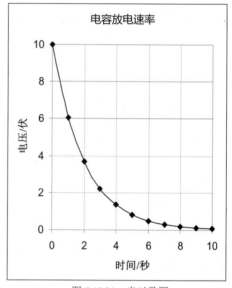

图 5.19(b) 半对数图

第二,指数方程

$$y = ae^{bx} \tag{5.1}$$

在半对数图上显示为直线(即当绘制 log y 相对于 x 的曲线)。许多科学和工程现象都是由这个方程或变量来控制的,比如

$$y = a\left(1 - e^{bx}\right) \tag{5.2}$$

因此,如果数据集在半对数图上显示为一条直线,我们就可以得出结论,最好用指数型方程表示数据(或者更重要的是,根据生成的数据我们可以得出结论,这个数据是由指数型方程描述的过程生成的)。

要想明白为什么方程(5.1)在半对数的图上可绘制成直线,我们对方程的两边取自然对数,得到:

$$\ln y = \ln a + bx \tag{5.3}$$

一般来说,我们可以把直线的方程写成:

$$纵坐标 = 常数 + 斜率 \times 横坐标 \tag{5.4}$$

因此，我们可以看到，如果在算术 x-y 图上绘制 y 相对于 x 的曲线，式(5.3)的结果是一条直线；也就是说：

$$\ln y = \ln a + bx$$

（纵坐标＝常数(y 轴截距)，斜率，横坐标）

(5.5)

由于算术图上绘制 $\ln y$ 与 x 的关系曲线等价于半对数图上 y 与 x 的关系曲线，因此我们得出结论：方程(5.1)在半对数图上是一条直线。

y 轴截距 a 的值就是对应于 $x=0$ 的 y 值。这个值可从算术图或半对数图中直接读取。斜率值 b，可以通过在半对数图上选择两个点 (x_1, y_1) 和 (x_2, y_2) 来确定(因为这是一条直线)。因此：

$$b = (\ln y_2 - \ln y_1)/(x_2 - x_1) = \ln(y_2/y_1)/(x_2 - x_1)$$

(5.6)

指数方程在半对数图上所表现的线性不限于以自然对数为底。它适用于所有对数底数。采用对数刻度的图形通常以 10 为底绘制，如图 5.19(a)和 5.19(b)所示。

在 Excel 中，要创建半对数图，首先创建一个普通的(算术)x-y 图，然后改变 y 轴。请记住。细节将在下面的例题中介绍。在创建半对数图时，因为负数(或零)的对数没有定义，所以所有 y 值都必须大于零。

例题 5.4　在 Excel 中创建半对数图

将例题 5.1 中开发的、图 5.13 所示的算术 x-y 图转换为半对数图。

我们从图 5.13 所示的 Excel 工作表开始。要将图形转换为半对数图，首先右击 y 轴并选择"设置坐标轴格式"。然后在"坐标轴选项"下，选中标有"对数刻度"的复选框，如图 5.20 所示 (注意，"设置坐标轴格式"对话框较长；图中只显示了一部分)。

作为一种替代方法，当图形处于活动状态时，可单击功能区的"格式"选项卡，并从"当前所选内容"中选择"垂直(数值)轴/格式"。

图 5.20 还显示了结果图(但是图的一部分被"设置坐标轴格式"对话框所遮挡)。请注意，图表现在显示为半对数图，而指数方程显示为直线。但是，沿着垂直轴的标签格式不合适，而横轴的标签横跨在图表的中间，而不是底部。

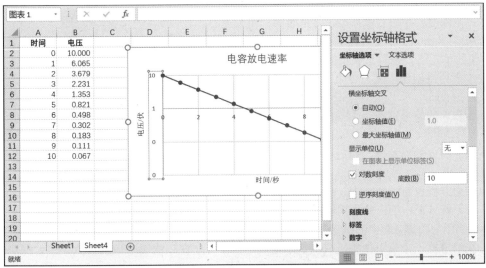

图 5.20　在"设置坐标轴格式"对话框中选中"对数刻度"

要纠正这些问题，还需要完成以下工作：

1. 右击垂直轴并选择"坐标轴格式"。在生成的"设置坐标轴格式"对话框中，选择"坐标轴选项"(在顶部)。然后单击"数字"(接近底部)。在生成的"类别"标签中选择"常规"。

2. 在相同的"设置坐标轴格式"对话框中，在"坐标轴选项"下找到"横坐标轴交叉"并选中"坐标轴值"。然后在相应的数据输入区域内输入 0.01(纵轴上最小的标签)。

完成后的半对数图如图 5.21 所示。

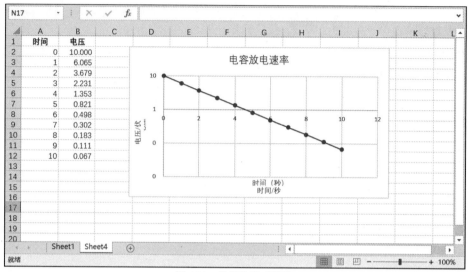

图 5.21 最终的半对数图

习题

5.9 使用 Excel，根据例题 5.1 中出现的方程，生成 ln V 与 t 的算术 x-y 图；也就是说：

$$V = 10e^{0.5t}$$

将得到的图与图 5.21 所示的半对数图进行比较。关于这两幅图之间的关系，你能得出什么结论？

5.10 一个搅拌良好的槽中正在发生化学反应。所生成物质的浓度可用下面的公式计算，它是时间的函数：

$$C = a\left(1 - e^{-b}\right)$$

其中 C 是浓度，单位是摩尔/升；t 是时间，单位是秒。

a. 考虑 a= 8 mol/L 和 b= 0.25s^{-1} 的情况，在 Excel 工作表中构建浓度与时间的关系表。选中包含 a 和 b 当前值的单元格。设置足够长的时间周期，使浓度接近其平衡值。

b. 根据表列值创建浓度与时间的 x-y 关系图。用线段连接各个数据点。添加适当的标题并标记坐标轴。

c. 将 a 和 b 的值分别改为 12 mol/L 和 0.5s^{-1}。注意表列值和图的变化。请注意执行这些更改是多么容易。

d. 恢复 a 和 b 的原始值，然后用半对数坐标替换算术坐标，以改变图形的类型。解释为什么得到的图形不是直线。

e. 你能把方程重新排列一下，使它在半对数坐标上显示为直线吗？

5.11 将习题 5.2 中给出的数据输入 Excel 工作表，并以时间为自变量绘制半对数图。显示各个数据点。将结果图与习题 5.2 中的图进行比较。

5.12 我们想要一个放射性物质衰变速率的表达式。每年在该物质附近放置一个辐射探测器，得到下列数据。

年份	N，检测率/(检测数/分钟)
0	1000
1	748
2	563
3	422
4	325
5	238

假设检测率与放射性物质的量成正比。在 Excel 电子表格中完成以下任务。

a. 将数据输入电子表格。在 x-y 图上绘制 N 与年的关系曲线，并使用半对数坐标和对数-对数坐标观察这两个变量之间的关系。如果两个变量在半对数图上呈线性关系，那么表明指数关系可能与数据吻合良好。添加指数趋势线，注意幂函数的系数和指数。指数是放射性物质的衰变率。

b. 在单独的一列中计算 $\ln(N)$，在单独的 x-y 图中绘制 $\ln(N)$ 与年的关系图。创建一个线性趋势线，并注意斜率和 y 轴截距。将从这条线性趋势线得到的斜率与从(a)部分的指数趋势线得到的指数进行比较。

c. 计算 e 的以(b)部分 y 轴截距为幂次的值，并将此值与(a)部分指数趋势线的系数进行比较。

5.6　对数-对数图

对数-对数图在两个坐标轴上都采用对数坐标。因此，它等价于在算术坐标上绘制 $\log y$ 与 $\log x$ 的曲线。对数-对数图是用来绘制科学和技术数据的有效工具，因为它们可以将数据分解成多个数量级，并且幂次方程

$$y = ax^b \tag{5.7}$$

将呈现为直线。为理解为什么式(5.7)在对数-对数图上显示为一条直线，我们对方程两边取对数，得到：

$$\log y = \log a + b \log x \tag{5.8}$$

这是一条直线的方程，其中 $\log y$ 是因变量，a 是常数，b 是斜率，$\log x$ 是自变量(要得到这个方程，我们可以用自然对数、以 10 为底的对数，或者以任何其他数为底的对数；结果是一样的)。

$$\tag{5.9}$$

由于算术图上的 $\log y$ 对 $\log x$ 的曲线等价于对数-对数图上的 y 与 x 的曲线，所以我们得出式(5.7)在对数-对数图上是一条直线。

常数 a 的值就是对应于 $x=1$ 的 y 值(因为 $\log 1 = 0$)。该值可以直接从对数-对数图中读取。然后，通过在对数-对数图上选择 (x_1, y_1) 和 (x_2, y_2) 两个点，并利用这个表达式，可以确定斜率 b 的值。

$$b = \left(\log y_2 - \log y_1\right)/\left(\log x_2 - \log x_1\right) = \log\left(y/y_1\right)/\log\left(x_2/x_1\right) \tag{5.10}$$

例如，图 5.22(a)给出了著名的球体体积方程的算术图。

$$V = \frac{4}{3}\pi r^3$$

区间为 $0 \leqslant r \leqslant 10$。图 5.22(b)为同一方程的对数-对数图。请注意,曲线在对数-对数图上显示为直线。另外,注意对数-对数图上每个坐标轴的下限是某个小正数,而不是 0,因为 0 的对数没有定义。

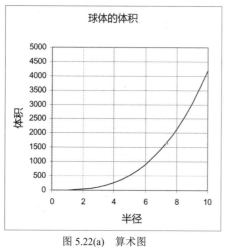

图 5.22(a) 算术图

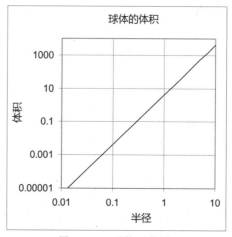

图 5.22(b) 对数-对数图

对数-对数图不能直接在 Excel 中创建,但可以很容易地从普通(算术)x-y 图或半对数图中构造出来,且自变量和因变量的所有值都为正(请记住,0 的对数没有定义,负数的对数也没有定义。如果任何 x 或 y 值都不大于零,Excel 将生成一条错误消息)。下面的例题给出了详细信息。

例题 5.5 在 Excel 中创建对数-对数图

利用以下两个公式,将球的面积和体积作为半径 r(在 $0 \leqslant$ r $\leqslant 10$)的函数,绘制一个对数-对数图。

$$A = 4\pi r^2 \quad \text{和} \quad V = \frac{4}{3}\pi r^3$$

我们从如图 5.23 所示的包含 a 和 V 的表列值,以及一个普通(算术)x-y 图的工作表开始。首先选择 A 列、B 列和 C 列中的数据,然后按照例题 5.1 中描述的步骤创建 x-y 图。要将这个图转换成对数-对数图,首先将单元格 A2 中所示的 r 值从 0 更改为某个小正数(如 0.001)。然后右击 x 轴,选择"坐标轴格式",并在"设置坐标轴格式"对话框中选中 "对数刻度"复选框。还可将最小和最大 x 值分别调整为 0.1 和 100。如图 5.24 所示,"设置坐标轴格式"对话框叠加在图上。

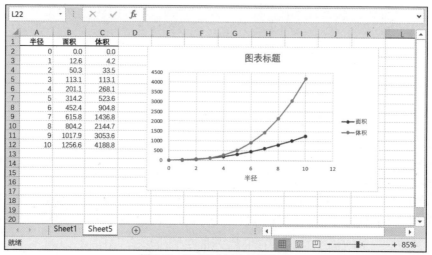

图 5.23 显示球体属性的算术图

注意,我们也可单击功能区的"格式"选项卡,并选择"当前所选内容"组中的"水平(数值)轴"|"格式选择"。这将打开相同的"设置坐标轴格式"对话框。

　　然后，我们对 y 轴重复该过程，最小值为 0.1，最大值为 10 000。生成的工作表包含所需的日志-日志图，如图 5.25 所示。注意，图 5.23 中所示的两条曲线现在表示为直线。此外注意，出于修饰性考虑，标识面积和体积的图例已被垂直向上移动，方法是单击图例并将其拖动到所需位置。最后注意，y 轴被细分为四个周期，x 轴被细分为三个周期，其中每个周期表示增加一个数量级(因子 10)。因此，这是一个 4×3 的对数-对数图。

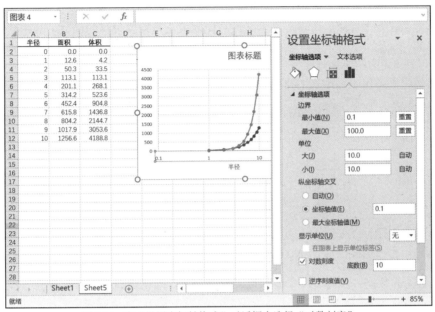

图 5.24　在"设置坐标轴格式"对话框中选择"对数刻度"

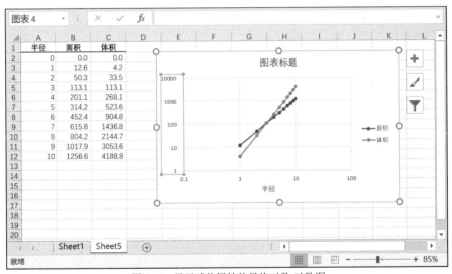

图 5.25　显示球体属性的最终对数-对数图

习题

5.13 构造在区间 $0 \leqslant x \leqslant 100$ 上由下列方程生成的 y 与 x 值的工作表：

$$y = 1.5x^{0.8}$$

用以下三种方法绘制数据：

a. 在算术坐标系上绘制 y 与 x 的关系图。

b. 在算术坐标系上绘制 $\log_{10} y$ 与 $\log_{10} x$ 的关系图。

c. 在对数坐标系(对数-对数)上绘制 y 与 x 的关系图。

比较结果图形并解释曲线形状上的任何相似之处。

5.14 弹簧的弹性势能为:

$$E = \frac{1}{2} \in kx^2$$

其中 E 为弹性势能,单位为焦;x 是弹簧相对于平衡位置的位移,单位是米;k 是劲度系数。准备一个包含对数-对数图的 Excel 工作表,显示弹性势能的大小是弹簧位移的函数,其中劲度系数分别为 100 牛/米和 500 牛/米。在同一张对数-对数图上绘制两条曲线。对于每个弹簧,考虑从 0.001 到 0.2 米的位移。与习题 5.4 的结果进行比较。

5.15 一组学生测量出水箱中水的排出量是时间的函数。得到的数据如下:

时间/分钟	体积/加仑	时间/分钟	体积/加仑
0	0	35	70.2
5	17.2	40	77.2
10	27.8	45	83.7
15	38.4	50	89.9
20	46.5	55	96.9
25	54.3	60	103.4
30	62.5		

将数据输入 Excel 工作表,并使用半对数坐标绘制体积与时间的函数。然后用对数-对数坐标在另一张图中绘制相同的数据。在两个图中显示每个数据点。你能得出该用哪种类型的方程来表示数据的任何结论吗?

5.16 一名环境工程师从一份市政水样中获得了细菌培养物,并让细菌在培养皿中生长。得到的数据如下:

时间/分钟	细菌浓度/ppm
0	6
1	9
2	15
3	19
4	32
5	42
6	63
7	102
8	153
9	220
10	328

请将数据输入 Excel 工作表,并以几种不同的方式绘制数据。用得到的图来解决以下问题:

假设 A 型细菌的生长受下列方程描述的过程控制:

$$C_A = ae^{bh}$$

而 B 型细菌的生长受下列方程描述的过程控制:

$$C_B = al^b$$

请问工程师处理的是哪型细菌?

5.17 实验测量了直管 (ΔP) 上的压降和管内的流速 (V)。

V/(米/秒)	ΔP/帕斯卡
1.0	4390
2.0	17270
3.0	36180
4.0	66700
5.0	107040

请在 Excel 电子表格中完成以下任务。

a. 将数据输入电子表格。在 x-y 图上绘制 ΔP 对 V 曲线,并且两个坐标轴都使用对数刻度。当使用对数-对数刻度时,检查两个变量是否呈线性关系,这表明可能很适合用幂函数拟合数据。添加幂函数趋势线,注意幂函数的系数和指数。

b. 在单独的列中计算 $\log(\Delta P)$ 和 $\log(V)$,并将它们绘制在单独的 x-y 图上。创建线性趋势线,并注意斜率和 y 轴截距。将该线性趋势线的斜率与(a)部分幂函数趋势线的指数进行比较。

c. 计算(b)部分 y 轴截距的 10 次方,并将该值与(a)部分幂函数趋势线的系数进行比较。

5.7 线形图(Excel 折线图)

与 x-y 图不同,折线图可用于表示单值(分类)数据。通常,数据点表示同一实体的不同值,例如连续几天中每天的日平均温度。图 5.26 显示了一个典型的折线图。注意,数据点是单独显示的。这是折线图的常见做法。

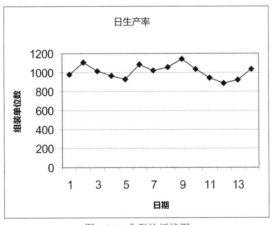

图 5.26 典型的折线图

例题 5.6 在 Excel 中创建折线图

一家电脑装配厂每周工作 7 天,每天工作 16 个小时。两周内组装的单位数如下。

天	组装量	天	组装量
1	980	8	1060
2	1108	9	1141
3	1016	10	1033
4	963	11	945
5	927	12	885
6	1088	13	918
7	1020	14	1039

请准备一张显示日装配率的折线图。在折线图中包含单独的数据点。

图 5.27 显示了包含数据的工作表。请注意,A 列和 B 列中的数据已经突出显示。

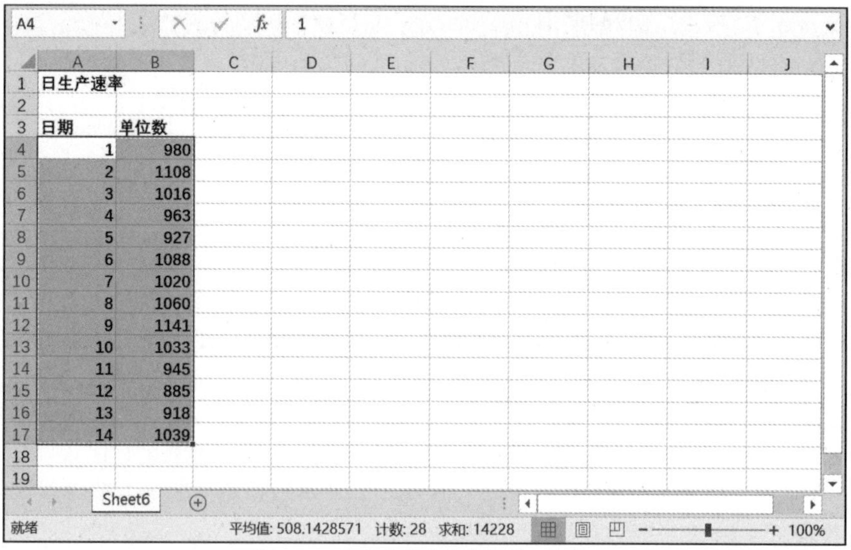

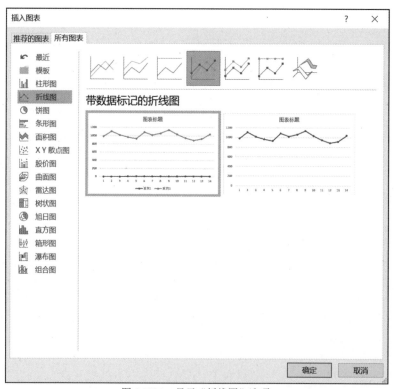

图 5.27　包含单值生产数据的工作表

　　我们首先在功能区的"插入"选项卡中,选择"推荐的图表"列表中显示的"折线图"图标,然后在"插入图表"窗口中选择"所有图表"选项卡。这将显示所有可用的折线图的图标,如图 5.28(a)所示。如果我们接受"带数据标记的折线图"(单独显示测量数据点),我们就得到折线图,如图 5.29所示。然后,可使用例题 5.1 中描述的过程编辑图形,改变标题并向两个坐标轴添加标签。最后的折线图如图 5.30 所示。

图 5.28(a)　显示"折线图"选项

　　请注意,也可通过单击图 5.3 中所示的"折线图"图标来启动,这将显示如图 5.28(b)所示的菜单。然后我们可选择"带数据标记的折线图",得到如图 5.29 所示的图。

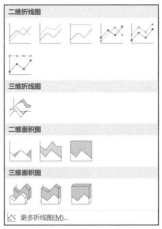

图 5.28(b)　选择"折线图"的另一种方法

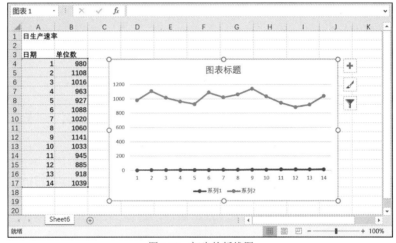

图 5.29　初步的折线图

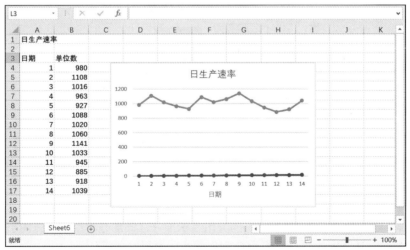

图 5.30　工作表内经过编辑的折线图

再次提醒你，线形图仅用于表示单值数据，这导致数据点沿 x 轴均匀间隔。不要将线形图与 x-y 图混淆，x-y 图用于表示成对的数据点(其中每个数据点由唯一的 x 和 y 值定义)。

习题

5.18 在你自己的计算机上重构图 5.27 所示的工作表。仅突出显示 B 列中的数据,并创建突出显示数据的线形图。与基于 A 列和 B 列的数据的图 5.30 所示的线形图相比,那张图更清晰?

5.19 重构图3.8(a)所示的包含学生考试分数的工作表。为每个学生构建一个总分数的线形图。不要在图中包含全班的平均分。添加图标题,并为每个轴添加标题。

5.20 以下数据显示了两台经常发生故障的机器的修理时间:

故障编号	1 号机器/分钟	2 号机器/分钟
1	12.1	22.5
2	27.8	15.1
3	18.5	8.2
4	6.5	11.9
5	24.6	7.7
6	33.7	19.4

a. 准备一张线形图,显示机器 1 的修理时间。
b. 另准备一张线形图,显示机器 2 的修理时间。
c. 编制一张线形图,显示两台机器的修理时间。

5.8 条形图(Excel 柱形图)

条形图与线形图类似,用于表示单值(分类)数据。但与线形图不同的是,条形图使用一系列垂直矩形(条形)表示数据。例如,图 5.31 所示的条形图反映了一个小型机器商店内几个不同部件的库存水平。每个竖条表示特定项目的库存水平。

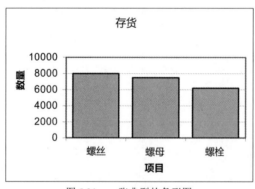

图 5.31 一张典型的条形图

例题 5.7 在 Excel 中创建条形图

通过在工作表中嵌入条形图来修改例题 2.2 中开发的工作表(参见图 2.18)。条形图中包括单个零件的数量,但不包括总数。

图 5.32 显示了工作表(单元格 B2 到 C5)的突出显示部分,该部分将用于创建图形。注意,B 列和 C 列都已被突出显示。B 列中的信息将作为 C 列中的实际数据的标签。

这个过程类似于例题 5.6。首先在功能区的"插入"选项卡中选择"簇状柱形图"图标,然后在"插入图表"窗口中选择"所有图表"选项卡。这将显示所有可用的柱形图选项的图标,如图 5.33 所示。

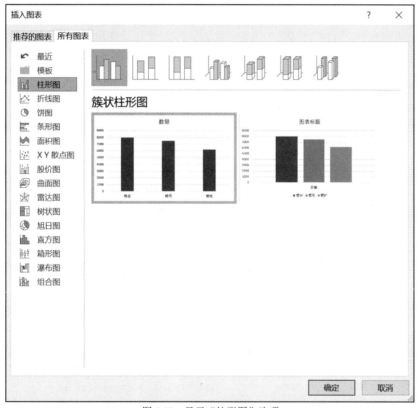

图 5.32　包含单值库存数据的工作表

图 5.33　显示"柱形图"选项

如果我们接受"簇状柱形图"选项(它最初显示在"插入图表"窗口中)，将得到如图 5.34 所示的初步柱形图。请注意，数值刻度是自动沿 y 轴放置的。还要注意，B 列中的标签会自动复制到柱形图中相应的条形的下方。如果仅选择单元格 C3 到 C5 中的数值数据，则不会出现这些标签。此外，请注意标题"数量"(位于图的中间)是从单元格 C2 中提取的，并自动放置在图表区域中。

现在可编辑图表以改进其外观。特别是，可将图表标题改为"库存"，并在 x 轴和 y 轴上分别添加标题("项目"和"数量")。我们还可以通过单击其中一个竖条，选择"设置数据点格式"，然后在得到的"设置数据点格式"对话框中拖曳标有"间隙宽度"的拖动条，来扩大竖条的宽度(见图 5.35)。注意，如果愿意的话，可在"间隙宽度"中输入 0，以完全消除条形之间的间隙。

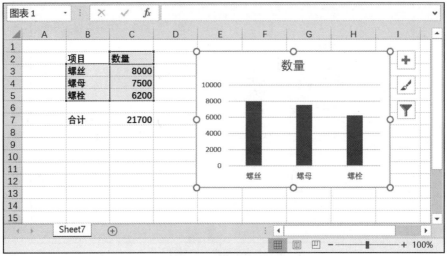

图 5.34 基本柱形图

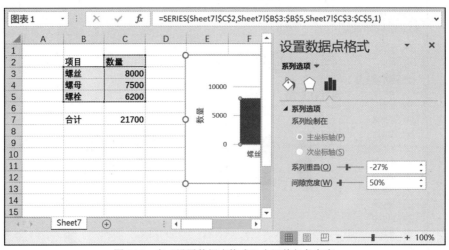

图 5.35 在"设置数据点格式"中调整竖条宽度

图 5.36 显示了编辑后的最终工作表。

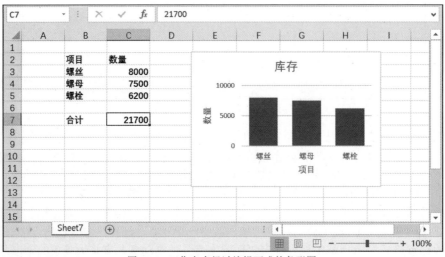

图 5.36 工作表内经过编辑而成的条形图

习题

5.21 在你自己的计算机上重构图 5.36 所示的工作表。然后按照以下方法修改嵌入的条形图：

a. 将以下项目添加到现有零件列表中：

项目	数量
洗衣机	7200

b. 编辑新的图形，增加图形标题"库存的部件"。此外，沿着 y 轴添加标题编号，沿着 x 轴添加标题部分。然后打印整个工作表。

5.22 重构如图 3.8(a)所示的包含学生考试分数的工作表。为每个学生构建一个整体分数的条形图。不要在图中包含全班的平均分。以单个竖条形相互接触的方式构造图形。添加图表标题，并为每个坐标轴添加标题。使用相同数据，与习题 5.19 创建的线形图进行比较。

5.23 修改图 3.8(a)所示的工作表，包括每个学生的总分与班级平均分的差异。在工作表的 F 列中输入这些值。构造一个柱形图来显示这些差异。添加图标题，并为每个坐标轴添加标题。

5.24 习题 5.20 列出了两台经常发生故障的机器的修理时间。为方便你查阅，现将资料复制如下：

故障编号	1 号机器修理时间/分钟	2 号机器修理时间/分钟
1	12.1	22.5
2	27.8	15.1
3	18.5	8.2
4	6.5	11.9
5	24.6	7.7
6	33.7	19.4

a. 准备一张条形图，显示 1 号机器的修理时间。

b. 另准备一张条形图，显示 2 号机器的修理时间。

c. 准备一张单独的条形图，显示两台机器的修理时间。

将得到的每个条形图与为习题 5.20 创建的相应线形图进行比较。

5.9 饼图

饼图显示数据集中单个数据项的分布情况。与线形图和条形图一样，饼图也表示单值数据。例如，图 5.37 显示了基于图 5.32 所示工作表的饼图。饼图显示了单个项目(螺丝、螺母和螺栓)在总数中的分布。

饼图可标记为显示各个数据值，如图 5.37 所示，也可显示数据集中每个数据项的百分比。

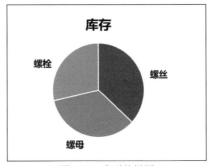

图 5.37 典型的饼图

例题 5.8 在 Excel 中创建饼图

将饼图添加到包含例题 2.2 和例题 5.7 中所示的库存数据的工作表中(参见图 5.32)。在饼图中包括单个部件的数量,但不包括合计值。如图 5.37 所示,按名称和占部件总库存的百分比对各部分进行标识。

首先在原始工作表中突出显示单元格 B3 到 C5,如图 5.38 所示(注意,我们没有像在例题 5.7 中那样包含第 2 行的列标题)。

B3			× ✓ fx	螺丝				
	A	B	C	D	E	F	G	
1								
2		项目	数量					
3		螺丝	8000					
4		螺母	7500					
5		螺栓	6200					
6								
7		合计	21700					
8								
9								
10								
11								
12								

Sheet7　Sheet8　⊕

平均值: 7233.333333　计数: 6　求和: 21700　　100%

图 5.38　单值库存数据的工作表

然后在功能区的"插入"选项卡中选择"推荐的图表"列表中显示的"饼图"图标。图 5.39 显示了生成的"插入图表"窗口。单击"确定"按钮,生成如图 5.40 所示的初步饼图。注意,图例取自 B 列中突出显示的项目。

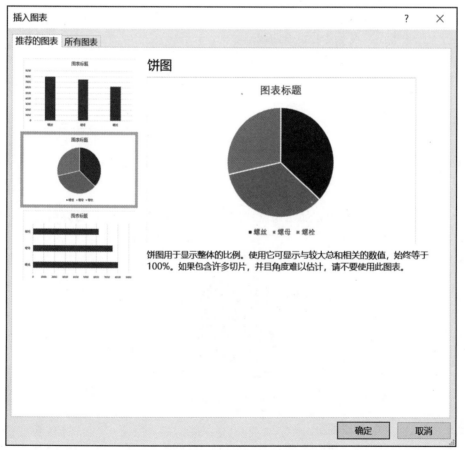

图 5.39　在"插入图表"窗口中选择"饼图"

现在我们要编辑饼图，将标题更改为"库存"，删除图例，并分别标记每个部分，如图 5.37 所示。可在初始饼图中直接更改标题。然后单击图 5.40 所示图形右侧的加号，选中"数据标签"，取消选中"图例"。结果如图 5.41 所示。注意，数据标签由来自 C 列的数值组成，这些数值位于对应的饼图部分中。

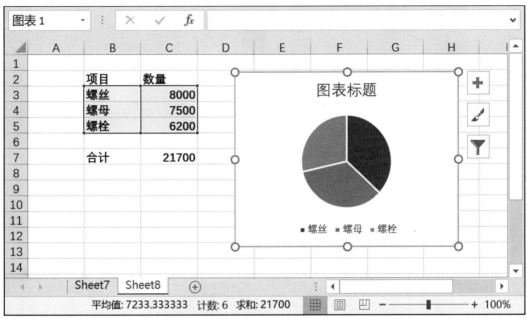

图 5.40　初步的饼图

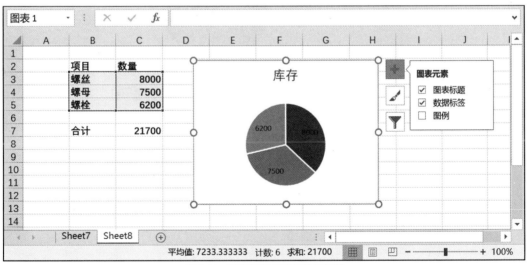

图 5.41　改变标题并添加数据标签

要更改数据标签及其位置，我们将鼠标悬停在"数据标签"上 (见图 5.41)。然后选择"外框"，再选择"更多的选项..."。当"标签选项"对话框出现时，我们同时选中"系列名称"和"百分比"，如图 5.42 所示。然后可以编辑字体，最终得到如图 5.43 所示的饼图。

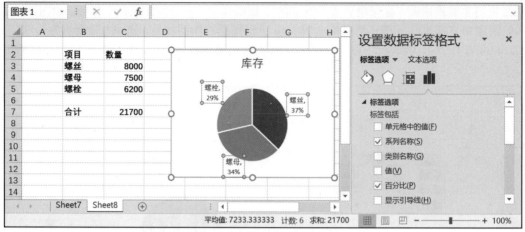

图 5.42 改变数据标签及其位置

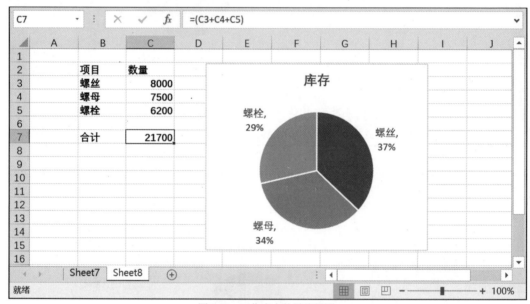

图 5.43 工作表中的最终饼图

习题

5.25 Boehring 教授的《工程学导论》课上的 40 名学生在学期末获得以下字母成绩:

成绩	学生数
A	5
B	11
C	14
D	7
F	3

请在 Excel 工作表中输入数据,并创建饼图来显示成绩分布。用适当的字母成绩标记饼图的每个部分。添加图表标题。以图 5.43 作为粗略的指导,为圆圈、标签和标题选择具有吸引力的大小和位置。

5.26 修改为习题 5.25 准备的饼图,使饼图各部分彼此分开,百分比以标签形式显示。添加图例,用它标识出图表各部分对应的成绩。

5.27 一种常用的非处方感冒药含有下列有效成分：

成分	重量/mg
止疼药	500
止咳药	15
鼻血管收缩药	30

在 Excel 工作表中输入数据，并创建饼图，显示有效成分的分布情况。标记饼图的各部分，并添加图表标题。以图 5.43 为粗略的指导，排列对象，使图形具有吸引力。

5.28 铝合金具有下列化学成分：

元素	重量/百分比
铝(Al)	93.25
铬(Cr)	0.5
镁(Mg)	0.6
钛(Ti)	0.15
锌(Zn)	5.5

请在 Excel 工作表中输入数据，并创建饼图来显示成分。添加适当的标签和标题。以图 5.43 作为粗略的指导，排列对象，使图形具有吸引力。

5.10　结束语

在本章中，我们主要关注 x-y 图(包括采用半对数坐标和对数-对数坐标的 x-y 图)，因为这是科学和工程学中最常用的图类型。我们还介绍了线形图、条形图和饼图。但是，你应该了解 Excel 还能生成许多其他类型的图形。其中一些用于商业或金融应用，而另一些则只是为了给数值数据的显示增添活力。建议你自己多去探索。

第 6 章

数据统计分析

工程分析一般从数据分析开始。工程师经常收集数据来测量可变性或一致性。例如，汽车制造商可能想要确定所有相同类型的一些制造部件的精确尺寸，例如从装配线下线的几个滚珠轴承的直径。这一信息将表明正在制造的滚珠轴承的一致性。同样，服装制造商可能想要研究潜在客户对尺寸要求上的差异，以确定每种尺寸应该生产多少件。

统计数据分析可以告诉我们关于给定数据集的大量信息，并为数据集比较提供基础。例如，我们可以确定数据集的均值、最小值和最大值、最频繁出现的值、"中间"点(一半数据位于其上，另一半数据位于其下)以及数据的散布程度。然而，为得到这些结果，必须进行大量枯燥的计算，特别是当数据集很大时。但是 Excel 可自动运算，从而使我们专注于结果的解释。在本章中，我们将看到这是如何实现的。

6.1 数据特征

有几个常用的参数可以让我们得出关于数据集特征的结论，它们是均值、中值、众数、最小值、最大值、方差和标准差。下面我们分别进行讨论。

均值

均值是数据集最常用的特征，也被称为平均值或算术平均值。它表示数据集的预期行为。

均值的大小由如下著名的公式决定

$$F_1 = 0$$
$$F_2 = 0.05$$
$$F_3 = 0.05 + 0.10 = 0.15 \qquad \bar{x} = \frac{(x_1 + x_2 + \cdots + x_n)}{n} = \frac{1}{n}\sum_{i=1}^{n} x_i \qquad (6.1)$$
$$F_4 = 0.05 + 0.10 + 0.20 = 0.35$$
$$F_5 = 0.05 + 0.10 + 0.20 + 0.20 = 0.55$$

其中 $\bar{x}$ 表示均值，x_i 表示单个数据值，n 表示数据值的总数(注意下标 i 的范围是从 1 到 n)。统计学家把均值视作一阶中心距。

在 Excel 中，AVERAGE 函数用于确定均值。括号中包含的参数表示一个含待求平均值的单元格块。因此，表达式 "=AVERAGE(B1:B12)" 将求出存储在单元格 B1~B12 中的数值的平均值。在指定的单元格块中，计算中包含零值，但空白单元格会被忽略。

中值

中值是指有一半数据值位于其上，另一半位于其下的值。如果数据个数是奇数，则中值与其中某个数据值一致。例如，数据集(2,0,8,3,5)的中值是 3。但是，如果数据个数是偶数，通常取两个最居中数的平均值作为中间值。因此，数据集(2,8,3,5)的中值是 4。

在 Excel 中，MEDIAN 函数用于确定中值。它的用法与上述的 AVERAGE 函数相同。因此，表达式"=MEDIAN(B1:B12)"将确定存储在单元格 B1~B12 中的数值的中值。单元格内的数值不需要排序。

众数

众数是数据集中出现频率最高的值。并非所有数据集都有众数。另外，有些数据集有多个众数。例如，数据集(1,2,3,4,5)没有众数，因为没有哪个值比其他值出现得更频繁。但数据集(1,2,2,4,5)的众数是 2。数据集(1,2,2,3,4,4,5)有 2 和 4 两个众数。

在 Excel 中，MODE 函数可以确定众数。同样，参数表示包含数据的单元格块。因此，表达式=MODE(B1:B12)将确定存储在单元格 B1 到 B12 中的数值的众数。如果数据集没有众数，则 MODE 函数将返回一条错误消息(#N/A)。

如果存在多个众数，则 MODE 函数仍将返回出现频率最高的值，如果所有众数出现的频率相同，则返回遇到的第一个众数。因此，对于数据集(1,2,2,3,4,4,4,5)，MODE 函数的返回值是 4，但是对于数据集(1,2,2,3,4,4,5)，返回值就是 2。

最小值和最大值

最小值和最大值直接表示数据集的极值。在 Excel 中，MIN 和 MAX 函数分别返回这些值。参数还是指示包含数据的单元格块。因此，表达式"=MIN(B1:B12)"返回单元格 B1 到 B12 中的最小值，而"=MAX(B1:B12)"返回最大值。空白单元格将被忽略。

注意，MIN 和 MAX 函数返回代数上的最小和最大的值，而不是模的最小和最大值。因此，对于数据集(-5,-2,1)，MIN 函数将返回-5(这是代数上最小的值)，MAX 函数将返回 1(这是代数上最大的值)。

方差

方差能指示数据的散布程度。方差越大，散布越大。

方差(更准确地说是样本方差)的定义为：

$$s^2 = \frac{1}{n-1}\sum_{i=1}^{n}(x_i - \bar{x})^2 \tag{6.2}$$

其中 s^2 表示方差，x_i 表示单个数据值，$\bar{x}$ 表示均值，n 表示数据值的个数。请注意，该方程涉及将每个数据值与算得的均值之差的平方求和。

为了解为什么方差能作为数据散布程度的度量，我们要更仔细地考虑求和项。添加的每一项都是另一个数的平方，因此它总是大于或等于零。如果数据中的散布范围很小，那么每个数据值就都接近于算得的均值。因此，所添加的每一项都较小，从而导致方差值较小。

另外，如果数据的散布范围相当大，那么有些数据值就会远离算得的均值。因此，部分求和项将是较大的正数，从而导致方差较大。因此，数据的散布范围越大，方差也越大。

Excel 包含 VAR 函数，可用于确定方差。与前面一样，参数指示包含数据的单元格块。因此，表达式"=VAR(B1:B12)"返回存储在单元格 B1~B12 的数值的方差。

标准差

标准差也是数据集散布程度的度量。它是方差的平方根。因此，样本标准差如下。

$$s = \sqrt{s^2} = \sqrt{\frac{1}{n-1}\sum_{i=1}^{n}(x_i - \bar{x})^2} \tag{6.3}$$

其中 s 表示样本标准差，其余符号与方差中的定义相同。

显然，方差大则标准差大，方差小则标准差小。那么，为什么这两个参数都要用来表示散布程度呢？答案是，尽管方差的维数是用平方单位表示的，而不像标准差与均值、中值、众数、最小值和最大值等采用相同的单位，但它是更基本的量。例如，如果单个数据值的单位是英寸，那么其均值、中值、众数、最小值和最大值也将用英寸表示，但是方差将用平方英寸表示。另外，标准差将用英寸表示，这与其他参数一致。通过建立标准差来表示散布，就得到了与各参数一致的单位。然而，要确定标准差的值，必须首先计算方差。因此，这些参数及其相互关系你都应该了解。

在 Excel 中，STDEV 函数返回其参数的标准差。同样，参数表示包含数据的单元格块。因此，表达式 "=STDEV(B1:B12)" 将返回单元格 B1~B12 中数据的标准差。当然，我们可以先确定方差，然后计算它的平方根，但直接计算比较容易。

Excel 的最新版本扩展了 "求和" 功能(参见例题 2.2)，除了能用 SUM 函数外，还可以自动使用 AVERAGE、COUNT NUMBERS、MAX 和 MIN 函数。STDEV 函数也可以用。要使用这些函数中的任何一个，只需要突出显示与一行或一列数字相邻的单元格，然后单击功能区的 "开始" 选项卡中的 "求和" 按钮(Σ)。然后单击下箭头，从生成的下拉列表中选择所需的函数(要定位 STDEV，单击 "更多函数" 并在 "选择函数" 下查看)。

对于具有一定统计知识背景的读者，Excel 使你能够生成适用于给定数据集(即，数值的一列或多行)的所有描述统计汇总。该功能需要在 "分析工具库" 中找到 "描述统计" 功能。要安装 "分析工具库"，请先单击 "文件" 选项卡并选择窗口底部的 "选项"。然后从左边的列表中选择 "加载项"。这将显示如图 6.1 所示的 "加载项" 列表。如果列表中没有包含 "分析工具库"，请单击底部 "管理" 区域 "Excel 加载项" 旁的 "转到"。然后选中 "分析工具库" 复选框(见图 6.2)，再单击 "确定"。一旦安装了 "分析工具库"，除非通过上述逆过程将其移除，否则它将继续运行。

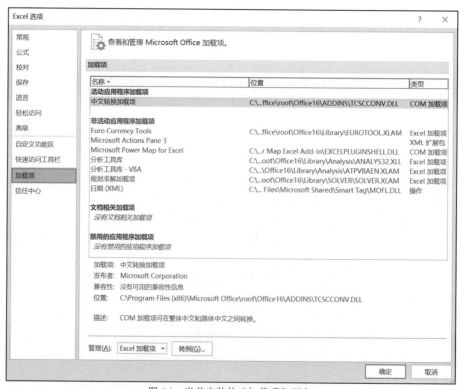

图 6.1　当前安装的 "加载项" 列表

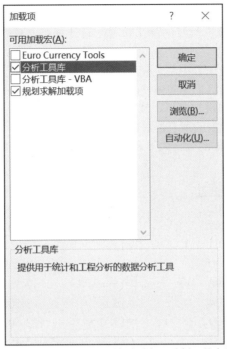

图 6.2 从"加载项"对话框中选择"分析工具库"

要生成描述统计表，请按以下步骤进行：

1. 将基本数据输入工作表中的一个或多个相邻列或行。

2. 在功能区的"数据"选项卡中，从"分析"组单击"数据分析"(见图 6.3)，从弹出的对话框中选择"描述统计"(见图 6.4)。生成的对话框将提供所需的信息。特别是，必须指定包含数据的单元格块(称为"输入范围")和输出数据的位置(包含表的整个范围或块的左上角的地址)。可通过直接在对话框中键入它来指定范围，也可通过在包含数据的单元格块上拖动鼠标来指定范围(在移动鼠标时按住鼠标按钮)。

3. 确保选中了"汇总统计"复选框。

如果"描述统计"对话框的位置妨碍你将鼠标拖动到所需的单元格块上，可将鼠标指针放在对话框标题栏，将对话框拖到更方便的位置。

图 6.3 从功能区的"数据"选项卡访问"数据分析"

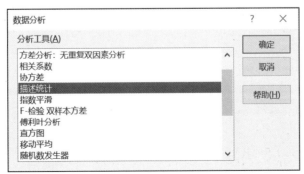

图 6.4 从"数据分析"列表中选择"描述统计"

例题 6.1 分析数据集

汽车制造商希望确定发动机上气缸的加工精度。设计规范要求气缸直径为 3.500 英寸，公差为 ±0.005 英寸。

为确定气缸的精度，在制造过程中从装配线上取下几个发动机，每台发动机测量一个气缸。为确保一致性，测量总是垂直于发动机机体的轴线(即垂直于连接圆柱体中心的直线)。

将数据放在 Excel 工作表中进行分析，然后计算均值、中值、众数、最小值、最大值和标准差。另外，生成一个表，显示给定数据的所有汇总统计信息。

随机选取的 20 个发动机缸体的数据如下表所示。注意，有四个值超出了允许的偏差值 ±0.005 英寸(三个偏大，一个偏小)。

样本	直径/英寸	样本	直径/英寸
1	3.502	11	3.497
2	3.497	12	3.504
3	3.495	13	3.498
4	3.500	14	3.499
5	3.496	15	3.501
6	3.504	16	3.500
7	3.509	17	3.503
8	3.497	18	3.494
9	3.502	19	3.499
10	3.507	20	3.508

图 6.5 显示了包含数据和参数的 Excel 工作表。计算值位于实际数据的右侧。注意单元格 E5，其中包含均值的数值，并被突出显示。用于获取此值的表达式"=AVERAGE(B4: B23)"显示在图顶部的公式栏中。用相似的公式求出其他 5 个值。

请注意，除标准差外，数值的格式是显示三位小数，如第 2.4 节所述。

图 6.5 典型数据集和数据的简单分析

注意，均值(3.501)略高于中值(3.500)，而众数(3.497)略低于中值。还要注意，标准差(0.00427)仅为均值的 0.122%。

为生成汇总统计信息表，我们从功能区的"数据"选项卡的"分析"组中依次选择"数据"|"分

析”|“描述统计”。这就生成了如图 6.6 所示的对话框。请注意，单元格 B3:B23 被指定为输入范围。选中“标志位于第一行”复选框，表示 B3 单元格的内容是标签，而不是数值。还请注意，底部附近的“汇总统计”也要选中。

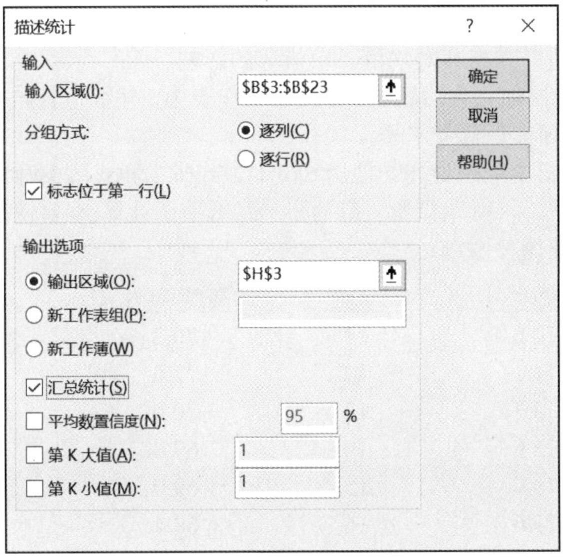

图 6.6　“描述统计”对话框

此外，请注意“输出”选项中，选择了“输出区域”。这将导致汇总表显示在原始工作表，而不是单独的工作表页或单独的工作簿中。单元格 H3 表示为输出范围。此单元格地址表示生成的汇总表的左上角(如果愿意，也可输入完整的范围，但大多数情况下我们无法事先知道汇总表的确切大小)。

得到的工作表（包括所需的汇总表）如图 6.7 所示。注意，如有必要，可调整第 I 列中显示数值的格式。

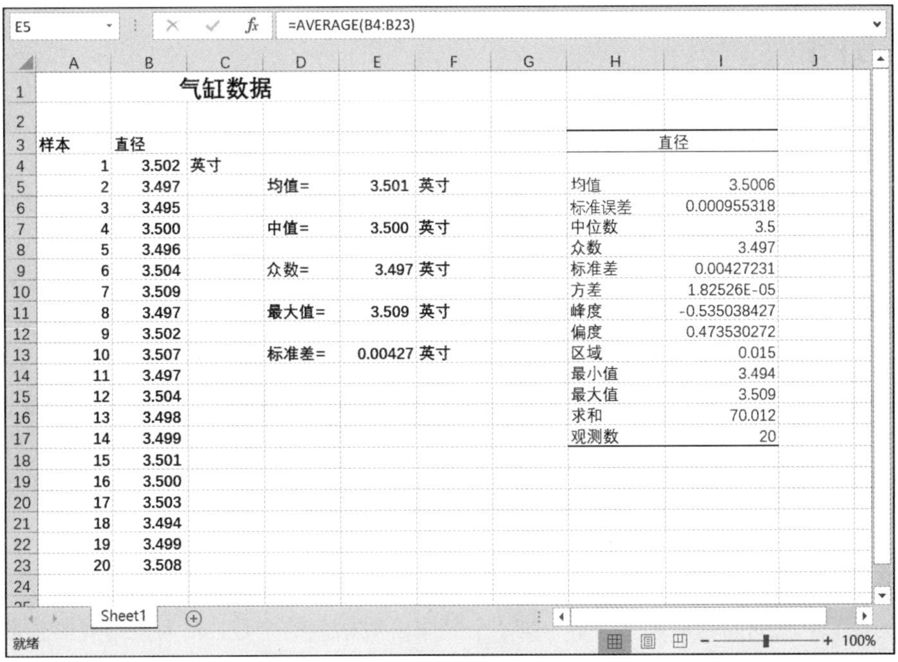

	A	B	C	D	E	F	G	H	I	J
1			气缸数据							
2										
3	样本	直径						直径		
4	1	3.502	英寸							
5	2	3.497		均值=	3.501	英寸		均值	3.5006	
6	3	3.495						标准误差	0.000955318	
7	4	3.500		中值=	3.500	英寸		中位数	3.5	
8	5	3.496						众数	3.497	
9	6	3.504		众数=	3.497	英寸		标准差	0.00427231	
10	7	3.509						方差	1.82526E-05	
11	8	3.497		最大值=	3.509	英寸		峰度	-0.535038427	
12	9	3.502						偏度	0.473530272	
13	10	3.507		标准差=	0.00427	英寸		区域	0.015	
14	11	3.497						最小值	3.494	
15	12	3.504						最大值	3.509	
16	13	3.498						求和	70.012	
17	14	3.499						观测数	20	
18	15	3.501								
19	16	3.500								
20	17	3.503								
21	18	3.494								
22	19	3.499								
23	20	3.508								
24										

图 6.7　给定数据集的“描述统计”信息集合

参数列表中包含汇总统计，*标准误差*是对应于给定 x 值的预测 y 值的测量误差量，它是基于曲线拟合的数据(见第 7 章)。偏度是相对于均值的不对称度量，峰度是对数据分布的“平坦性”或“尖峰”

的度量。其余参数的含义很简单，不言自明。

习题

6.1 用你自己版本的 Excel，重构图 6.5 所示的工作表，其中显示了例题 6.1 中给出的数据的均值、中值等。改变一些直径的值，观察其对均值、中值等的影响。

6.2 将描述统计汇总表添加到为习题 6.1 开发的工作表中。仔细检查结果，并确定哪些表条目对你有意义(这将取决于你的统计知识背景水平)。

6.3 下表给出 20 名工科学生的身高。使用式(6.1)、式(6.2)和式(6.3)确定均值、中值、众数、最小值、最大值、方差和标准差。只用计算器、铅笔和一张纸手工计算(不要使用电子表格求解。此外，不要使用计算器中的任何内置统计函数)。

学生	高度/英寸	学生	高度/英寸
1	70.6	11	70.2
2	71.1	12	72.0
3	73.3	13	70.0
4	72.6	14	69.8
5	70.0	15	69.0
6	71.6	16	69.4
7	66.5	17	68.3
8	71.1	18	73.8
9	67.0	19	66.9
10	68.8	20	71.6

6.4 将习题 6.3 中的数据输入 Excel 工作表，确定均值、中值、众数、最小值、最大值、方差和标准差。确保工作表清晰可辨，并且标示清晰。

6.2 直方图

虽然均值、中值、众数、最小值、最大值和标准差提供了关于数据集的有用信息，但通常还是希望以一种能够说明值如何在其范围内分布的方式来绘制数据。这种类型的图称为直方图，或相对频率图。从相对频率图中，我们可以得到一个累积分布图，这使我们可以估计出与随机绘制项相关的数据值小于或大于某个指定值的可能性。下面讨论与每个图相关的细节。

直方图基础

要创建直方图，必须首先将数据范围细分为一系列相邻的、等间距的区间。第一个区间必须从最小数据值(最小值)开始，或者低于最小数据值(最小值)，最后一个区间必须扩展到最大数据值(最大值)或超过最大值。每个区间都有一个下界 x_i 和上界 x_{i+1}，其中 $x_{i+1}=x_i+\Delta x$，Δx 表示固定的区间宽度，这些区间有时称为分类区间。

一旦定义了区间，就必须确定每个区间内有多少数据值。得到的相对频率为：

$$f_i = \frac{n_i}{n} \tag{6.4}$$

其中 f_i 为第 i 个区间的相对频率，n_i 为第 i 个区间内数据值的个数，n 为数据值的总数。注意，如果 k 为区间数，则可得到以下结果。

$$\sum_{i=1}^{k} n_i = n \tag{6.5}$$

并且

$$\sum_{i=1}^{+} f_i = 1 \tag{6.6}$$

直方图通常用条形图表示，表示区间数(n_i)或相对频率(f_i)的值。从条形图中很容易看出数据是如何分布的。

例题 6.2 构造直方图

构造例题 6.1 中给出的数据直方图。选择从 x=3.490 到 x=3.510 英寸的等间距的 10 个区间。如果数据值落在某个区间的界限上，则将该数据值赋给较低的区间 (注意，该界限规则是自己可以改的。许多作者建议将落在区间界限上的数据值赋给上区间。然而，我们选择较低的区间与 Excel 中使用的规则是一致的)。

第一个区间是从 3.490 英寸到 3.492 英寸。第二个区间是从 3.492 英寸到 3.494 英寸，但是它实际上只包含那些超过 3.492 英寸的值，以此类推。然而，为简单起见，我们将把区间界限写成四个主要的图。当构造直方图时，通常遵循这种做法。

分类区间及其对应的值如下表所示：

区间号	区间范围	值个数	相对频率
1	3.490~3.492	0	0
2	3.492~3.494	1	0.05
3	3.494~3.496	2	0.10
4	3.496~3.498	4	0.20
5	3.498~3.500	4	0.20
6	3.500~3.502	3	0.15
7	3.502~3.504	3	0.15
8	3.504~3.506	0	0
9	3.506~3.508	2	0.10
10	3.508~3.510	1	0.05

因此，我们看到 5% 的数据值落在区间 3.492~3.494，10% 落在区间 3.494~3.496，等等(更准确地说，有超过 5% 的数据大于 3.492 但小于或等于 3.494，有 10% 的数据超过 3.494 但小于或等于 3.496，等等)。

在 Excel 中生成直方图

在处理实际数据时，数据集的数据个数通常非常大。因此，就像我们在前面的例题中所做的那样，计算每个区间内数值个数可能非常枯燥。然而，幸运的是，一旦将数据输入电子表格，大多数电子表格就能自动进行计数。

在 Excel 中，使用"数据分析工具"中包含的"直方图"功能可以非常容易地构造直方图。

要在 Excel 中构建直方图，请执行以下步骤：

1. 在工作表中输入基本数据和区间界限(这些区间在 Excel 中称为接收[bin])。通常，数据输入在一列(或一行)中，区间界限输入在另一列(或另一行)中。只输入右侧的区间界限。因此，最后一个区间(最右区间)是开区间；也就是说，它将包含所有超过最大界限的数据值。

2. 从功能区的"数据"选项卡的"分析"组中选择"数据分析"。然后从"数据分析"列表中选择"直方图"(见图 6.4)，在生成的对话框中提供所需的信息。特别是，必须指定包含数据的单元格块(称为"输入区域")和区间界限("接收区域")。你可以直接在对话框中输入它来指定每个区间，也可以在包含数据的单元格块上拖动鼠标来指定(在移动鼠标时按住鼠标按钮)。如果"直方图"对话框的位置妨碍你将鼠标拖动到所需的单元格块上，可将鼠标指针放在对话框标题栏(即"直方图"上)，再将对话框拖到更方便的位置。

3. 如果直方图是嵌入当前工作表的,你还必须选中"输出区域"选项,并且输入包含输出数据的数据块左上角的单元格地址。

4. 构建传统直方图时,不要选中对话框底部的"柏拉图"复选框。你可以选中其余两个复选框中的任意一个("累计百分率"和"图表输出"),不过现在应该将它们留空。本章后面将详细介绍这几个复选框。

例题 6.3　在 Excel 中生成直方图

修改例题 6.1(参见图 6.5)中创建的工作表,添加数据的直方图。使用与例题 6.2 相同的分类区间。

首先在工作表中创建一些额外空间,这样直方图就有足够的空间。为此,我们将缩短图 6.5 中 C 列的标签,减小 C 列和 F 列的宽度,然后在 G 列中添加上区间界限(见图 6.8)。

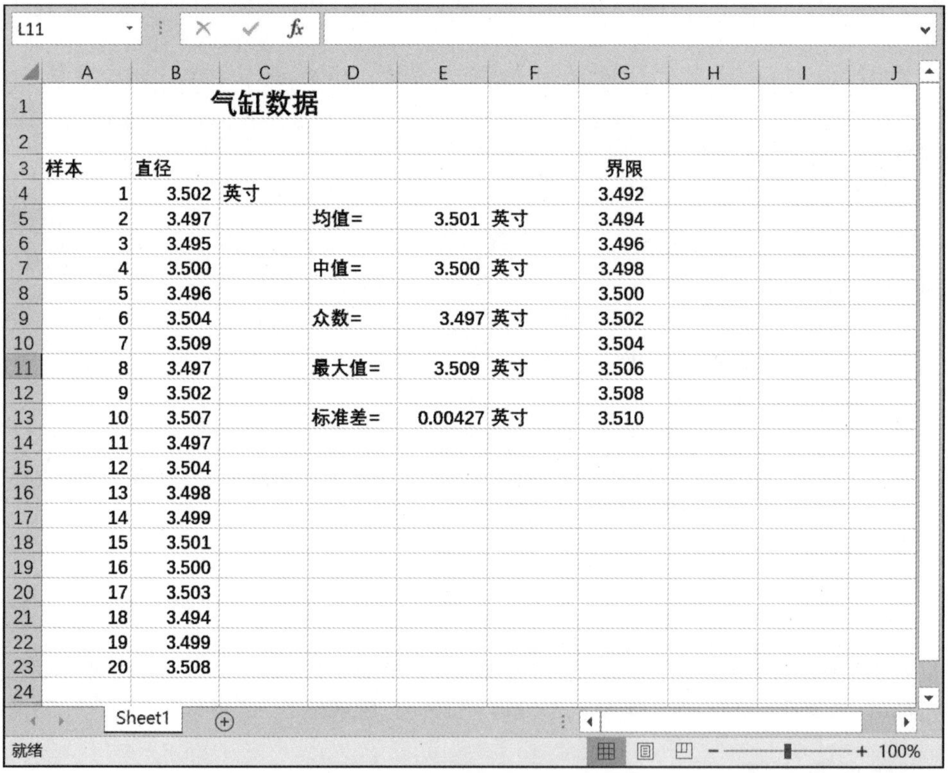

图 6.8　为给定的数据集定义直方图

下一步是从功能区"数据"选项卡的"分析"组中依次选择"数据分析"|"直方图"。这将导致出现"直方图"对话框。然后,我们继续在对话框中填充需要的信息(参见图 6.9)。包含数据的单元格是通过首先单击"输入区域"的数据,然后在工作表中的单元格 B4 到 B23 之间拖动鼠标指针来指定的。同样,通过单击"接收区域"数据,然后在工作表中的单元格 G4 到 G13 之间拖动鼠标指针,可以指定区间界限。最后,在"输出选项"区域选中"输出区域",并选择单元格 I3,指定输出区域的左上角。注意,对话框底部的三个框("柏拉图""累计百分率"和"图表输出")都没有选中。完成后的对话框如图 6.9 所示。

当指定了所需的区域后,单击"确定",得到如图 6.10 所示的频率表。注意,第 I 列中的区间标记为"接收",第 J 列中的区间标记为"频率"。"频率"列中列出的值是整数和,而不是相对频率(即分数值)。当然,可通过将 J 列中的每个单元格值除以数据点的总数,在下一列(K 列)中得到一组相对频率,如式(6.4)所示。

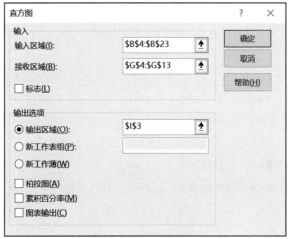

图 6.9 "直方图"对话框

	A	B	C	D	E	F	G	H	I	J	K
1			气缸数据								
2											
3	样本	直径					界限		接收	频率	
4	1	3.502	英寸				3.492		3.492	0	
5	2	3.497		均值=	3.501	英寸	3.494		3.494	1	
6	3	3.495					3.496		3.496	2	
7	4	3.500		中值=	3.500	英寸	3.498		3.498	4	
8	5	3.496					3.500		3.500	4	
9	6	3.504		众数=	3.497	英寸	3.502		3.502	3	
10	7	3.509					3.504		3.504	3	
11	8	3.497		最大值=	3.509	英寸	3.506		3.506	0	
12	9	3.502					3.508		3.508	2	
13	10	3.507		标准差=	0.00427	英寸	3.510		3.510	1	
14	11	3.497							其他	0	
15	12	3.504									
16	13	3.498									
17	14	3.499									
18	15	3.501									
19	16	3.500									
20	17	3.503									
21	18	3.494									
22	19	3.499									
23	20	3.508									

图 6.10 显示给定数据频率的直方图

　　直方图通常以条形图(即 Excel 中的柱形图)显示。这可使用第 5 章中描述的技术手工实现，也可以在创建直方图时自动完成。要自动创建条形图，只需要在"直方图"对话框底部选中"图表输出"即可(见图 6.9)。选中此选项后，条形图将显示为嵌入的柱形图，如图 6.11 所示(为清晰起见，条形图已移动到工作表中的另一个位置)。

　　图 6.11 与传统直方图有两个不同之处。首先，每个区间下显示的数字标签(接收值)实际上对应于区间的右界限(以标记形式显示)，而不是区间本身。因此，第一个区间从 3.490 到 3.492，其他区间以此类推。当你解释直方图时，这些值中的每一个都应该与它右边的刻度线相关联。

　　另一个不同之处在于条形图中竖线的绘制方式。因为垂直条代表相邻区间，它们应该紧邻，没有任何空余的空间。这很容易实现：右击任意垂直条，并从下拉菜单中选择"设置数据系列格式"。然后在生成的"设置数据系列格式"对话框中，将"间隙宽度"滑块向左拖动，如图 6.12 底部所示。

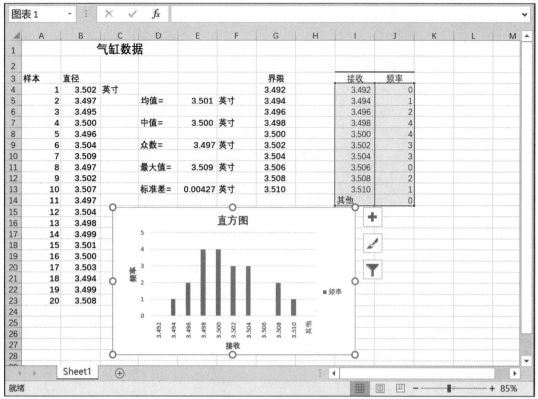

图 6.11　用柱形图表示直方图

图 6.12　在"设置数据系列格式"对话框中选择"系列选项"

　　得到的直方图如图 6.13 所示。请注意，图例已从该图中删除，标题和坐标轴标签也已更改得更清晰。此外，每个竖条周围都有一个细边框(要生成边框，单击"设置数据序列格式"左上方的油漆桶图标，菜单如图 6.12 所示。然后依次选择"边框"|"实线"。最后，选择一个与垂直条形成对比的颜色)。

　　在构造直方图时，区间数是另一个重要的考虑因素。区间太少会导致直方图缺乏细节，并且对于数据如何分布几乎没有提供什么信息，如图 6.14 所示。另外，区间太多会导致直方图中出现间隙。这扭曲了直方图的整体形状，如图 6.15 所示。一般来说，选择 10 到 15 个区间可以很好地处理许多数据集。然而，如果数据值(n)的数量相对较小，那么区间数更少可能更好。如果 n 很大，那么选择 n 的平方根通常提供了一个有用的起点。

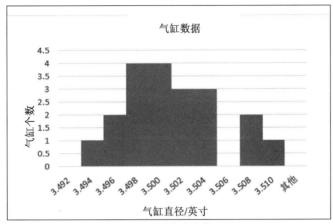

图 6.13　改进的直方条形图

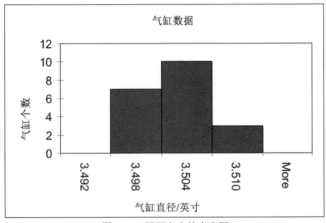

图 6.14　区间太少的直方图

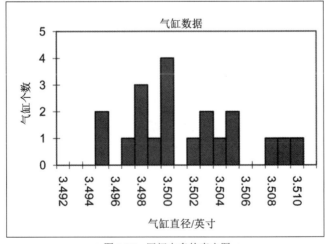

图 6.15　区间太多的直方图

习题

6.5 用你自己的 Excel，生成图 6.10、图 6.11 和图 6.13 中显示的工作表和图(参见例题 6.3)。编辑图 6.11 和图 6.13 中的图形，使它们填满屏幕并且标记清楚。

6.6 一个 30 人的班级在《工程学导论》课上取得了以下考试分数：

学号	考试分数	学号	考试分数
1	87	16	71
2	64	17	41
3	74	18	77
4	56	19	74
5	95	20	56
6	74	21	79
7	76	22	90
8	67	23	47
9	82	24	44
10	67	25	79
11	91	26	96
12	64	27	69
13	71	28	66
14	41	29	50
15	78	30	77

将数据输入 Excel 工作表，并执行以下操作：

a. 求均值、中值、最小值和最大值。解释均值和中值的差异。

b. 构建一个从 0 到 100 的 10 区间直方图。

c. 根据这个柱形图，有多少学生考试分数在 71 到 80 之间？有多少人的考试分数超过 90 分？有多少人的考试分数在 50 分以下？

6.7 用习题 6.6 中给出的数据构建以下直方图：

a. 一个跨越数据区域的 5 区间直方图。注意，这个柱状图不一定要从 0 到 100。可选择任何低于或高于界限的合适值。

b. 一个跨越相同区域的 15 区间直方图。

c. 一个跨越相同区域的 30 区间直方图。

d. 根据这些结果，你认为这个数据集的最佳区间数是多少？为什么？

6.3 累积分布

我们已经看到直方图提供了数据集如何分布的图形说明。累积分布也同样重要，它提供了另一种查看数据分布方式的方法。累积分布允许我们确定一个随机绘制的特定值小于或大于某个指定值的可能性。例如，我们可能希望确定一个随机选择的发动机气缸直径大于某个指定值(比如 3.500 英寸)的可能性。

为构造累积分布，我们必须首先构造一个直方图，并利用式(6.4)确定每个区间的相对频率。然后确定以下累积值：

$$F_1 = f_1$$
$$F_2 = f_1 + f_2$$
$$F_3 = f_1 + f_2 + f_3$$
$$\cdots\cdots$$
$$F_j = f_1 + f_2 + \cdots + f_j = \sum_{i=1}^{j} f_i$$
$$\cdots\cdots$$
$$F_k = f_1 + f_2 + \ldots + f_k = \sum_{i=1}^{k} f_i \tag{6.7}$$

注意，根据式(6.6)，最后一项 F_k 总是等于 1。这为检查单个 f_i 值的准确性提供了一种方便的方法(将 f_i 值相加，看它们之和是否为 1)。

例题 6.4　构建累积分布

为与例题 6.2 中开发的直方图对应的累积分布构造一组数值。

我们已经求出了分类区间及其对应的相对频率。为确定累积分布，我们必须确定相对频率的部分和。因此，我们看到：

$$F_1 = 0$$
$$F_2 = 0.05$$
$$F_3 = 0.05 + 0.10 = 0.15$$
$$F_4 = 0.05 + 0.10 + 0.20 = 0.35$$
$$F_5 = 0.05 + 0.10 + 0.20 + 0.20 = 0.55$$

等等。结果汇总如下(请注意 $F_{10}=1.00$，这是必需的)。

区间号	区间范围	值数量	相对频率	累积分布
1	3.490~3.492	0	0	0
2	3.492~3.494	1	0.05	0.05
3	3.494~3.496	2	0.10	0.15
4	3.496~3.498	4	0.20	0.35
5	3.498~3.500	4	0.20	0.55
6	3.500~3.502	3	0.15	0.70
7	3.502~3.504	3	0.15	0.85
8	3.504~3.506	0	0	0.85
9	3.506~3.508	2	0.10	0.95
10	3.508~3.510	1	0.05	1.00

有时累积分布采用百分率而不是十进制数表示。百分率是用小数乘以 100 得到的。因此，在前面的例子中，我们可以写成 $F_2 = 5\%$、$F_3 = 15\%$ 等等。

Excel 中的累积分布

在 Excel 中，可以在生成直方图的同时获得累积分布。为此，我们只需要在"直方图"对话框中选择"累计百分率"(见图 6.9)。分布将以百分率表示。请注意，可同时生成直方图、累积百分率和相关的图形。累积百分率的图形将显示为在直方条形图上叠加的折线图(已在第 5.7 节中讨论过)，如下例所示。

例题 6.5　在 Excel 中生成累积分布

修改例题 6.3 中创建的工作表(参见图 6.10 和 6.11)，除直方图频率外，还包括以百分率表示的累积分布。生成频率和累积百分率的组合图。

我们从例题 6.3 和图 6.8 所示的工作表开始。在功能区的"数据"选项卡的"分析"组中，依次选择"数据分析"|"直方图"。当"直方图"对话框出现时，我们选中对话框底部的"累计百分率"和"图表输出"复选框(见图 6.9)。单击"确定"按钮会生成如图 6.16 所示的直方图。得到的工作表如图 6.11 所示，此外，K 列现在包含由前面生成的信息和累积百分率。图形显示现在展示了直方条形图和叠加的累积百分率折线图(图 6.16 中的图形已经移位，你可能必须在工作表中移动才能看到初始图形显示)。

请注意图 6.16 中的图包含两个纵轴刻度，一个在图的左边，另一个在图的右边。左边的轴标记为频率，用于显示频率的条形图，而右边的轴标记为百分号，用于叠加折线图以显示累计百分率。

如图 6.16 所示，与包含累积分布的直方图包括三个问题。首先，如前所述，条形图的区间不是连续的。第二，显示累计百分率的折线图只对等间距的区间有效。最后，折线图经过的是区间的中心点，而我们更喜欢从区间的右侧界限画出这条直线。

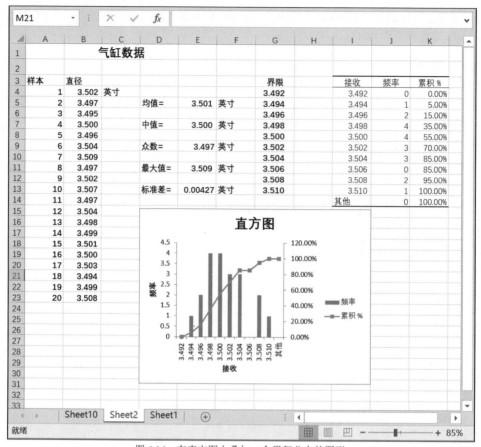

图 6.16　在直方图上叠加一个累积分布的图形

我们已经讨论了第一个问题的解决办法；即右击垂直条，从下拉菜单中选择"设置数据系列格式"，并在"设置数据系列格式"对话框中将"间隙宽度"设置为 0。然而，纠正其余问题的唯一方法是使用 5.2 节和 5.3 节中描述的方法，将累积分布绘制为单独的 x-y 图。这使得我们在最终图形的外观上具有更大的灵活性。特别地，它允许我们用区间右边界相关的累积值(而不是区间的中心)来绘制累积分布。

一般步骤是将第一个非空区间的左边界赋值为 0，将第一个累积值赋值为右边界的 y 值。然后将每个连续的累积值赋值为对应区间右边界的 y 值。最后一个累积值(可能是 1.0%，也可能是 100%)将被赋值为最后一个区间右边界的 y 值。下面的例题将演示该方法。

例题 6.6　绘制累积分布

构造例题 6.5 中生成的累积分布的单独 x-y 图。将累积值表示为 0 到 1 之间的小数，而不是表示为 0%到 100%之间的百分比。根据显示累积分布的传统过程，将累积值分配到正确的区间界限。

我们从图 6.16 所示的工作表开始。首先删除原始图，然后将区间界限(接收值)复制到新位置。我们选择列 I，它位于原始区间界限(单元格 I17 到 I27)下。这些值将构成新图形 x 轴的标签。然后，将相应的累积值放在 J 列相邻的单元格中(单元格 J17 到 J27)。请注意，累积值现在显示为分数而不是百分率(右击突出显示的值，选择"设置单元格格式"，然后从"设置单元格格式"对话框的"数字"选项卡中选择所需的数字格式)。

利用 5.2 节和 5.3 节中描述的方法，现在就很容易生成所需的 x-y 图。图 6.17 显示了生成的工作表，其中包含新的 x-y 图。请注意，已经更改了标题和标签，并且添加了网格线。此外，整个图表都被放大了，以便看得更清晰(注意，这里只显示了工作表的一部分，以便为图形提供更多空间)。

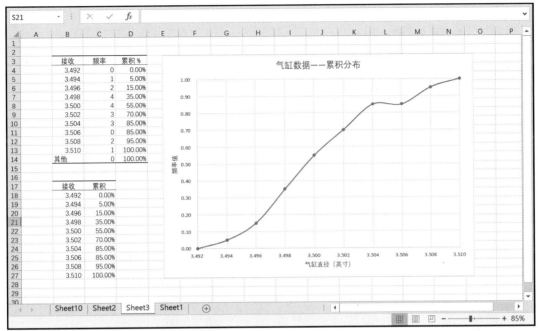

图 6.17　累积分布的精细 x-y 图

一旦将累积分布绘制成图 6.17 所示的形式，我们就可以从中得到一些非常有用的信息。特别是，如果我们沿着 x 轴选择任何值，对应的 y 值表示从总体中随机选择的单个样本值小于或等于 x 值的可能性。这类信息对于参与制造过程的工程师或需要重点考虑质量控制过程的其他工程师非常重要。

例题 6.7　从累积分布中推断

根据图 6.17 所示的累积分布，估计随机选择的发动机气缸内任意缸径不超过 3.503 英寸的可能性。

为解决这个问题，在图 6.17 中沿着 x 轴定位数值 3.503。相关的 y 值约为 0.77(网格线的值现在应该在放大后的图中清晰可见)。因此，我们的结论是，任意选择的圆柱体的直径不超过 3.503 英寸的概率为 77%。相反，有 23% 的概率 (1-0.77) 气缸直径确实超过 3.503 英寸。制造工程师现在必须做一些判断，以确定 77% 的值是否已经足够高。

如果通过数据点的聚集区而不是单独的数据点绘制一条平滑曲线，那么从图中获得的信息可能会更准确(假设数据点的数量越多，图就越平滑、越准确)。当然，这总是可以手工完成的。然而，Excel 也可以用一条平滑曲线(趋势线)通过一组数据，而不需要经过单独的数据点。我们将在下一章中看到这是如何实现的。

数据分析主题还有更广泛的研究，但这已超出了我们目前讨论的范围。如果你想进一步研究这个话题，可以考虑选修一门概率论和统计学的课程。但是现在，我们要认识到 Excel 包含许多其他本质上是统计的功能。还可通过检查"数据分析"列表中列出的条目(从功能区的"数据"选项卡中依次选择"分析"|"数据分析")以及各种统计库函数来研究其中的一些问题。

习题

6.8 请用你自己的 Excel 版本，验证以下每个问题的解：

a. 重建累积分布，并绘制图 6.16 所示的对应图(见例题 6.5)。

b. 修改习题 6.8(a) 中开发的工作表，得到图 6.17 所示的工作表和图。

6.9 请用式(6.4)~式(6.7)，确定习题 6.2 中给出的数据的相对频率和累积分布。手工计算，只用计算器、铅笔和一张纸(不要用电子表格求答案)。不要绘制数据。

6.10 请用 Excel 中包含的"分析工具库"|"直方图"功能，对习题 6.3 中给出的数据执行以下操作。

a. 每 1 英寸区间间隔输入一系列区间(接收)界限。

b. 确定与区间相关的频率。

c. 确定与区间相关的累积百分比。

d. 创建具有相邻区间的频率条形图，如图 6.13 所示。

6.11 请用习题 6.6 中创建的直方图数据，分别以下列方式构建累积分布曲线图：

a. 使用 Excel 中包含的"分析工具库"|"直方图"功能，开发得到一个组合条形图/折线图，并具有如图 6.16 所示的独立 y 轴。

b. 建立单独的累积分布 x-y 图，如例题 6.6 所示。包括一组网格线和适当的标签，如图 6.17 所示。

6.12 绘制在习题 6.10(c)中创建的累积分布数据。然后用所绘制的图回答以下问题：

a. 随机选择的工科学生身高不超过 5 英尺 10 英寸的可能性是多少？

b. 随机选择的工科学生身高至少有 6 英尺的可能性有多大？

c. 假设用于习题 6.10(c)的数据只适用于男生，并且假设女生比男生矮 10%。被随机选中的工科女生身高至少有 5 英尺 4 英寸的可能性有多大？

d. 假设你正在挑选一男一女两名工程技术学生在学生报纸上拍照。如果随机选择学生，女生身高不超过 5 英尺 5 英寸，且男生身高不低于 5 英尺 9 英寸的可能性是多少？提示，可求各概率的乘积。

6.13 美国环境保护局测试了 24 辆配备 V-6 发动机和自动变速器的新型汽车的平均燃油率。得到的结果如下。

样本	里程/mpg	样本	里程/mpg
1	22.9	13	25.5
2	23.9	14	22.2
3	21.4	15	21.7
4	25.4	16	23.5
5	23.9	17	27.1
6	24.4	18	23.0
7	23.1	19	23.9
8	22.0	20	23.6
9	25.4	21	19.2
10	20.7	22	22.7
11	21.4	23	26.0
12	22.8	24	21.3

将数据输入 Excel 电子表格，如下分析数据：

a. 确定均值、中值、众数、最小值、最大值和标准差；

b. 根据合理的区间宽度，构造直方图；

c. 构建累积分布，以 x-y 图的形式显示累积分布。

6.14 用前面习题的结果回答下列问题：

a. 解释均值和中值之间的差异。

b. 从对直方图的分析中，你对数据有什么结论？

c. 如果随机选择这种类型的车，那么这种车的油耗不超过每加仑 20 英里的可能性是多少？油耗不超过每加仑 22 英里的可能性有多大？油耗超过每加仑 25 英里的可能性有多大？

6.15 某工程师负责监控一批 1000 欧姆电阻的质量。要做到这一点，工程师必须准确地测量一批随机选择的电阻的阻值。所得结果如下。

样本号	电阻/欧姆	样本号	电阻/欧姆
1	1006	16	960
2	1006	17	976
3	978	18	954
4	965	19	1004

5	988	20	975
6	973	21	1014
7	1011	22	955
8	1007	23	973
9	935	24	993
10	1045	25	1023
11	1001	26	992
12	974	27	981
13	987	28	991
14	966	29	1013
15	1013	30	998

将数据输入 Excel 电子表格，并按如下分析数据：

a. 确定均值、中值、众数、最小值、最大值和标准差。

b. 根据合理的区间宽度，构造直方图。

c. 构建累积分布，并以 x-y 图的形式显示累积分布。

d. 根据这个随机样本的累积分布，随机选择的电阻与 1000 欧姆的目标值偏离 2% 的可能性有多大？

6.16 某工厂每天生产 100 多万颗螺丝，规格要求长度为 5 毫米。工程师负责监视是否符合规范。为此，随机抽取 48 颗螺丝，测量其长度，得到如下结果。

螺丝长度/毫米

5.045	5.019	4.939	4.974
5.011	4.903	4.986	4.99
5.063	4.976	5.008	5.033
4.958	5.082	5.068	4.965
5.088	5.019	5.075	4.914
5.016	4.969	5.083	5.047
5.068	5.086	4.95	5.1
5.032	4.99	5.048	5.085
4.906	4.939	5.015	5.002
5.092	5.078	4.959	5.032
4.919	5.084	5.019	5.007
4.945	4.986	5.015	5.046

将数据输入 Excel 电子表格，然后：

a. 确定均值、中值、众数、最小值、最大值和标准差。

b. 基于 0.02 mm 的区间，构造直方图。

c. 构建累积分布，并以 x-y 图的形式显示累积分布。

d. 根据累积分布，随机选取的螺丝比目标长度 5 毫米偏离 0.02 毫米(高于或低于)的概率有多大？

6.17 流体的黏度表示其抗剪切应力变形的能力。以下数据是在重复测量化学过程中未知流体的黏度时收集的。

总共 80 个点。

黏度数据/(kg/(m · s))

15.8	14.5	13	14.9	16.9	16.5	13.3	15
14	16.5	13.4	13.4	15.5	15.5	14.6	16.3
14.5	16.3	15	15	14.4	15.3	13.8	14.2
14.8	13.1	16.1	16.1	13.6	13.4	16.2	15
14.3	14.8	14.3	14.5	13	16.2	16.8	15.8

13.4	13.1	15.6	13.8	14.9	13.3	15.2	15.6
15.7	17	14.9	15.9	15	15.8	16.7	15.3
16.5	13.1	13.6	14.4	16.3	15.4	16.5	16.5
14.3	16.4	15.4	14.7	16.8	15.3	15.6	13.5
14.2	16.2	14.5	14.6	15.1	15	16.1	17

将数据输入 Excel 电子表格，然后：

a. 确定均值、中值、众数、最小值、最大值和标准差。

b. 基于 0.2(kg/m·s)的区间，构造直方图。

c. 建立累积分布，并以 x-y 图的形式显示累积分布。

d. 根据累积分布，黏度偏离平均值 0.5 (kg/m·s)的可能性有多大？

第 7 章

用方程拟合数据

在第 6 章中，我们考虑了单值数据的分析(即 x_1、x_2、x_3、……)。现在我们将注意力转向成对数据值的分析[即 $P_1=(x_1, y_1)$、$P_2=(x_2, y_2)$、……]。工程师经常采集成对的数据，以便了解对象的特征或系统行为。这些数据可以反映空间特征(例如，温度与距离的关系)或时间历史(例如，电压与时间的关系)。或者数据可能反映因果关系(例如，力是位移的函数)，或者系统输出是变化的输入参数的函数(例如，化学反应的结果是温度的函数)。

在处理成对数据时，用来估计落在两个给定数据点之间的 x 值(自变量)所对应的 y 值(因变量)的方法特别重要。最简单的方法是用直线段将感兴趣点周围的两个数据点连接起来。这个过程称为线性插值(linear interpolation)。如果数据点之间的距离较近，或者曲率不太大，那么这种方法是令人满意的。另一种更精确但更复杂的方法是让曲线(如多项式)通过几个数据点。这两种方法都能使我们计算出与给定 x 相对应的 y 的值，且精度合理。

由于测量时的波动或误差，实测数据往往呈现出一定的散点(scatter)。因此，当用曲线拟合测量数据时，我们通常让拟合曲线通过数据的聚集区(aggregate)而不是单个数据点；但是经常要忽略"异常值"，即因为错误测量造成偏离主群的孤立数据点。该过程基于最小二乘法(method of least square)，能使我们捕捉到整个数据集反映的整体趋势。

在本章中，我们将看到如何确定通过两个或多个数据点的曲线方程，或者出现散点时通过数据聚集区的曲线方程。要在 Excel 中实现这一点，首先要在 x-y 图上绘制数据点，然后让曲线通过数据点群。

7.1 线性插值

线性插值使我们能够用直线段连接两个相邻的数据点。然后，又可以用线段方程来估计对应于已知 x 值的 y 值，前提是 x 位于给定的数据点之间。

将已知的两个数据点分别记为 $P_1=(x_1, y_1)$ 和 $P_2=(x_2, y_2)$，我们希望确定与某个特定 x 值对应的 y 值，其中 x 位于两个已知的数据点之间；即 $x_1 < x < x_2$。解决这个问题的一种方法是用直线连接已知的数据点。然后用直线确定 y 的期望值，如图 7.1 所示。

从数学上讲，我们可以这样做。根据基本比例关系，可以写出：

$$\frac{y - y_1}{x - x_1} = \frac{y_2 - y_1}{x_2 - x_1} \tag{7.1}$$

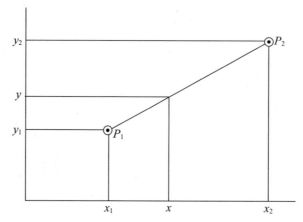

图 7.1　用直线段连接两个数据点

从中解出 y，得到

$$y = y_1 + \frac{y_2 - y_1}{x_2 - x_1}(x - x_1) \tag{7.2}$$

方程(7.2)是线性插值公式的传统形式。它有时也写作：

$$y = y_1 + \frac{\Delta y}{h}(x - x_1) \tag{7.3}$$

其中 Δy 表示 y_2-y_1，h 表示间隔 $x_2 - x_1$。因为不容易混淆各种 y 值和 x 值，所以当进行手工计算时，这种形式的插值方程可能更容易使用。

这种技术仅在已知两个数据点的值时，或者当有多个数据点清晰地定义了一条没有显著散点的直线时，才能使用。但是，如果有散点，最好用趋势线(将在 7.3 节和 7.4 节介绍)。

例题 7.1　线性插值

假设有两个数据点(2.0, 5.5)和(2.1, 7.2)。用线性插值法确定 $x = 2.03$ 时对应的 y 值。

我们用式(7.3)给出的线性插值公式来解决这个问题。首先确定方程中的各项：

$$
\begin{aligned}
&x_2 = 2.1 && y_2 = 7.2 \\
&x_1 = 2.0 && y_1 = 5.5 \\
&h = (2.1 - 2.0) = 0.1 && \Delta y = (7.2 - 5.5) = 1.7 \\
&x = 2.03
\end{aligned}
$$

我们现在可以计算出 y 的期望值为：

$$y = y_1 + \frac{\Delta y}{h}(x - x_1) = 5.5 + \frac{1.7}{0.1}(x - 2.0) = 17x - 28.5$$

当 x=2.03 时，我们可以得到：

y=17×2.03-28.5=6.01

因此，x= 2.03 对应的 y 值为 6.01。即，基于线性插值得到的数据点为(2.03, 6.01)。

在 Excel 中，式(7.2)用起来可能比式(7.3)更直接，因为它不涉及任何中间参数的计算。推荐的步骤是在某一列中输入表列 x 值，在另一列中输入相应的 y 值，就像在本书的前几章中那样。对应于未知 y 值的已知 x 值，可以输入到单独的单元格中。然后，用 Excel 公式表示方程(7.2)来确定插值后的 y 值就很简单了。

实际应用中，利用 Excel 的 FORECAST 函数进行线性插值更容易。这个函数可写作 FORECAST(x, 已知 y 值的范围, 已知 x 值的范围)，其中 x 表示对应于待求 y 值的自变量值。下面的例题将说明这个过程。

例题 7.2　在 Excel 中进行线性插值

用 Excel 解决例题 7.1 中描述的线性插值问题。

图 7.2(a)显示了一个 Excel 工作表，其中表列 x 值(2.0 和 2.1)被分别输入单元格 A4 和 A5，其对应的 y 值(5.5 和 7.2)被分别输入单元格 B4 和 B5。单元格 A7 包含 x 值(2.03)。单元格 B7 包含所需的内插 y 值(6.01)。请注意，从图中顶部的公式栏中所示的公式可以看出，单元格 B7 是计算值。对该公式的检验表明，它等价于式(7.2)。

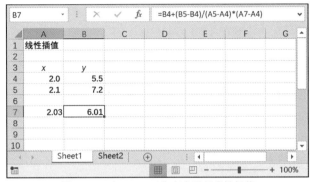

图 7.2(a)　在 Excel 工作表中进行线性插值

图 7.2(b)显示了一个类似的 Excel 工作表，其中位于单元格 B7 中的因变量值由公式=FORECAST(A7, B4:B5, A4:A5)确定，这可从图顶部的公式栏看出。和预期一样，插值结果为 $y = 6.01$。

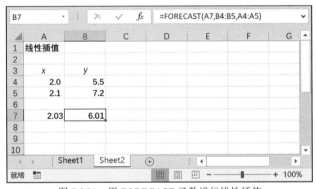

图 7.2(b)　用 FORECAST 函数进行线性插值

习题

7.1 铁的比热容相对于温度的函数如下所示。

温度/℃	比热容/(kcal/(kg · ℃))
0	0.1055
100	0.1168
200	0.1282
300	0.1396
400	0.1509
500	0.1623
600	0.1737
700	0.1805

请用线性插值法求出下列各温度下的比热容。注意，如第 10 章所述，比热容涉及温度差，而非实际温度(℃)。

a. 80℃   c. 410℃

b. 335℃   d. 675℃

7.2 "标准大气"中的空气温度是高度的函数,如下所示。

高度/ft	温度/℉
0	59.0
5 000	41.2
10 000	23.3
15 000	5.5
20 000	−12.3
25 000	−30.2
30 000	−48.0
35 000	−65.8
40 000	−67.0
50 000	−67.0

请用线性插值法求出以下各高度对应的温度:

a. 6 530 ft   c. 18 800 ft

b.12 400 ft   d. 25 300 ft

7.3 重力加速度随纬度(距赤道的距离)和海拔高度而变化。下表给出了不同纬度时海平面上的重力加速度。

纬度	重力加速度/(m/s^2)
0	9.780 39
10	9.781 95
20	9.786 41
30	9.793 29
40	9.801 71
50	9.810 71
60	9.819 18
70	9.826 08
80	9.830 59
90	9.832 17

下表给出了修正值,它是高度的函数。这些值与纬度无关。

高度/m	修正值/(m/s^2)
200	-0.617×10^{-4}
300	-0.926×10^{-4}
400	-1.234×10^{-4}
500	-1.543×10^{-4}
600	-1.852×10^{-4}
700	-2.160×10^{-4}
800	-2.469×10^{-4}
900	-2.777×10^{-4}

利用这两个表和线性插值法,回答下列问题:

a. 纬度 18.5°的海平面的重力加速度是多少?

b. 海拔 275m 的修正值是多少?

c. 纬度为 18.5°、海拔为 275m 时,重力加速度是多少?

d. 位于海拔 235m，纬度 40.50°的匹兹堡的重力加速度是多少？

7.4 如果将一笔钱积累数年，并且利率固定、每年复利，那么用复利因子即可计算出这笔钱总额的增长情况。如果 P 表示初始的总金额，F 表示 n 年后的总金额，我们可以这样写：

$$F=fP$$

其中，f 为以特定利率计算的 n 年复利因子。下面给出几个复利因子的具体值，它们是 n 的函数，以年利率 10%计算。

n	f	n	f
0	1.000	25	12.183
5	1.649	30	20.086
10	2.718	35	33.115
15	4.482	40	54.598
20	7.389	45	90.017

a. 假设将 1000 美元存入银行账户，利率为 10%，每年复计。请用表列值和线性插值法，求出 8 年后将积累多少钱。

b. 12 年后会积累多少钱？

c. 如果以每年 10%的利息(每年复计)计算，要花多长时间你的钱才能翻三倍？

d. 假设你计划在 42 年后退休。如果继续以每年 10%的利率(每年复计)计息，那么到你准备退休的时候，能存多少钱？

7.5 习题 5.6 给出了电流的数据，单位是毫安，通过电子设备的电流是时间的函数。为了方便，现将数据复制如下。

时间/s	电流/mA	时间/s	电流/mA
0	0	10	0.64
1	1.06	12	0.44
2	1.51	14	0.30
3	1.63	16	0.20
4	1.57	18	0.14
5	1.43	20	0.091
6	1.26	25	0.034
8	0.92	30	0.012

根据这些表列值，请用线性插值法解答以下问题：

a. 0.7s 后，流过设备的电流是多少？

b. 12.75s 后，流过设备的电流是多少？

c. 电流何时会达到 1.00mA？

d. 电流何时达到 0.1mA？什么时候能到 0.01mA？

7.2 最小二乘法

最小二乘法的目的是拟合出一条通过数据聚集区的曲线(包括直线，作为特例)。它在处理测量数据时得到了广泛应用，其中数据散点是一个重要的考虑因素。

为理解最小二乘方法，考虑图 7.3 所示的图形。该图包含四个数据点和一条通过数据聚集区的曲线。每个数据点表示为 $P_1 = (x_1, y_1)$, $P_2 = (x_2, y_2)$, $P_3 = (x_3, y_3)$ 和 $P_4 = (x_4, y_4)$，曲线方程的通式表示为 $y=f(x)$。

对于每个数据点，$P_i = (x_i, y_i)$，我们可以将误差 e_i 定义为实际 y 值 y_i 与对应的计算 y 值 $f(x_i)$ 之差。

因此，我们可以写成

$$e_i = y_i - f(x_i) \tag{7.4}$$

对于每个数据点，即 $i = 1, 2, \cdots, n$，其中 n 为数据点的总数。例如，在图 7.3 中，我们可以看到 e_2 定义为实际数据点 y_2 与曲线上对应点 $f(x_2)$ 的差。

请记住，我们用通式 $y = f(x)$ 表示的曲线，实际上是由某个特定方程表示的。准确的方程取决于曲线的具体情况。例如，如果我们希望将直线 $y = ax + b$ 拟合到数据中，我们的目标是确定 a 和 b 值，使曲线拟合良好。类似地，如果我们想用多项式 $y = c_0 + c_1 x + c_2 x^2 + c_3 x^3$ 拟合数据，就必须求出 c_0、c_1、c_2 和 c_3 值，使曲线拟合良好。因此，用曲线拟合数据点集的总体策略是确定所选曲线方程中的系数的合适值。

直观地看，在选择未知系数时，我们希望误差项 e_i 的模尽可能小(见图 7.3)。其中一种选择的方法就是选择使误差和最小的系数。然而，这种方法的问题在于，单个误差的模可能很大，但是符号相反(即，有些正误差的模较大，而有些负误差的模也很大)，这样，当这些误差加在一起时，就会互相抵消。可见，即使误差的和可能非常小，但是曲线拟合结果可能会非常糟糕。

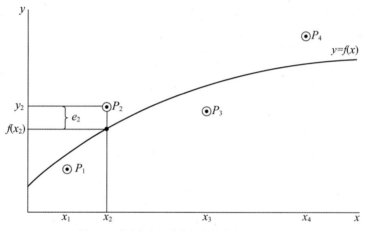

图 7.3 通过包含四个数据点的聚集区的曲线

一种更好的方法是选择使误差平方和最小的系数。请记住，无论单个误差是正的还是负的，但是误差的平方总是非负的。因此，通过对误差的平方和求和，我们得到的总是正数，从而消除了由于符号不同而导致大误差相互抵消的可能性。换句话说，使误差平方和最小化的唯一方法是使每个误差都尽可能小，从而保证了拟合良好。这就是最小二乘法背后的思想。

然后，所需的过程是用未知系数写出误差平方和的方程。接下来，我们就可以用微积分来确定使误差和最小的系数。

7.3 将直线拟合到数据集上

现在，我们利用最小二乘的概念将直线拟合到数据集上。为此，我们必须确定方程 $y = ax + b$ 中 a 和 b 的值，使误差的平方和最小。式(7.4)中，每一误差项均可表示为 $e_i = y_i - f(x_i)$。现在我们把直线方程代入通式 $f(x)$。因此，我们可以把误差项写成：

$$e_i = y_i - (ax_i + b) \tag{7.5}$$

如果用 z 表示误差的平方和(SSE)，我们可以写成如下形式。

$$z = e_1^2 + e_2^2 + e_3^2 + \cdots$$

$$z = \left[y_1 - (ax_1 + b) \right]^2 + \left[y_2 - (ax_2 + b) \right]^2 + \left[y_3 - (ax_3 + b) \right]^2 + \cdots \tag{7.6}$$

$$z = \sum_{i=1}^{n} \left[y_1 - (ax_i + b) \right]^2$$

我们的目标是确定 a 和 b 的值，使式(7.6)中的 z 值最小。要做到这一点，必须令 z 对 a 和 b 的导数为零。因此，我们首先对 a 求导，并保持 b 不变，再令结果等于零。然后我们求 z 对 b 的导数，并保持 a 不变，再令结果等于零(这些被称作偏导数)。我们可以把这些导数写成：

$$\frac{\partial z}{\partial a} = -2 \sum_{i=1}^{n} x_i \left[y_i - (ax_i + b) \right] = 0$$

$$\frac{\partial z}{\partial b} = -2 \sum_{i=1}^{n} \left[y_i - (ax_i + b) \right] = 0$$

现在我们把每个方程除以 2，然后把第二个方程写在第一个方程的前面，得到：

$$\sum_{i=1}^{n} \left[ax_i + b - y_i \right] = 0$$

$$\sum_{i=1}^{n} \left[ax_i^2 + bx_i - x_i y_i \right] = 0$$

最后，我们用分配律计算加法，然后把常数 a 和 b 从求和项中提取出来。这就得到了最小二乘方程的最终形式：

$$a \sum_{i=1}^{n} x_i + bn = \sum_{i=1}^{n} y_i \tag{7.7}$$

$$a \sum_{i=1}^{n} x_i^2 + b \sum_{i=1}^{n} x_i = \sum_{i=1}^{n} x_i y_i \tag{7.8}$$

因此，我们得到了两个方程、两个未知数。其中，未知数是 a 和 b。一旦我们确定了 a 和 b，就可以把它们的值代入等式 $y = ax + b$，从而为我们想要的直线确定一个特定的方程。然后我们画出直线，并用它来估计对应于指定 x 的 y 值。

请记住，式(7.7)和式(7.8)仅适用于用直线拟合数据集。最小二乘方法也可用于将其他类型的方程拟合到数据集中，但是相应的方程与式(7.7)和式(7.8)不同。然而，用于获得这些方程的方法与上述方法却是类似的。在本章后面，将更多地讨论采用最小二乘方法的其他类型方程。

例题 7.3 将直线拟合到数据集上

某工程师测量了弹簧的张力是相对于平衡位置位移的函数。以下是数据：

数据点编号	距离/厘米	力/牛
1	2	2.0
2	4	3.5
3	7	4.5
4	11	8.0
5	17	9.5

请用最小二乘法确定通过该数据聚集区的直线。然后绘制数据点和结果直线。用直线方程来估计距离为 8.5 厘米时对应的力。

请注意，距离是自变量(x)，力是因变量(y)，因此，我们要寻找力与距离的方程。注意，这里有五个数据点；因此，在最小二乘方程中 $n = 5$。

为应用最小二乘法，必须将上表展开如下。

i	x_i	y_i	x_i^2	$x_i y_i$
1	2.0	2.0	4.0	4.0
2	4.0	3.5	16.0	14.0
3	7.0	4.5	49.0	31.5
4	11.0	8.0	121.0	88.0
5	17.0	9.5	289.0	161.5
和:	41.0	27.5	479.0	299.0

若将这些值代入式(7.7)和式(7.8)，可得到 a 和 b 的两个联立方程：

$$41a + 5b = 27.5$$
$$479a + 41b = 299$$

这些方程可以用多种方法求解，比如直接代换法或使用克拉默定理都可以。也可以用 Excel 来求解，方法将在第 12 章介绍。但是现在，我们简单地给出解为 a=0.514706 和 b=1.279412(通过将它们代入方程并重新计算右边的值来验证这些解是有效的)。因此，通过数据点的直线方程为：

$$y=0.514706\,x+1.279412$$

图 7.4 显示了给定数据和直线的图。注意数据中的散点。

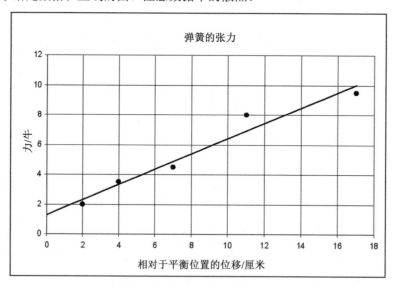

图 7.4　直线通过一组测量数据集

为了估计位移(x)8.5 厘米所对应的力(y)，我们可以这样写：

$$y=0.514\,706\times8.5+1.279\,412=5.654\,413$$

因此，力大约为 5.7 牛。

一旦确定了通过数据的直线，通常有必要计算每个误差项，并用下面的公式计算误差平方和(SSE)。

$$\text{SSE} = \sum_{i=1}^{n} \left[y_i - f(x_i) \right]^2 \tag{7.9}$$

SSE 是体现曲线拟合质量的指标——平方误差之和越小，拟合效果越好。当把几条不同的曲线拟合到同一组数据时，这个过程特别有用。平方和误差最小的曲线，就是最佳拟合。

评价曲线拟合质量的另一个指标是所谓的 r 平方值，其定义为：

$$r^2 = 1 - \frac{\text{SSE}}{\text{SST}} \tag{7.10}$$

其中，SST 表示相对于均值的偏差的平方和，其大小为：

$$\text{SST} = \sum_{i=1}^{n} \left[y_i - \bar{y} \right]^2 \tag{7.11}$$

r 平方值在 0 和 1 之间变化。注意，当 SSE = 0 时 $r^2 = 1$。因此，r^2 值接近于 1(这意味着平方和误差很小)通常表示拟合得很好。

例题 7.4 评估曲线拟合

通过计算单个误差项及误差平方和，就能评估上例中曲线拟合的质量。

从上例中，给定数据的最佳拟合直线方程是 $y=0.514706x + 1.279412$。得到这个方程，就可以简单地确定每个误差项了。例如，我们可以写：

$$e_1 = y_1 - \left[0.514\,706 x_1 + 1.279\,412 \right]$$
$$e_1 = 2.0 - \left[0.514\,706 \times 2.0 + 1.279\,412 \right] = -0.308\,824$$

类似的，

$$e_2 = y_2 - \left[0.514\,706 x_2 + 1.279\,412 \right]$$
$$e_2 = 3.5 - \left[0.514\,706 \times 4.0 + 1.279\,412 \right] = 0.161\,764$$

等等。结果总结如下表。注意，从最小二乘方程(第 4 列)得到的 y 值表示为 $y(x_i)$。

i	x_i	y_i	$y(x_i)$	e_i	e_i^2
1	2.0	2.0	2.308 824	−0.308 824	0.095 372
2	4.0	3.5	3.338 236	0.161 764	0.026 168
3	7.0	4.5	4.882 354	−0.382 354	0.146 194
4	11.0	8.0	6.941 178	1.058 822	1.121 104
5	17.0	9.5	10.029 414	−0.529 414	0.280 279
	和：	27.5		和：	1.669 117

如果对最后一列的值求和，就可以求得 SSE 是 1.669 117。这个值本身并没有特别意义，但是如果我们要将几个不同的曲线拟合到同一组数据中，就可以比较误差平方和，从而提供每个曲线拟合质量的度量。

根据 y 值的和，还可以确定 y 的均值为：

$$\bar{y} = 27.5/5 = 5.5$$

因此，我们可以确定 SST 和 r^2 的值：

$$\text{SST} = \left[(2.0-5.5)^2 + (3.5-5.5)^2 + (4.5-5.5)^2 + (8.0-5.5)^2 + (9.5-5.5)^2 \right] = 39.5$$
$$r^2 = 1 - 1.669\,117/39.5 = 0.957\,744$$

注意，r^2 值接近于 1，这表明拟合非常好。

7.4 在 Excel 中进行最小二乘曲线拟合

如果这一切看起来相当复杂，请不要担心。Excel 将自动完成大部分工作。实际上，要在 Excel 中将直线拟合到某个数据集，你只需要将数据输入工作表中，再以通常方式绘制数据，然后通过数据生成趋势线即可。Excel 会将最小二乘法自动应用于数据集,并将结果以图形和代数方式显示出来。因此,你不必关心如何构造扩展表、解联立方程或评估误差项。

要在 Excel 中将直线拟合到一组数据中,请执行以下步骤:

1. 打开一张新的工作表,并在最左列中输入 x 值(自变量)。

2. 在右边的下一列中输入 y 值(因变量)。

3. 将数据绘制成 x-y 图(即 XY 图),并采用如 5.3 节所述的算术坐标。不要连接各个数据点。

4. 右击绘制的某个数据点,从而选中数据集为活动编辑对象(如果此步骤执行正确,那么数据点将突出显示)。然后从结果菜单中选择"添加趋势线…"。或者,在图表处于活动状态的情况下,单击"图表设计"选项卡,单击"图表布局"组中的"添加图表元素",并从下拉菜单中选择"趋势线"。

5. 指定曲线的类型,并在"设置趋势线格式"对话框的"趋势线选项"区域选择任何相关选项。通常,应该要求显示曲线方程及其相应的 r^2 值。还可能强制要求曲线通过指定的截距或外推曲线拟合,即向前超出最右边的数据点或者向后超出最左边的数据点。

6. 按下"关闭"按钮。然后进行曲线拟合,结果会自动显示。

下面的例题演示了该过程。

例题 7.5　在 Excel 中将直线拟合到数据集上

用 Excel 的"趋势线"功能,将例题 7.3 中的数据拟合成一条直线。显示通过数据的直线方程及其相关的 r^2 值。然后用该方程确定距离 8.5 厘米所对应的力。

按照上面概述的过程,我们首先在工作表中输入和绘制数据,如图 7.5 所示。数据以 x-y 图的形式绘制在水平和垂直网格线的背景上。请注意,单独的数据点没有连接。

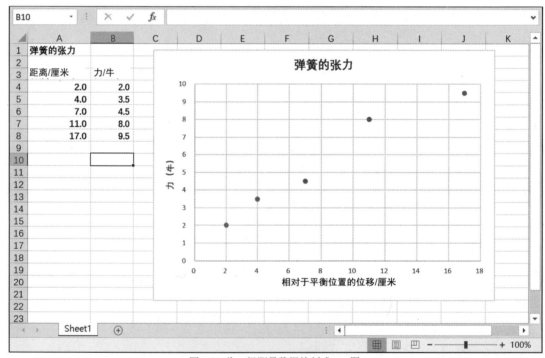

图 7.5　将一组测量数据绘制成 x-y 图

图 7.6 演示了右击其中一个数据点后图形的外观。然后从结果菜单中选择"添加趋势线"。这将生成如图 7.7 所示的"设置趋势线格式"对话框。请注意,我们为本例选择了一条线性趋势线。此外,还要选中底部的两个复选框,表示在图中将显示趋势线方程和相关的 r^2 值。最后,请注意趋势线向后扩展了 2 个周期(即两个单位),从而将趋势线延伸回 y 轴。如果愿意,还可通过选中"设置截距"并在数据输入区中输入 y 值,强制趋势线在指定的截距位置穿过 y 轴。

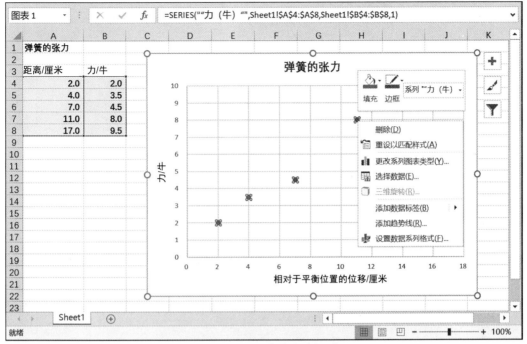

图 7.6 选择数据集作为活动对象

图 7.7 在"设置趋势线格式"对话框中选中"线性"

作为另一种选择,可简单地单击图表中的任何位置使其激活,选择功能区的"设计"选项卡,然后在"图表布局"组中选择"添加图表元素"。这将生成如图 7.8 所示的菜单。单击子菜单底部的"其他趋势线选项...",将生成与图 7.7 相同的"设置趋势线格式"对话框。

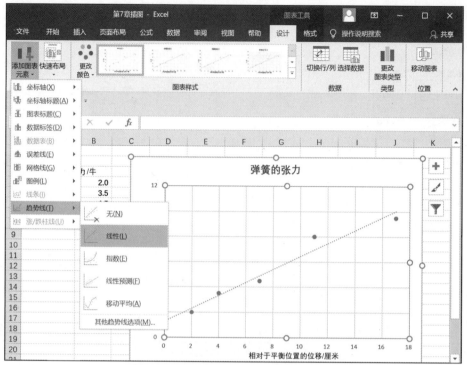

图 7.8 "添加图表元素"|"趋势线"菜单

返回"设置趋势线格式"对话框,如图 7.7 所示,关闭对话框,结果如图 7.9(a)所示。请注意通过数据集绘制的直线,范围从 y 轴(x=0)到最后一个数据点(x=17)。这就是期望的趋势线。为提高易读性,趋势线结果方程和 r^2 值的被移到图的上方。趋势线方程为:

$$y=0.514\,x+1.279$$

可通过右击方程,然后从生成的对话框中选择"设置趋势线标签格式",来更改方程中的小数位数和 r^2 值。然后单击"数字"选项卡并选择"数字"类别(如果我们想用科学符号显示数字,也可以选择"科学"类别)。

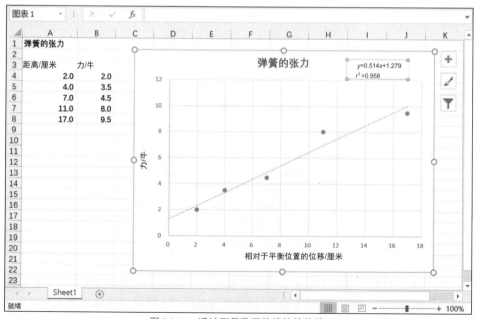

图 7.9(a) 通过测量数据的线性趋势线

如果把小数点后的位数增加到 4，就得到

$$y=0.5147\,x+1.2794$$

如图 7.9(b)所示。该方程与例题 7.3 中手动求得的方程一致。此外，我们看到计算出的 r^2 值是：

$$r^2 = 0.9577$$

这与例题 7.4 所得结果相同。请注意，趋势线方程和 $r2$ 值都是完全自动求出的。

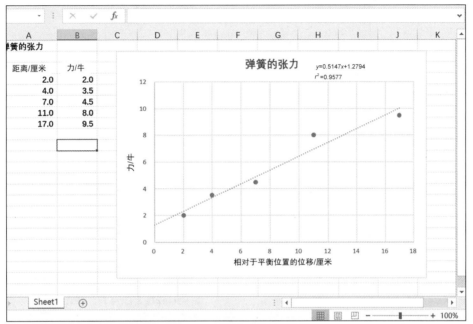

图 7.9(b)　以四位小数显示结果

现在可求出在此误差平方和(SSE)条件下对应于距离 8.5 厘米的力，如下：

$$y=0.5147\times 8.5+1.2794=5.6544$$

因此，力大约是 5.7 牛。

遗憾的是，Excel 中的"趋势线"功能没有显示与曲线拟合相关的误差平方和(SSE)。当然，这个值可在工作表中手动获得，方法是确定每个误差项的平方(只要趋势线方程已知)，然后将它们的值相加即可。

Excel 还在"分析工具库"中提供了"回归"功能(有关"分析工具库"的安装说明，请参阅第 6.1 节)。该功能用最小二乘方法将一条直线(称为回归线)拟合到一组数据集中。得到的输出包括回归直线方程的系数、误差平方和以及 r^2 值。此外，还有可选输出，包括单个错误项(称为残差)的列表和数据图。然而，从工程师的角度看，"回归"功能在输出汇总中提供的统计信息可能太多了。如下面的例题所示，这些信息大多无关紧要，而且可能令人困惑。因此，前面讨论的趋势线功能为通过一组数据拟合直线提供了一种更直接的方法。

例题 7.6　使用 Excel 中的回归功能

使用 Excel"分析工具库"中的"回归"功能对例题 7.3 中的数据进行直线拟合。在输出中包含残差列表，并生成数据图。

首先将数据输入工作表中，如图 7.5 所示。然后，从功能区的"数据"选项卡中的"分析"组中选择"数据分析" | "回归"。这将弹出如图 7.10 所示的"回归"对话框。在这个对话框中，y 值被指定为单元格 B4~B8 的内容，x 值被指定为单元格 A4~A8 的内容。如"输出区域"中的地址空间所示，输出的左上角位于单元格 D3。还请注意，我们选中了"残差"和"线性拟合图"选项。

图 7.11(a)显示了在"回归"对话框中选择"确定"后的结果输出。这些信息大多无关紧要，只有

受过训练的统计学家才会感兴趣。然而，在计算得到的输出中，我们看到 r^2 值(0.957744)显示在单元格 E7 中，位于标题"回归统计"的下方。同样，误差的平方和(1.669118)显示在单元格 F15 中，位于标题 SS 下方。这个值被标记为残差。

图 7.10 "回归"对话框

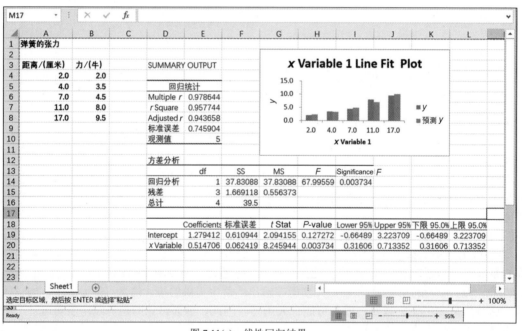

图 7.11(a) 线性回归结果

回归方程中的系数位于标题 Coefficients 下方的单元格 E19 和 E20 中。因此，y 轴截距(1.279412)在单元格 E19 中表示，斜率(0.514706)在单元格 E20 中表示。预测的 y 值在单元格 E27 到 E31 中显示，对应的误差项(残差)位于单元格 F27 到 F31 中。

在工作表顶部的条形图中，显示了已知的数据点和由回归线生成的对应点的图形。将图形拖到这个位置是为了提高它的易读性。这种形式的图形不是很有用，但是它可以很容易地转换为 x-y 图，如图 7.11(b)所示。右击表示预测数据点的任何条形图，并选择"更改图表类型"。然后可以扩展图形(通过拖动一个角)，以方便阅读。

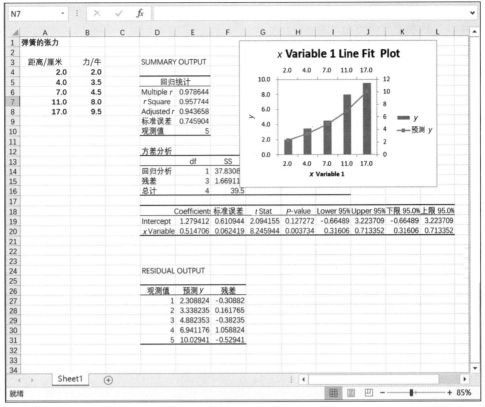

图 7.11(b) 将图形更改为扩展的 x-y 图

习题

7.6 重构图 7.9(b)所示的工作表，包括图形。如有必要，请对图形重新排序，以便可以访问 C、D 和 E 列。用趋势线公式生成对应于 A 列所给 x 值的 y 值。然后确定 E 列值的和，并与例题 7.4 和 7.6 中得到的值进行比较。

7.7 重构图 7.9(b)所示的工作表。将趋势线扩展到整个图(即，从 x=0 到 x=20)。记录 r^2 值。然后删除趋势线并创建一个通过原点的新趋势线。记录现在得到的 r^2 值，并与原来的 r^2 值进行比较。关于 r^2 值与曲线拟合质量之间的关系，你有什么看法？

7.8 聚合物材料含有溶剂，溶剂是时间的函数。如下表所示，溶剂的浓度可用聚合物总重量的百分比来表示，它是时间的函数(将习题 5.2 的结果重列于此)。

溶剂浓度/重量百分比	时间/秒
55.5	0
44.7	2
38.0	4
34.7	6
30.6	8
27.2	10
22.0	12
15.9	14
8.1	16
2.9	18
1.5	20

将数据输入 Excel 工作表,绘制数据图,并通过数据拟合直线。确定直线方程及其对应的 r^2 值。

7.9 请用以下数据集重做习题 7.8:

溶剂浓度/重量百分比	时间/秒
30.2	0
44.7	2
22.5	4
41.3	6
28.8	8
14.0	10
26.2	12
11.0	14
23.4	16
14.5	18
4.2	20

将结果与习题 7.8 的结果进行比较。哪个数据集拟合得更好,为什么?

7.10 一家受欢迎的消费者杂志列出了以下几种不同尺寸和类型的汽车重量与总里程的对比:

重量/磅	里程/(英里/加仑)	重量/磅	里程/(英里/加仑)
2775	33	3325	20
2495	27	3200	21
2405	29	3450	19
2545	28	3515	21
2270	34	3495	19
2560	24	4010	19
3050	23	4205	17
3710	24	2900	24
3085	23	2555	28
2940	21	2790	21
2395	26	2190	34

从这些数据中,得出一条直线关系(即方程),以表示里程与重量的关系。根据你的结果,给定的数据在多大程度上可由直线表示关系?怎样才能获得更好的关系表示?

7.5 将其他函数拟合到一组数据集中

最小二乘方法还可用许多不同类型的函数来拟合一组数据点。因此,在拟合曲线通过数据集时,我们不必局限于直线关系。事实上,在许多工程应用中获得的数据用指数函数、幂函数或多项式会比直线表示得更好。

指数函数

我们已经讨论过指数函数:

$$y = ae^{bx} \tag{7.12}$$

可以描述工程中的许多不同现象(见第 5.6 节)。对式(7.12)两边取自然对数,得到:

$$\ln y = \ln a + bx \tag{7.13}$$

如果我们令 $u = \ln y$ 且 $c = \ln a$，则可以把方程(7.13)重写为：

$$u = bx + c \tag{7.14}$$

这是一个直线方程(但不是我们在本章前面介绍过的直线 $y = ax + b$)。因此，我们可以像对直线那样将指数函数拟合到一组数据中，在式(7.7)和(7.8)中，用 $\ln y$ 代替 y，用 b 代替 a，用 c 代替 b，就得到：

$$b\sum_{i=1}^{n} x_i + cn = \sum_{i=1}^{n} \ln y_i \tag{7.15}$$

$$b\sum_{i=1}^{n} x_i^2 + c\sum_{i=1}^{n} x_i = \sum_{i=1}^{n} x_i \ln y_i \tag{7.16}$$

从式(7.15)和(7.16)中求出 b、c 之后，取 c 的逆运算即可得到原系数 a；即

$$a = e^c \tag{7.17}$$

下面的例题演示了整个过程。

例题 7.7　将指数函数拟合到一组数据中

通过测量电容电压随时间的变化，可研究电容的瞬态特性。得到了以下数据。

时间(秒)	电压	时间(秒)	电压
0	10.0	6	0.50
1	6.1	7	0.30
2	3.7	8	0.20
3	2.2	9	0.10
4	1.4	10	0.07
5	0.8	12	0.03

对于这种类型的电子设备，电压通常随时间呈指数变化。因此，我们将用最小二乘方法将指数函数拟合到当前的数据集。

将最小二乘方法应用于该数据集，将时间表示为 x，电压表示为 y，形成下表：

i	x_i	x_i^2	y_i	$\ln y_i$	$x_i \ln y_i$
1	0	0	10.0	2.302 585	0
2	1	1	6.1	1.808 289	1.808 289
3	2	4	3.7	1.308 333	2.616 666
4	3	9	2.2	0.788 457	2.365 371
5	4	16	1.4	0.336 472	1.345 888
6	5	25	0.8	−0.223 144	−1.115 720
7	6	36	0.5	−0.693 147	−4.158 882
8	7	49	0.3	−1.203 973	−8.427 811
9	8	64	0.2	−1.609 438	−12.875 504
10	9	81	0.1	−2.302 585	−20.723 265
11	10	100	0.07	−2.659 260	−26.592 600
12	12	144	0.03	−3.506 558	−42.078 695
和:	67	529		−5.653 969	−107.836 263

将适当的值代入式(7.15)和(7.16)，得到如下两个最小二乘方程。

$$67b + 12c = -5.653\,969$$
$$529b + 67c = -107.836\,263$$

这些方程的解是 $b = -0.492\,318$ 和 $c = 2.277\,612$。因此:

$$a = e^c = e^{2.277\,612} = 9.753\,358$$

而要求的指数函数是:

$$y = ae^{bx} = 9.753\,358e^{-0.492\,318x}$$

虽然通过前面例题加强了你对使用指数函数进行最小二乘拟合过程的理解,但使用 Excel 时并不需要这样做。事实上,就像我们用直线拟合一个数据集那样,Excel 自动完成了所有工作。

将指数函数拟合到 Excel 中的一组数据的过程与第 7.3 节中描述的直线拟合过程相同。只是本节我们选择了指数函数将趋势线拟合到数据上。下面的例题演示了该过程。

例题 7.8　在 Excel 中将指数函数拟合到一组数据集中

在 Excel 工作表中绘制数据,并且用指数趋势线拟合图形,以便用指数函数拟合例题 7.7 中的数据。然后显示指数函数方程及其对应的 r^2 值。用得到的方程求出 11 秒后的电压。

为求得解,我们按照与例题 7.5 相同的方式进行处理。为此,我们将已知的数据输入工作表中,再将数据绘制为 x-y 图,并在图中添加趋势线。然而,这次要选择指数趋势线而不是线性(直线)趋势线。为此,右击其中一个数据点,并从结果菜单中选择"添加趋势线"。然后,按照图 7.12 所示的方式填写"设置趋势线格式"对话框。

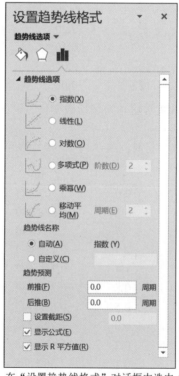

图 7.12　在"设置趋势线格式"对话框中选中"指数"

包含趋势线的图形如图 7.13 所示。注意趋势线看起来与数据非常吻合。趋势线方程为:

$$y = 9.7534e^{-0.4923x}$$

这与例题 7.7 中的结果一致。此外,r^2 值为 0.9988,这也说明拟合得不错。

为求出 11 秒后的电压，我们可以计算：

$$y = 9.7534\mathrm{e}^{-0.4923 \times 11} = 0.04\,338$$

因此，11 秒后电压大约是 0.04 伏特。

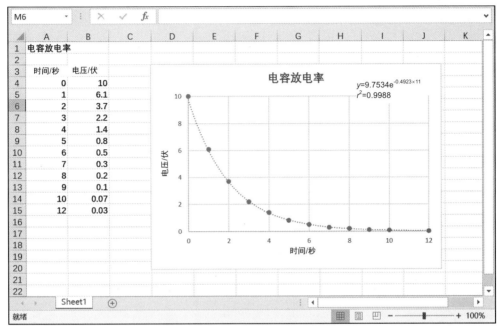

图 7.13　通过一组数据集的指数趋势线

应该指出的是，在第 7.4 节末尾描述的"分析工具库"|"回归"功能也可以用于将指数函数拟合到数据集中。然而，当使用该功能时，y 值不会自动转换为对数形式。因此，必须显式地在工作表中输入 y 值的自然对数。当然，它们也可以用 LN 函数直接从已知的 y 值计算出相应的对数值。然后，在"回归"对话框中将这些值的单元格地址指定为"输入的 y 值范围"。

对数函数

对数函数方程的形式为：

$$y = a \ln x + b \tag{7.18}$$

这显然是 y 和 $\ln x$ 之间的一个线性函数，因此，这种情况下适用的最小二乘方程是：

$$a\sum_{i=1}^{n} \ln x_i + bn = \sum_{i=1}^{n} y_i \tag{7.19}$$

$$a\sum_{i=1}^{n} \left(\ln x_i \right)^2 + b\sum_{i=1}^{n} \ln x_i = \sum_{i=1}^{n} \left(\ln x_i \right) y_i \tag{7.20}$$

求解包含 a 和 b 的这两个方程将确定数据的最佳拟合对数函数。

在 Excel 中，让对数趋势线通过已知数据集的过程与直线或指数函数相同，只是在指定趋势线类型时选择对数函数(正如图 7.12 所示的指数趋势线)。

对数函数可用以 10 为底的对数或自然对数来定义。但这两种情况下，该函数只能用于自变量(x 值)为正值的数据集，因为零或负值的对数没有定义(在图 7.12 中，其中一个 x 值等于零。因此，对数函数对于特定的数据集是不可用的)。

很容易证明对数函数等价于指数函数：

$$x = ce^{dy} \tag{7.21}$$

这是一个自变量和因变量互换的普通指数函数。请注意,式(7.21)中的常数 c 和 d 与方程(7.18)中的常数 a 和 b 有关。特别是,

$$c = e^{-b/a} \tag{7.22}$$

和

$$d = 1/a \tag{7.23}$$

对数函数在工程应用中比较少见。因此,我们将不再进一步讨论它(但是,如果感兴趣的话可以参阅后面的习题 7.12)。

幂函数

在第 5.6 节,我们见过幂函数,其方程形式为:

$$y = ax^b \tag{7.24}$$

与指数方程一样,这个方程描述了许多发生在科学和工程中的现象。

为了理解如何将最小二乘法应用于幂函数,我们对式(7.24)两边取自然对数,得到:

$$\ln y = \ln a + b \ln x \tag{7.25}$$

令 $u=\ln x$,$v=\ln y$ 且 $c=\ln a$,得到:

$$v = bu + c \tag{7.26}$$

这也是直线方程(但请记住,这条直线与本章前面遇到的直线不同)。因此,我们可以将最小二乘方法应用到变量的对数上。

幂函数的最小二乘方程可由式(7.7)和式(7.8)得到,只需要用 $\ln x$ 代替 x,$\ln y$ 代替 y,b 代替 a,c 代替 b 即可得出:

$$b\sum_{i=1}^{n}\ln x_i + cn = \sum_{i=1}^{n}\ln y_i \tag{7.27}$$

$$b\sum_{i=1}^{n}\left(\ln x_i\right)^2 + c\sum_{i=1}^{n}\ln x_i = \sum_{i=1}^{n}\left(\ln x_i\right)\left(\ln y_i\right) \tag{7.28}$$

一旦从这些方程解出 b 和 c,就得到了原系数 a 为:

$$a = e^c \tag{7.29}$$

用式(7.27)至式(7.29)将幂函数拟合到一组数据集与用式(7.15)至(7.17)将指数函数拟合到一组数据集的过程类似,具体参见问题 7.7(也可参见后面的习题 7.14)。

在 Excel 中,所有这些都通过在数据图中添加趋势线来自动处理。该过程与前面描述的相同。但现在,我们在选择趋势线类型时要选"乘幂",如下例所述。

例题 7.9 将幂函数拟合到一组数据集中

某化学工程师正在研究制造聚合物的化学反应中反应物的消耗速率。下面是已经得到的数据,显示了反应速率(摩尔/秒)是反应物浓度(摩尔/立方英尺)的函数。

浓度/(摩尔/立方英尺)	反应速率/(摩尔/秒)
100	2.85
80	2.00
60	1.25

40	0.67
20	0.22
10	0.072
5	0.024
1	0.0018

对于这类反应，反应速率一般与反应物浓度的幂指数成正比。因此，我们将用 Excel 来求出比例常数的值，并通过用幂函数拟合数据来提高反应物浓度的幂指数。也就是说，我们将求出表达式中参数 a 和 b 的值。

$$RR = aC^b$$

其中，RR 为反应速率，C 为反应物浓度。

为求解这个问题，我们再次将数据输入 Excel 工作表，并将数据绘制为 x-y 图。然后用幂函数趋势线通过图形，并确定所得方程中的参数。图 7.14 显示了相应的"设置趋势线格式"对话框(要打开此对话框，请右击图表中的一个数据点，并从结果菜单中选择"添加趋势线")。

图 7.14　在"设置趋势线格式"对话框内选中"乘幂"

图 7.15 显示了完整的工作表，其中包含了通过绘制的数据点的数据和带有幂函数的图。仔细观察这张图就会发现幂函数方程是：

$$y = 0.0018x^{1.599}$$

结果 r^2 的值是 1。因此，我们的结论是，通过如下的幂函数，反应速率确实可以表示为反应物浓度的函数：

$$RR = 0.0018C^{1.599}$$

请记住，最小二乘法用幂函数将 y 的对数与 x 的对数联系起来。因此，数据集中所有的 x 和 y 值都必须为正，因为非正值的对数没有定义。如果有一个或多个数据点是非正的，那么在选择趋势线类型时，"乘幂"图标将是不可选的(如图 7.12 所示)。

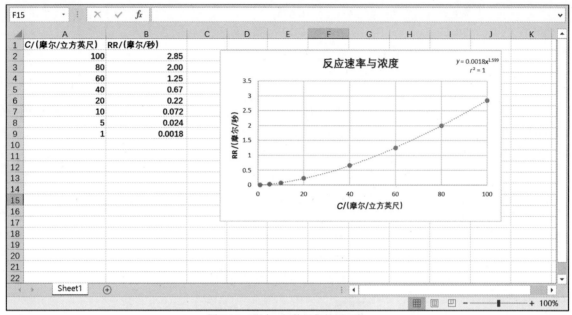

图 7.15　通过一组数据集的幂函数

"分析工具库"的"回归"功能也可以用最小二乘法将幂函数拟合到数据集上。但这样做时，请记住必须首先手动求出数据的对数，并将其放在工作表中的单独列(或单独行)中。可用自然对数或以 10 为底的对数，但必须在给定的数据集中保持一致。

多项式

最小二乘法也可用于将多项式拟合到一组数据集中。好消息是不需要对数变换，但坏消息是，一个 k 次多项式需要求出含 $k+1$ 个未知数的联立方程的解。因此，拟合一个三次方程需要求解含四个未知数的四个方程，以此类推。

我们把 k 次多项式写成：

$$y = c_1 + c_2 + c_3 x^2 + \cdots + c_{k+1} x^k \tag{7.30}$$

如果我们用最小二乘法把这个多项式拟合到一组数据集中，得到的联立方程是：

$$nc_1 + c_2 \sum_{i=1}^{n} x_i + c_3 \sum_{i=1}^{n} x_i^2 + \cdots + c_{k+1} \sum_{i=1}^{n} x_i^k = \sum_{i=1}^{n} y_i \tag{7.31}$$

$$c_1 \sum_{i=1}^{n} x_i + c_2 \sum_{i=1}^{n} x_i^2 + c_3 \sum_{i=1}^{n} x_i^3 + \cdots + c_{k+1} \sum_{i=1}^{n} x_i^{k+1} = \sum_{i=1}^{n} x_i y_i \tag{7.32}$$

······

$$c_1 \sum_{i=1}^{n} x_i^k + c_2 \sum_{i=1}^{n} x_i^{k+1} + c_3 \sum_{i=1}^{n} x_i^{k+2} + \cdots + c_{k+1} \sum_{i=1}^{n} x_i^{2k} = \sum_{i=1}^{n} x_i^k y_i \tag{7.33}$$

因此，我们有 $(k+1)$ 个方程、$(k+1)$ 个未知数。未知数是 $c_1, c_2, \ldots, c_{k+1}$。在 7.3 节中讨论的直线拟合是个特例，结果在含有两个未知数的两个方程中。如果我们想把一个二次方程拟合到数据中，就要求解含三个未知数的三个方程，以此类推。

求解如式(7.31)~式(7.33)所示的联立代数方程有几种不同的方法。由于 Excel 在用多项式拟合数据时可解出联立方程，所以我们暂时不介绍这些技术。不过，请注意，第 12 章将讨论在 Excel 中求解联立代数方程的技术(也可参阅本节末尾的习题 7.15)。

例题 7.10   将多项式拟合到一组数据集上

下表给出了高性能跑车达到各种速度的时间。时间以秒为单位,速度以英里/小时为单位(在这个应用中,最高速度是自变量,时间是因变量)。用方程拟合数据,就可得到加速时间与最高速度之间的精确数学关系。

最高速度/(英里/小时)	时间/秒
30	1.9
40	2.8
50	3.8
60	5.2
70	6.5
80	8.3
90	10.4
100	12.7
110	15.6
120	19.0
130	23.2
140	31.2
150	45.1

图 7.16 显示了包含数据的 Excel 工作表和相应的 x-y 图。从图的形状可以看出,直线拟合效果不理想。此外,对幂函数和对数函数的实验表明,这两种函数也都不能很好地拟合。尽管用指数函数拟合得并不差,但是用多项式似乎可拟合得更好。

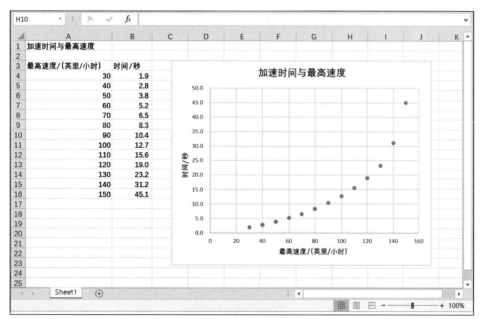

图 7.16   绘制一组并不常见的数据图形

我们用与本章讨论的其他函数相同的通用方法,让多项式型趋势线通过数据。因此,图 7.17 给出了五阶多项式(即五次多项式)的“设置趋势线格式”对话框。使用这个多项式的决定完全是任意的。注意,可以通过单击标记为“阶数”的数据输入框旁边的箭头来增加或减少多项式的阶数。

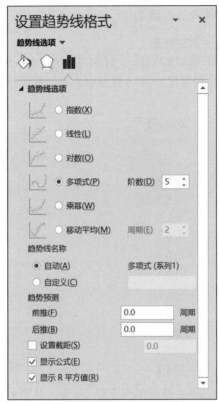

图 7.17　在"设置趋势线格式"对话框中选择五次多项式

所得到的趋势线如图 7.18(a)所示。直观上看,五次多项式为:

$$y = 1.32 \times 10^{-8} x^5 - 5.12 \times 10^{-6} x^4 + 7.62 \times 10^{-4} x^3 - 5.25 \times 10^{-2} x^2 + 1.78x - 21.0$$

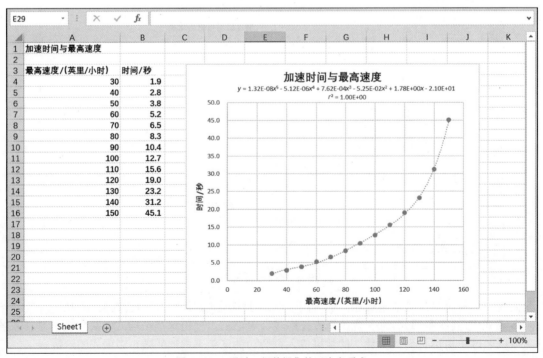

图 7.18(a)　通过一组数据集的五次多项式

这非常符合数据(注意，y 表示达到最高速度的时间，单位为秒；x 表示最高速度，单位为英里/小时)。对应的值 $r^2 = 0.9998$ 进一步支持这个判断。请注意，这个结果是用科学符号表示的，精度为两位。如 7.4 节所述，通过右击方程，然后从结果对话框中选择"设置趋势线标签格式"，可以更精确地显示趋势线。如果选择显示三个小数，得到如图 7.18(b)所示的结果。因此，期望的趋势线(在科学符号中，精度为 3 位小数)是：

$$y = 1.324\times10^{-8} x^5 - 5.124\times10^{-6} x^4 + 7.617\times10^{-4} x^3 - 5.255\times10^{-2} x^2 + 1.777x - 2.096\times10^1$$

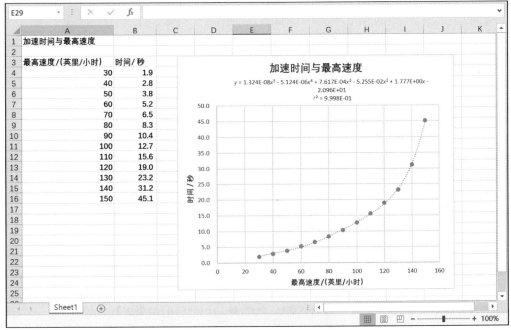

图 7.18(b) 用更高精度显示多项式

由于前两个系数非常小(分别为 1.324×10^{-8} 和 -5.124×10^{-6})，因此，为得到满意的拟合，使用三次多项式(即一个三次方程)可能就足够了，但是要记住，当 x 取非常大的值时，这些小系数将乘以较大的数(x^5 和 x^4 的值)。因此，多项式前两项的大小可能很重要(我们将在例题 7.2 中进一步探讨这个问题，在例题 7.2 中，我们将用几个不同的函数拟合当前数据集)。

对于高次多项式我们还有一些警告。首先，由于曲线拟合过程中的数值误差，结果可能并不准确。其次，即使曲线拟合是准确的，使用所得的曲线拟合结果可能涉及非常大和非常小的数的乘积，从而导致结果不准确。最后，Excel 中显示的趋势线的系数都经过了四舍五入，这些系数可能导致 x 值在较大或较小时出现较大的误差。

习题

7.11 对于例题 7.7 给出的数据，进行如下计算。

a. 利用(正确的)最小二乘误差准则计算误差平方和：

$$e_i = \ln y_i - (\ln a + bx_i)$$

b. 利用误差准则计算误差平方和：

$$e_i = y_i - ae^{bx_i}$$

c. 利用式(7.11)确定该数据集的 SST 值。

d. 利用(c)部分得到的 SST 值和例题 7.8 中得到的 $r^2 = 0.9988$，求解式(7.10)的 SSE。将所得误差平方和与(a)和(b)的值进行比较，你从比较中得出什么结论？

7.12 以下数据表示温度作为化学活性沉淀池内垂直深度的函数。用式(7.19)和式(7.20)所示的最小二乘法将数据拟合到对数函数中。

距离/cm	温度/℃	距离/cm	温度/℃
0.1	21.2	390	45.9
0.8	27.3	710	47.7
3.6	31.8	1200	49.2
12	35.6	1800	50.5
120	42.3	2400	51.4

7.13 将习题 7.12 给出的数据输入 Excel 工作表中，并用适当的趋势线拟合数据聚集区。比较使用指数函数、对数函数、幂函数和五次多项式得到的结果。

7.14 使用式(7.27)~式(7.29)将幂函数拟合例题 7.9 所给的数据。用 Excel 得到结果与例题 7.9 的结果进行比较。

7.15 通过以下计算，验证例题 7.10 中得到的曲线拟合是否正确：

a. 以式(7.31)~式(7.33)为指导，写出五次多项式拟合时所需的最小二乘方程(这需要在六个未知数中写出六个方程)。

b. 将例题 7.10 中的数据输入 Excel 工作表。

c. 在工作表中创建额外的列，以表示六个联立方程中出现的各种求和的部分。在每一列的底部计算相应的和。

d. 将求和项代入六个联立方程，验证其是否满足最小二乘方程。

7.16 将例题 7.9 所示的数据输入 Excel 工作表，并执行以下计算：

a. 通过将幂函数拟合到数据上，验证例题 7.9 所得到的结果是正确的。

b. 用直线、指数函数和对数函数拟合数据。将结果与(a)部分的结果进行比较。

c. 用多个不同次数的多项式拟合数据，并与上述(a)、(b)部分的结果进行比较。

7.17 杨氏模量是固体材料刚度的量度。对于线性弹性材料，其压强-应变曲线的斜率可通过实验确定。材料样本拉伸试验数据如下表所示：

应变	压强/psi
0	0
0.0015	10 769
0.0025	20 513
0.003 25	23 590
0.004	27 179
0.006	32 821
0.0075	43 077
0.0095	49 744
0.011	52 821
0.0115	57 436
0.012	60 513

将数据输入 Excel 工作表并且：

a. 绘制数据(压强与应变)。

b. 通过数据拟合一条具有零截距的直线。在图中显示直线方程和对应的 r^2 值。

c. 这种材料的杨氏模量是多少？

7.18 汽车悬架系统可建模为线性弹簧，其中弹簧系数是力 F 与弹簧伸长量 Δx 的关系曲线的斜率。以下数据为伸长量 Δx(米)和力 F(千牛)的实验值。

Δx/米	F/千牛
0.1	10
0.17	20
0.27	30
0.35	40
0.39	50

a. 请用最小二乘法将直线拟合到数据集上，如式(7.7)、式(7.8)所示，确定直线方程。

b. 根据式(7.9)~式(7.11)确定 SSE、r^2、SST 值。

c. 根据拟合直线的斜率确定弹簧常数。

7.19 通过在 Excel 电子表格中输入数据重做习题 7.18。绘制数据图并通过数据拟合一条直线。

a. 利用趋势线函数确定直线方程及其对应的 r^2 值。

b. 根据拟合直线的斜率确定弹簧的劲度系数。

c. 将结果与习题 7.18 的结果进行比较。答案不同吗？为什么相同或不同？

在本章的最后还有其他曲线拟合问题。

7.6　为已知的数据集选择最佳函数

既然我们知道了如何将各种函数拟合到数据集上，那么还有一个问题：如何确定哪个函数适合于特定的数据集？这个问题没有简单的答案——通常是由反复试验解决的。然而，下面的指导方针可能会有帮助：

1. 根据数据采集过程的基本理论选择一个方程。

2. 试着把数据画成一条直线。如果成功，它将建议用于表示数据的函数。

3. 如果不能得到直线关系，则试着用不同类型的曲线来拟合数据。用视觉评估来识别良好的拟合，并以误差平方和(SSE)和参数 r^2 的结果值来加以辅助。

4. 如果无法用前两个准则获得满意的曲线拟合，可以尝试以不同的方式绘制数据图(例如，尝试绘制 y 与 $1/x$、$1/y$ 与 x 等)。

5. 某些情况下，通过缩放数据可获得更好的拟合，从而使 x 值的大小或多或少与 y 值相同。

下面将分别讨论每个步骤。

根据理论选择方程

测量数据通常来自于已知由特定方程表示的过程，该方程基于基本的工程学原理。例如，在下面的例题 7.13 中，化学反应速率随着绝对温度的倒数呈指数变化。这种情况下，反映基本理论的方程总是首选。

将数据绘制成直线

如果数据集可以在算术坐标绘制成一条直线，就应该用直线拟合数据集。然而请记住，其他方程也可在不同坐标系下绘成直线，就像 5.5 节、5.6 节和 7.5 节所介绍的那样。结果总结如下表：

方程类型	方程	坐标系
指数	$y = ae^{bx}$	$\log y$ 对 x(半对数)
对数	$y = a\ln x + b$	y 对 $\log x$
幂	$y = ax^b$	$\log y$ 对 $\log x$(对数-对数)

我们已经看到，在 Excel 中，可以很容易地在各种坐标系下将已知数据集绘制为 x-y 图(即 XY 图)，然后将其中一个或两个坐标轴改为对数坐标。因此，如果在其中某个坐标系中绘制数据时，数据显示

为直线，我们就可以清楚地指示出适合数据的趋势线类型。

例题 7.11　采用不同的坐标系得到直线图

在例题 7.9 中，用幂函数表示一组数据。根据事先对数据获取过程的熟悉程度，选择幂函数。通过在算术坐标、半对数坐标($\log y$ 对 x 和 x 对 $\log y$)和对数-对数坐标上绘制数据来验证幂函数的可取性。找到能反映直线关系的坐标系。

我们首先在普通算术坐标上绘制数据。这与例题 7.9 中得到的图相同(见图 7.15)，只是没有趋势线。从图 7.19 所示的算术图可以看出，这个数据集在算术坐标上不是直线。

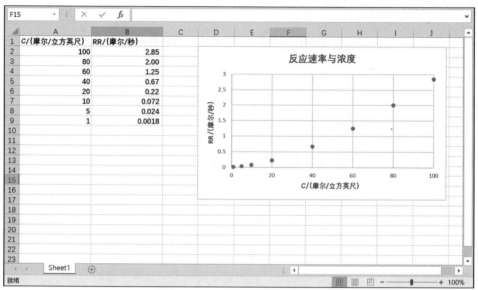

图 7.19　带有 x-y 图的 Excel 工作表

然后右击 y 轴并选择"设置坐标轴格式"。接着在"坐标轴格式"选项下，选择"对数刻度"，如第 5 章所述(参见第 5.5 节)。这将生成如图 7.20 所示的半对数图。显然，这些数据不是在半对数坐标上以直线绘制的。事实上，现在直线图的偏离情况比之前更糟糕。

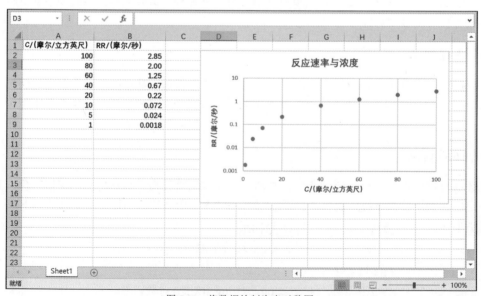

图 7.20　将数据绘制为半对数图

然后将 y 轴恢复为算术坐标，并选择 x 轴为对数坐标。结果如图 7.21 所示，但是数据的曲率在方向上相反(即从左上角看，是凸面而不是凹面)。

最后将 y 轴恢复为对数坐标，同时保留 x 轴为对数坐标。这就得到一个对数-对数图，如图 7.22 所示。现在数据被精确地表示为一条直线(请记住，我们实际上是在看 $\log y$ 和 $\log x$ 的关系图，而不是 y 和 x 的关系图)。

我们的结论是，数据不能用直线、指数函数或对数函数方程精确地表示。但数据可以由幂函数精确表示，如例题 7.9 所示。

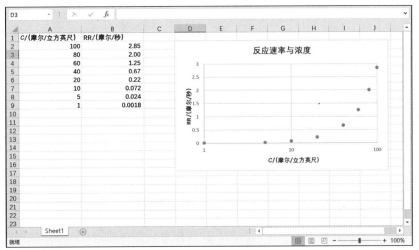

图 7.21　另一种半对数图(x 轴为对数坐标)

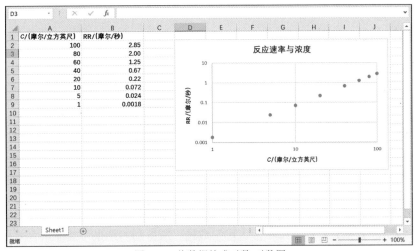

图 7.22　将数据绘成对数-对数图

用多个函数拟合已知数据集

有时，已知的数据集不能在任何常用的坐标系下绘制为直线。然而，我们仍可以用多项式方程精确地拟合数据。此外，即使我们不能用半对数或对数-对数坐标将数据绘制成直线，但是还可以用指数函数、对数函数或幂函数获得可接受的拟合(可能不是很好)。因此，我们会发现几个不同的函数都可以很好地表示数据。接下来的问题是，哪个函数对数据拟合得最好。

这个问题一般可以通过目测来回答。然而，如果几个不同的函数对数据的拟合程度或多或少地相同，那么误差平方和(SSE)和 r^2 值可能有助于确定哪个函数拟合得最好。

例题 7.12　用多个函数拟合一组数据

在例题 7.10 中，我们用一个五次多项式表示了几种流行跑车的性能数据。通过用其他常用函数拟合数据来扩展这项研究。通过比较它们各自的 SSE 和 r^2 值，确定哪个函数是最佳拟合。

为便于比较，有多个不同的函数通过数据，结果汇总如下表(请你在习题 7.24 中重新生成这些结果)：

函数	可视化评估	r^2	SSE
直线	差	0.8384	312.0
二次多项式	差	0.965	66.237
幂函数	差	0.9715	55.03
三次多项式	一般	0.9909	17.57
指数函数	好	0.9922	15.06
四次多项式	好	0.9981	3.669
五次多项式	极好	0.9998	0.3862
六次多项式	极好	0.9999	0.1931

每种情况下，SSE 的值由式(7.10)计算得到，对应计算的 SST 值为 1930.9(指数函数的情况下，它实际上不是 SSE 的最小二乘法，而是 y 的对数误差的平方和。类似地，在幂函数的情况下，最小二乘法是求 y 和 x 对数的误差的平方和的最小值)。注意，尽管二次多项式和幂函数的 r^2 值相对接近于 1，但它们的拟合效果很差。因此，这些值并不总是曲线拟合质量的可靠指标。

这些函数是按照质量提高的顺序列出的。请注意，误差平方和(SSE)的变化要比 r^2 值大得多，r^2 值始终保持在 0.8 到 1 之间。因此，SSE 值比 r^2 值能更好地预测曲线的拟合质量。还要注意，主观的视觉评估在很大程度上加强了基于 SSE 值的比较。

最后，比较用三次多项式和五次多项式得到的曲线拟合是很有趣的，因为这是例题 7.10 中一些猜想的主题。我们发现五次多项式比三次多项式的拟合性更好。因此，关于五次多项式的后两项系数小就不重要的观点是错误的。

用其他变量替换 y 和 x

有时我们通过绘制数据来寻求线性关系(即直线)。这种方法可能是可取的，因为直线的斜率或截距会有很大影响。这种情况下，用相关函数重新替换一个或两个变量可能会有所帮助。例如，用 $1/y$ 替换 y、$1/x$ 替换 x、$\sqrt{x}$ 替换 x，等等，这将有助于用一条直线拟合到生成的图形中。

通常，正在研究的过程的相关知识会提示替换的类型。例如，我们知道化学反应速率的对数与绝对温度的倒数成正比。因此，化学工程师习惯上绘制反应速率的对数与 $1/T$ 的关系曲线(实际上是用半对数坐标绘制反应速率与 $1/T$ 的关系)，并期望得到一条直线。同样，已知流体从储罐流出的速度与流体在流出点上方的高度的平方根成正比。因此，我们期望通过绘制 v 与 $\sqrt{h}$ 或者 v^2 与 h 的关系得到一条直线。

如果对数据预期行为的基于原理一无所知的话，那么通过反复试验的方法尝试各种变量替换可能会有所帮助。有经验的数据分析师将此称为"玩"数据。所得到的结果可能非常有效。

例题 7.13 变量替换

下面的数据表示了在水净化室内发生氧化反应的速率随温度的变化。这些数据是由一位本地工程师获得的，他现在必须绘制数据图，并用合适的方程拟合数据。

温度/开尔文	反应速率/(摩尔/秒)
253	0.12
258	0.17
263	0.24
268	0.34
273	0.48
278	0.66
283	0.91
288	1.22
293	1.64

298	2.17
303	2.84
308	3.70

图 7.23 显示了反应速率(RR)与温度的关系图。一个三次方程(即三次多项式)的曲线穿过数据，得到的方程为：

$$RR = 2.2056 \times 10^{-5} T^3 - 1.7064 T^2 + 4.4148T - 381.80$$

式中，RR 为反应速率，单位为摩尔/秒，T 为绝对温度，单位为开尔文。图形显示拟合良好，r^2 值为 0.99987。

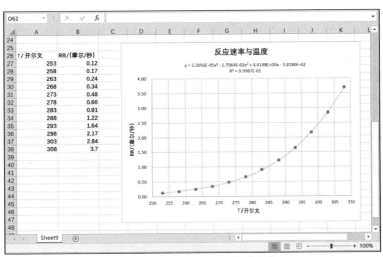

图 7.23　三阶多项式通过一组数据集

虽然三次方程拟合较好，但根据公式可知，化学反应速率一般随绝对温度的变化而变化：

$$RR = ke^{-E/RT}$$

其中 E 为活化能(activation energy)，R 为已知的物理常数。因此，最好绘制反应速率与绝对温度的倒数关系图。此外，如果在半对数图上可以得到一条直线，我们就知道方程的指数形式是有效的，并且可以用直线的斜率来确定活化能。

图 7.24 显示了在半对数坐标下 RR 与 $1/T$ 的关系图。数据在半对数坐标上以直线表示。

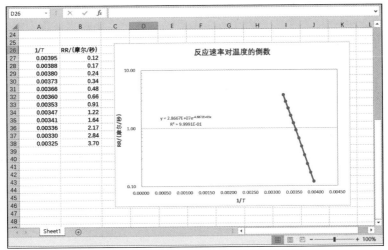

图 7.24　反应速率与绝对温度倒数的半对数图

同样，我们看到一个很好的曲线拟合，得到下面这个方程：

$$RR = 2.8667 \times 10^7 e^{-4887.2T}$$

对应的 r^2 值为 0.99991。

我们现在可以从商 $E/R = 4887.2$ 开尔文中求出活化能。因此。如果通用常数 R 值为 1.987 卡/(摩尔·开尔文)，则该反应的活化能为 $4887.2 \times 1.987 = 9710.9$ 卡/摩尔。

缩放数据

在将曲线拟合到一组数据时，有时对数据进行缩放是有帮助的，这样 y 值的大小与 x 值的大小就不会有显著差异。这种情况下，建议的处理过程是重新定义其中一个变量，使其表示为原始测量单元的若干倍。例如，在绘制火箭速度与时间的函数时，最好以数千英里/小时与时间(以秒为单位)来绘制速度，而不是以英里/小时(大数字)与时间(以小时为单位，小数字)来绘制速度。这种技术可能会得到更好的曲线拟合，特别是当原始 x 值与原始 y 值有很大差异时(即相差几个数量级)。

例题 7.14　缩放数据集

一组环境工程师和科学家根据不受限制地使用氟碳化合物的趋势，预测了北半球臭氧层受时间影响的程度。已经建议了以下场景(臭氧层的厚度以 0 到 1 的任意尺度表示)。

年份	臭氧层
1995	1.00
1996	0.97
1997	0.88
1998	0.76
1999	0.63
2000	0.50
2001	0.39
2002	0.30
2003	0.22
2004	0.17
2005	0.13
2006	0.11
2007	0.10

用方程拟合数据，将臭氧层数值表示为时间的函数。

图 7.25 和图 7.26 显示了两个不同的 Excel 工作表，每个工作表包含数据的 x-y 图。第一个工作表(图 7.25)包含已知的数据，而第二个工作表(图 7.26)包含重新定义的 x 值，它们代替了从 1995 开始的每个已知值。在每张图中，数据点定义了一个独特的 S 形曲线。采用五次多项式通过每个数据集，因为 S 形曲线通常最好由高阶多项式表示。

我们看到这两个数据集都可用五次多项式精确地表示。特别是，第一个数据集的结果是这个方程(保留三位小数)：

$$y = 8.767 \times 10^{-6} x^5 - 8.785 \times 10^{-2} x^4 + 3.521 \times 10^2 x^3 - 7.058 \times 10^5 x^2 + 7.072 \times 10^8 x - 2.835 \times 10^{11}$$

其中 $r^2 = 1.000$，而第二个数据集的结果是：

$$y = 8.767 \times 10^{-6} x^5 - 4.023 \times 10^{-4} x^4 + 6.975 \times 10^{-3} x^3 - 4.814 \times 10^{-2} x^2 + 1.166 \times 10^{-2} x + 1.000$$

其中 $r^2 = 1.000$。这些 r^2 值都表示每个拟合都很好，而每一个拟合的质量通过检查就很容易看出。

有些电子表格软件，包括早期版本的 Excel，无法用多项式曲线通过第一个数据集以获得满意的拟合。因此，在某些情况下，第二个数据集更容易拟合。

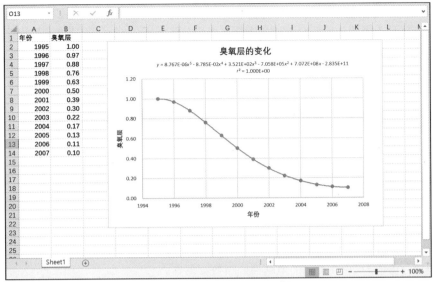

图 7.25　用给定的自变量绘制数据

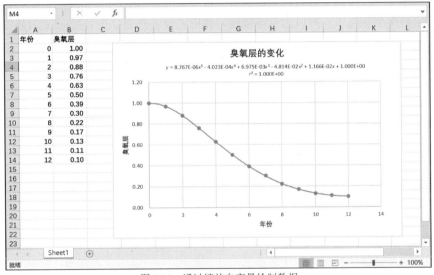

图 7.26　通过缩放自变量绘制数据

习题

7.20 试用二次方程(即一个二次多项式)和幂函数拟合例题 7.13 中给出的数据集。将结果与例题 7.13 中给出的结果进行比较。

7.21 在 Excel 工作表中以两种不同的方式绘制例题 7.14 中给出的数据:

a. 绘制 y 相对于 $x/1000$ 的曲线,其中 y 代表臭氧水平,x 代表年份。

b. 绘制 $1000y$ 相对于 x 的曲线。

对每个数据集拟合一个五次多项式。将每个曲线拟合结果与例题中的结果进行比较。修改数据的这种方法是否比另一种方法更好? 如果是这样,你能给出原因吗?

7.22 试用其他一些多项式来拟合例题 7.14 中给出的修改后的数据(见图 7.26)。能很好地拟合数据的最低次多项式是什么?

7.23 用 Excel 的"回归"功能将五次多项式拟合到例题 7.10 中给出的跑车性能数据。为此,在某一列中输入 x 值,在另一列中输入 x^2 值,在下一列中输入 x^3 值,以此类推,直到包括 x^5 的值。最后,在最后一列中输入 y 值。当你在"回归"对话框中被提示输入 x 值的范围时(参见图 7.10),输入包含前五列的范围(x、x^2、x^3 等的值)。将结果与例题 7.10 中的结果进行比较。

7.24 通过将每种类型的函数拟合到原始数据集中来验证例题 7.12 中的结果。可视化地评估每条曲线,并将评估结果与例题中给出的结果进行比较。此外,使用例题中描述的方法验证每个函数的 SSE 值。

7.25 一家消费者杂志对几款流行笔记本电脑的价格和性能进行了评估。价格和性能指数(任意单位)列于下表。在 Excel 工作表中绘制价格与性能的关系图。求最佳的数据拟合方程。

编号	价格/美元	性能/指数	编号	价格/美元	性能/指数
1	1280	72	6	1370	112
2	1060	86	7	550	94
3	1300	95	8	800	109
4	780	89	9	1000	113
5	1010	99	10	1040	122

利用所得曲线拟合估计如下:

a. 你希望花多少钱买一台性能指数为 105 的笔记本电脑?

b. 你希望一台价值为 2400 美元的电脑性能指数如何?

c. 你希望一台价值为 1500 美元的电脑性能指数如何?

7.26 重复习题 7.25,使结果趋势线穿过原点。这对习题 7.25 的三个问题的答案有显著影响吗?

7.27 几个工科学生制造了一种风力发电装置。并用该设备获得以下数据(重复习题 5.5):

风速/(英里/小时)	功率/瓦	风速/(英里/小时)	功率/瓦
0	0	35	64.5
5	0.26	40	80.2
10	2.8	45	86.8
15	7.0	50	88.0
20	15.8	55	89.2
25	28.2	60	90.3
30	46.7		

用截距为零的方程拟合这些数据。并用该方程来回答以下问题:

a. 如果风速为 32 英里/小时,那么发电功率是多少?

b. 风速多大时能产生 75 瓦的电能?

7.28 用合适的方程拟合习题 5.1 中给出的电压与时间数据(为了方便起见,这里重复列出数据),用得到的方程回答以下问题:

a. 你期望 1.5 秒后的电压是多少?

b. 你期望 15 秒后的电压是多少?

c. 电压降至 1.5 伏需要多长时间?

d. 电压达到 0.17 伏需要多长时间?

时间/秒	电压/伏	时间/秒	电压/伏
0	9.8	6	0.6
1	5.9	7	0.4
2	3.9	8	0.3
3	2.1	9	0.2
4	1.0	10	0.1
5	0.8		

7.29 下面的数据描述了通过电子设备的电流(以毫安为单位)是时间的函数(重复习题 5.6)。

时间/秒	电流/毫安	时间/秒	电流/毫安
0	0	9	0.77
1	1.06	10	0.64
2	1.51	12	0.44
3	1.63	14	0.30
4	1.57	16	0.20
5	1.43	18	0.14
6	1.26	20	0.091
7	1.08	25	0.034
8	0.92	30	0.012

a. 用尽可能最好的方程拟合整个数据集。

b. 试着把数据集分成两段，每段用一个方程拟合。与第(a)部分的结果进行比较。

c. 利用(a)和(b)部分的结果，分别估计 0.5 秒和 22.8 秒时通过该设备的电流大小。

d. 利用(a)和(b)部分的结果，估计通过该设备的电流恰好为 1 毫安的时间。

7.30 最近的一本汽车杂志包含了很多新车的燃油经济性和车辆重量数据。下表包含其中一些车辆的重量(以磅为单位)和相应的 EPA 公路里程数据。

车辆	重量/lb	里程/mpg
1	2684	28
2	2505	31
3	4123	19
4	3410	25
5	2647	29
6	3274	24
7	4407	14
8	3010	24
9	3055	25
10	2860	27
11	4130	18
12	3675	22
13	2375	33
14	3885	20
15	3180	26
16	3780	21
17	2778	32
18	3150	14
19	3425	23
20	2480	41

a. 将数据输入 Excel 工作表。然后准备一个油耗与重量的 x-y 图。识别任何"异常值"(即，位于主群之外的任何数据点)。

b. 用尽可能好的方程拟合整个数据集。

c. 去除异常值，然后用尽可能最优的方程拟合其余数据。去除异常值是否会显著影响曲线拟合的结果？

d. 根据(d)部分的结果，你认为一辆重达 3000 磅的汽车能行驶多少英里？根据(c)部分的结果，你期望的里程数是多少？

7.31 一位工程师已经确定了作用于结构中两根梁上的剪切力。下面的数据将力(单位为牛)表示为距离每根梁左端距离(单位为厘米)的函数。

距离/厘米	部件A的力/牛	部件B的力/牛
0	0	0
1	3	0.03
2	6	0.20
3	8	0.57
4	9	0.79
5	11	1.15
6	12	1.29
7	14	1.36
8	15	1.60
9	16	1.62
10	18	1.68
12	20	1.93
14	22	2.10
16	24	2.08
18	26	2.17
20	28	2.28
25	33	2.25
30	38	2.39
35	42	2.42
40	46	2.50
50	54	2.47
60	61	2.54
70	68	2.57
80	75	2.62
90	82	2.60
100	88	2.65

a. 将数据以表格形式输入 Excel 工作表，如上图所示。留出一些额外的空间，以便你可以如下所述地"玩"数据。

b. 绘制每个数据集(即在某种程度上，力与距离之间会形成线性(直线)关系。你可能需要运用一些技巧来做这件事。提示：尝试在算术坐标、半对数坐标和对数-对数坐标上绘制力(F)与距离(x)的关系。也可以试着画出 $1/F$ 与 x，或者 $1/F$ 与 $1/x$ 的关系曲线。

c. 从每个数据集生成的最佳直线关系图中，确定力是距离的函数方程。用得到的两个方程估计每根梁左端 45 厘米处的剪切力。

7.32 下面的数据描述了 A→B→C 的化学反应序列。表中所列物质 A、B 和 C 的浓度是时间的函数。

时间/秒	浓度A(摩尔/升)	浓度B(摩尔/升)	浓度C(摩尔/升)
0	5.0	0.0	0.0
1	4.5	0.46	0.02
2	4.1	0.84	0.06
3	3.7	1.2	0.13
4	3.4	1.4	0.22
5	3.0	1.6	0.33
6	2.7	1.8	0.45
7	2.5	1.9	0.58
8	2.3	2.0	0.72
9	2.0	2.1	0.87

10	1.8	2.2	1.0
12	1.5	2.2	1.3
14	1.2	2.2	1.6
16	1.0	2.1	1.9
18	0.83	2.0	2.2
20	0.68	1.85	2.5
25	0.41	1.5	3.1
30	0.25	1.2	3.5
35	0.15	0.93	3.9
40	0.09	0.71	4.2

a. 将数据输入 Excel 工作表，并确定方程，该方程将准确地表示 A、B 和 C 每种物质的浓度随时间的函数。注意，每个数据集需要一个单独的方程。

b. 利用(a)部分确定的方程，估计 23 秒后 A、B、C 的浓度。

c. 利用(a)部分求得的 B 物质的浓度与时间的关系式，确定 B 物质的浓度何时达到最大值。

7.33 一名工科学生对一个直径为 0.5 英寸、长度为 4 英寸的圆柱形结构钢试样进行了一系列拉力与伸长量的测量。数据只覆盖弹性(线性)区域。从这些测量中，学生得到了下面压强与应变的数据表格，其中压强定义为单位面积上的力(磅/平方英寸，或 psi)，应变定义为单位原长度上的伸长量(无量纲)。学生希望通过测量代表压强-应变曲线的直线斜率来确定弹性模量(也称为杨氏模量)。弹性模量是被测材料的一种特性。只要力落在弹性区域内，它与圆柱体的尺寸或施加的力的大小无关。

应变	压强/(磅/平方英寸)	应变	压强/(磅/平方英寸)
0.1×10^{-3}	3016	0.7×10^{-3}	212 00
0.2×10^{-3}	5983	0.8×10^{-3}	242 28
0.3×10^{-3}	9191	0.9×10^{-3}	242 61
0.4×10^{-3}	12 178	1.0×10^{-3}	322 05
0.5×10^{-3}	14 908	1.1×10^{-3}	309 66
0.6×10^{-3}	18 292	1.2×10^{-3}	333 92

a. 将数据输入 Excel 电子表格并生成压强与应变的折线图。

b. 用一条截距通过原点的直线来拟合数据。

c. 由直线方程确定这种材料的弹性模量。

7.34 下表给出了与习题 7.33 所述结构相同的钢样品的压强-应变数据。然而，现在的数据已经超出了弹性区域，达到了破坏点(即圆柱形试样将被拉成两部分的点)。

应变	压强/(磅/平方英寸)	应变	压强/(磅/平方英寸)
0.02	297 37	0.14	570 46
0.04	371 66	0.16	565 93
0.06	448 20	0.18	534 48
0.08	440 74	0.20	521 03
0.10	491 61	0.22	491 85
0.12	530 02	0.24	453 86

a. 将数据输入 Excel 电子表格，并生成压强与应变的 x-y 关系图。

b. 用适当的曲线拟合数据。

c. 利用得到的方程估计应变为 0.115 时的压强。对应的伸长量是多少？

7.35 物质的比热被定义为使一种物质的单位质量的温度升高一度所需的热量。它通常只是温度的函数。下面给出的数据是在不同温度(K)下比热 $C(kJ/(kg \cdot K))$ 的测量值。在 Excel 工作表中绘制比热与温度的关系。

_T_/K	_C_/(kJ/(kg · K))
200	1.045
220	1.044
240	1.043
260	1.043
280	1.042
300	1.043
320	1.044
340	1.044
360	1.045
380	1.047
400	1.049
450	1.055
500	1.065
550	1.076
600	1.088
650	1.101
700	1.114
750	1.13
800	1.14

a. 用直线、幂函数和指数函数来拟合数据。

b. 用次数不同的几个多项式来拟合数据。

c. 比较(a)和(b)部分的结果。使用 SSE 和 r^2 的值来确定哪些曲线拟合被认为是"好"拟合。

7.36 淬火是一种快速冷却材料以获得某些材料特性(如硬度)的过程。淬火过程可以用指数曲线拟合来表征,如:$Ke^{-t/\tau}$,其中 t 表示时间,τ 为时间常数,表示材料冷却的速度。下面的数据表示了材料与环境温度差(T-300)在油中淬火钢球的持续时间的测量。在 Excel 工作表中绘制温度与时间的关系。

时间/秒	_T_-300/开尔文
0	499.67
5	409.54
10	335.40
15	274.24
20	225.87
25	183.18
30	149.43
35	123.08
40	101.70
45	83.34
50	67.51
55	54.99
60	46.59
65	37.36
70	30.57
75	23.96
80	21.04
85	17.43
90	14.81

95	10.51
100	8.90
105	8.31
110	7.43
115	5.67
120	4.25

a. 对数据进行指数拟合，确定拟合方程和 r^2 值。

b. 系统的时间常数是多少？

第 **8** 章

数据排序与筛选

工程师经常将信息存储在列表中。在电子表格的环境中，列表是一列或多列数据的集合，通常排列在一起，彼此邻接。列表可能包括数值数据和字母数据(即单词、名字等)。因此，教授可以将某个班级的花名册存储成如下形式的列表：第一列为学生姓名，第二列为学期平均分(以百分比表示)，第三列为对应的字母成绩。各列第一行可以是标题。其余每一行，都包含一名学生的完整数据集；即学生的姓名、学期平均分和字母成绩。每行信息都被视为一条记录。

可用第 2 章和第 3 章中描述的标准工作表编辑过程在 Excel 中创建和编辑列表。一旦创建了列表，我们就可以对列表进行排序；也就是说，重新排列行，使得指定列的信息按照递增或递减排列。或者我们可以筛选数据；也就是说，找出指定列的信息满足某些特定标准的行。例如，大多数教授创建的班级花名册，都是按照姓氏的字母顺序排序的。学期末，教授通常会按照考试分数从高到低的顺序重新整理(排序)学生的记录。此外，教授可能还想检索(筛选)考试分数高于某个值或者落在某个范围内的学生的姓名。这些过程通常称为数据库操作。

Excel 包含许多功能，能够快速、轻松地执行数据库操作。在本章，我们将学习这些功能中最基本的部分，它们可对列表中的数据进行排序和筛选。我们还将学习使用数据透视表，它能将最初放在"平面"列表中的数据重新转换为更有意义的形式。

8.1 在 Excel 中创建列表

为在 Excel 工作表中创建列表，就要标识可用于存储所需行和列的单元格块。通常，将列表放在工作表的左上角是最方便的，这样就有空间将列表扩展到工作表中(即，向右向下)。每一列都应该包含相同类型的信息。每一行应包含一条单独的记录；因此，每行将包含每列的一个值。

最上面一行通常用作列标题；事实上，如果标题很长，也可以用两行或多行来实现此目的。Excel 通常能够自动区分列标题和列中的实际信息。这种区别可能基于数据类型(例如，字母数字标题和数字数据)或外观(例如选择不同字体，更大的字号，或在标题中使用粗体、斜体或下画线)上的差异。如果 Excel 识别出了标题，它就会在各种数据库操作中自动忽略列标题。

例题 8.1 在 Excel 中创建列表

考虑下面的表格，其中包含美国 13 个州的信息。每一行(每条记录)均包含州名称、首府、人口(基于最近一次的美国人口普查数据)和面积。

州	首府	人口	面积(平方英里)
阿拉斯加	朱诺	550 043	615 230
加利福尼亚	萨克拉门托	29 760 021	158 869
科罗拉多	丹佛	3 294 394	104 100
佛罗里达	塔拉哈西	12 937 926	59 988
密苏里	杰佛逊市	5 117 073	69 709
纽约	奥尔巴尼	17 990 455	53 989
北卡罗来纳	罗利	6 628 637	52 672
北达科他	俾斯麦	638 800	70 704
宾夕法尼亚	哈里斯堡	11 881 643	45 759
罗德岛	普罗维登斯	1 003 464	1 231
得克萨斯	奥斯汀	16 986 510	267 277
弗吉尼亚	里士满	6 187 358	42 326
华盛顿	奥林匹亚	4 866 692	70 637

请在 Excel 工作表中以列表形式输入上述信息。根据已知的信息，求出每个州的人口密度(每平方英里的人口数量)。每一列都要有标题。

图 8.1 显示了包含此信息的 Excel 工作表。第 1 行和第 2 行包含各种列标题。其余的每行都包含一个州的信息。请注意，表中按对应英文名的字母顺序列出各州，如图中表格所示。

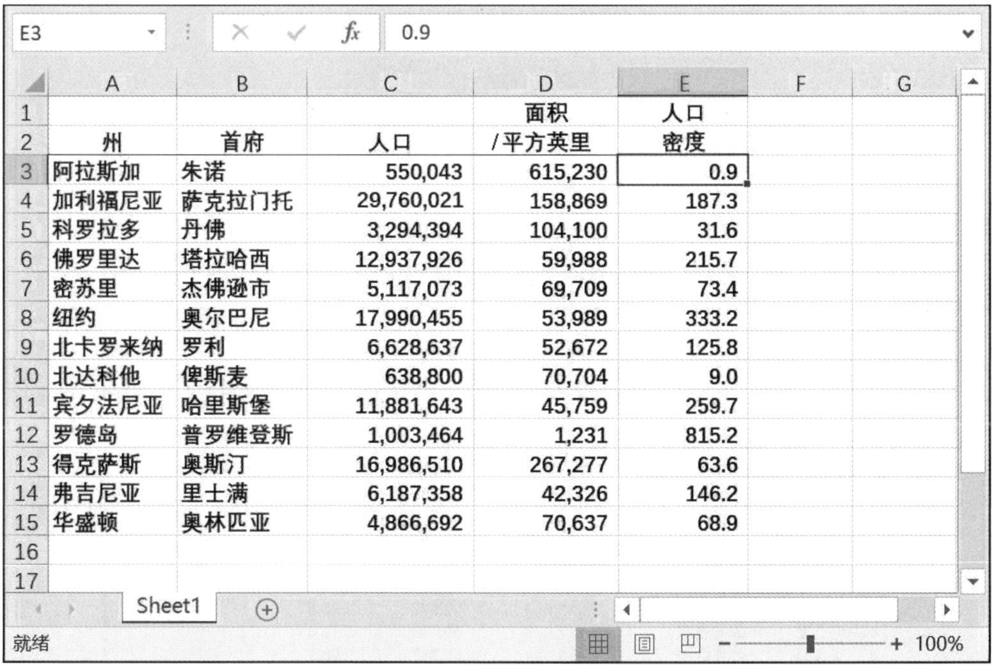

图 8.1　州及其首府、人口和面积的列表

此外，请注意人口密度是由公式算得的。例如，单元格 E3 中显示的阿拉斯加州的人口密度就是由公式=C3/D3 算得的。因此，人口密度(单位是每平方英里的人口数量)是由每个州的人口数量除以其面积算得的。

最后，请注意该列表包含列标题。Excel 能够根据格式差异(标题居中、有下画线并以粗体字显示)自动区分 A 列和 B 列中的标题和信息。C、D 和 E 列中的标题则将根据数据类型的差异(字母型标题和数字型数据)进行识别。

创建列表后，就可通过在现有行之间插入新行或在列表底部添加新行来增加新记录。现有的记录可通过重新键入材料进行修改，也可通过移除指定行来删除。

8.2　在 Excel 中对数据进行排序

　　一旦数据集以列表形式正确输入工作表中，就可以根据任何列的内容轻松地将记录按升序或降序排序。为此，选择想要操作的列中的任一单元格，该列要有列标题单元格(注意，你不需要突出显示列表中的任何内容)。然后在功能区的"开始"选项卡，单击"编辑"组中的"排序和筛选"按钮，如图 8.2(a)所示。这将生成如图 8.2(b)所示的菜单。在这个菜单中，你可以选择"升序"(从最低到最高)、"降序"(从最高到最低)或"自定义排序"。

图 8.2(a)　"开始"选项卡中的"编辑"组

图 8.2(b)　"排序和筛选"菜单

　　还可通过在功能区的"数据"选项卡的"排序和筛选"组中选择相应的按钮对列表进行排序，如图 8.3 所示。这些选项与功能区的"开始"选项卡的"编辑"组中的选项相同(请将图 8.3 与图 8.2(a)和图 8.2(b)进行比较)。你可以根据自己的习惯使用功能区的"开始"选项卡或"数据"选项卡。

图 8.3　"数据"选项卡中的"排序和筛选"组

例题 8.2　在 Excel 中对列表排序

将例题 8.1 中创建的州列表按人口密度从高到低排序。

图 8.4 显示了排序操作的结果。所得结果如下：

	A	B	C	D	E	F	G
1				面积	人口		
2	州	首府	人口	/平方英里	密度		
3	罗德岛	普罗维登斯	1,003,464	1,231	815.2		
4	纽约	奥尔巴尼	17,990,455	53,989	333.2		
5	宾夕法尼亚	哈里斯堡	11,881,643	45,759	259.7		
6	佛罗里达	塔拉哈西	12,937,926	59,988	215.7		
7	加利福尼亚	萨克拉门托	29,760,021	158,869	187.3		
8	弗吉尼亚	里士满	6,187,358	42,326	146.2		
9	北卡罗来纳	罗利	6,628,637	52,672	125.8		
10	密苏里	杰佛逊市	5,117,073	69,709	73.4		
11	华盛顿	奥林匹亚	4,866,692	70,637	68.9		
12	得克萨斯	奥斯汀	16,986,510	267,277	63.6		
13	科罗拉多	丹佛	3,294,394	104,100	31.6		
14	北达科他	俾斯麦	638,800	70,704	9.0		
15	阿拉斯加	朱诺	550,043	615,230	0.9		
16							
17							

图 8.4　按人口密度降序排列的列表

1. 单击列表中 E 列的一个单元格(本例中为单元格 E3)。
2. 选择功能区中的"开始"选项卡。
3. 单击"编辑"组内的"排序和筛选"，如图 8.2(a)所示。

4. 在图 8.2(b)所示的"排序和筛选"菜单中，选择"升序"。

结果表明，罗德岛的人口密度最高(每平方英里 815.2 人)，其次是纽约州(每平方英里 333.2 人)，等等，最后一个是阿拉斯加州，其人口密度最低(0.9)

我们可以用下面的替代步骤更加简洁地得到同样的结果：

1. 单击列表中 E 列的单元格(本例中为单元格 E3)。
2. 选择功能区中的"数据"选项卡。
3. 在"排序和筛选"组中单击最左侧的向上或向下箭头按钮，如图 8.3 所示。

从列表中的 A 列选择任意一个单元格，然后将列表从小到大重新排列，就可以恢复成图 8.1 所示的原始列表。

如果你从"开始"选项卡的"编辑"组选择"排序和筛选"|"自定义排序"(图 8.2(b))，或者从"数据"选项卡的"排序和筛选"组中选择"排序"(图 8.3)，将打开如图 8.5 所示的"排序"对话框。该对话框允许你按顺序排序(即根据给定排序列中具有相同值的行的一个或多个附加列进行排序)。我们将在例题 8.3 中看到如何按顺序排序。"排序"对话框还允许你根据行内容(而不是更常见的根据列内容对多行排序的方法)对多个列进行排序。

图 8.5 "排序"对话框

例题 8.3 多重排序准则

某电脑零件供应商的存储器模块的库存如下。

类型	大小/MB	管脚数	库存	类型	大小/MB	管脚数	库存
EDO	128	168	789	DDR	1024	100	866
EDO	256	144	2289	DDR	1024	184	948
EDO	256	168	2363	DDR	1024	200	2226
EDO	512	144	2758	DDR	2048	184	2317
EDO	512	168	1066	DDR	2048	200	1038
EDO	1024	144	2371	SDRAM	256	144	2866
EDO	1024	168	944	SDRAM	512	144	1175
DDR	512	100	2388	SDRAM	512	168	1443
DDR	512	184	2595	SDRAM	1024	144	1070
DDR	512	200	1831	SDRAM	1024	168	2808

将库存清单输入 Excel 工作表。按存储器类型、管脚数和大小排序。存储器类型采用字母逆序排列，管脚数按升序(从小到大)排列，大小按降序(从大到小)排列。

图 8.6 显示了包含库存清单的 Excel 工作表。为了对该列表进行排序，我们首先突出显示整个数据块，但不包括标题(即选择单元格 A4 至 D23)。然后，我们访问如图 8.5 所示的"排序"对话框(从功能区"开始"选项卡的"编辑"组中选择"排序和筛选"|"自定义排序"，或从功能区"数据"选项卡的"排序和筛选"组中选择"排序")。然后单击"添加条件"按钮两次，得到如图 8.7(a)所示的三个空行。每个数据输入区旁边的向下箭头显示可用的条目(参见图 8.7(b))。然后，通过选择可用选项完成对话框。图 8.7(c)显示了完成后的"排序"对话框。

图 8.6　库存清单

图 8.7(a)　有三个空行的"排序"对话框

图 8.7(b)　为第一个数据输入区选择一个条目

图 8.7(c)　完整的"排序"对话框

第 8 章　数据排序与筛选　**161**

单击"确定"就得到了所需的排序，如图 8.8 所示。请注意，存储器芯片是按类型排序的(A 列)。对于每种存储器类型，芯片是按管脚数排序的(C 列)。最后，对于每种类型和每种管脚数，芯片又是按大小排序的(B 列)。

图 8.8　期望的多重排序

有时并不需要对整个列表排序。你还可以对单个列、相邻列的单元格块或相邻行的单元格块进行排序。为此，可用待排序的列中的鼠标指针，选择将要排序的单元格块。然后进行上述排序操作。注意，只对列表的一部分排序时要特别小心。如果你重新排列了部分数据，而让数据库的其他部分保持原来的顺序，那么你的数据库就可能会变得混乱不堪。

习题

注意，在 Excel 工作表中输入冗长的数据库很乏味，而且可能没有必要。在开始输入本章习题的数据库之前，请在 McGraw-Hill 学生网站上查找可用的下载资源。

8.1 将例题 8.1 中给出的数据输入 Excel 工作表中。然后执行下列排序操作：

a. 把这些记录按逆序排列，从华盛顿州开始，到阿拉斯加州结束。然后还原为原始列表。

b. 按照州首府的字母顺序对这些记录进行排序。

c. 按照人口数量从小到大的顺序对这些记录进行排序。

d. 按照州大小(面积)从大到小的顺序对这些记录进行排序。

e. 按字母顺序对包含州首府的列进行排序，且保留所有其他列的原始顺序不变。然后按逆序排列州首府。最后通过按两次"撤消"箭头("快速访问工具栏"中的逆时钟方向箭头)，恢复为原始的州首府列表(以便它们对应于正确的州)。

f. 选择最后六条记录(从北达科他州到华盛顿州)。按人口从大到小的顺序对这些记录进行排序。然后恢复成它们原来的顺序。

8.2 Boehring 教授的《工程学导论》课程的期末成绩如下所示(所有人名都是虚构的)。

学生	主修专业	期末分数	期末成绩
Barnes	EE	87.2	B
Davidson	ChE	93.5	A

Edwards	ME	74.6	C
Graham	ME	86.2	B
Harris	ChE	63.9	D
Jones	IE	79.8	B
Martin	EE	99.2	A
O'Donnell	CE	80.0	B
Prince	ChE	69.2	C
Roberts	EE	48.3	F
Thomas	ME	77.5	C
Williams	IE	94.5	A
Young	CE	73.2	C

将这些数据输入 Excel 工作表中。然后进行下列排序操作:

a. 根据期末分数从高到低的顺序对学生记录进行排序。

b. 根据主修专业对学生记录进行排序。每个专业类别中又按照学生姓名的字母顺序排列。

c. 根据主修专业对学生记录进行排序。每个专业类别中又按照期末分数从高到低的顺序排列学生。

d. 对学生记录重新排序,使得姓名按字母顺序排列,从而将列表恢复成原来的顺序。

8.3 一组学生测量了一系列液滴滴到非常热的表面后蒸发所需的时间。学生们收集了以下数据:

液体	液滴初始 大小/mL	温度差 /°C	蒸发时间 /s
水	0.0335	200	90
		250	81
		300	74
		350	67
		400	61
		450	56
		500	50
		550	45
	0.0265	200	80
		250	72
		300	66
		350	59
		400	54
		450	49
		500	46
		550	45
乙醇	0.0156	200	25
		250	22
		300	20
		350	18
		400	17
		450	16
		500	15
		550	14
	0.0121	200	22
		250	19
		300	18

		350	16
		400	15
		450	14
		500	13
		550	12
苯	0.0177	200	17
		250	15
		300	13
		350	12
		400	11
		450	10
		500	10
		550	9
	0.0141	200	15
		250	13
		300	12
		350	11
		400	10
		450	9
		500	9
		550	8

注意，该列表包含 6 个数据集，其中每个数据集都对应一种特别的液体和指定的液滴初始大小。第三列(温度差)表示热表面温度与流体沸点温度之间的差值。你能明白为什么液滴要花这么长时间才蒸发吗？

将数据输入 Excel 工作表中。确保列表中的所有单元格都有数据，这可能需要重复拷贝其他单元格的数据。然后执行以下排序操作：

a. 按液体名的字母顺序排列数据(即重新排列列表，使得先是苯的数据，随后是乙醇的数据，最后是水的数据)。

b. 还原原始列表。然后按照温度差降序排列各组数据，并保持液滴大小降序排列不变。

c. 还原原始列表。然后按液滴大小升序排列数据集，并保持每个数据集(即每种液滴大小)按照温度差升序排列不变。

d. 还原原始列表。然后根据液体的字母顺序对数据进行排序。对于每种液体，按照液滴大小升序对数据集进行排序。对于每种液滴大小，按照温度差降序对数据进行排序。

8.3　在 Excel 中对数据进行筛选

最常见的数据库活动之一是检索满足特定条件的信息。例如，教授可能要找出那些考试分数超过90%的学生的姓名。同样，教授可能希望确定哪些学生是电气工程(EE)专业的；或者对准则进行组合，确定哪些 EE 专业的学生的考试分数超过 90%。

通过在 Excel 中筛选数据列表可以很容易地完成这种类型的操作。筛选只显示满足所述条件的记录。其他记录将被隐藏起来，但不会被删除。你可以使用"简单"筛选功能，也可以使用"高级"筛选功能。我们将把注意力放在"简单"筛选上，因为它可用于大多数常见的数据检索操作。

要使用"简单"筛选功能筛选数据，请执行下列操作之一：

1. 选择列表中的任何单元格，然后从功能区"开始"选项卡的"编辑"组中选择"排序和筛选"中的"筛选"(参见图 8.2(a))。

2. 选择任意单元格，然后从功能区"数据"选项卡的"排序和筛选"组中选择"筛选"(参见图 8.3)。

这两种情况下，每一列的顶部或附近都会出现一个向下箭头。单击其中一个箭头将允许你根据该列中的数据选择几种不同的检索准则。其中包括选择一条或多条单独的记录，根据列的内容选择满足各种相等和/或不等条件的记录，或者选择所有记录。同时也可以进行排序。下面的例题将详细介绍筛选。

被隐藏的记录可以通过以下三种方式恢复：

1. 从列标题下的下拉菜单中选择"全选"。

2. 从功能区的"开始"选项卡的"编辑"组中选择"排序和筛选"|"筛选"(图 8.2(a))。

3. 从功能区的"数据"选项卡的"排序和筛选"组中选择"筛选"(图 8.3)。

要关闭筛选并恢复被隐藏的记录，请再次单击功能区"开始"选项卡"编辑"组中的"排序和筛选"|"筛选"。或者，你也可从功能区"数据"选项卡的"排序和筛选"组中单击"筛选"。

例题 8.4 在 Excel 中筛选列表

在本例中，我们将对例题 8.1 中创建的州列表的数据执行一些筛选操作。特别地，我们将确定：

1. 人口密度最高的 10 个州。

2. 哪个州的首府是里士满。

3. 哪些州的面积超过 10 万平方英里。

4. 哪些州的人口在 1000 万到 2000 万之间。

为回答第 1 个问题，我们首先在人口密度列表中任意选择一个单元格(例如单元格 E3)，然后从功能区的"数据"选项卡的"排序和筛选"组中选择"筛选"(参见图 8.3)。这将导致列标题区域内出现一系列向下箭头，如图 8.9 所示。

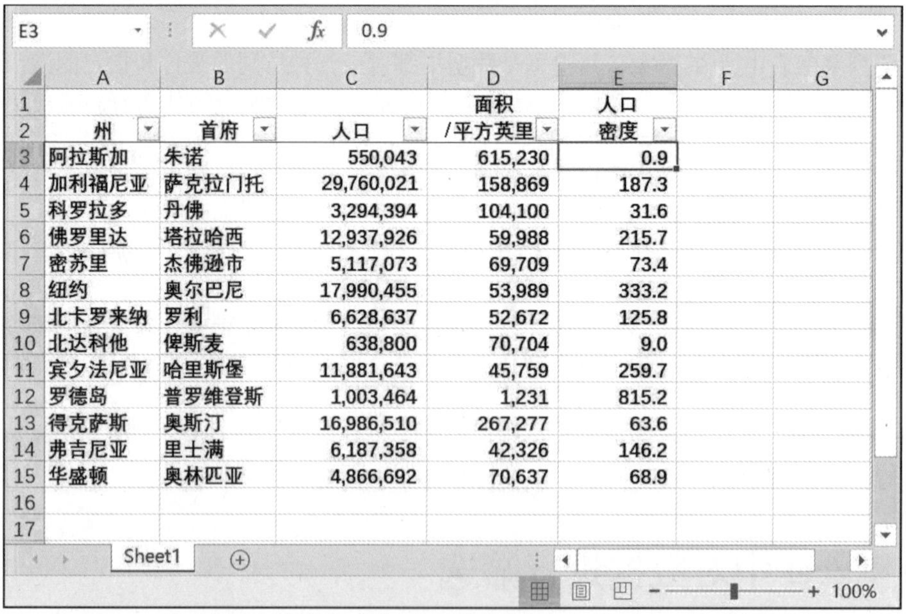

图 8.9 激活功能区"数据"选项卡的"排序和筛选"|"筛选"功能后的州列表

然后单击单元格 F2 中的向下箭头，随后出现如图 8.10(a)所示的下拉菜单。单击此菜单中的"数字筛选"将出现如图 8.10(b)所示的子菜单。然后从子菜单选择"前 10 项..."。这将生成如图 8.10(c)所示的新对话框。然后，我们就可以选择各种分组，如最大 5 项、最小 10 项、最小 3 项等等。在本例中，我们只接受最大 10 项的默认选择。

结果如图 8.11 所示。注意，图 8.11 只包含 10 条记录，对应于人口密度最大的 10 个州。这些记录不是按人口密度自动排序的。当然，如果我们愿意，我们可以用 8.2 节中讨论的技术对它们进行排序。

图 8.10(a) 显示下拉菜单

图 8.10(b) "数字筛选"子菜单

图 8.10(c) "自动筛选前 10 个"对话框

	A	B	C	D	E	F	G
1			地区		面积	人口	
2	州	首府	位置	人口	/平方英里	密度	
4	加利福尼亚	萨克拉门托	西南部	29,760,021	158,869	187.3	
6	佛罗里达	塔拉哈西	南部	12,937,926	59,988	215.7	
7	密苏里	杰佛逊市	中西部	5,117,073	69,709	73.4	
8	纽约	奥尔巴尼	东北部	17,990,455	53,989	333.2	
9	北卡罗来纳	罗利	南部	6,628,637	52,672	125.8	
11	宾夕法尼亚	哈里斯堡	东北部	11,881,643	45,759	259.7	
12	罗德岛	普罗维登斯	东北部	1,003,464	1,231	815.2	
13	得克萨斯	奥斯汀	西南部	16,986,510	267,277	63.6	
14	弗吉尼亚	里士满	南部	6,187,358	42,326	146.2	
15	华盛顿	奥林匹亚	西南部	4,866,692	70,637	68.9	
16							
17							

图 8.11 人口密度排名前 10 位的州

完成后，我们在功能区"开始"选项卡的"编辑"组中单击"排序和筛选"|"筛选"，从而恢复原始列表，为下一个数据检索操作做准备。

为了确定哪个州的首府是里士满，我们再次从功能区的"数据"选项卡的"排序和筛选"组中选择"筛选"。然后单击单元格 B2 的下箭头，从生成的下拉菜单中选择"里士满"(参见图 8.12)。结果如图 8.13 所示，即弗吉尼亚州的首府是里士满。

图 8.12　准备查找首府是"里士满"的州

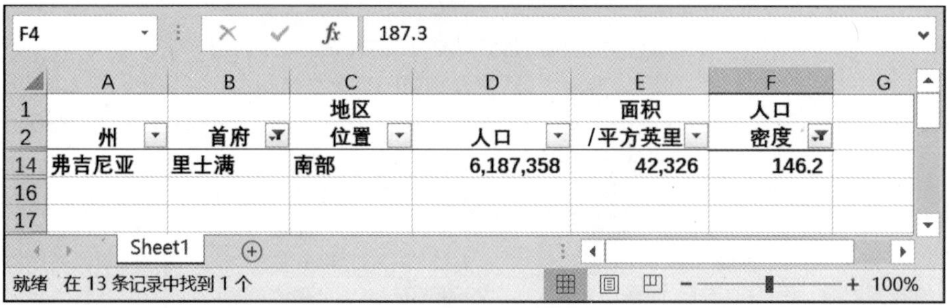

		地区		面积	人口
州 ▾	**首府** ▼	**位置** ▾	**人口** ▾	**/平方英里** ▼	**密度** ▼
弗吉尼亚	里士满	南部	6,187,358	42,326	146.2

就绪　在 13 条记录中找到 1 个

图 8.13　首府为里士满的州

　　现在我们考虑哪些州的面积超过 10 万平方英里。为此，我们先恢复原始列表，单击单元格 E2 中的下箭头，并选择"数字筛选"|"大于..."，随后生成如图 8.14 所示的对话框。在这个对话框中，我们在左上角数据输入区的可选项中选择"大于"。然后，在右上角的数据输入区输入数值 100 000，最后单击"确定"。

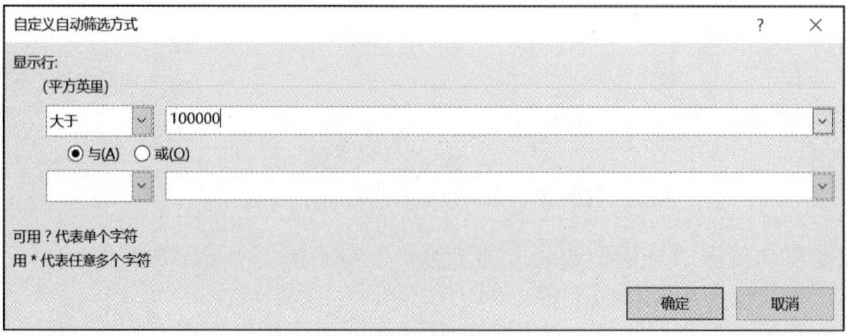

图 8.14　"自定义自动筛选方式"对话框

　　图 8.15 显示了结果。因此，阿拉斯加州、加利福尼亚州、科罗拉多州和得克萨斯州的面积超过 10 万平方英里。请注意，这些州并不是按面积大小排列的；相反，它们保留了原来的首字母排列顺序。

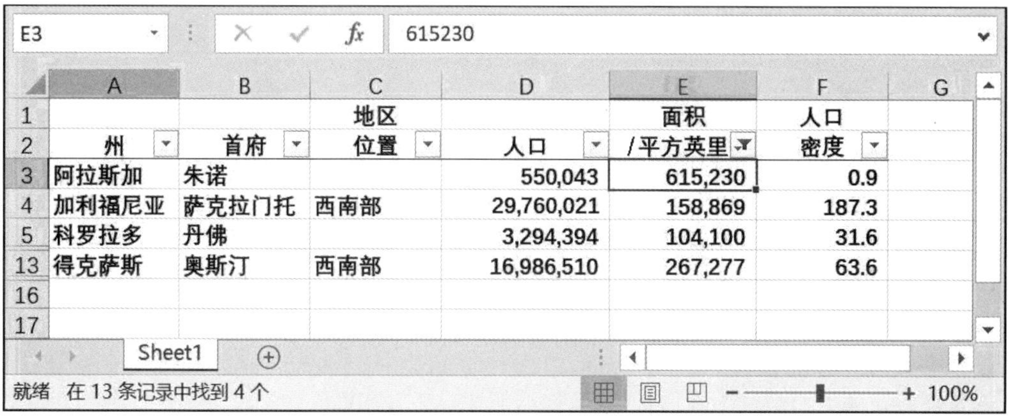

E3　615230

	A	B	C	D	E	F
1			地区		面积	人口
2	州	首府	位置	人口	/平方英里	密度
3	阿拉斯加	朱诺		550,043	615,230	0.9
4	加利福尼亚	萨克拉门托	西南部	29,760,021	158,869	187.3
5	科罗拉多	丹佛		3,294,394	104,100	31.6
13	得克萨斯	奥斯汀	西南部	16,986,510	267,277	63.6
16						
17						

Sheet1　就绪　在 13 条记录中找到 4 个　100%

图 8.15　面积超过 10 万平方英里的州

最后，我们考虑哪些州的人口在 1000 万到 2000 万之间。我们再次恢复原始列表，单击单元格 D2 中的向下箭头，并从生成的下拉菜单中选择“数字筛选”|“自定义筛选...”。当出现“自定义自动筛选方式”对话框时，我们在左上角选择“大于或等于”，在右上角输入 10000000。然后我们选中左上角下方的“与”选项。最后，我们在左下角选择“小于或等于”，并在右下角输入 20000000。完成后的对话框如图 8.16 所示。

图 8.16　“自定义自动筛选方式”对话框

单击“确定”就将得到所需的结果，如图 8.17 所示。该图显示佛罗里达州、纽约州、宾夕法尼亚州和得克萨斯州的人口在 1000 万到 2000 万之间。记录仍然按原先的首字母顺序排列，而不是按人口数量排列的。

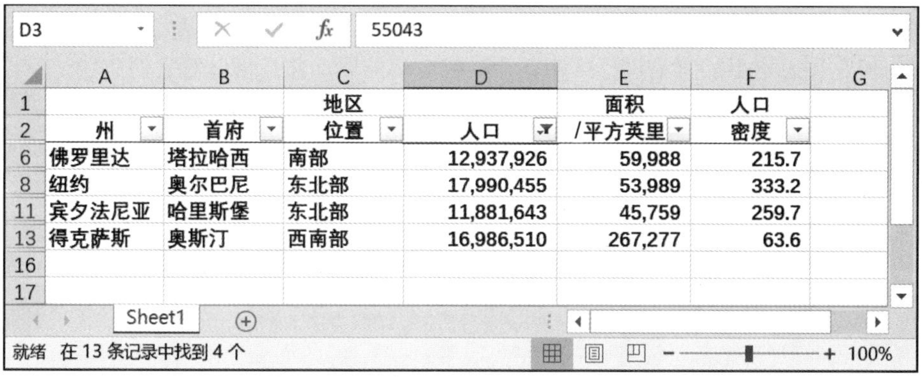

D3　55043

	A	B	C	D	E	F
1			地区		面积	人口
2	州	首府	位置	人口	/平方英里	密度
6	佛罗里达	塔拉哈西	南部	12,937,926	59,988	215.7
8	纽约	奥尔巴尼	东北部	17,990,455	53,989	333.2
11	宾夕法尼亚	哈里斯堡	东北部	11,881,643	45,759	259.7
13	得克萨斯	奥斯汀	西南部	16,986,510	267,277	63.6
16						
17						

Sheet1　就绪　在 13 条记录中找到 4 个　100%

图 8.17　人口在 1000 万至 2000 万之间的州

习题

8.4 对例题 8.1 中给出并在例题 8.4 中重复出现的列表数据进行以下筛选操作。

a. 确定面积最小的 5 个州。

b. 确定哪个州的首府是杰佛逊市。

c. 确定面积最大的三个州的总人口(提示,完成筛选操作后执行"自动求和")。

d. 确定人口最多的四个州的总面积。

e. 确定人口最少的五个州的平均人口密度。

f. 确定哪些州的人口超过 800 万。

g. 确定哪些州的面积小于 6 万平方英里。

h. 确定哪些州的人口超过 1600 万或者面积小于 7 万平方英里。

i. 确定哪些州的人口密度在每平方英里 65 至 200 人之间。

j. 确定哪些州的州首府的英文名称以 A 或 B 开头。

k. 确定哪些州的人口在 300 万至 900 万之间,并且面积在 6 万至 8 万平方英里之间。

8.5 将习题 8.2 所示的 Boehring 教授的班级花名册输入 Excel 工作表中。然后进行以下筛选操作:

a. 确定哪些学生是工业工程(IE)专业的。

b. 确定哪些学生是化学工程(ChE)或机械工程(ME)专业的。

c. 确定土木工程(CE)专业学生的平均分。

d. 确定哪些学生的期末成绩是 C 或更好。

e. 确定哪些学生的期末分数低于 70。

f. 确定哪些电气工程(EE)学生的期末分数低于 70。

g. 确定哪些学生的期末分数在 70 到 90 之间。

h. 确定哪些学生是工业工程专业的,或者期末分数不低于 90。

8.6 对习题 8.3 中给出的液滴蒸发时间列表进行以下筛选操作。

a. 列出乙醇的蒸发时间和相应的液滴大小。

b. 列出液滴初始大小为 0.0177 mL 的液体和蒸发时间。

c. 确定哪些液滴的蒸发时间在 10 秒以内。

d. 确定哪些液滴的蒸发时间在 10 到 18 秒之间。

e. 确定哪些液滴的蒸发时间为 12 秒或者更短。

f. 确定哪些液滴的蒸发时间超过 75 秒。

8.4 表格

Excel 的最新版本将列表概念扩展为一种更健壮的形式,这就是表格。表格与列表类似,并且处理方式也相同。但是,表格更加容易进行排序、筛选或自动扩展,并且可以对它们命名。

要将列表转换为表格,首先要确保每一列都有标题(这实际上不是必需的,但在处理表格时建议这样做)。然后选择列表中的任一单元格,并按 Ctrl+L 或 Ctrl+T 键。或者,在功能区的"插入"选项卡中,单击"表格"组中的"表格"(参见图 8.18)。然后,将出现如图 8.19 所示的表格。

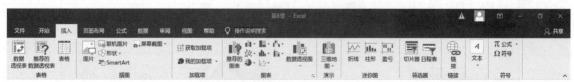

图 8.18 功能区的"插入"选项卡

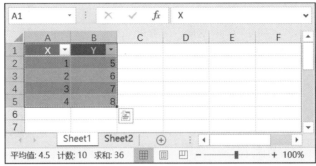

图 8.19 完成的表格

一旦创建了表格，其中的数据就可以按照与 8.2 和 8.3 节所述的处理列表相同的方式进行排序或筛选。请注意，用于筛选的列已经设置完毕。

要在表格底部添加新行，只需要在适当的列中输入数据。然后该行将自动成为表格的一部分。你还可以单击表格右下角的单元格，然后按 Tab 键向表格中添加额外的空行。

要在表格的右侧添加新列，只需要向列中的任何单元格输入数据。然后该列将自动成为表格的一部分。

要为表格命名，请单击表格中的任何单元格。然后功能区中将出现"设计"选项卡。选择"设计"选项卡并在"属性"组中输入表名称，如图 8.20 所示(请注意已经在功能区最左侧的"属性"组中输入了表名称"表 1")。你还可以通过从功能区中选择"样式"来指定不同的行颜色。

图 8.20 功能区的"设计"选项卡

在表格底部还能很容易地添加显示汇总统计信息的行(被称为汇总行)。为此，只需要在功能区的"设计"选项卡的"表格样式选项"组中选中"汇总行"(参见图 8.20)。这一行通常显示列汇总。但是，也可以通过单击行中的向下箭头来调整显示其他统计信息。

如有必要，表格总可以转换回普通列表。为此，只需要在功能区"设计"选项卡的"工具"组中选择"转换为区域"。

8.5 数据透视表

普通列表和表格通常被称为"平面"或"线性"的，因为所有信息都输入相邻的列中(或者，偶尔也会输入相邻的行中)。然而，有些列表可以重新转换为二维结构，从而更好地表达数据之间的关系。特别是对于包含重复数据字段(即有多个单元格包含相同的信息)的列表。这些重构的二维列表被称为*数据透视表*。

例如，考虑表 8.1 中所示的州的线性列表。这个列表包含了州的名称、所属地理区域，以及各州四个不同年份的人口数量。注意，四年中每个州的名称、地理区域和年份人口在整个列表中重复出现。这使得列表很长，而且处理起来很笨拙。特别是难以看出与每个地理区域和每个人口普查年有关的趋势。如果有一种更简洁的方式来组织和呈现数据就好了。

表 8.1 各州及其相关信息的线性列表

州	区域	年份	人口
阿拉斯加	西北部	1970	302,583
阿拉斯加	西北部	1980	401,851
阿拉斯加	西北部	1990	550,043

(续表)

州	区域	年份	人口
阿拉斯加	西北部	2000	626,932
加利福尼亚	西南部	1970	19,971,069
加利福尼亚	西南部	1980	23,667,764
加利福尼亚	西南部	1990	29,760,021
加利福尼亚	西南部	2000	33,871,648
科罗拉多	西南部	1970	2,209,596
科罗拉多	西南部	1980	2,889,735
科罗拉多	西南部	1990	3,294,394
科罗拉多	西南部	2000	4,301,261
佛罗里达	南部	1970	6,791,418
佛罗里达	南部	1980	9,746,961
佛罗里达	南部	1990	12,937,926
佛罗里达	南部	2000	15,982,378
密苏里	中西部	1970	4,677,623
密苏里	中西部	1980	4,916,762
密苏里	中西部	1990	5,117,073
密苏里	中西部	2000	5,595,211
纽约	东北部	1970	18,241,391
纽约	东北部	1980	17,558,165
纽约	东北部	1990	17,990,455
纽约	东北部	2000	18,976,457
北卡罗来纳	南部	1970	5,084,411
北卡罗来纳	南部	1980	5,880,415
北卡罗来纳	南部	1990	6,628,637
北卡罗来纳	南部	2000	8,049,313
北达科他	中西部	1970	617,792
北达科他	中西部	1980	652,717
北达科他	中西部	1990	638,800
北达科他	中西部	2000	642,200
宾夕法尼亚	西北部	1970	11,800,766
宾夕法尼亚	西北部	1980	11,864,720
宾夕法尼亚	西北部	1990	11,881,643
宾夕法尼亚	西北部	2000	12,281,054
罗德岛	西北部	1970	949,723
罗德岛	西北部	1980	947,154
罗德岛	西北部	1990	1,003,464
罗德岛	西北部	2000	1,048,319
得克萨斯	西南部	1970	11,198,655
得克萨斯	西南部	1980	14,225,513
得克萨斯	西南部	1990	16,986,510
得克萨斯	西南部	2000	20,851,820
弗吉尼亚	南部	1970	4,651,448
弗吉尼亚	南部	1980	5,346,797

(续表)

州	区域	年份	人口
弗吉尼亚	南部	1990	6,187,358
弗吉尼亚	南部	2000	7,078,515
华盛顿	西北部	1970	3,413,244
华盛顿	西北部	1980	4,132,353
华盛顿	西北部	1990	4,866,692
华盛顿	西北部	2000	5,894,121

数据透视表提供了一种更好的方式来表示有重复字段的数据。因此。表 8.2 显示了一个包含与表 8.1 相同数据的数据透视表。然而，现在二维格式的表格消除了重复的数据字段，这使得数据更容易理解。特别要注意的是，通过将地理区域和州名放在单独的列中，我们避免了重复列出地理区域和州名。同样，我们将人口普查年份放在单独的一行中，作为人口普查值的列标题，从而消除了重复列出人口普查年份的情况。

表 8.2 州列表，用数据透视表组织得更加简洁

区域	州	人口 1970	1980	1990	2000
中西部	密苏里	4,677,623	4,916,762	5,117,073	5,595,211
	北达科他	617,792	652,717	638,800	642,200
	纽约	18,241,391	17,558,165	17,990,455	18,976,457
东北部	宾夕法尼亚	11,800,766	11,864,720	11,881,643	12,281,054
	罗德岛	949,723	947,154	1,003,464	1,048,319
西北部	阿拉斯加	302,583	401,851	550,043	626,932
	华盛顿	3,413,244	4,132,353	4,866,692	5,894,121
	佛罗里达	6,791,418	9,746,961	12,937,926	15,982,378
南部	北卡罗来纳	5,084,411	5,880,415	6,628,637	8,049,313
	弗吉尼亚	4,651,448	5,346,797	6,187,358	7,078,515
	加利福尼亚	19,971,069	23,667,764	29,760,02	33,871,648
西南部	科罗拉多	2,209,596	2,889,735	3,294,394	4,301,261
	得克萨斯	11,198,655	14,225,513	16,986,510	20,851,820

要在 Excel 中创建数据透视表，请遵循以下步骤。

1. 确保包含数据的列表被输入一个连续单元格块中，每个列上都有一个单元格标题。

2. 激活块内的任何一个单元格。然后，从功能区的"插入"选项卡的"表格"组中选择"数据透视表"(参见图 8.18)。

3. 完成弹出的"创建数据透视表"对话框，指定源数据的位置和生成的数据透视表的位置(参见图 8.21)。单击"确定"，将会显示空的数据透视表模板和"数据透视表字段"对话框，如图 8.22 所示。

4. 实际的数据透视表是通过将每个标题从"数据透视表字段"对话框(图 8.22 的右侧所示)拖曳到空模板的适当位置来构建的。当你正在构建数据透视表时，或者当数据透视表构建完毕后，还可以创建数据透视图(即一个与透视表关联的柱形图)。在下面的例题中，将详细介绍与构建数据透视表和数据透视图相关的内容。

一旦数据透视表构建完成，就可以像对待其他 Excel 工作表一样编辑它。

图 8.21 "创建数据透视表"对话框

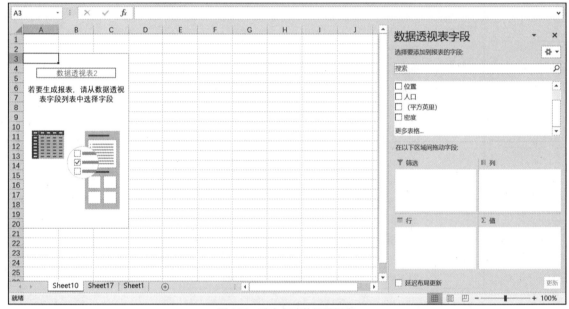

图 8.22 准备创建数据透视表

例题 8.5 在 Excel 中创建数据透视表

将本节前面介绍的州人口数据输入 Excel 工作表，并创建相应的数据透视表。在完成表格后添加一张数据透视图。

首先将数据输入 Excel 工作表，如图 8.23 所示。注意，数据被输入一个四列列表中，其中每一列都包含一个单元格标题。

然后单击列表中的任何一个单元格(我们也可以高亮显示整个列表)，然后在功能区的"插入"选项卡的"表格"组中选择"数据透视表"，结果会出现如图 8.24 所示的"创建数据透视表"对话框。注意，当前工作表中单元格 A2:D54 的范围被自动选择为数据源。另外请注意，对话框表明将在新工作表中创建透视表。

单击"确定"后将创建新工作表，其中包含空的数据透视表模板和"数据透视表字段"对话框，如图 8.22 所示。

图 8.23 州及其对应的人口数据的列表

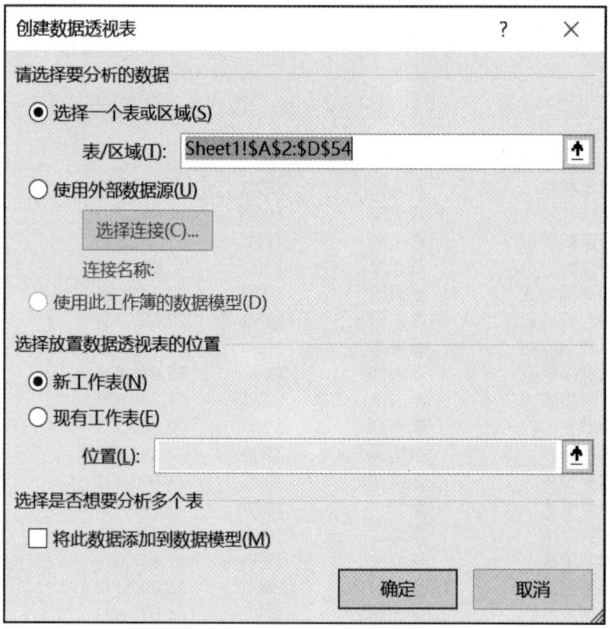

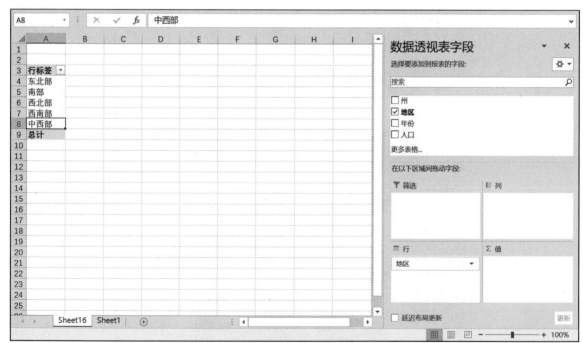

图 8.24　"创建数据透视表"对话框

现在，我们将"地区"从"数据透视表字段"对话框拖曳到空模板中被标记为"行标签"的字段区域，从而得到图 8.25(a)所示的部分完成的模板(我们不需要拖曳，只需要选中"数据透视表字段"对话框中的"地区"复选框即可)。

图 8.25(a)　部分完成的数据透视表模板，步骤一

然后将"州"从"数据透视表字段"对话框拖曳到模板中的相同区域，结果如图 8.25(b)所示。从"数据透视表字段"菜单中拖曳"年份"到模板中被标记为"列标签"字段的区域，结果如图 8.25(c)所示。

图 8.25(b)　部分完成的数据透视表模板，步骤二

图 8.25(c)　部分完成的数据透视表模板，步骤三

　　最后，将"人口"从"数据透视表字段"对话框拖曳到模板的"值"字段区域，就得到了完整的数据透视表，如图 8.25(d)所示。

　　如果愿意，我们可通过将"年份"拖曳到模板中被标记为"行标签"字段而不是"列标签"字段的区域，从而生成一个稍微不同的数据透视表。图 8.25(e)显示了生成的数据透视表。请注意，在这个数据透视表中，州人口数量是所有年份的总和。我们也可以在单元格 B1 的下拉菜单中只显示某一年的人口总数。

图 8.25(d)　最终的数据透视表

图 8.25(e)　一个备选的数据透视表布局

图 8.25(f)显示了图 8.25(d)中原始数据透视表的编辑版本。各种行标题和列标题都采用粗体字,可以增强可读性。注意,G 列中显示的总计(在本例中没有任何意义)、第 5、9、13、16 和 20 行中的地区求和以及第 23 行中显示的总计都是自动添加的。如有必要,可使用多种 Excel 编辑技术删除这些求和。例如,只需要右击单元格 G4 中的列标题,然后从生成的菜单中选择"删除总计",就可以删除 G 列中的总计。可以用类似的方式删除行总计(例如,右击"中西部"并取消选择"地区小计")。图 8.25(g)显示了编辑的最终结果,有一些其他的小增强(与表 8.2 相比)。

图 8.25(f) 最终数据透视表的编辑版本

求和项:人口	列标签				
行标签 州	1970	1980	1990	2000	总计
⊟东北部					
宾夕法尼亚	11,800,766	11,864,720	11,881,643	12,281,054	47,828,183
罗德岛	949,723	947,154	1,003,464	1,048,319	3,948,660
纽约	18,241,391	17,558,165	17,990,455	18,976,457	72,766,468
⊟南部					
北卡罗来纳	5,084,411	5,880,415	6,628,637	8,049,313	25,642,776
佛罗里达	6,791,418	9,746,961	12,937,926	15,982,378	45,458,683
弗吉尼亚	4,651,448	5,346,797	6,187,358	7,078,515	23,264,118
⊟西北部					
阿拉斯加	302,583	401,851	550,043	626,932	1,881,409
华盛顿	3,413,244	4,132,353	4,865,692	5,894,121	18,305,410
⊟西南部					
得克萨斯	11,198,655	14,225,513	16,986,510	20,851,820	63,262,498
加利福尼亚	19,971,069	23,667,764	29,760,021	33,871,648	107,270,502
科罗拉多	2,209,596	2,889,735	3,294,394	4,301,261	12,694,986
⊟中西部					
北达科他	617,792	652,717	638,800	642,200	2,551,509
密苏里	4,677,623	2,916,762	5,117,073	5,595,211	18,306,669
总计	89,909,719	100,230,907	117,842,016	135,199,229	443,181,871

图 8.25(g) 最终编辑的数据透视表

一旦创建了透视表，还可通过将标题从一个位置拖到另一个位置来重新排列它。该功能使你能以各种方式重新组织数据透视表，以获得更有意义的解释。

8.6 数据透视图

数据透视图是与数据透视表的条目相关联的柱形图。数据透视图可基于数据透视表中的所有列或选定列生成。要基于所有列创建数据透视图，请单击数据透视表中的任何位置。然后在功能区"插入"选项卡的"图表"组中选择"数据透视图"。从各种柱形图样式中选择一种，再单击"确定"。然后数据透视图就会自动出现。

图 8.26(a)所示为与图 8.25(g)所示的完整数据透视表对应的数据透视图。图标题是用例题 5.1 中描述的方法添加的。请注意,可以通过单击左下角的下箭头将图更改为只显示选中的区域或州。

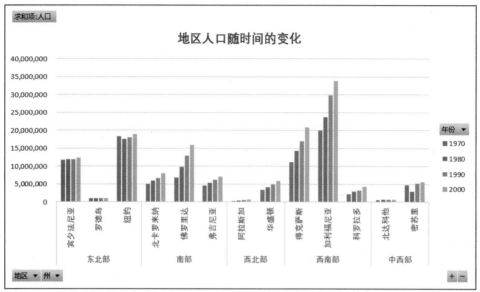

图 8.26(a)   与图 8.25(g)所示数据透视表对应的数据透视图

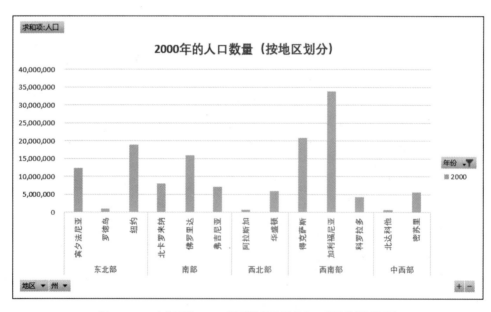

图 8.26(b)   对应于图 8.25(g)所示数据透视表中一列的数据透视图

要根据选定的列创建数据透视图,单击整个列标题旁的下箭头,然后选择所需的列并按照上述方法进行处理。图 8.26(b)所示的数据透视图对应于 2000 年的人口数据。

习题

8.7 将图 8.23 所示的数据输入 Excel 工作表。利用这些数据重构出如图 8.25(f)所示的数据透视表。完成数据透视表后,删除标记为"总和"的列。然后创建一个与结果数据透视表相对应的数据透视图。

8.8 重新排列上一题中创建的数据透视表,使每个人口普查年份对应一个单独的表格。为此,将"年份"标题拖到模板中标记为"列"的字段的位置。最终结果应该类似于图 8.25(f)中所示的数据透视表。

8.9 重新排列习题 8.7 中创建的数据透视表，使区域和州显示为列，人口普查年份显示为行。为此，请将原始数据透视表中的标题拖动到它们的新位置。

8.10 将图 8.23 所示的数据输入 Excel 工作表。用这些数据构造一个新的数据透视表，其中地区和州显示为列，人口普查年份显示为行。然后根据整个数据透视表创建数据透视图。

8.11 再一次，这里是 Boehring 教授的《工程学导论》课程的期末分数，最初显示在习题 8.2 中。

学生	主修专业	期末分数	期末成绩
Barnes	EE	87.2	B
Davidson	ChE	93.5	A
Edwards	ME	74.6	C
Graham	ME	86.2	B
Harris	ChE	63.9	D
Jones	IE	79.8	B
Martin	EE	99.2	A
O'Donnell	CE	80.0	B
Prince	ChE	69.2	C
Roberts	EE	48.3	F
Thomas	ME	77.5	C
Williams	IE	94.5	A
Young	CE	73.2	C

请创建一个包含按行列出主修专业、按列列出成绩，并且在数据区域内显示期末分数的数据透视表。

8.12 用习题 8.11 所给的数据创建数据透视表，按行列出学生姓名和期末成绩，按列列出主修专业，并且在数据区显示期末分数(既可直接创建这个数据透视表，作为一个新的透视表，也可以通过将列标题拖到适当的位置重新排列为上一题创建的数据透视表)。与为习题 8.11 创建的数据透视表进行比较。本问题在多大程度上适合使用数据透视表？

8.13 用习题 8.3 所给的数据，创建数据透视表，在数据区显示液滴蒸发时间。用三种方法重新排列数据透视表：

a. 流体和初始液滴大小按行列出，温度差按列列出。

b. 温度差按行列出，液体和初始液滴大小按列列出。

c. 液体和温差按行列出，初始液滴大小按列列出。

将和隐藏在每个透视表中。

8.14 下面的数据显示了一所小型学院的课程表。在 Excel 电子表格中输入数据。创建数据透视表，其中导师和开始时间按列列出；会面日期按列列出、并按主修专业筛选；数据区还包含单位。

主修专业	分类号	导师	会面日期	开始时间	单位
ME	200	Daniel	MW	8:00PM	3
CE	216	Bui	TuTh	1:00PM	3
IME	218	Bui	TuTh	9:15AM	3
EGR	219	Wayne	MWF	10:00AM	3
EGR	232	Kim	Th	4:00PM	2
ME	233	Gottenburg	M	12:00PM	3
ME	301	Xiu	MWF	9:15AM	4
ME	302	Byron	TuTh	10:00AM	4
CE	311	Yang	MW	1:30PM	3
CE	312	Lam	MW	12:00PM	3
CE	315	Mohammad	TuTh	8:00AM	4
ME	316	Jung	MW	12:00PM	3

IME	319	Roberts	TuTh	10:00AM	4
EGR	333	Hussin	M	8:00AM	4
EGR	340	Chou	TuTh	9:15AM	3
CE	406	Katz	Tu	1:00PM	4
IME	407	Andrew	Tu	1:00PM	4
IME	408	Allison	MWF	9:15AM	4
EGR	414	Ortega	MWF	9:15AM	4
ME	420	Patel	MW	6:00PM	4
ME	422	Ishiro	Tu	4:00PM	4
CE	425	Andrew	TuTh	9:15AM	4
EGR	427	Ortega	MWF	11:45AM	4
IME	435	Nguyen	TuTh	9:15AM	4
CE	499	Ramirez	MWF	10:30AM	4

8.15 用习题 8.14 所给的数据创建数据透视表,其中导师按行列出;分类号按列列出,且按主修专业筛选;数据区还包含单位。与由习题 8.14 创建的数据透视表进行比较。本问题在多大程度上适合使用数据透视表?

第9章

数据传递

有些应用程序要求将文本文件中的数据输入(导入)到 Excel 工作表中。文本文件可能是用文本编辑器或文字处理程序创建的(不含任何特殊格式),也可能是由计算机程序、电子邮件消息或者专门的车间设备生成的。这种类型的数据可以很容易地转换成传统的行/列电子表格格式,然后这些数据就可以当作 Excel 工作表来处理。

类似地,有些应用程序要求我们以文本文件的形式保存(导出)电子表格数据。然后,这些数据可以输入报告、电子邮件或者被定制的计算机程序读取。在此过程中必须格外小心,以便在文本文件中保留数据的行/列布局。

在本章,我们将看到这些操作是如何在 Excel 2016 中执行的。我们还将了解如何将 Excel 工作表保存为可由 Internet 网络浏览器查看的 HTML(超文本标记语言)文件,以及如何将HTML 文件输入 Excel。此外,我们将看到 Excel 工作表是如何在 Excel 和其他 Microsoft Office 2016 应用程序(如 Microsoft Word 和 Microsoft PowerPoint)之间传递的。

9.1 从文本文件导入数据

从文本文件导入数据(即,将文本文件中的数据输入 Excel 工作表),必须按照以下步骤进行操作:

1. 首先,确保包含数据的文件确实是文本文件,即它不含文字处理程序的格式等。这通常可以通过查看计算机操作系统中的文件来验证。在微软 Windows 中,可以用简单的文本编辑器(如记事本)打开文件。如果文件是可读的,那么它就是文本文件。文本文件的扩展名通常为.txt、.csv 或.prn。

2. 如果文本文件的每一行包含多个数据项,请确保这些数据项是由空格、逗号、分号或制表符(或它们的某些组合)分隔的。

3. 打开 Excel。单击"文件"选项卡并选择"打开"|"浏览"。当"打开"对话框出现时,请确保将文件类型(位于右下角,"文件名"栏旁边,如图 9.1 所示)选择为"文本文件"。通过单击左上角的左、右或上箭头,或通过选择窗口顶部地址栏中显示的位置,可以移动到包含所需文本文件的文件夹。然后从对应的列表中选择所需的文本文件。

4. 然后就会出现"文本导入向导",它包含三个连续步骤,请在每个对话框中填入所需的信息。特别是确保在步骤 2 中指定正确的分隔符。

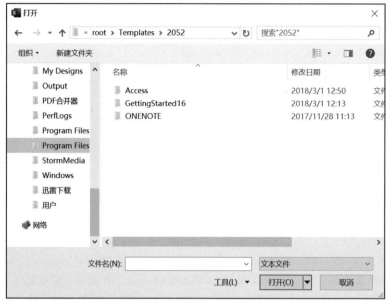

图 9.1 "打开"对话框

例题 9.1 从文本文件导入数据

例题 5.1 所列的 Excel 工作表，显示了用于描述电容器电压随时间变化的数据集：

时间	电压
0	10.000
1	6.065
2	3.679
3	2.231
4	1.353
5	0.821
6	0.498
7	0.302
8	0.183
9	0.111
10	0.067

我们假设数据最初被输入到一个文本文件中，将数据项成对地(时间及对应的电压)填入单独一行，并用逗号和空格隔开，如图 9.2 所示。

```
时间 ，电压
0, 10.
1, 6.065
2, 3.679
3, 2.231
4, 1.353
5, 0.821
6, 0.498
7, 0.302
8, 0.183
9, 0.111
10, 0.067
```

图 9.2 包含一组数据集的文本文件

将数据从文本文件传递到 Excel 工作表所需的步骤如下所示。

假设数据已经输入到一个名为"电容数据.txt"的文本文件中。我们首先打开 Excel，从"文件"选项卡中选择"打开"|"浏览"，然后选择正确的文件类型(文本文件)、文件夹(root\Office16\SAMPLES)以及文件名(电容数据.txt)，如图 9.3 所示。

图 9.3　打开文本文件"电容数据.txt"

打开文件后，将出现第一个对话框"文本导入向导-第 1 步，共 3 步"，如图 9.4 所示。请注意，"原始数据类型"选择的是"分隔符号"。另外请注意，对话框的下方显示了文本文件的前几行。

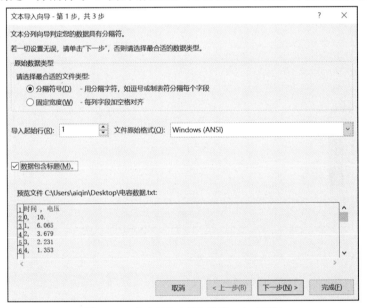

图 9.4　"文本导入向导"的第一个对话框

第二个对话框"文本导入向导-第 2 步，共 3 步"如图 9.5 所示。必须在此对话框中指定适当的分隔符(在本例中为"逗号"和"空格")。此外注意，要选中标记为"连续分隔符号视为单个处理"复选框。然后，工作表中的数据将出现在对话框的下方。请注意将其排列成不同的列。只有当分隔符指定正确时，才会发生这种情况。

在图 9.6 所示的第三个对话框中，我们指定了在每个工作表列中显示数据的方式。默认选择是"常规"，它能自动识别数值、日期和标签(字符串)，并在工作表中正确地输入它们。大多数情况下，这将是最方便的选择。

得到的 Excel 工作表如图 9.7 所示。该工作表现在可以重新调整为如图 5.8 所示的增强外观。

图 9.5　"文本导入向导"的第二个对话框

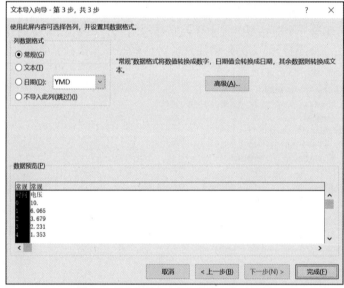

图 9.6　"文本导入向导"的第三个对话框

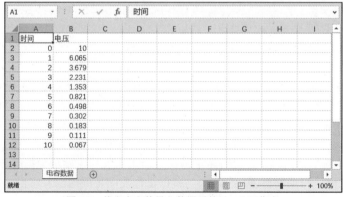

图 9.7　从文本文件导入数据后的 Excel 工作表

9.2　将数据导出到文本文件

要将数据从 Excel 工作表导出到文本文件，请遵循以下步骤。

1. 如果工作表包含两列或更多列，则生成的文本文件将在每一行中包含多个数据项。在文本文件中，这些数据项可以用制表符或逗号分隔。用户可以根据自己的意愿决定采用哪种类型的分隔符。这将确定文本文件的类型。

2. 在 Excel 中，单击"文件"选项卡并选择"另存为"|"浏览"。这将弹出"另存为"对话框，如图 9.8(a)和 9.8(b)所示。

(1) 如果希望每行内的数据项以制表符分隔，请将文件类型(即"另存为"对话框底部的"保存类型")选择为"文本文件(制表符分隔)"，如图 9.8(a)所示。通过单击左上角的左、右或上箭头，或指定窗口顶部的"地址栏"中显示的位置，找到正确的文件夹。然后在靠近底部提供的空间中指定文件名。文件名不包含扩展名；即使你已经填写了自己的扩展名，也会在末尾自动添加.txt。

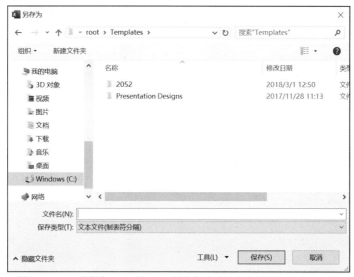

图 9.8(a)　"另存为"对话框，配置为保存成以制表符分隔的文本文件

(2) 如果希望每行中的数据项之间用逗号而不是制表符分隔，则选择"CSV(逗号分隔)"而不是"文本文件(制表符分隔)"作为文件类型，如图 9.8(b)所示。然后如上所述，定位一个文件夹并且命名该文件。

图 9.8(b)　"另存为"对话框，保存成以逗号分隔的文本文件

例题 9.2　将数据导出到文本文件

例题 2.4 展示的 Excel 工作表中，包含了多位学生的考试分数，分别为个人和总平均分。原始工作表如图 9.9 所示(重复图 2.25)。请注意，工作表包含数值常量、由公式生成的数值型数据和标签(字符串)。将工作表数据保存在两个不同的文本文件中，在第一个文本文件中采用制表符作为分隔符，在第二个文本文件中采用逗号作为分隔符。

图 9.10 显示了“另存为”对话框，该对话框将导致文件保存为“文本文件(制表符分隔)”类型。注意，它将被命名为“Ex9-2.txt”。此外，它将存储在文件夹 C: \root\Templates\中。

图 9.11 显示了生成的文本文件。各个数据项由每行中的制表符分隔。请注意，包含 Richardson 和 Williams 的数据行向右扩展，因为名称超出了第一个制表符空间。为每个名字较短的学生在第一次考试前添加一个制表符将纠正这个问题。

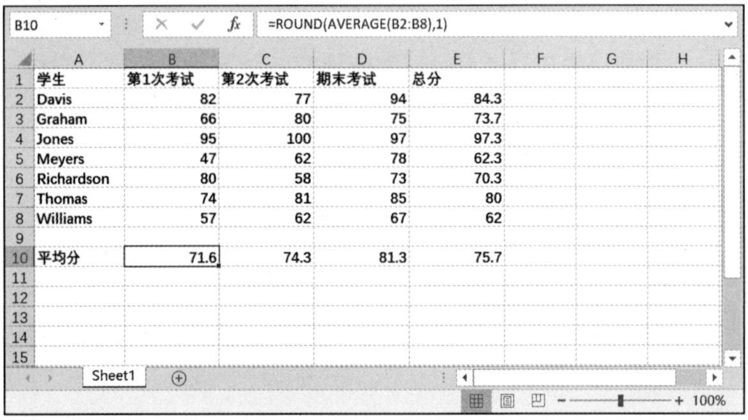

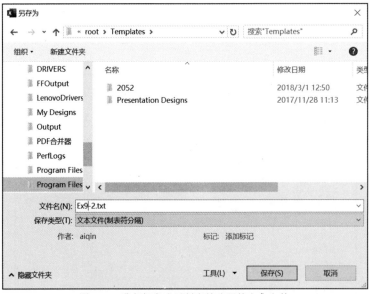

B10
=ROUND(AVERAGE(B2:B8),1)
学生　第1次考试　第2次考试　期末考试　总分
Davis 82 77 94 84.3
Graham 66 80 75 73.7
Jones 95 100 97 97.3
Meyers 47 62 78 62.3
Richardson 80 58 73 70.3
Thomas 74 81 85 80
Williams 57 62 67 62
平均分 71.6 74.3 81.3 75.7
Sheet1

图 9.9　学生的考试分数

另存为
« root › Templates ›
搜索"Templates"
组织
新建文件夹
DRIVERS
FFOutput
LenovoDrivers
My Designs
Output
PDF合并器
PerfLogs
Program Files
Program Files
名称
修改日期
2052
2018/3/1 12:50
Presentation Designs
2017/11/28 11:13
文件名(N): Ex9-2.txt
保存类型(T): 文本文件(制表符分隔)
作者: aiqin
标记: 添加标记
隐藏文件夹
工具(L)
保存(S)
取消

图 9.10　准备保存成以制表符分隔的文本文件

学生　第1次考试第2次考试期末考试　总分
Davis 82 77 94 84.3
Graham 66 80 75 73.7
Jones 95 100 97 97.3
Meyers 47 62 78 62.3
Richardson 80 58 73 70.3
Thomas 74 81 85 80
Williams 57 62 67 62
平均分 71.6 74.3 81.3 75.7

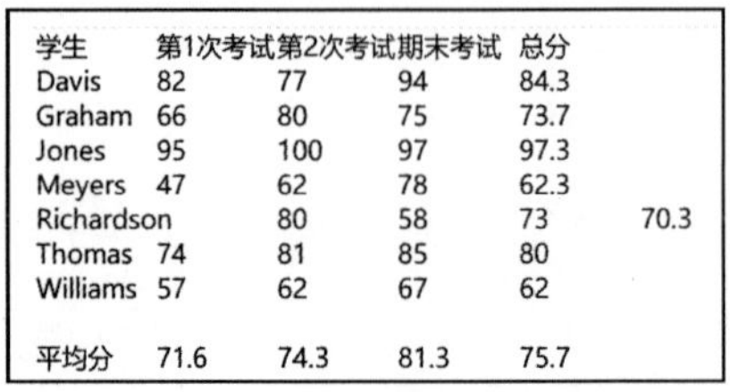

图 9.11　以制表符分隔的文本文件

如果要将工作表数据存储为"CSV(逗号分隔)"文件,而不是"文本文件(制表符分隔)"文件,则"另存为"对话框就如图 9.12 所示。该文件现在将命名为 Ex9-2.csv。

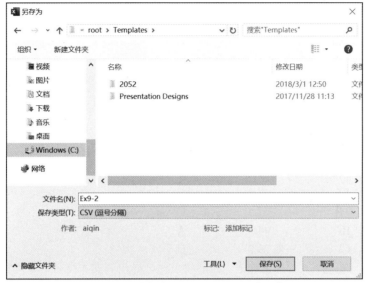

图 9.12　准备保存成以逗号分隔的文本文件

图 9.13 显示了生成的.csv 文件。请注意,每行中的各个数据项现在都用逗号分隔。

图 9.13　以逗号分隔的文本文件

习题

9.1 下面的数据取自习题 5.16。请用文本编辑器将数据(包括标题)输入文本文件。在每行中,用空格将时间与细菌浓度分开。然后将文本文件导入 Excel 工作表。

时间	细菌浓度/ppm
0	6
1	9
2	15
3	19
4	32
5	42
6	63
7	102
8	153
9	220
10	328

9.2 重复习题 9.1，用逗号而不是空格分隔文本文件每行中的数据项。

9.3 Boehring 教授的《工程学导论》课程的期末分数如下所示(所有的名字都是虚构的)。

学生	专业	期末分数	期末成绩
Barnes	EE	87.2	B
Davidson	ChE	93.5	A
Edwards	ME	74.6	C
Graham	ME	86.2	B
Harris	ChE	63.9	D
Jones	IE	79.8	B
Martin	EE	99.2	A
O'Donnell	CE	80.0	B
Prince	ChE	69.2	C
Roberts	EE	48.3	F
Thomas	ME	77.5	C
Williams	IE	94.5	A
Young	CE	73.2	C

将数据(包括列标题)输入 Excel 工作表。然后将工作表导出到文本文件。以两种不同的方式配置文本文件(即创建两个不同的文本文件):

a. 每行用制表符分隔多个数据项。

b. 每行用逗号分隔多个数据项。

9.4 某工程师负责监控一批 1000 欧姆电阻的质量。要做到这一点，工程师必须精确地测量一批随机选择的电阻的阻值。下面是 30 个随机样本的测量结果。

请用文本编辑器将数据(包括标题)输入文本文件。在每一行中，用逗号分隔数据项。然后将文本文件导入 Excel 工作表。

样本编号	电阻/欧姆	样本编号	电阻/欧姆
1	1006	16	960
2	1006	17	976
3	978	18	954
4	965	19	1004
5	988	20	975
6	973	21	1014
7	1011	22	955
8	1007	23	973
9	935	24	993
10	1045	25	1023
11	1001	26	992
12	974	27	981
13	987	28	991
14	966	29	1013
15	1013	30	998

9.5 用以下方法修改为习题 9.4 准备的工作表:

a. 如果你还没有这样做，请将所有数据放在两列中。第一列包含样品编号，第二列应该包含电阻值。

b. 请确定所有 30 个电阻的平均电阻。将这个值放在第二列的底部。

c. 在工作表中添加第三列，标记为偏差。在这一栏中，显示每个样品的电阻与(b)部分中确定的平均电阻之间的偏差。

d. 将工作表导出到文本文件中，用空格分隔每一行中的数据项。

9.3　转换成 HTML 数据

Excel 工作表可以很容易地保存为 HTML(超文本标记语言)文件，因此可以将其发布到 Internet 上。工作表还可以包括图形。此过程类似于将工作表保存为文本文件时使用的过程。特别地，要在"另存为"对话框中选择"网页"。然后找到正确的文件夹并指定文件名，如图 9.14 所示(文件名不含扩展名；扩展名".htm"将自动添加到末尾)。然后就可以用 Web 浏览器查看生成的文件并将其发布到互联网上作为网上的一个页面，并保留了熟悉的行列电子表格格式。

图 9.14　"另存为"对话框，配置为将工作表保存成 HTML 文件

例题 9.3　将数据导出到 HTML 文件

将原先由例题 2.4 创建、例题 9.2 所示(参见图 9.9)的包含学生考试分数的工作表保存为 HTML 文件。

图 9.15 显示了"另存为"对话框，该对话框将使工作表保存为 HTML 文件。请注意，该文件将命名为 Ex9-3.htm，并且保存在名为 Templates 的文件夹中。

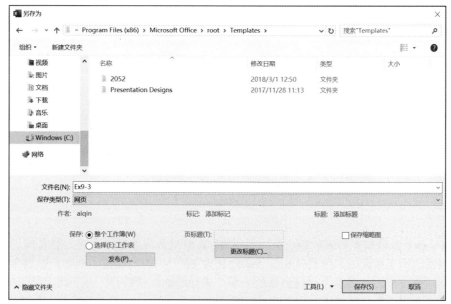

图 9.15　准备将工作表保存为 HTML 文件

图 9.16 显示了从 Web 浏览器中查看的结果 HTML 文件。请注意，图 9.15 所示的原始电子表格布局已被保留。

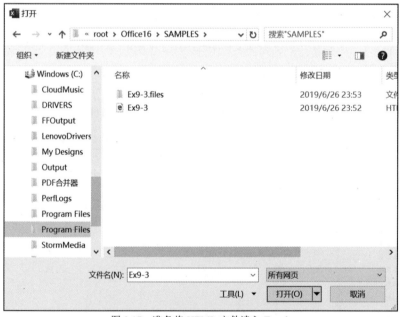

学生	第1次考试	第2次考试	期末考试	总分
Davis	82	77	94	84.3
Graham	66	80	75	73.7
Jones	95	100	97	97.3
Meyers	47	62	78	62.3
Richardson	80	58	73	70.3
Thomas	74	81	85	80
Williams	57	62	67	62
平均分	71.6	74.3	81.3	75.7

图 9.16　保存为 HTML 文件并在浏览器中查看的 Excel 工作表

生成的 HTML 文件可以跨互联网传递并且合并到网站中。然后其他人就可以查看并修改它(使用适当的软件)。因此，位于多个不同站点的多个用户可对最终工作表的内容和外观做出修改。然而，如何做到这一点的详细内容不在目前讨论的范围内。

保存为 HTML 文件的工作表可以很容易地读入 Excel，其过程非常类似于导入文本文件的过程。只需要从功能区的"文件"选项卡中选择"打开"，并将文件类型指定为"所有网页"。然后从适当的源文件夹中选择所需的 htm 文件即可，如图 9.17 底部所示。

图 9.17　准备将 HTML 文件读入 Excel

习题

9.6 汽车悬挂系统的模型可表示为一个线性弹簧。其中弹簧常数是当力 F 与弹簧伸长 Δx 绘制成图形时的直线斜率。以下数据表示弹簧延长量 Δx(米)和力 F(千牛)的实验值。准备一个包含数据的 Excel 工作表。包括一个 x-y 图，显示力与延长量的关系。进行线性曲线拟合，并在图上显示拟合方程和 r^2 值。格式化工作表和图表，以便所有内容都具有吸引力和可读性。将工作表保存为普通 Excel 工作表。

Δx/米	F/千牛
0.1	10
0.17	20
0.27	30
0.35	40
0.39	50

a. 将工作表保存为 HTML 文件。

b. 用你喜爱的 Web 浏览器查看 HTML 文件,并验证所显示的信息与最初在 Excel 工作表中看到的基本相同。

c. 从 Excel 回读 HTML 文件,验证显示的信息与原始工作表相同。

9.4 向 Microsoft Word 传递数据

Excel 工作表或其一部分可以很容易地传递到 Microsoft Word 中,从而可以在报告、时事新闻或其他类型的 Word 文档中包含 Excel 数据。有几种方法可以实现这种传递。这取决于数据是直接复制到 Word 中、嵌入 Word 中,还是链接回 Excel。

直接复制到 Word

将 Excel 工作表传递到 Word 最直接的方法是使用"剪切"和"粘贴"命令直接插入它。工作表中的数字和字符串数据将以表格形式出现在 Word 中(如果数值是由公式生成,则会出现计算值,而不是公式)。图形将以图片形式出现。

要将单元格块直接复制到 Word 2016,请执行以下操作。

1. 在 Excel 中,突出显示要传递的单元格。然后右击选中区域内的任何位置,选择"复制"(如果你希望移动单元格,就选"剪切")。或者,在功能区的"开始"选项卡中,单击"剪贴板"组的"复制"(或"剪切")图标。

2. 现在切换到 Word。将光标定位到要显示数据的位置。然后右击并选择"粘贴"。或者,在功能区的"开始"选项卡中,单击"剪贴板"组的"粘贴"图标。

一旦将工作表数据复制到 Word 内的表格中,就可将该表转换成普通文本,步骤如下。

1. 突出显示表格,然后单击"表格工具"选项卡中的"布局"(注意,除非选中并突出显示整个表格或至少其中的一部分,否则"表格工具"选项卡不会出现)。

2. 在"数据"组中,单击"转换成文本"。

3. 在"将表格转换成文本"对话框中,指定希望如何分隔数据(逗号、制表符等)。然后单击"确定"。

例题 9.4 将数据复制到 Microsoft Word

将包含学生考试成绩的工作表复制到 Microsoft Word 文档中,该工作表最初是在例题 2.4 中创建的,如图 2.25 所示。

我们首先打开 Excel 工作表,高亮显示单元格 A1 到 E10,如图 9.18 所示。接下来,右击所选单元格块中的任何位置并选择"复制"。

然后进入 Microsoft Word。图 9.19 显示了包含工作表数据的 Word 文档(为清晰起见,已经允许显示段落标记)。请注意,文档的中心已经插入空白空间以准备接收工作表数据。我们把光标定位在这个位置。然后右击并选择"粘贴",结果如图 9.20 所示。

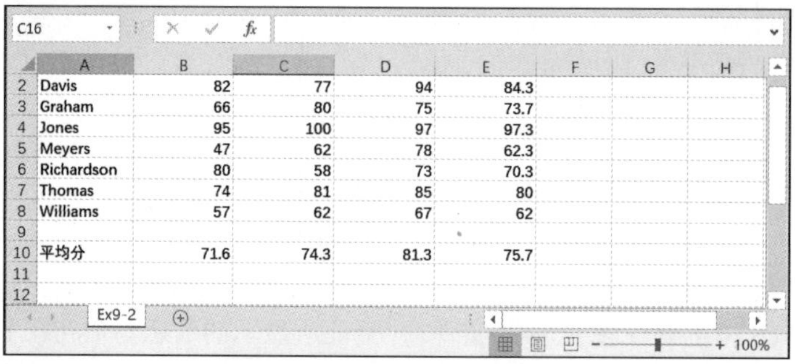

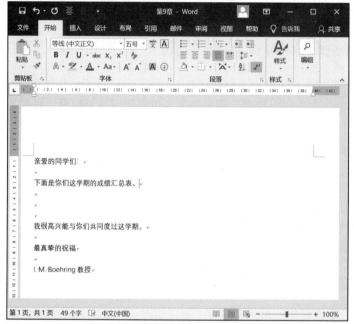

图 9.18　原始的 Excel 工作表

图 9.19　准备将单元格值复制到 Word 中

图 9.20　将单元格值显示为表格的 Word 文档

最后，我们将表格转换成 Word 中以制表符分隔的普通文本。相应的操作是，先突出显示该表，再单击"表格工具"选项卡中的"布局"。然后选择"数据"组中的"转换成文本"。然后，在得到的"表格转换成文本"对话框中选择"制表符"，如图 9.21 所示。得到的 Word 文档如图 9.22 所示。

图 9.21　Word 中的"表格转换成文本"对话框

图 9.22　含有已转换成制表符分隔文本文件格式的工作表数据的 Word 文档

将 Excel 对象(如图表)复制到 Word 中也可以采用同样的方法(先从 Excel 复制，再粘贴到 Word 中的所需位置)。当 Excel 对象以这种方式直接复制到 Word 中时，它将以图片形式出现在 Word 文档中。然后可以调整图片大小，或者移动图片的位置，等等。

数据传递操作也可以反转；也就是说，Word 中的表格数据可通过高亮显示表格、右击表格并选择"复制"(或"剪切")；然后，在 Excel 中突出显示你希望表格左上角出现的单元格，并选择"粘贴"；从而复制(或移动)到 Excel 中。

嵌入到 Word

嵌入式工作表以图形对象的格式复制到 Word 中。如果嵌入操作正确，可以使用 Excel 用户界面在 Word 中编辑数据。同时原始的 Excel 工作表保持不变。

要将单元格块直接嵌入到 Word 中，请执行以下操作。

1. 在 Excel 中，突出显示要传递的单元格。再右击已选择项中的任何位置并选择"复制"或"剪切"。或者，也可在功能区的"开始"选项卡单击"剪贴板"组中的"复制"(或"剪切")图标。

2. 现在切换到 Word。将光标定位到希望数据出现的位置。然后，在功能区的"开始"选项卡中单击"剪贴板"组中"粘贴"图标下方的箭头。从生成的下拉菜单中选择"选择性粘贴..."(而不是"粘贴")。这将生成如图 9.23 所示的"选择性粘贴"对话框，允许你指定如何将数据传递到 Word。请注意位于对话框左边缘附近的两个按钮。要嵌入数据，请确保选中"粘贴:"(而不是"粘贴链接:")。

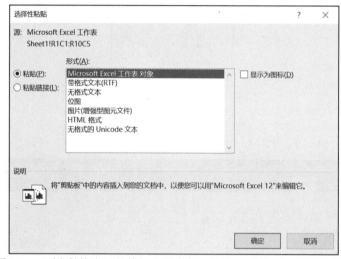

图 9.23　"选择性粘贴"对话框，配置为嵌入"Microsoft Excel 工作表对象"

3. 在"选择性粘贴"对话框窗口的中心，选择"Microsoft Excel 工作表对象"。一旦单击"确定"，工作表数据将作为图形对象出现在 Word 中，如图 9.24 所示(记住公式将被它们的计算值所取代)。如果双击这个对象，它将变为活跃状态；因此，Word 用户界面(即功能区中的标签和图标)将被 Excel 用户界面取代。你就可以像在 Excel 那样编辑数据了。但请注意，你所做的任何更改只会影响 Word 中嵌入的对象。原始的 Excel 工作表将保持不变。

值得注意的是，如果在"选择性粘贴"对话框中选择"带格式文本(RTF)"而不是"Microsoft Excel 工作表对象"，那么单元格值将显示为 Word 中的表格，如图 9.20 所示。你可在 Word 中编辑该表格，但不能访问 Excel 菜单和工具栏，也不能像在 Excel 中那样编辑表格。

类似地，如果你选择"无格式文本"而不是"Microsoft Excel 工作表对象"，那么单元格值将显示为普通的制表符分隔文本，如图 9.22 所示。你将无法访问 Excel 菜单和工具栏。也不能像在 Excel 中那样编辑表格。

其他 Excel 对象，如"位图"，也可以像上面所述那样嵌入 Word 中。即使你是在 Word 中，只要双击嵌入对象，就能像在 Excel 中那样使用 Excel 的菜单和工具栏来编辑对象。

使用这项功能时不需要运行 Excel。但是，必须在同一台计算机上安装 Excel，或者，如果你使用的是局域网，就必须能在网络上访问 Excel。

例题 9.5　在 Microsoft Word 中嵌入数据

在本例中，我们将再次将包含学生考试分数的工作表传递到 Microsoft Word 文档中，正如在例题 9.4 中所做的那样(参见图 9.18)。但是现在，我们将以嵌入式对象方式来传递工作表，而不是简单地将其复制到 Word 中。

我们首先打开 Excel 工作表并突出显示单元格 Al 到 E10，就像我们在例题 9.4 中所做的那样。然后，将突出显示的单元格复制到剪贴板中，打开 Microsoft Word，并将光标定位到适当位置，以准备在 Word 文件中接收工作表数据(见图 9.19)。

到目前为止，操作过程与例题 9.4 中都相同。但是现在，我们到功能区的"开始"选项卡，单击"剪贴板"组的"粘贴"图标下方的箭头，并选择"选择性粘贴"。然后，从生成的"选择性粘贴"对话框中选择"粘贴"，"形式"为"Microsoft Excel 工作表对象"，如图 9.23 所示。

随后，突出显示的单元格将以 Excel 对象的形式嵌入 Word 文档中，如图 9.24 所示。这个文档看起来与图 9.20 所示的 Word 文件相似。但是这个文档中包含嵌入式对象，而不是复制的表格。

图 9.24　Word 文档将嵌入单元格值显示为图形对象

如果我们双击对象，它就会被激活，然后就可在 Word 中直接编辑 Excel 工作表，如图 9.25 所示。请注意对象周围的粗体轮廓。另外请注意，尽管我们仍然使用 Word，但是功能区已经从图 9.24 中显示的 Word 功能区(及相应的选项卡和图标)更改为 Excel 的功能区。

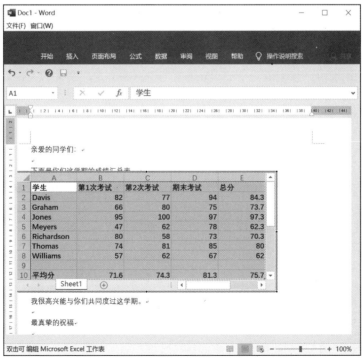

图 9.25　在 Word 中激活嵌入式工作表并准备编辑

现在我们要编辑嵌入的工作表单元格,将 Kim Davis 的第一次考试分数从 82 更改为 100。编辑的过程就像我们在 Excel 中一样,所以改变 Kim 的考试分数同时会改变她的总分以及最下面一行的班级平均分。变化结果如图 9.26 所示。请记住,所有这些操作都是在 Word 中完成的。原始的 Excel 工作表保持不变。

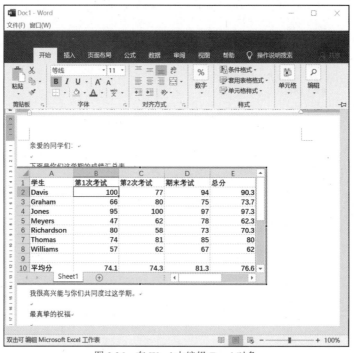

图 9.26　在 Word 中编辑 Excel 对象

链接 Word 和 Excel

还可将工作表复制到 Word 中,成为与 Excel 链接的对象。工作表将再次以图形对象形式出现在 Word 中,但是在 Excel 中对工作表所做的任何更改都将被传递到 Word 的图形对象中。此外,在 Word 中激活图形对象将启动 Excel,并显示链接的工作表。在 Excel 中对工作表所做的任何更改都将自动显示在链接到 Word 的图形中。当编辑一个被 Word 文档引用并会定期变化的工作表(如时事新闻或月度报告)时,这种方式会非常方便。

要在 Word 和 Excel 之间链接单元格块,请执行以下操作。

1. 在 Excel 中,突出显示要传递的单元格。然后右击选择项中的任何位置并选择“复制”。或者,在功能区的“开始”选项卡中,单击“剪贴板”组的“复制”或“剪切”图标。

2. 现在切换到 Word。将光标定位到要显示数据的位置,然后在功能区的“开始”选项卡中,单击“剪贴板”组中“粘贴”图标下方的箭头。从弹出的下拉菜单中选择“选择性粘贴”(而非“粘贴”)。这将再次生成如图 9.23 所示的“选择性粘贴”对话框。我们再次选择“Microsoft Excel 工作表对象”作为对象类型。但是,现在要选择对话框的左侧的“粘贴链接”而不是“粘贴”。

3. 关闭“选择性粘贴”对话框后,数据块将作为图形对象出现在 Word 中。双击此对象将打开包含原始工作表的 Excel。然后,你可在 Excel 中任意编辑工作表。完成编辑后,保存工作表。如果愿意,可退出 Excel。在原始 Excel 工作表中所做的更改会自动显示在 Word 中(注意,如果你要将 Excel 2007 工作表链接到 Word 的早期版本,可右击工作表中的任何位置并从生成的下拉菜单中选择“更新链接”来更新 Word 中的工作表)。

例题 9.6　在 Excel 和 Microsoft Word 之间链接数据

现在让我们将包含学生考试成绩的工作表转换成 Word 文档,就像我们在前两个例题中所做的那样。这次将把数据作为一个链接的图形对象传递到 Word。我们将看到如何在 Word 中的链接图形对象中识别原始 Excel 工作表中的变化。

　　和前面两个例题一样，我们首先打开 Excel 工作表并突出显示单元格 Al 到 E10。然后，将突出显示的单元格复制到剪贴板，启动 Microsoft Word，并将光标定位到适当的位置，以准备在 Word 文件中接受工作表数据(参见图 9.19)。

　　现在，我们在 Word 的"编辑"菜单中选择"选择性粘贴"，并选择"粘贴链接"和"Microsoft Excel 工作表对象"，如图 9.27 所示。这将导致突出显示的单元格以链接的图形对象方式放置在 Word 文档中，如图 9.28 所示。该文档看起来似乎与图 9.24 所示的 Word 文档相同。但是本文档包含的是链接对象，而不是嵌入对象或复制的表格。双击链接的工作表对象，Excel 会打开工作表，如图 9.29 所示。我们现在可以在 Excel 中编辑工作表。对 Excel 工作表所做的任何更改都将显示在 Word 中的链接对象中。(如果链接到 Word 的旧版本，可右击对象并选择"更新链接"来更新链接)。

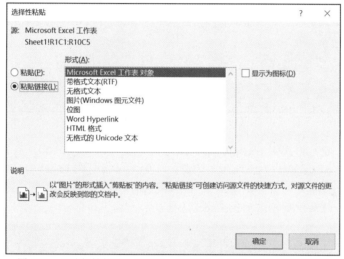

图 9.27　"选择性粘贴"对话框，链接 Word 和 Excel 之间的工作表

图 9.28　Word 文档以图形对象的形式显示链接的工作表数据

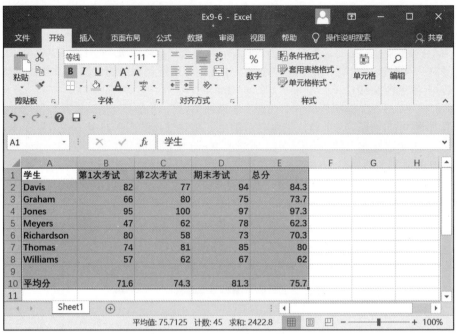

图 9.29　双击 Word 对象将启动 Excel

　　为了看得更清楚,我们再次将 Davis 的第一次考试分数从 82 改为 100。首先双击 Word 中的工作表对象。这次将打开 Excel,如图 9.29 所示。因此,实际的编辑是在 Excel 中,而不是在 Word 中进行的。图 9.30 显示了更改 Davis 考试分数后的结果。请注意,这个变化也改变了 Kim 的总分和显示在底部一行的班级平均分。然后保存修改后的 Excel 工作表。

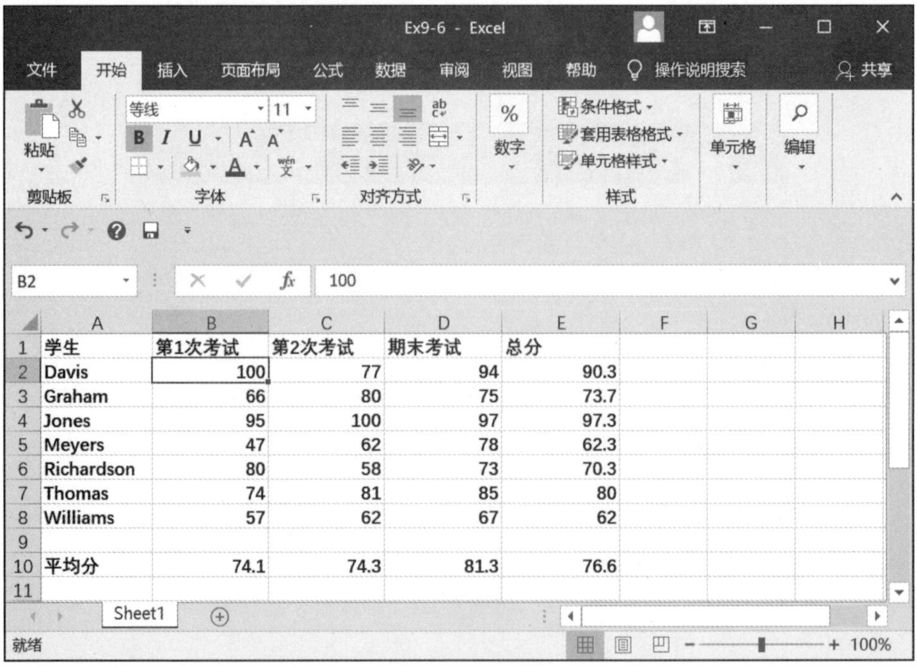

图 9.30　更改考试分数会影响整个工作表

　　现在回到 Word(此时,Excel 可能是打开的,也可能已关闭)。Excel 中的更改结果应该在 Word 文档中可见,如图 9.31 所示。如果更改不可见(例如,链接到 Word 的旧版本),则右击工作表中的任何位置,并从下拉菜单中选择“更新链接”。

图 9.31　带有更新工作表对象的 Word 文档

习题

9.7 重做习题 9.6，并使用保存的工作表和图表。在 Word 文档中编写实验室报告时，需要用到数据表和图形，因此要将它们复制到 Word 文档中。

a. 首先用"复制"和"粘贴"将数据表和图形复制到 Word 文档中。

b. 用"复制"和"选择性粘贴"方法将数据表和图形复制到同一个文档中，并选中"粘贴："选项。将数据表复制为 Microsoft Excel 工作表对象，将图形复制为 Microsoft Excel 图表对象。

c. 用"复制"和"选择性粘贴"方法将数据表和图形复制到同一个文档中，并选中"粘贴："选项。将数据表和图复制为图片(增强的元文件)。

d. 如果你正确地执行了步骤(a)至(c)，就将在同一个 Word 文档中看到三个不同的数据表和图形副本。请注意每个副本的特征。标记每个副本，确定它是如何创建的。

9.5　将数据传递到 Microsoft PowerPoint

在准备演示文稿时，你可能希望将图形或 Excel 工作表的一部分传递到 PowerPoint 幻灯片中。这与从 Excel 到 Word 的传递非常相似。

要将单元格值块传递到 PowerPoint，请执行以下操作：

1. 在 Excel 中，突出显示要传递的部分工作表。然后以通常的方式"复制"或"剪切"选定的单元格。

2. 现在切换到 PowerPoint。单击功能区"开始"选项卡的"幻灯片"组中的"新建幻灯片"。然后选择一个"Office 主题"(例如，"标题和内容")。

3. 将光标定位到工作表在幻灯片中显示的位置。然后可将单元格值直接粘贴到幻灯片中，或者将突出显示的单元格块以图片形式来粘贴。如果你的报告不必定期修改，这可能就足够了。或者，如果你愿意，就可以选择"选择性粘贴"将单元格值嵌入幻灯片中，或将 PowerPoint 和 Excel 链接起来。如果你决定使用"选择性粘贴"，结果对话框与图 9.23 至 9.27 中所示的对话框相似，具体取决于你是选择"粘贴"还是"粘贴链接"选项。

4. 根据需要编辑 PowerPoint 幻灯片。编辑的执行方式将根据单元格值的传递方式而变化(请记住，当单元格值被传递到 PowerPoint 时，包含公式的单元格将显示结果值，而不是公式)。直接粘贴到幻灯片中的数据可以作为普通文本进行编辑。即使是在 PowerPoint 中，嵌入式数据仍可以通过 Excel 的用户界面进行编辑。被链接的数据实际上是在 Excel 中被编辑的；然后，相应的 PowerPoint 幻灯片将自动更新，以显示在 Excel 工作表中所做的更改。

将图传递到 PowerPoint 也是类似的。你可将图以图片方式粘贴，也可将其嵌入或链接到幻灯片中。右击 PowerPoint 幻灯片将提供各种"粘贴"选项。

例题 9.7　将数据传递到 Microsoft PowerPoint

图 9.32 显示了最初显示在图 9.18 中 Boehring 教授的学生考试分数的工作表的变体。现在我们看到一个柱形图，除了原始的表格数据外，还显示了学生的总分。我们要将一个包含数值型考试分数的数字单元格块传递到 PowerPoint 幻灯片，然后将柱形图传递到一张单独的 PowerPoint 幻灯片。

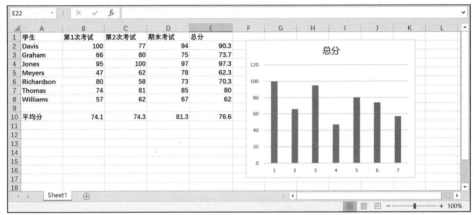

图 9.32　原始 Excel 工作表加上显示总分的柱形图

先高亮显示单元格 A1 到 E10，就像前面的例题一样，将高亮显示的单元格复制到剪贴板。然后切换到 PowerPoint，选择"空白演示文稿"，如图 9.33(a)所示。单击功能区的"开始"选项卡中的"版式"，然后显示了几个不同的"Office 主题"，如图 9.33(b)所示。我们选择"标题和内容"版式，如图 9.34 所示。

图 9.33(a)　选择 PowerPoint 中的幻灯片版式

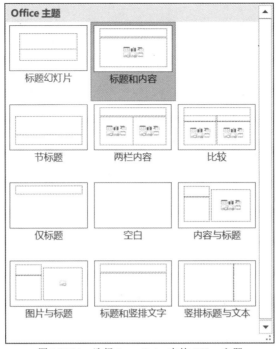

图 9.33(b) 选择 PowerPoint 中的 Office 主题

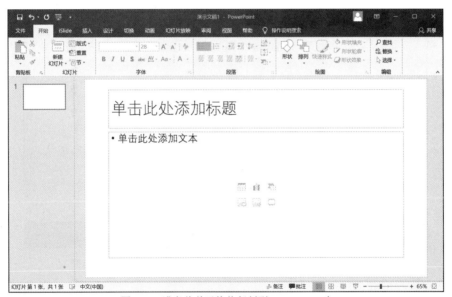

图 9.34 准备将单元格值复制到 PowerPoint 中

选定版式后,我们在标题区域内添加标题"学期成绩"。然后用右键单击标题下方的区域,并从出现的"粘贴选项"对话框中选择"使用目标样式"。这将得到如图 9.35(a)所示的 PowerPoint 幻灯片。然后可以编辑幻灯片,使其外观与图 9.35(b)类似。

现在看看如果将原始工作表单元格以图片而不是文本的形式复制到 PowerPoint 中会发生什么。为此,我们右击标题下方的区域,并从出现的"粘贴选项"对话框中选择"图片"。图 9.36(a)显示了生成的 PowerPoint 幻灯片。编辑后的幻灯片如图 9.36(b)所示。

请注意,将数据作为图片复制到 PowerPoint 中的过程稍微容易一些,但是我们不能编辑图片中的单个元素。注意,我们将单元格值直接以无格式文本形式复制到 PowerPoint 幻灯片(从"粘贴选项"对话框中选择"仅保留文本")。我们还可将单元格值嵌入幻灯片中,或者将它们链接到原始 Excel 工作表,就像我们在例题 9.5 和例题 9.6 中对 Word 所做的那样。

图 9.35(a) 显示复制单元格值的 PowerPoint 幻灯片

图 9.35(b) 经过编辑后的 PowerPoint 幻灯片

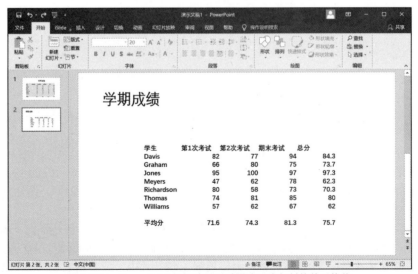

图 9.36(a) PowerPoint 幻灯片显示以图片形式复制的单元格值

图 9.36(b)　编辑过的 PowerPoint 幻灯片

现在我们把注意力转向柱形图。首先在 Excel 中单击柱形图使其成为活动对象，然后将其复制到剪贴板。然后单击 PowerPoint 中的"新建幻灯片"按钮，添加标题"总分数分布"，并将柱形图以"Microsoft Office 图形对象"形式粘贴到标题下方的区域(见图 9.37(a))。然后就可以编辑图形以改善其外观，如图 9.37(b)所示。

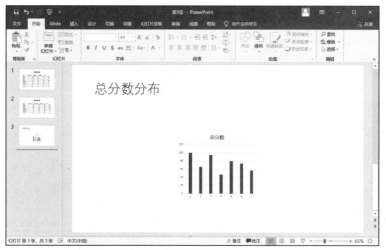

图 9.37(a)　以图片形式插入柱形图的 PowerPoint 幻灯片

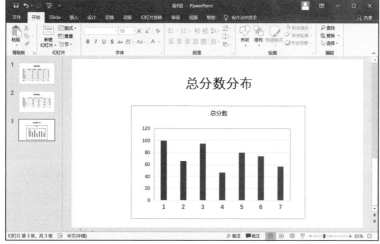

图 9.37(b)　已编辑的 PowerPoint 幻灯片

习题

9.8 准备一张包含习题 9.1 中所给数据的 Excel 工作表。还包括一张显示细菌浓度与时间的关系的 *x*-*y* 图。调整数据和图形的格式，使得所有内容都具有吸引力和可读性。

a. 将工作表保存为 HTML 文件。

b. 用你喜欢的 Web 浏览器查看 HTML 文件，并验证所显示的信息与最初在 Excel 工作表中看到的基本相同。

c. 将 HTML 文件读回到 Excel，并验证显示的信息与原始工作表相同。

9.9 准备一张包含习题 9.3 中 Boehring 讲授的《工程学导论》课程所给信息的 Excel 工作表。还包括一张显示字母成绩分布的饼图。

a. 将工作表保存为 HTML 文件。

b. 用你喜爱的 Web 浏览器查看 HTML 文件，并验证所显示的信息与最初在 Excel 工作表中看到的基本相同。

c. 将 HTML 文件读回到 Excel，验证显示的信息与原始工作表相同。

9.10 准备一张包含习题 9.1 中所给数据(细菌浓度与时间的关系)的 Excel 工作表。调整工作表格式，使其具有吸引力和可读性。保存工作表。

a. 用"复制"和"粘贴"将单元格值复制到 Word 文档中。

b. 用"复制"和"选择性粘贴"功能将单元格值复制到同一个 Word 文档中，并选择"粘贴"选项。用以下不同的格式将单元格值复制 5 次：

- Microsoft Office Excel 工作表对象
- 带格式文本(RTF)
- 无格式文本
- 图片
- 位图

c. 如果正确地执行了步骤(a)和(b)，你将在同一个 Word 文档中拥有六个不同的单元格值副本。请注意每个副本的特征。标记每个副本，确定它是如何创建的。

d. 双击单元格值的每个副本。观察发生了什么，并注意如何编辑每组单元格值。

9.11 重复习题 9.10 的整个过程，用"选择性粘贴"对话框中的"粘贴链接"选项。观察使用"粘贴链接"与"粘贴"复制到 Word 时有何不同。

9.12 将 *x*-*y* 图添加到为习题 9.10 准备的 Excel 工作表中，显示细菌浓度与时间的关系。调整图形的格式，使其清晰且有吸引力。保存整个工作表。然后激活图形。

a. 用"复制"和"粘贴"将其复制到 Word 文档中。

b. 用"复制"和"选择性粘贴"功能将图形复制到相同的 Word 文档中，并使用"粘贴:"选项。将图形复制为 Microsoft Excel 图表对象。

c. 将图形复制到相同的 Word 文档，同样使用"复制"和"选择性粘贴"，并使用"粘贴:"选项。但是这次，要将图形复制成"增强型图元文件"。

d. 如果你正确地执行了步骤(a)至(c)，同一个 Word 文档中将有三个不同的图形副本。注意每个副本的特征。标记每个副本，确定它是如何创建的。

e. 双击每个图形副本。观察会发生什么，并注意如何编辑每个图。

9.13 重做习题 9.10，但将工作表复制到 PowerPoint 而不是 Word 中。

9.14 重做习题 9.12，但将图形复制到 PowerPoint 而不是 Word 中。

9.15 准备一张包含习题 9.3 所给期末考试分数的 Excel 工作表。将数据复制到 Word 文档并将其格式化为表格。

9.16 在 Word 文档中输入习题 9.4 中给出的电阻列表。添加标题，并根据需要编辑该 Word 文档，以获得最大的可读性。然后将数据转换成表格，复制该表格，并将其粘贴到一个空的 Excel 工作表中。根据需要编辑工作表。

9.17 准备一张包含习题 9.3 所给期末考试分数的 Excel 工作表。调整工作表的格式，使其清晰且有吸引力。然后通过添加一个显示主修专业分布的饼图和另一个显示期末成绩分布的饼图来修改工作表。将每个饼图传递到单独的 PowerPoint 幻灯片中。为每张幻灯片添加适当的标题。

9.18 打开为习题 9.4 创建的工作表，并将单元格值链接到 Word 文档。然后在工作表中更改以下值：

样本编号	电阻/欧姆
2	1022
5	1013
8	951

保存工作表并在做出更改后关闭 Excel。然后更新 Word 文档以包含更改。

9.19 在为习题 9.17 创建的工作表中添加显示主修专业分布的柱形图。将柱形图链接到 Word 文档。然后修改单元格值，以反映已经将 Davidson 的专业从 ChE 改为 IE。注意数据更改后，在 Word 文档中更新后的柱形图会发生什么变化。

9.20 将为习题 9.19 创建的初始柱形图链接到 PowerPoint 幻灯片。然后修改工作表，如习题 9.17 所述。注意数据更改后，在 PowerPoint 幻灯片中更新后的柱形图会发生什么变化。

9.21 重做习题 9.7，但将数据表和图表复制到 PowerPoint，而不是 Word 中。

第 **10** 章

单位换算

工程师经常要从一个单位系统换算到另一个单位系统。大多数刚开始学习工程的学生都利用查表得到的换算系数来学习单位换算。然而，也可以在电子表格程序中进行单位换算，从而避免了基于查表值进行手工计算的麻烦。

在本章中，我们将看到如何在 Excel 中进行单位换算。特别是，我们将看到如何使用 CONVERT 库函数来执行简单和复杂的单位换算。

10.1　简单换算

我们把只涉及一种单位的换算称为简单换算。因此，从英尺到米的换算是简单换算，因为它只涉及长度单位。同样，从马力到瓦特的换算也是简单换算，因为它只涉及功率单位(尽管功率是从其他单位推导而来的；比如功率等于力×长度/时间)。使用 CONVERT 库函数可以在 Excel 中直接进行简单换算。然而，在讨论这个之前，我们要先回顾一下处理这类问题的传统方法。

简单换算是通过将原始量乘以适当的单位等价系数来实现的。建立单位换算表后，使得原来的单位相互抵消，在最终结果中留下新单位。

例题 10.1　简单换算(英尺到米)
用换算系数 1ft=0.3048m，把 2.5ft 换算成等价的米数。
为了进行换算，可以写成：

$$L = 2.5\text{ft} \times \frac{0.3048\text{m}}{1\text{ft}} = 0.762\text{m}$$

其中，结果被四舍五入成 3 位有效数字。

这一项(0.3048m/ft)是基于已知换算系数的单位等价系数。我们也可以把单位等价系数写成(1m/3.28084ft)，也就是说 1m 等于 3.28084ft。商(0.3048)在两种情况下都是相同的。

请注意，单位等价性总是写成使原始单位(在本例中是 ft)相互抵消，而在最终结果中留下新单位(m)的形式。

10.2　在 Excel 中进行简单换算

在 Excel 中，我们用 CONVERT 函数代替单位等价系数，该函数包含在 Excel 的"分析工具库"中，在使用之前必须激活该工具库(要激活"分析工具库"，请遵循第 6.1 节例题 6.1 前面的操作说明)。CONVERT 函数有三个参数，它们分别表示原始数量、原始单位(写成缩写形式)和最终单位(也写成缩写形式)。因此，要将 2.5 英尺换算成米，我们可将 CONVERT 函数写成：

$$= \mathrm{CONVERT}(2.5,"ft","m")$$

原始数量(即第一个参数)也可以是单元格地址或表达式；例如：

$$= \mathrm{CONVERT}(Al,"ft","m")$$

单位缩写(即第二个和第三个参数)必须是与 CONVERT 函数关联的允许缩写之一。表 10.1 列出了较常用的缩写。如果你在"帮助"功能中访问 CONVERT 函数，就会看到列出的所有单位缩写。图 10.1 所示只是"帮助"列表的一部分。注意单位缩写是区分大小写的；因此，必须小心使用正确的大、小写字母。此外，每个缩写都必须用双引号引起来，如表 10.1 和前面的例子所示。

图 10.1　在 Excel 的"帮助"中访问 CONVERT 函数

请注意，CONVERT 函数只接受量纲一致的缩写。因此，它允许你将英尺换算为米(因为两者都是长度单位)，但无法将 BTU(能量单位)换算为牛顿(力)。

表 10.1　Excel 的单位缩写

量纲	单位	缩写
能量	BTU	"BTU"
	卡路里(IT)	"cal"
	卡路里(热力学)	"c"
	电子伏	"ev"
	尔格	"e"
	尺磅	"flb"
	马力时	"HPh"
	焦耳	"J"
	瓦特时	"Wh"
力	达因	"dyn"
	牛顿	"N"
	磅力	"lbf"
长度	埃	"ang"
	英尺	"ft"
	英寸	"in"
	米	"m"
	法定英里(5280 英尺)	"mi"
	海里	"Nmi"
	十二点活字(1/72 英寸)	"Pica"
	码	"yd"
磁	高斯	"ga"
	特斯拉	"T"
质量	克	"g"
	盎司	"ozm"
	磅	"lbm"
	斯勒格	"sg"
	U(原子重量单位)	"u"
功率	马力	"HP"
	瓦特	"W"
压强	标准大气压	"atm"
	毫米汞柱	"mmHg"
	帕斯卡	"Pa"
温度	摄氏度	"C"
	华氏度	"F"
	开尔文	"K"
时间	天	"day"
	时	"hr"
	分	"mn"
	秒	"sec"
	年	"yr"
体积	加仑	"oz"
	升	"gal"

(续表)

量纲	单位	缩写
体积	夸脱	"l"
	英品脱	"qt"
	美品脱	"uk_pt"
	液量盎司	"pt"
注：缩写是区分大小写的，必须用双引号引用。		

例题 10.2　在 Excel 中进行简单换算(英尺到米)

创建 Excel 工作表，将英尺换算为米。用工作表将 2.5 英尺换算为等价的米数。

图 10.2 显示了所需的工作表。注意出现在单元格 A4 中的数值 2.5。这是已知值，单位是英尺。其等价值为 0.762 米，显示在单元格 B4 中。另外，请注意单元格 B4 中的公式写为=CONVERT(A4,"ft","m")，如公式栏所示。

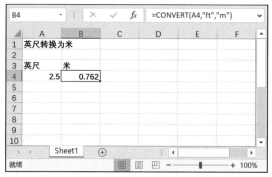

图 10.2　用 CONVERT 函数将英尺换算为米

工作表设置成能将以英尺为单位的任何值换算为等价的米数。只需要在单元格 A4 中输入已知值，等价值结果将显示在单元格 B4 中。因此，解决这个问题的方法比在单个单元格中简单地编写=CONVERT(2.5,"ft","m")要通用得多。

还可计算 CONVERT 函数的幂指数，从而实现从平方英尺到平方米的换算。因此，要将单元格 A4 中的数量从平方英尺换算为平方米，我们可以这样写：

$$= A4^* CONVERT\left(1,"ft","m"\right)^{\wedge} 2$$

公制缩写的前面可以有一个单位前缀，它能将已知值乘以 10 的几次幂。因此，cm 表示厘米，kg 表示千克，等等。表 10.2 列出了允许使用的单位前缀。

表 10.2　单位前缀

前缀	值	缩写	前缀	值	缩写
艾	10^{18}	"E"	分	10^{-1}	"d"
拍	10^{15}	"P"	厘	10^{-2}	"c"
太	10^{12}	"T"	毫	10^{-3}	"m"
吉	10^{9}	"G"	微	10^{-6}	"u"
兆	10^{6}	"M"	纳	10^{-9}	"n"
千	10^{3}	"k"	皮	10^{-12}	"p"
百	10^{2}	"h"	飞	10^{-15}	"f"
十	10	"e"	阿	10^{-18}	"a"

例题 10.3 将英尺换算成毫米

创建 Excel 工作表，将英尺换算成毫米。用工作表将 2.5 英尺换算为等价的毫米数。

本例和例题 10.2 是一样的，只是我们现在要把英尺换算成毫米而不是英尺换算成米。为进行换算，我们将 CONVERT 函数写成 CONVERT(A4,"ft","mm")，而不是例题 10.2 中的 CONVERT(A4,"ft","m")。

结果如图 10.3 所示，2.5 英尺等价于 762 毫米。注意已经输入单元格 B4 中的公式 =CONVERT(A4,"ft","mm")。我们看到，在 CONVERT 函数的最后一个参数中包含了前缀"m"。

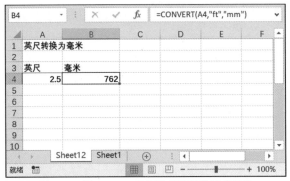

图 10.3 用 CONVERT 函数将英尺换算成毫米

10.3 温度换算

温度换算需要特别注意，因为涉及温度差的换算，这与单个温度的单位换算不同。这种区别对于某些复杂的单位换算(如本章后面讨论的热容)非常重要。CONVERT 函数可将温度值从一个温度单位换算到另一个温度单位。但是，必须使用以下温度差大小等价性，手动完成温度差换算：

1 摄氏度数(℃)= 1.8 华氏度数(℉)

1 摄氏度数(℃)= 1 开尔文(K)

1 华氏度数(℉)= 1 兰氏度数(°R)

1 开尔文(K)= 1.8 兰氏度数(°R)

请注意，我们用摄氏度数表示摄氏温度差，而不是摄氏度。摄氏度是指单个温度。其他温度单位也是如此。同样，在 SI(公制)单位中，我们用开尔文(K)而不是开尔文度数来测量温度。

要更清楚地理解温度和温度差之间的区别，请回顾一下，在 1 个标准大气压的压强下，水在 32℉ 结冰，在 212℉ 沸腾。因此，水在 180 华氏度数的温度范围内，即(212-32)= 180，仍然是液体。如果我们切换到摄氏温标，就会注意到水在 0℃ 结冰，在 100℃ 沸腾。因此，水在 100 摄氏度数的温度范围内仍然是液体。很明显，100 摄氏度数的温差就等于 180 华氏度数的温度差。或者除以 100，我们就得到 1 摄氏度数等于 1.8 华氏度数。这样就建立了两个单位的等价大小。

例题 10.4 将摄氏换算成华氏

创建 Excel 工作表，将温度读数从摄氏度换算成华氏度。使用工作表将 22℃ 换算为等价的华氏度。

图 10.4 显示了所需的工作表。注意单元格 A4 中出现的值 22。这是已知值，单位是摄氏度。其等价值 71.6 华氏度显示在单元格 B4 中。注意使用 CONVERT 函数来获得所需的结果，如公式栏所示。

与前面的例题一样，工作表设置成能将任何摄氏度换算为等价的华氏度。我们只需要在单元格 A4 中输入摄氏度，生成的华氏度将显示在单元格 B4 中。因此，我们再次看到，解决这个问题的方法比在单个单元中使用 =CONVERT(22,"C","F")要通用得多。

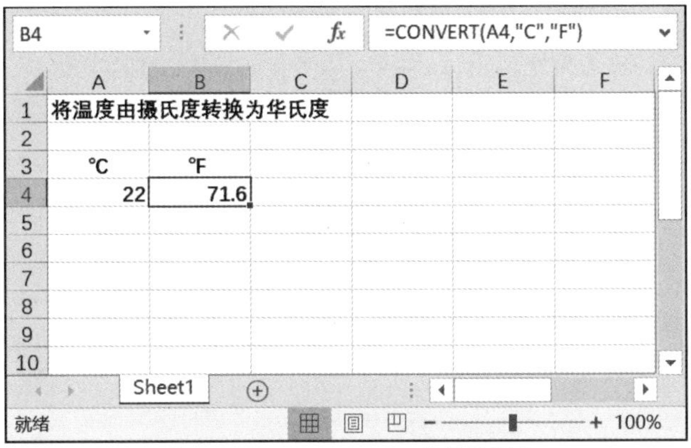

图 10.4　用 CONVERT 函数换算温度

例题 10.5　换算温度差

创建 Excel 工作表，将 22 摄氏度数的温差换算为华氏度数。

如果我们要像例题 10.1 所述那样，用一个单位等价系数手工进行这种换算，那么我们会这样写

$$22°C \times \frac{1.8°F}{1°C} = 39.6°F$$

因此，我们将已知的温度差乘以 1.8 就得到了期望的结果，即 39.6°F。

对应的 Excel 工作表如图 10.5 所示。请注意单元格 A4 中出现的值 22，这是已知的温度差，单位是摄氏度数。等价的温度差(华氏度数)为 39.6，如单元格 B4 所示。这个结果是通过将单元格 A4 中的值乘以 1.8 得到的，如公式栏所示。请注意，单元格 B4 中显示的公式没有使用 CONVERT 函数(请与例题 10.4 中的方法和结果进行比较)。

图 10.5　将温度差从摄氏换算为华氏

10.4　复杂换算

我们将涉及多种单位的换算称为复杂换算。因此，从磅每平方英寸(psi)到牛顿每平方米(帕斯卡)的换算可以看作是复杂换算，因为它涉及到力的单位和长度平方的单位(如果压强有单位等价系数，可以直接将磅每平方英寸换算成帕斯卡，那么这个特殊的换算也可以看作简单换算)。

实现复杂换算可以用一个复杂的单位等价系数(如磅每平方英寸到帕斯卡)，也可以用一系列简单的单位等价系数。下面的例题演示了这两种方法。

例题 10.6　复杂换算(磅每平方英寸到帕斯卡)

将 6.3 磅每平方英寸(psi)的压强换算成等价的牛顿/平方米(Pa)。

解决这个问题的方法之一是用单位等价系数 $1 \text{ lbf}/\text{in}^2 = 6894.8 \text{ N}/\text{m}^2$。因此，我们可以写成：

$$P = 6.3\left(\text{lbf} \cdot \text{in}^2\right) \times \frac{6894.8\left(\text{N}/\text{m}^2\right)}{1\left(\text{lbf}/\text{in}^2\right)} = 43\ 437\text{N} \cdot \text{m}^2$$

或者简化为

$$P = 6.3\text{psi} \times \frac{6894.8\text{Pa}}{1\text{psi}} = 43\ 437\text{Pa}$$

因此，6.3 lbf /in^2 (psi)等于 43 437 N/m^2(帕斯卡)。

该问题也可以用一系列简单的单位等价系数来求解。即：

$$P = \frac{6.3\text{lb}}{\text{in}^2} \times \frac{4.448\ 22\text{N}}{1\text{lbf}} \times \left(\frac{1\text{in}}{0.0254\text{m}}\right)^2 = 43\ 437\text{N} \cdot \text{m}^2$$

或者

$$P = \frac{6.3\text{lbf}}{\text{in}^2} \times \frac{4.448\ 22\text{N}}{1\text{lbf}} \times \left(\frac{39.37\text{in}}{1\text{m}}\right)^2 = 43\ 437\text{N} \cdot \text{m}^2$$

后一种方法与 Excel 中使用的方法类似。

在这两种情况下，单位等价性都写成了这样的形式：原来的单位相互抵消，只留下新的单位。

10.5 在 Excel 中进行复杂换算

回顾一下，Excel 只能使用 CONVERT 函数进行简单的单元换算。因此，复杂换算必须使用单独的单位换算系数，进行一系列简单换算。

在 Excel 中，将 1 作为 CONVERT 函数的第一个参数，就可以得到单位换算系数；例如，CONVERT(1,"ft","m")。在写第二个和第三个参数时必须特别注意，以便在每个单位等价性的分子和分母中使用正确的单位。例如，当书写英尺和米之间的换算时，函数：

$$\text{CONVERT(1, "ft", "m")}$$

等价于单位换算：

$$\frac{0.3048\text{m}}{1\text{ft}}$$

而函数

$$\text{CONVERT(1, "m","ft")}$$

等价于：

$$\frac{3.280\ 84\text{ft}}{1\text{m}}$$

因此，我们看到 CONVERT 函数的第二个参数出现在对应单位等价系数的分母上，而第三个参数出现在分子上。此外，我们还看到，在 CONVERT 函数中颠倒最后两个参数的顺序等价于计算倒数。例如：

$$\text{CONVERT(1, "ft", "m")} = 1/\ \text{CONVERT(1, "m", "ft")} \tag{10.1}$$

当在 Excel 工作表中进行复杂换算时，CONVERT 函数的这些属性非常有用。

例题 10.7 复杂的 Excel 换算("磅/平方英寸"到"帕斯卡")

创建 Excel 工作表，将磅/平方英寸(psi)换算为牛顿/平方米(即帕斯卡)。使用该工作表将 6.3 psi 换算为等价的帕斯卡数。

我们首先注意到，Excel 的最新版本允许使用 CONVERT 函数直接执行换算。进行这个简单换算的工作表如图 10.6 所示。注意，将原始数量(6.3 psi)输入单元格 A4 中，并将换算公式：

$$=CONVERT(A4, "psi", "pa")$$

输入单元格 B4。工作表显示了 6.3 psi 等价于 43 437Pa。

虽然这个问题可以当作一个简单换算来求解，但是把它作为复杂换算来求解也是有指导意义的，从而说明了所涉及的步骤。所需的工作表如图 10.7 所示。请注意，单元格 B4 包含公式：

$$=CONVERT(A4, "lbf", "N") \; CONVERT(1, "m", "in")^2$$

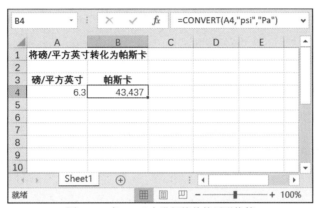

图 10.6　在 Excel 中进行简单的压强换算

图 10.7　在 Excel 中进行复杂的单位换算

在这个公式中，第一个 CONVERT 函数将 6.3 磅力换算为牛顿。第二个 CONVERT 函数生成米和英寸之间的单位等价系数。请注意，第二个参数("m")对应于单位等价系数的分母，第三个参数("in")对应于分子。同样，注意第二个 CONVERT 函数是平方的。因此，原来的单位(平方英寸)将被抵消，而期望的新单位(平方米)留在分母中。

如图 10.8 所示，另一种实现这种换算的方法是，在单元格 B4 中写入下列公式：

$$CONVERT(A4, "lbf", "N")/CONVERT(1, "in", "m")^2$$

现在第二个 CONVERT 函数出现在分母中，但是最后两个参数的顺序互换了；即第二个参数是"in"，第三个参数是"m"。当写成这种形式时，公式利用了式(10.1)所表示的倒数性质。

图 10.8 在 Excel 中进行复杂单元换算的另一种方法

习题

10.1 用 Excel 完成下列各个简单的单位换算:

a. 将 118.7 英尺换算为米。

b. 把 118.7 英尺换算成厘米。

c. 把 32 平方米换算成平方英寸。

d. 将 15.8 毫米换算为埃。

e. 把 8 英里换算成公里。

f. 把 400 克换算成斯勒格。

g. 把 1.71 盎司换算成磅质量。

h. 将 4.9 斯勒格换算成千克。

i. 将 200 天换算为分钟。

j. 把 70 年变成秒。

k. 将 0.02 秒换算为小时。

l. 把 64.8 牛顿换算成磅力。

m. 把 38.3 磅力换算成牛顿。

n. 把 12.8 个标准大气压换算成牛顿每平方米(帕斯卡)。

o. 把 0.7 个标准大气压换算成毫米汞柱。

p. 把 91.2 帕斯卡换算成标准大气压。

q. 将 12 液盎司换算为升。

r. 将 8.5 升换算为加仑。

s. 将 1000BTU 换算成热力学卡路里。

t. 将 44.7 尺磅换算为 BTU。

u. 把 10.2 千卡换算成焦耳。

v. 将 800 瓦特时换算成尺磅。

w. 将 200 马力换算成瓦特。

x. 将 1000 兆瓦换算成马力。

y. 将 87 华氏度换算成开尔文。

z. 将 54 摄氏度换算成华氏度。

10.2 用 Excel 计算下列单位等价性:

a. 磅力和牛顿。

b. 斯勒格和千克。

c. 英尺和千米。

d. 小时和年。

e. 标准大气压和毫米汞柱。

f. 电子伏和焦耳。

g. 瓦特和马力。

h. 千瓦时和 BTU。

10.3 用 Excel 进行下列单位换算：

a. 将 5 平方公里的面积换算为平方英尺。

b. 将 20.8 英尺/秒的速度换算为英里/小时。

c. 将 14 英尺/秒^{2}的加速度换算为英里/小时^2。

d. 将 8.8 牛/平方厘米的压强换算成磅力/平方英尺。

e. 将 0.285 BTU/磅·华氏度的热容换算为焦耳/千克·华氏度。见下面的说明。

f. 将 500 BTU/小时·平方英尺·华氏度的导热系数换算为千卡/分钟·平方米·开尔文。见下面的说明。

g. 将 78.8 克/厘米·秒的黏度换算为磅/英尺·小时。

h. 将 0.44 立方厘米/秒的容积流量换算为立方米/小时。

i. 将 12 500 加仑/小时的容积流量换算为升/分钟。

j. 将 137 磅/立方英尺的密度换算为千克/立方米。

k. 将 0.281 克/立方厘米的密度换算为斯勒格/立方英尺。

说明：热容和导热系数[见习题 10.3(e)及(f)]涉及温差(即度数)而非实际温度。记住，正如第 10.3 节中讨论的那样，1.8 华氏度数(°F)或 1.8 兰氏度数(°R)等于 1 摄氏度数(°C)或 1 开尔文(K)。

第 11 章

求解单个方程

工程师们经常要求解复杂的代数方程。这些方程可能表示系统变量之间的因果关系，也可能是在特定问题情境中对物理原理的应用。这两种情况下，所得到的结果通常都有助于你对手头的问题有详细的理解。

例如，许多实际气体的压强、体积和温度之间的关系可以用范德瓦尔斯状态方程来表示，该方程可写成：

$$\left(P + \frac{a}{V^2}\right)(V - b) = RT \tag{11.1}$$

其中：P 是绝对压强，V 是每摩尔体积，T 是绝对温度，R 是理想气体常数(0.082 054 L·atm/(mole·K))，a 和 b 是每种特定气体的唯一常数。注意，如果 a 和 b 均为零，则式(11.1)可化简为众所周知的理想气体方程。因此，参数 a 和 b 代表偏离理想气体的行为。

假设我们研究的是 a 和 b 值已知的真实气体。如果指定了压强和体积，就很容易从式(11.1)中解出温度。同样，如果指定了温度和体积，则很容易从式(11.1)中解出压强。但是，如果指定了温度和压强，从式(11.1)中求解体积就困难得多，因为方程中体积是非线性的(因为左边分母上的 V^2 项)。事实上，求解时涉及求三次方程的解。此外，由于存在多个解，因此求解过程可能会变得复杂。这可能需要根据对问题的物理解释，在选择适当的值时做出一些判断。

在本章中，将分析求解非线性代数方程的几种不同方法。首先，我们要讨论非线性方程的特征，并展示如何用图形技术获得近似解。然后，我们将看到求解详细数值解的两种著名数学方法。本章最后还将展示如何用 Excel 的自动"单变量求解"和"规划求解"功能来解方程。

11.1 非线性代数方程的特征

我们从复习代数方程及其解的已知知识开始。代数方程的根是满足方程的自变量的值(即，方程的根就是方程的解)。例如，$x = 3$ 是简单方程 $x^2 + x = 12$ 的一个解。因此，这个方程的根是 3(注意这个方程还有第 2 个根，值是-4)。

如果方程可以重新排列成未知变量只出现一次幂的形式，那么这个方程就是线性的。例如欧姆定律，可写成 $V = iR$，所有三个变量(V、i 和 R)都是线性的。线性方程有且仅有一个根，而且总是实数。因此，利用初等代数技术求解线性方程是非常容易的。

另外，如果方程不能重新排列成未知变量只出现一次幂的形式，则称其为非线性方程。因此，如果 x 表示未知量，那么非线性方程可能包含 x 的 1 次幂以外的幂次，也可能包含 $\log x$、$\sin x$ 等。非线性方程一般不能用初等代数技术来求解(但也有例外，比如众所周知的二次方程的求根公式)。因此，它们必须用图形或数值法来求解。此外，它可能有多个实根，也可能根本没有实根(它们可以表示为复变变量；即，$x = u + vi$，其中 i 是虚数，定义为-1 的平方根)。显然，解非线性方程比线性方程要困难得多。

多项式方程是非线性方程的特例。多项式方程可以包含 x 的多次幂，但不包含诸如 $\log x$、$\sin x$、e^x 等项。x 的最高次幂称为多项式的次数(也称为多项式的阶数)。因此，二次方程就是二阶多项式，因为 x 的最高次幂是 2；三次方程就是三阶多项式，因为 x 的最高次幂是 3，等等。

关于多项式方程，已知的信息如下：

1. n 次多项式的实根个数不超过 n。

2. 如果多项式的次数是奇数，那么总是至少有一个实数根。

3. 如果有复数根，那么它们总是成对存在的。每对复数根由复共轭构成；也就是 $x_1 = u + vi$ 和 $x_2 = u - vi$。

本书中我们将把注意力集中在方程的实根上。

例题 11.1 求多项式的实根

下面的方程可求出梁上最大剪切力的位置，其中 x 表示到梁左端的距离。

$$2x^3 - \frac{5}{x^2} = 3$$

这个方程可能有多少个实根？

为了回答这个问题，我们先把方程重新写成这种形式

$$2x^5 - 3x^2 - 5 = 0$$

当写成这种形式后，很容易看出方程是一个五次多项式，因此，它至少有一个实数根。如果只有一个实根，那么就有两对复根。它也可能有三个实根和一对复根，还可能有五个实根。

当实根存在时，我们不能保证它们中的任何一个是正的。它们可能是负的，或者等于零。多个实根的符号混杂(有些是正的，有些是负的，等等)并不常见。这种情况下，通常要根据方程所描述的物理情况来选择哪个根。

习题

11.1 对于下列每个方程的实数根的个数，你能得出什么结论？

a. $3x + 10 = 0$

b. $3x^2 + 10 = 0$

c. $3x^3 + 10 = 0$

d. $x + \cos x = 1 + \sin x$

11.2 将范德瓦尔斯状态方程重新写成 $f(x) = 0$ 的形式。一旦完成了重新排列，如果将每摩尔体积视作未知量，那么对于范德瓦尔斯方程的实数根的个数，你能得出什么结论？

11.3 为确定一维固体内部的温度分布，工程师们通常必须解出这个方程：

$$x \tan x = c$$

其中 c 是已知的正常数。关于这个方程的实根的个数，你能得出什么结论？

11.2 图解方程

方程的近似图形解很容易得到，特别是用电子表格时。基本上，这个过程就是把方程写成 $f(x) = 0$，然后绘制 $f(x)$ 相对于 x 的曲线。其中 $f(x)$ 与 x 轴的交点，即为 $f(x) = 0$ 的 x 值，也就是方程的实根。通常，这些点可以直接从图中读取。你还可以通过在表列值之间进行插值，从而找到 $f(x) = 0$ 的点。

例题 11.2　图解多项式方程

在例题 11.1 中，我们建立了方程：

$$f(x) = 2x^5 - 3x^2 - 5 = 0$$

该方程至少有一个实根，而且可能更多。请准备一张 Excel 工作表，其中 $f(x)$ 是 x 的函数，区间为 $-10 \leqslant x \leqslant 10$。将数据绘制成 x-y 图，并求出在此区间内的实根。

包含表列数据和相应 x-y 图的工作表如图 11.1 所示。注意用于生成单元格 B2 内容的 Excel 公式；即 $= 2^*A2^5 - 3^*A2^2 - 5$。这个公式(采用相对单元格寻址)用于生成 B 列中的所有剩余值。从表列值可以看出，函数在 $x=1$ 和 $x=2$ 之间与 x 轴相交(利用线性插值，得到交点为 $x= 1.113$)。因此，在指定的区间内，方程似乎有一个实根，大约为 $x= 1.113$。

图 11.1 中的 x-y 图不是很有用，因为 y 值的范围太大。因此，我们在 $0 \leqslant x \leqslant 2$ 的区间内使用一组更精细的 x 值重新列出数据。图 11.2 显示了 $f(x)$ 与 x 在 $0 \leqslant x \leqslant 1.6$ 区间内更详细的曲线图。现在我们可以很清楚地从表列数据和图表中看出，$f(x)$ 在 x 轴上略大于 $x=1.4$ 的一点穿过 x 轴。

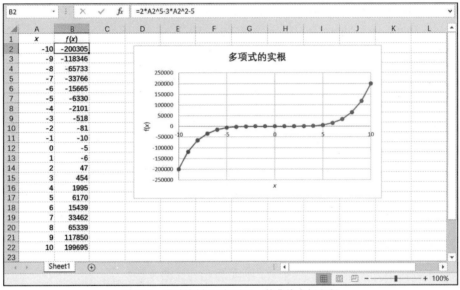

图 11.1　通过绘制 $f(x)$ 相对于 x 的曲线求解方程

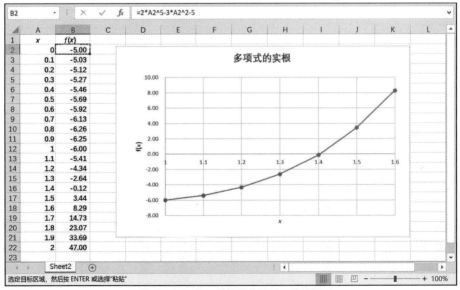

图 11.2　$f(x)$ 与 x 的局部关系图，显示根

我们的结论是，已知的方程在原区间内只有一个实根，其值约为 $x=1.4$，只要这个近似值(或者在线性插值的基础上得到 1.403)足够精确即可。但是，在本章后面我们将看到，如何使用几种不同的数值方法获得更精确的值。

习题

11.4 用上述的图解法求出习题 11.1(c)中给出的方程的实根。

11.5 用上述的图解法求出习题 11.1(d)中给出的方程的正实根。

11.6 已知二氧化碳的范德瓦尔斯常数为 $a = 3.592$ $L^2 \cdot atm/mole^2$ 和 $b= 0.04267$ L/mole。请求出在下列条件下，每摩尔体积(V)二氧化碳的范德瓦尔斯状态方程[式(10.1)]：

a. $P= 1$ atm，$T= 300$ K

b. $P= 10$ atm，$T= 400$ K

c. $P=0.1$ atm，$T= 300$ K

在每种情况下，将计算结果与用理想气体定律($PV= RT$)得到的体积进行比较，请记住 $R= 0.082054$ $L \cdot atm/mol \cdot K$。

11.7 已知某有机化合物的范德瓦尔斯常数为 $a= 40.0$ $L^2 \cdot atm/mole^2$ 和 $b= 0.2$ L/mole。在下列条件下，求出该化合物每摩尔体积(V)的范德瓦尔斯状态方程[式(11.1)]：

a. $P= 1$ atm，$T= 300$ K

b. $P= 10$ atm，$T= 400$ K

c. $P=0.1$ atm，$T= 300$ K

每种情况下，将习题 11.6 中二氧化碳的计算结果与使用理想气体定律得到的结果进行比较。

11.8 对于习题 11.3 中给出的方程，请求出：

a. 三个最小的正根。

b. 两个最大的负根(即，最接近原点的两个负根)。

在所有计算中假设 $c = 2$。

11.3 数值法解方程

现在我们将注意力转向两种不同的数学方法，它们都能通过逐次逼近求解非线性代数方程。诸如此类的方法构成了 Excel 的"单变量求解"和"规划求解"功能的基础。因此，这些方法使我们能够深入了解 Excel 是如何求解代数方程的。

区间约简技术

当使用区间约简技术时，其基本思想是，确定指定区间内根的近似位置，然后消除该区间的一部分，而仅保留包含根的原始区间的一部分。这个过程要重复几次，直到包含根的区间非常小为止。所需的根就位于这个最后的小区间内的某个位置(如果最后的区间足够小，则不需要根的确切位置)。

区间约简技术最广泛的应用是二分法(也称为区间对半法)。要使用这种方法，我们必须从一个包含且只包含一个实根的区间开始。因此，函数 $f(x)$ 与 x 的关系曲线与 x 轴有且仅有一次相交。正如 11.2 节所述，适当的区间通常可以通过图形或表格分析来确定。然后将区间一分为二，只保留包含根的那半个区间。然后对保留下的半个区间重复上述操作。详细过程如下所示。

1. 从区间 $a \leqslant x \leqslant b$ 开始，已知它包含一个实根。由于 $f(x)$ 在这个区间内穿过 x 轴一次，所以 $f(x)$ 在每个端点的值的符号不同；即 $f(a)<0$ 且 $f(b)>0$，或者 $f(a)>0$ 且 $f(b)<0$。

2. 确定区间中点 x_m，即：

$$x_m = \frac{a+b}{2} \tag{11.2}$$

3. 计算 $f(x_m)$ 并与 $f(a)$ 的符号进行比较。

a. 如果 $f(a)$ 和 $f(x_m)$ 的符号相同,则根必定位于右半区间内,如图 11.3 所示。然后将 x_m 的值赋给 a,并使用新的区间 $a \leqslant x \leqslant b$ 重复步骤 2 和步骤 3。

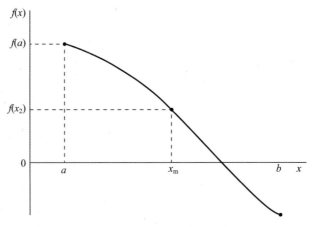

图 11.3　二分法(根在右半区间内)

b. 如果 $f(a)$ 和 $f(x_m)$ 的符号不同,则根必定位于左半区间内,如图 11.4 所示。然后将 x_m 的值赋给 b,并使用新的区间 $a \leqslant x \leqslant b$ 重复步骤 2 和步骤 3。

4. 重复步骤 2 和步骤 3,直到 a 和 b 非常接近。通常,计算将一直持续到 $(b-a)/(b_0 - a_0) \leqslant \varepsilon$,其中 $(b_0 - a_0)$ 表示原始区间,ε 表示某个指定的小数。

5. 如果 ε 足够小,根在最终区间内的确切位置就不是关键。通常假定根位于中点。或者,如果需要更精确的结果,可使用线性插值来确定连接 $f(a)$ 和 $f(b)$ 的直线与 x 轴的交点。

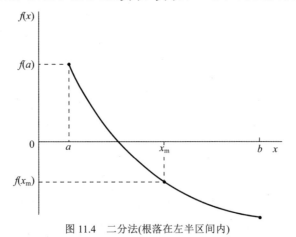

图 11.4　二分法(根落在左半区间内)

只要选择合适的初始区间,区间约简技术总会得到一个有效的解。它们的缺点是,最终答案相对不准确,并且求解计算量相对较大。

例题 11.3　用二分法解多项式方程

在例题 11.2 中,我们确定方程

$$f(x) = 2x^5 - 3x^2 - 5 = 0$$

在区间 $1.3 \leqslant x \leqslant 1.5$ 内有一个实根。现在我们要用二分法求出更精确的根。选择 $\varepsilon = 0.01$ 作为最终区间大小的最大值。

我们从 $a_0 = 1.3$,$b_0 = 1.5$,$x_m = 1.4$ 开始。$f(x)$ 的对应值为 $f(a_0) = -2.644\,141$,$f(x_m) = -0.123\,521$,$f(b_0) = 3.4375$。

由于 $f(a_0)$ 和 $f(x_m)$ 都是负的，而 $f(b_0)$ 是正的，所以我们可以断定 s 根位于右半区间。因此，我们令 $a=1.4$，并在 $1.4 \leqslant x \leqslant 1.5$ 的区间内重复这一过程。

这一系列的区间消除过程总结如下。每次计算结束后，都要对终止条件进行测试；也就是说，我们要确定最终值与初始值的比值 $(b-a)/(b_0-a_0)$ 是否大于 $\varepsilon=0.01$。如果是这样，则需要再次进行消除。括号中显示了下次计算要保留的半区间。

区间编号				$(b-a)/(b_0-a_0)$
1	$a=1.3$	$x_m=1.4$	$b=1.5$	1
	$f(a)=-2.644\,141$	$f(x_m)=-0.123\,521$	$f(b)=3.4375$	(Retain R)
2	$a=1.4$	$x_m=1.45$	$b=1.5$	0.5
	$f(a)=-0.123\,521$	$f(x_m)=1.511\,97$	$f(b)=3.4375$	(Retain L)
3	$a=1.4$	$x_m=1.425$	$b=1.45$	0.25
	$f(a)=-0.123\,521$	$f(x_m)=0.659\,921$	$f(b)=1.511\,97$	(Retain L)
4	$a=1.4$	$x_m=1.4125$	$b=1.425$	0.125
	$f(a)=-0.123\,521$	$f(x_m)=0.259\,86$	$f(b)=0.659\,921$	(Retain L)
5	$a=1.4$	$x_m=1.406\,25$	$b=1.4125$	0.062 5
	$f(a)=-0.123\,521$	$f(x_m)=0.066\,116$	$f(b)=0.259\,86$	(Retain L)
6	$a=1.4$	$x_m=1.403\,125$	$b=1.406\,25$	0.031 25
	$f(a)=-0.123\,521$	$f(x_m)=-0.029\,211$	$f(b)=0.066\,116$	(Retain R)
7	$a=1.403\,125$	$x_m=1.404\,687\,5$	$b=1.406\,25$	0.015 625
	$f(a)=-0.029\,211$	$f(x_m)=0.018\,325$	$f(b)=0.066\,116$	(Retain L)
8	$a=1.403\,125$	$x_m=1.403\,906\,2$	$b=1.404\,687\,5$	0.007 812 5
	$f(a)=-0.029\,211$	$f(x_m)=-0.005\,473$	$f(b)=0.018\,325$	

在最后一个区间 $1.403\,125 \leqslant x \leqslant 1.404\,687\,5$ 内，我们看到区间比已经下降到 0.007 812 5，小于 $\varepsilon=0.01$。因此要停止消除过程，可以肯定的是，所得结果就在最后一个区间内。如果在区间内线性插值，就能得出期望的根是 $x=1.404\,084$。这个值接近于例题 11.2 中用图解法得到的答案，并且更加精确。

迭代技术

迭代技术是另一种广泛采用的求解非线性方程组的方法。该方法基于一种试错策略，该策略从初始估计值开始，并用该值计算出更加精细、更精确的值。然后又用新计算值作为估计值，以获得下一个更精细的结果，以此类推。该过程一直持续到最后一个计算值非常接近其对应的估计值为止。

应用最广泛的迭代方法是牛顿-拉普森法，它基于以下公式：

$$x_{i+1}=x_i-\frac{f(x_i)}{f'(x_i)} \tag{11.3}$$

在这个表达式中，x_i 表示第 i 次迭代的假设值(即猜测值)，x_{i+1} 表示计算值，$f(x_i)$ 表示给定方程在 $x=x_i$ 处的值，$f'(x_i)$ 表示方程对 x 的一阶导数在 x_i 处的值，直到 $(x_i-x_{i-1})/x_i$ 的大小不超过某一指定值；即直到：

$$\left|(x_i-x_{i-1})/x_i\right| \leqslant \varepsilon \tag{11.4}$$

最后一个条件被称为终止条件或收敛准则。

为了理解牛顿-拉普森方法的基础，令 $x*$ 表示方程的期望根，x 表示能使 $f(x*)=0$、但是当 $x \neq x*$ 时 $f(x) \neq 0$ 的某个点。现在我们用泰勒级数的前两项以 $f(x)$ 来表示 $f(x*)$：

$$f\left(x^*\right) = f(x) + f'(x)\left(x^* - x\right) \tag{11.5}$$

令 $f(x^*) = 0$，并解出 x^*。结果是：

$$x^* = x - \frac{f(x)}{f'(x)} \tag{11.6}$$

由式(11.6)得到的 x^* 值只是近似值，因为我们只保留了泰勒级数展开的前两项。但是，用式(11.6)得到的 x^* 值比 x 的原始值更接近于期望根，因此式(11.6)就构成式(11.3)所给出过程的基础。

例题 11.4 用牛顿-拉普森方法解多项式方程

用牛顿-拉普森法求解下列方程：

$$f(x) = 2x^5 - 3x^2 - 5 = 0$$

在区间 $1.3 \leqslant x \leqslant 1.5$ 内的实根。用 $x=1.4$ 作为第一个猜测值，$\varepsilon = 0.000\,01$ 作为收敛准则。将你的答案与例题 11.3 中的结果进行比较。

为了使用牛顿-拉普森法，我们必须首先求给定方程的一阶导数 $f'(x)$。应用微积分法则，得到：

$$f'(x) = 10x^4 - 6x$$

因此，我们可以把牛顿-拉普森方程写成：

$$x_{i+1} = x_i - \frac{f\left(x_i\right)}{f'\left(x_i\right)} = x_i - \frac{2x_i^5 - 3x_i^2 - 5}{10x_i^4 - 6x_i} = \frac{8x_i^5 - 3x_i^2 + 5}{10x_i^4 - 6x_i}$$

把初始猜测值 $x = 1.4$ 记作 x_0。然后可写成：

$$x_1 = \frac{8(1.4)^5 - 3(1.4)^2 + 5}{10(1.4)^4 - 6(1.4)} = 1.404\,115$$

$$\left|\left(x_1 - x_0\right)/x_1\right| = |(1.404\,115 - 1.4)/1.404\,115| = 0.002\,931$$

$$x_2 = \frac{8(1.404\,115)^5 - 3(1.404\,115)^2 + 5}{10(1.404\,115)^4 - 6(1.404\,115)} = 1.404\,086$$

$$\left|\left(x_2 - x_1\right)/x_2\right| = |(1.404\,115 - 1.404\,086)/1.404\,086| = 0.000\,021$$

$$x_3 = \frac{8(1.404\,086)^5 - 3(1.404\,086)^2 + 5}{10(1.404\,086) - 6(1.404\,086)} = 1.404\,086$$

$$\left|\left(x_3 - x_2\right)/x_3\right| = |(1.404\,086 - 1.404\,086)/1.404\,086| = 0$$

因此，我们得出期望的根(四舍五入到 7 位有效数字)是 $x=1.404\,086$。这个值与例题 11.3 中使用二分法最后得到的插值解 $x=1.404\,084$ 非常接近。但是请注意，当前的解只经过三次迭代就收敛了，而用二分法则需要七个消除步骤才能得到类似的结果。

尽管在上一个例题中牛顿-拉普森方法收敛得非常快。但是情况并非总是如此。事实上，在某些情况下，牛顿-拉普森方法(像所有迭代方法一样)实际上可能是发散的；也就是说，x 的连续值可能会远离期望的根[请注意当 $f'(x)=0$ 时式(11.3)会发生什么]。事实上，可以证明，牛顿-拉普森方法只有在根附近满足

$$\left|\frac{f(x)f''(x)}{f'(x)^2}\right| < 1 \tag{11.7}$$

条件时才收敛。通常，如果最初的猜测值接近实际的根，那么该方法才可能收敛。

上述方法的比较

将迭代技术与区间约简技术的特点进行比较是一件很有趣的事情。迭代技术经常能快速收敛到一个解，但是不能保证收敛。尽管区间约简技术只要选择合适的初始区间(跨越一个且仅有一个根)就总能求得解，但是其精度通常较低。

牛顿-拉普森方法和二分法都可以在计算机上实现。事实上，这两种方法在编程课程中经常被用作练习。然而实际上，用 Excel 的"单变量求解"或"规划求解"功能要比从头开始编写这两种方法容易得多。我们将在本章的下面几节中看到它们是如何使用的。

习题

11.9 对于习题 11.1(c)给出并在例题 11.4 中求解的多项式方程，求式(11.7)在根处的值($x=1.404\ 086$)。其模小于 1 吗？这是否与例题 11.4 中的快速收敛有关？

11.10 用下列方法求出习题 11.1(c)中给出的方程的实根。

a. 二分法。

b. 牛顿-拉普森法。

比较结果和求得每个解所需的计算量。把你的答案和习题 11.4 的答案进行比较。

11.11 利用习题 11.1(d)给出的方程，求出方程的两个最小正实根：

a. 二分法。

b. 牛顿-拉普森法。

比较结果和求得每个解所需的计算量。把你的答案和习题 11.5 中的答案进行比较。

11.12 求解在压强 10 atm 和温度 400K 的条件下，有机化合物每摩尔体积(V)的范德瓦尔斯方程[式(11.1)]。这种特殊化合物的范德瓦尔斯常数是 $a = 40.0\ L^2 \cdot atm/mole^2$ 和 $b = 0.2\ L/mole$。请用下列方法求解该方程。

a. 二分法。

b. 牛顿-拉普森法。

将两种方法的结果进行比较，并与习题 11.7(b)的结果进行比较。

11.13 请用下列方法求出习题 11.8 所给方程的最小的正根和最大的负根(最接近原点的负根)。

a. 二分法。

b. 牛顿-拉普森法。

将两种方法得到的结果进行比较，并与习题 11.8 的结果进行比较。

11.4　在 Excel 中用"单变量求解"功能解方程

前三节的内容旨在使你对单个代数方程的特性有一个大致的了解，并介绍了一些求数值解的经典方法。现在让我们看看如何用 Excel 的"单变量求解"功能快速、简便地获得数值解。该功能允许使用类似于 11.3 节中描述的数值过程快速地求解代数方程。

请记住，这些方法基于从最初猜测值派生出的一系列连续逼近方法。每次连续逼近的精度都得到提高，直到值收敛到一个稳定的解。但你应该理解，迭代计算并非总能够收敛到稳定的解。此外，对于具有多个根的方程，计算可能收敛到错误的根。因此，不能保证收敛解能对给定的物理问题给出有意义的解释。

用"单变量求解"功能求出单个代数方程的过程如下：

1. 在工作表中的单元格中输入初始猜测值。

2. 在另一个单元格中输入公式 $f(x)=0$。在这个公式中，将未知量 x 表示为包含初始猜测的单元格地址。

3. 在功能区的"数据"选项卡中，单击"预测"组的"模拟分析"图标，如图 11.5 所示。然后从得到的下拉菜单中选择"单变量求解...",如图 11.6 所示。

图 11.5   "数据"选项卡中的"预测"组

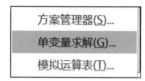

图 11.6   "模拟分析"下拉菜单

4. 当"单变量求解"对话框出现时(如图 11.7 所示),输入以下信息:
a. 在"目标单元格"栏中填写包含公式的单元格的地址。
b. 在"目标值"栏中填 0。
c. 在"可变单元格"栏中填写包含初始值的单元格地址。然后选择"确定"。

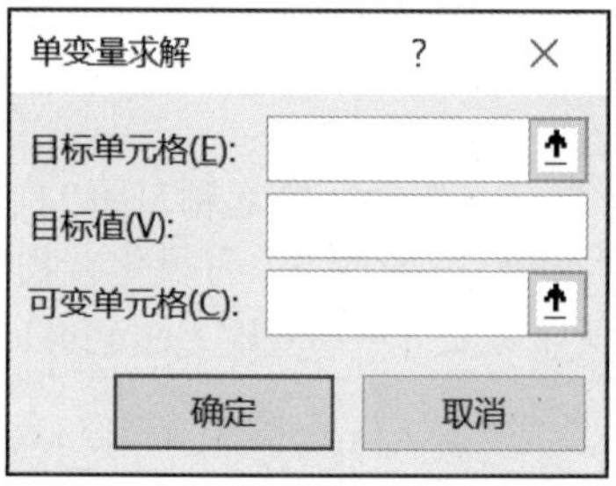

图 11.7   "单变量求解"对话框

然后将出现一个名为"单变量求解状态"的新对话框,告诉你 Excel 是否能够解决该问题(即是否收敛)。如果求得解,那么根的值将出现在最初包含初始猜测值的单元格中。包含公式的单元格中的值将显示一个接近于零的值(但通常不完全为零)。最后一个值也将出现在"单变量求解状态"对话框中。

如果最初的猜测非常接近期望的根,那么获得收敛解的可能性将会提高。因此,我们希望使用根的近似值作为初始猜测值。根的近似值通常可以用第 11.2 节中描述的图解法或表列技术来确定。

如果计算不收敛,或者在计算过程中生成了不合适的值(例如负数的平方根),那么会生成一条警告消息。如果给定方程的公式没有正确地输入 Excel 中,你还会收到一条错误消息,指示循环引用,如上面步骤 1~4 所述(有关循环引用的更多信息,请参见第 2.6 节)。下面的例题说明了如何正确使用"单变量求解"功能。

例题 11.5   在 Excel 中用"单变量求解"功能解多项式方程
在例题 11.2 中,我们发现方程

$$f(x) = 2x^5 - 3x^2 - 5 = 0$$

在 $x=1.4$ 附近有实根。现在我们将用 Excel 的"单变量求解"功能来获得更精确的解。首先我们选择 $x=1.4$ 作为第一个猜测值,因为我们已经知道这是根的近似值。

图 11.8 显示了一个 Excel 工作表,其中在单元格 B3 中输入了初始猜测值(1.4)。$f(x)$ 的公式位于单元格 B5[注意 $f(x)$ 的公式显示在 Excel 的公式栏中]。单元格 B5 中的数值-0.12352 就是 $x=1.4$ 时 $f(x)$ 的值。

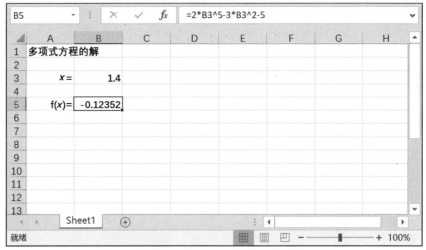

图 11.8 准备用"单变量求解"功能求解代数方程

当然,我们的目标是求出使 $f(x)$ 等于零的 x 值。为此,我们单击"数据"选项卡的"预测"组中的"模拟分析"按钮。然后从下拉菜单中选择"单变量求解…"。对话框中输入的信息表明,通过改变 B3 单元格中的 x 值,B5 单元格中的 $f(x)$ 值将变为零(或近似为零)。

得到的解如图 11.10 所示。前一个对话框已被"单变量求解状态"对话框替换,这表明已经找到了一个解,使得公式的值变为 $-3.5625×10^{-5}$(近似为零)。对应的 x 值也就是理想的解,出现在单元格 B3 中。因此,Excel 找到了解 $x=1.404\,085$。这个值与前面得到的近似解是一致的。$f(x)$ 的对应值-3.6E-5 出现在单元格 B5 中。这只是"单变量求解状态"对话框中显示值的重复(已经四舍五入)。

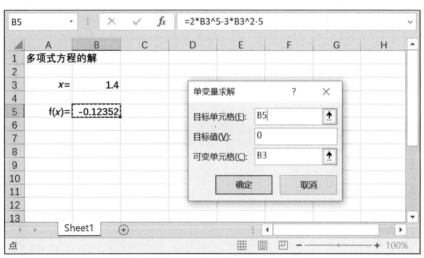

图 11.9 完成"单变量求解"对话框

微软公司没有明确解释"单变量求解"功能是如何找到解的。然而,一份技术备忘录指出,它使用"简单的线性搜索"从初始猜测值开始搜索。搜索方向基于初始猜测邻域内的搜索结果。如果线性搜索不成功,则"单变量求解"使用未指明的迭代过程来寻找解。如果在未指明迭代次数后仍未找到收敛解,则生成错误消息。

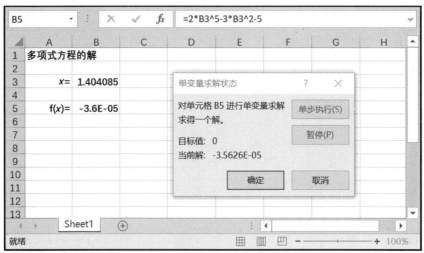

图 11.10 用"单变量求解"功能得到的最终解

例题 11.6 收敛性的注意事项

有时通过研究一个众所周知的问题可以学到很多东西。考虑区间 $10 \leqslant x \leqslant \pi$ 内的方程:

$$\tan(x) = 0$$

所有学过三角函数的人都应该知道这个方程的根在 $x=0$ 和 $x=\pi$ 处,并且在 $x=\pi/2$ 处不连续。让我们从不同的起点来探索"单变量求解"是如何处理这个方程的。

图 11.11 显示了一个 Excel 工作表,其中 $\tan(x)$ 值被列表并绘制为 x 在指定区间内的函数。由图可知,该方程有两个根,一个在原点,另一个在 $x=\pi$ 处,并且在 $x=\pi/2$ 处(近似为 $x=1.5708$)不连续。

然而,由于自变量 x 的扩张区间比较大,所以以图中并没有准确地显示出根的位置。

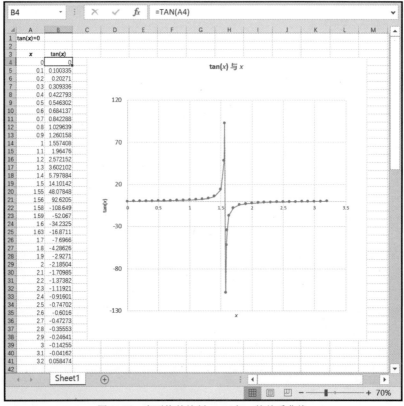

图 11.11 表列值并绘制 $\tan(x)$ 与 x 的关系曲线

我们首先用"单变量求解"功能以 $x=1$ 为起点寻找方程的根,如图 11.12(a)所示。"单变量求解"在 $x=0$ 附近找到一个根,如图 11.12(b)所示(因为数值舍入的关系,"单变量求解"报告根位于 3.0112×10^{-6},而不是 $x=0$ 处)。直观地说,这正是我们期望找到的根,因为与 $x=\pi$ 相比起点更接近于 $x=0$。然而,不能保证"单变量求解"会收敛到这个特定根。

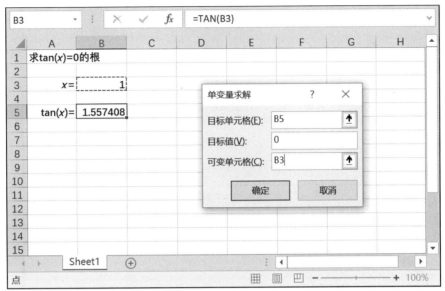

图 11.12(a)　求 $\tan(x)=0$ 的根,从 $x=1$ 开始

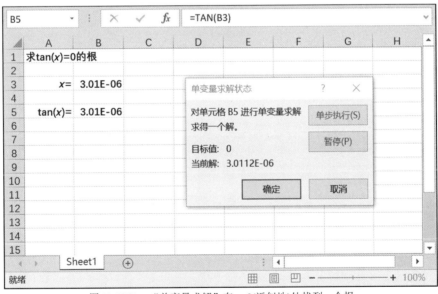

图 11.12(b)　"单变量求解"在 $x=0$(近似地)处找到一个根

现在,我们从 $x=2$ 开始重复这个过程。为此,我们在单元格 B3 中输入值 2,如图 11.13(a)所示。"单变量求解"得到的解近似为 $x=3.1408$,如图 11.13(b)所示。这个值非常接近 $x=\pi$ 时的精确解。

最后,我们尝试从略低于不连续点的位置的 $x=1.57$ 开始,用"单变量求解"搜索一个解(尽管确实存在这一点,但显然这是个糟糕的选择)。图 11.14(a)显示了初始设置。在多次迭代后,"单变量求解"无法从这个起点找到解。图 11.14(b)显示了结果的错误消息,警告"单变量求解""仍不能获得满足条件的解"。请注意,单元格 B5 中显示的 $\tan(x)$ 值不接近零,说明结果不收敛。

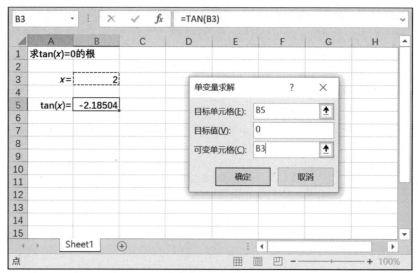

图 11.13(a)　求 tan(x)=0 的根，从 x=2 开始

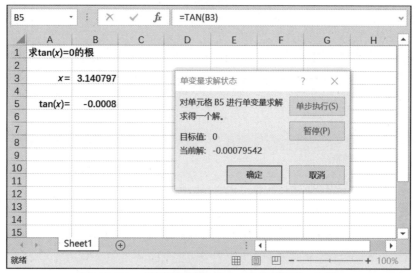

图 11.13(b)　"单变量求解"在 x=π(近似)处找到一个根

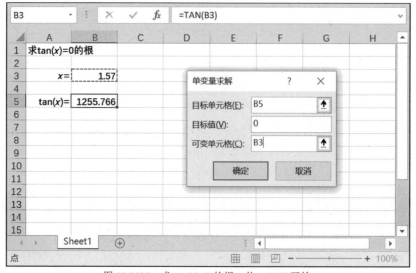

图 11.14(a)　求 tan(x)=0 的根，从 x=1.57 开始

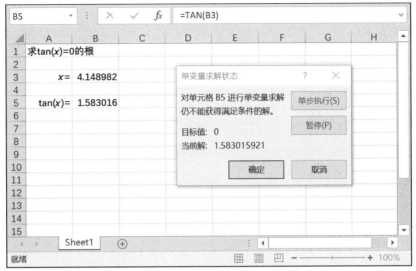

图 11.14(b) "单变量求解"在起点处不收敛

Excel 还有另一个功能,叫作"规划求解",当"单变量求解"无法获得收敛解时,"规划求解"可以求得收敛解。"规划求解"与"单变量求解"完全独立,有关它的用法将在下一节中讨论。

11.5 在 Excel 中用"规划求解"解方程

"规划求解"主要用于求解带约束的最优化问题(见第 16 章),但是单个代数方程也可以用 Excel 的"规划求解"功能来求解。使用"规划求解"的优点是可以指定自变量的约束条件(即辅助条件)。例如,可以将自变量限制为非负值,或者要求自变量在规定的范围内。你还可以指定一个收敛准则,而不是接受内置在"单变量求解"中的收敛准则。此外,"规划求解"的使用过程与"单变量求解"非常相似。

"规划求解"是一个 Excel 加载项,类似于我们用来生成直方图的"分析工具库"(参见第 6 章)。

1. 单击功能区的"文件"选项卡并选择窗口底部的"选项"。

2. 从左边的列表中选择"加载项"(参见图 6.1)。这将生成一个"加载项"列表。

3. 如果"活动应用程序加载项"中没有"规划求解加载项",则选择"管理:Excel 加载项",然后单击底部的"转到"。再选中"规划求解加载项"框,单击"确定"(如图 6.2 所示)。

一旦安装了"规划求解"功能,它将保持安装状态,只有通过执行上述过程的逆过程才能将其删除。

用"规划求解"求解单个方程的过程如下:

1. 在工作表中的某个单元格中输入初始猜测值。

2. 在另一个单元格中输入公式 $f(x)=0$。在这个公式中,将未知量 x 表示为包含初始猜测值的单元格地址。

3. 在功能区的"数据"选项卡中,单击"分析"功能组中的"规划求解"。此时将出现"规划求解参数"对话框,如图 11.15 所示。

4. 在"规划求解参数"对话框中输入以下信息:

a. 在"设置目标:"栏填写包含 $f(x)$ 公式的单元格地址。

b. 在"到:"行中选中"目标值:",然后在数据输入区域中输入 0。

c. 在"通过更改可变单元格:"标签区域输入包含 x 初始值的单元格地址。

d. 如果你想把自变量限制为非负(即≥0),可选中"使无约束变量为非负数"复选框。

e. 在"选择求解方法:"下拉列表中选择一种求解方法。一般来说,当 $f(x)$ 连续可微时,"非线性 GRG"是最佳选择。

图 11.15 "规划求解参数"对话框

f. 若要改变收敛准则,请单击"规划求解参数"对话框中的"选项",然后在指定位置为收敛准则输入一个数值。

5. 当所有必需的信息都正确输入后,单击"求解"按钮。这将启动实际的求解过程。当计算完成后,将出现一个新的对话框,名为"规划求解结果",告诉你"规划求解"是否已解决问题(即,是否收敛)。如果已经找到一个解,那么根值将出现在最初包含初始猜测值的单元格中。包含公式的单元格将显示零或非常接近零的值。

和"单变量求解"一样,"规划求解"的收敛性也没有保证。如果无法用"非线性 GRG"方法求得解,那么可以再尝试使用"演化"方法。如果计算不收敛,或者在计算过程中检测到数学错误(例如,试图计算负数的平方根),那么"规划求解"将生成一条错误消息。如果"规划求解"检测到公式 $f(x)$ 中出现循环引用,那么它也会生成一条错误消息。

由于"规划求解"和"单变量求解"采用不同的数学求解过程,"规划求解"得到的值可能与"单变量求解"得到的值不同,但通常非常接近。请记住,这两个功能都是通过一系列精确的近似而不是提供精确的答案来得到它们的期望解的。

例题 11.7 在 Excel 中用"规划求解"解多项式方程

在前面的几个例子中,我们求解了多项式方程:

$$f(x) = 2x^5 - 3x^2 - 5 = 0$$

并且在 $x=1.4$ 附近发现一个正实根。现在我们用"规划求解"来求这个方程的根,并加上约束条件 $x \geqslant 0$。收敛准则则取为 10^{-5}(即 0.00001)。

图 11.16 显示了一个 Excel 工作表,与前面一样,其中包含单元格 B3 中的初始猜测值和单元格 B5 中的已知方程公式。我们还看到了"规划求解参数"对话框,它是通过从"工具"菜单中选择"规划

求解"产生的。方程的单元格地址(B5)已输入"设置目标"栏。请注意，选择时需要将目标单元格的值设置为零。包含初始猜测值的单元格地址(B3)也已输入"通过更改可变单元格"栏了。

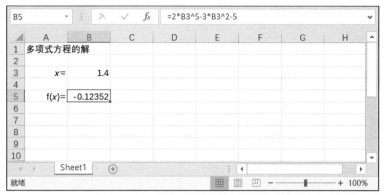

图 11.16　准备用"规划求解"解代数方程

为了添加非负约束，我们在"规划求解参数"对话框的底部附近选择"添加"，得到"添加约束"对话框。然后在左侧数据区输入自变量的单元格地址(B3)，在中心数据区选择约束类型(≥)，在右侧数据区填写边界值(0)。一旦正确输入了约束，我们就在对话框底部选择"确定"，从而返回"规划求解参数"对话框。整个问题，包括约束规范，现在都出现在"规划求解参数"对话框的底部。

在开始求解前，我们必须首先设置指定的收敛准则，覆盖默认值 0.001。因此，单击"规划求解参数"对话框中的"选项"按钮，在"选项"对话框的"收敛"栏输入期望值(0.00001)。

为了对求解进行设置，我们需要完成以下操作：

1. 单击功能区的"数据"选项卡，从"分析"组中选择"规划求解"。这将导致出现"规划求解参数"对话框，如图 11.17 所示。

图 11.17　完成设置后的"规划求解参数"对话框

2. 将方程(B5)的单元格地址填入"设置目标:"栏。

3. 在"到:"行中选中"目标值",并将期望值设置为零。

4. 在"通过更改可变单元格:"栏填写初始猜测值的单元格地址(B3)。

5. 通过选中"使无约束变量为非负数:"复选框,添加非负性限制。

6. 由于已知函数是光滑可微的,因此选择"非线性 GRG"作为求解方法。

完成设置后的"规划求解参数"对话框如图 11.17 所示。

在开始求解前,我们必须先设置指定的收敛准则 0.00001(即 10^{-5}),以覆盖默认值 0.000001 (即 10^{-6})。因此,我们单击"规划求解参数"对话框中的"选项"按钮,在"非线性 GRG"选项卡的"收敛"栏输入期望值(0.00001),如图 11.18 所示。

图 11.18 在"选项"对话框中设置收敛准则

我们现在可以着手求解。为此,单击"规划求解参数"对话框中的"求解"按钮。这将生成如图 11.19 所示的"规划求解结果"对话框。要查看实际的解,请先选中"保留规划求解的解",再单击"确定"。然后解将出现在工作表的单元格 B3 和 B5 中,如图 11.20 所示。因此,我们看到我们想要的解是 $x=1.404\,086$,使得 $f(x)=-2.5\times10^{-6}$。这与例题 11.5 中用"单变量求解"求得的值非常接近。

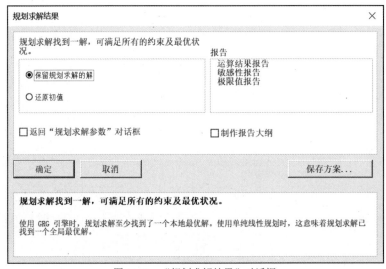

图 11.19 "规划求解结果"对话框

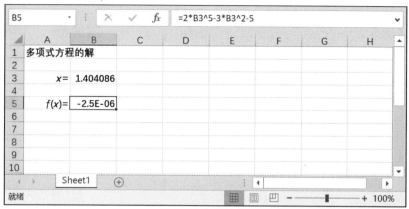

图 11.20 用"规划求解"求得的最终解

"规划求解"采用的"非线性 GRG"方法是基于一种被称为广义约简梯度法的复杂方法，可用于求连续可微的数学函数的最小值。用它使 $f(x)$ 归零以便求解非线性代数方程，是这种强大的计算过程的特例。"规划求解"还有第二种方法，称为"演化"，适用于求解非光滑的数学函数。我们将在第 16 章中解释如何使用"规划求解"求解更复杂的一类问题。

习题

在 Excel 中用"单变量求解"或"规划求解"求解下列问题。

11.14 求习题 11.1(c)所给方程的实根：

$$3x^3 + 10 = 0$$

11.15 求习题 11.1(d)所给方程的最小正实根：

$$x + \cos x = 1 + \sin x$$

11.16 求解压强为 10 atm 且温度为 400K 条件下，有机化合物每摩尔体积(V)的范德瓦尔斯方程[式(11.1)]。这种特定化合物的范德瓦尔斯常数是 $a = 40.0L^2 \cdot atm/mole^2$ 和 $b = 0.2$ L/mole。将你的答案与习题 11.7(b)中的结果进行比较。

11.17 求解最初在习题 11.3 中给出的方程的最小正根和最大负根(最接近原点的负根)，其中 $c=2$：

$$x \tan x = 2$$

将你的答案与习题 11.8 中的结果进行比较。

11.18 桥梁内的角支承件受到同轴压缩力的作用。如果水平力分量是 120 lbf，垂直力分量是 175 lbf，那么支撑件与水平方向的夹角是多少？

11.19 许多消费者从银行贷款购买昂贵的物品，比如汽车和房子，然后按月偿还贷款。如果 P 是初始借款总额，则每月还款金额 A 可由下面的公式确定。

$$A = P\left[\frac{i(1+i)^n}{(1+i)^n - 1}\right]$$

其中 i 为每月利率，以小数(不是百分数)表示，n 为总的支付次数。

假设你要贷款 10 000 美元购买一辆汽车。

a. 如果名义利率为 8%的 API(对应的小数形式月利率为 0.08/12 = 0.006 667)，而贷款期限为 36 个月，那么每月需要偿还多少钱？

b. 如果你被要求在 36 个月内每月还款 350 美元，那么月利率是多少？

c. 如果选择以 0.006 67 的月利率每月偿还 350 美元，那么需要支付多少次(多少个月)才能还完贷款？

d. 上述所有问题是否都需要使用 Excel 中的"单变量求解"功能？

11.20 在结构设计中，有时会出现这样一个方程：

$$\tanh x = \tan x + 1$$

其中 $\tanh x$ 是 x 的双曲正切，x 代表角度(以弧度为单位，从水平方向测量)，在这个角度上必须施加一个外力，以使力正确分布。求出这个方程的第一个正根；也就是说，求出在 $0 < x < \pi$ 区间内满足这个方程的 x 值。请使用 Excel 的 TAN 和 TANH 函数来获得解。

11.21 如图 11.21 所示，每端(分别在 $x = 0$ 和 $x=L$ 处)支撑一根长度为 L 的水平梁。假设在梁的位置 a 处施加外部垂直力 F，其中 a 代表到梁左端的距离(请注意，从图 11.21 可以看出，$a + b = L$)。然后梁在某个点 x 处($x≤a$)发生的垂直挠度可由下面的表达式决定。

$$y = \frac{Fbx}{6IL}\left(L^2 - x^2 - b^2\right), \quad 0 \leqslant x \leqslant a$$

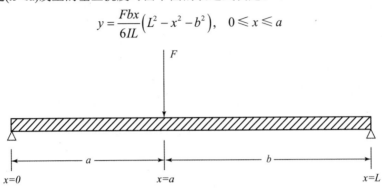

图 11.21　带有点荷载的水平梁

其中 y 为垂直挠度，E 为弹性模量(也称为杨氏模量)，I 为梁横截面的转动惯量。注意，E 只取决于梁的材质，而 I 只取决于梁的几何形状。

假设有一根 10ft 长的钢梁(E= 30×10^6 psi)，其转动惯量为 $I=5\text{in}^4$。如果在 $a=4$ft 处施加 15000lbf 的垂直力，请求出：

a. 最大挠度，发生在 $x = \sqrt{\left(L^2 - b^2\right)/3}$ 处。

b. 垂直力到左侧(取 $x < a$ 的解)，且挠度为最大挠度的 0.75 倍的位置。

请记住单位要保持一致。

11.22 四杆联动通常用于以各种方式传递机械运动。一个典型的四杆机构如图 11.22 所示。杆 AD 固定在其支撑底座上不动。杆 AB 围绕 A 点旋转，使得杆 BC 和杆 CD 往复运动，因此角度 θ_2 随 θ_1 的变化而变化。

$$AD = AB\cos\theta_1 - CD\cos\theta_2 + \sqrt{(BC)^2 - \left(CD\sin\theta_2 - AB\sin\theta_1\right)^2}$$

假设 AB = 1.5in，BC=6in，CD=3.5in，AD=5in。

a. 求出对应于 $\theta_1=45°$ 时的 θ_2；

b. 通过描绘几组 θ_2 与 θ_1 的值，确定此配置中 θ_2 的最大值。

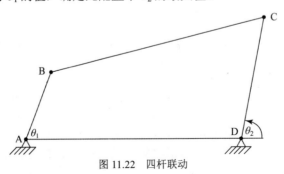

图 11.22　四杆联动

11.23 化学、土木和机械工程师必须经常确定泵送流体通过一系列管道所需的功率。要做到这一点，我们必须先确定一个摩擦系数。如果液体以湍流形式流动，且管道光滑，则摩擦系数可表示为：

$$1.1513 / \sqrt{f} = \ln(\mathrm{Re}\sqrt{f} / 2.51)$$

式中 f 表示摩擦系数，这是个不超过 0.1 的正数，Re 代表雷诺数。雷诺数是流体性质、管径和名义流速的函数。雷诺数随流体速度的增加而增加。当雷诺数超过大约 3000 时，流体以更高的速度湍流而来。因此，上述方程仅当雷诺数大于 3000 时才成立。

请求出雷诺数为 5000、120 00 和 20 000 时的摩擦系数值。摩擦系数随雷诺数的增大而增大还是随雷诺数的增大而减小？

11.24 机械工程师经常研究阻尼振动物体的运动。这些研究在汽车悬挂系统及其他领域的设计中发挥了重要作用。

下面的方程给出了物体水平位移随时间的函数：

$$x = x_0 e^{-\beta t}[\cos(\omega t) + (\beta / \omega)\sin(\omega t)]$$

参数 β 和 ω 取决于物体的质量和系统的动态特征(即弹簧常数和阻尼常数)。

对于给定的系统，假设 $x_0 = 8$ 英寸，$\beta = 0.1$ 秒$^{-1}$，$\omega = 0.5$ 秒$^{-1}$。对该系统进行以下计算：

a. 绘制 x 与 t 在区间 $0 \leqslant t \leqslant 30$ 秒上的关系曲线。

b. 尽可能准确地确定 x 第一次越过 t 轴的点(即，确定 $x=0$ 时的 t 值)。

c. 尽可能准确地确定 x 第二次越过 t 轴的点。

d. 如果 x_0 和 β 保持初始值不变，那么 ω 取值多少时会使 x 在 $t=2.5$ 秒时第一次穿过 t 轴？

11.25 电气工程师经常研究 RLC 电路(包括电阻、电感和电容)的瞬态特性。这些研究在各种电子元件的设计中起着重要作用。

假设一个开路的 RLC 电路有初始电荷 q_0 存储在电容中。当电路闭合时(通过投掷开关)，电荷从电容器中流出，并按照下列方程流过电路：

$$q = q_0 e^{-Rv(2L)} \cos[\sqrt{\frac{1}{LC} - \left(\frac{R}{2L}\right)^2} t]$$

式中，R 为电路的电阻值，L 为电感值，C 为电容值。

对于特定的电路，假设 $q_0 = 10^3$ 库仑，$R = 0.5 \times 10^3$ 欧姆，$L = 10$ 亨利，$C = 10^{-4}$ 法拉。对该系统进行以下计算：

a. 绘制区间 $0 \leqslant t \leqslant 0.5$ 秒上 q 与 t 的关系曲线。

b. 尽可能准确地确定 q 第一次穿过 t 轴的点(即，确定 $q=0$ 时的 t 值)。

c. 尽可能准确地确定 q 第二次穿过 t 轴的点。

d. 如果 q_0、L 和 C 保持原来的值，那么 R 取值为多少才能使 q 在 $t=0.06$ 秒时第一次穿过 t 轴？

注意本题和习题 11.24 中描述的振动质量之间的相似性。

11.26 水泵的性能曲线由公式 $H_a = 7.5 - 0.05Q^2$ 确定，其中 H 为流体柱的高度，Q 为体积流量。要求的系统曲线是 $H_r = 3.5 + 0.026Q^2$。工作点是当 $H_a = H_r$ 或 $H_a - H_r = 0$ 时对应的 Q 值，请用以下三种方式确定工作点。

a. 二次公式

b. 二分法。

c. 牛顿-拉普森法。

确定该泵的工作点 Q 值。

11.27 当流体流经管道时，由于流体的黏度和管道的摩擦力，会产生压强降。当以湍流方式流动时，Colebrook 方程表明，摩擦系数与管道的相对粗糙度 ε/D 及雷诺数 Re 有关。Colebrook 方程为隐式方程，如下所示：

$$\mathrm{Re} = 2 \times 10^5$$

$$\frac{1}{\sqrt{f}} = -2.0 \log \left(\frac{\varepsilon/D}{3.7} + \frac{2.51}{\mathrm{Re}\sqrt{f}} \right)$$

请用下述方法求出 $\varepsilon/D = 0.002$ 且 $\mathrm{Re} = 2 \times 10^5$ 时的 f 值。

a. 二分法(用 0.02 至 0.03 作为 f 的初值区间);

b. Excel 的"规划求解"。

第 12 章

解联立方程

在许多不同的工程应用中都会遇到联立代数方程。我们已经见过这样的应用，比如用最小二乘法将曲线拟合到一组数据中(见第 7.3 节)。此外，还有很多其他领域，如热传导、固体力学、电路、分子扩散和流体力学等，也会用到。事实上，解联立代数方程是最常用的数学求解技术之一。

工程中出现的联立方程可能是线性的，也可能是非线性的。在线性方程中，所有未知数都是一次幂的，也不作为三角函数、对数函数、平方根等函数中的参数；每个未知数的影响都是成正比的。因此，线性方程比非线性方程更容易求解。此外，用于求解线性方程组的方法也不同于非线性方程组的方法。

我们将在本章研究线性和非线性方程组。首先介绍矩阵表示法及其在联立线性方程中的应用。然后，将解释在 Excel 中如何使用这些概念求解线性代数方程组。最后，我们将看到求解联立代数方程的另一种方法，它基于 Excel 的"规划求解"功能，既可以用于求解线性方程组，也可以用于求解非线性方程组。

然而，在开始介绍矩阵表示法及其相关的求解技术之前，我们先看看如何用传统代数表示法将联立方程写成一般形式。假设我们有含 n 个未知数的 n 个联立线性代数方程。利用传统表示法，我们通常把方程写成如下形式：

$$
\begin{aligned}
a_{11}x_1 + a_{12}x_2 + a_{13}x_3 + \cdots + a_{1n}x_n &= b_1 \\
a_{21}x_1 + a_{22}x_2 + a_{23}x_3 + \cdots + a_{2n}x_n &= b_2 \\
&\cdots\cdots \\
a_{n1}x_1 + a_{n2}x_2 + a_{n3}x_3 + \cdots + a_{nn}x_n &= b_n
\end{aligned}
\tag{12.1}
$$

在这些方程中，a_{ij} 和 b_i 项表示已知值，而 x_j 表示未知数。注意系数 a_{ij} 有两个下标。下标(i)表示方程的编号(即行号)，而下标(j)表示未知数的编号(即列号)。

12.1 矩阵表示法

矩阵只是一个简单的二维数字数组。矩阵的元素由行号和列号表示。只有一列的矩阵称为向量。因此，由式(12.1)给出的方程组用矩阵可表示为：

$$AX=B \tag{12.2}$$

其中矩阵 A 和向量 X、B 可写成：

$$A = \begin{bmatrix} a_{11} & a_{12} & \cdots & a_{1n} \\ a_{21} & a_{22} & \cdots & a_{2n} \\ \cdots & \cdots & \cdots & \cdots \\ a_{n1} & a_{n2} & \cdots & a_{nn} \end{bmatrix} \quad X = \begin{bmatrix} x_1 \\ x_2 \\ \cdots \\ x_n \end{bmatrix} \quad B = \begin{bmatrix} b_1 \\ b_2 \\ \cdots \\ b_n \end{bmatrix} \tag{12.3}$$

矩阵表示法的优点是可用单个符号表示法对整个矩阵或向量进行操作。我们将看到,这简化了我们看待求解联立方程的过程。

例题 12.1　以矩阵形式写出联立方程

以矩阵形式写出下列方程组:

$$2x_1 + 3x_2 = 8$$
$$4x_1 - 3x_2 = -2$$

根据式(12.3),可将上述方程写成矩阵形式:

$$\begin{bmatrix} 2 & 3 \\ 4 & -3 \end{bmatrix} \begin{bmatrix} x_1 \\ x_2 \end{bmatrix} = \begin{bmatrix} 8 \\ -2 \end{bmatrix}$$

或者简单地表示为:

$$AX = B$$

其中:

$$A = \begin{bmatrix} 2 & 3 \\ 4 & -3 \end{bmatrix} \quad X = \begin{bmatrix} x_1 \\ x_2 \end{bmatrix} \quad B = \begin{bmatrix} 8 \\ -2 \end{bmatrix}$$

矩阵乘法

两个矩阵可以相乘,所得的乘积矩阵,其行数与相乘的第一个矩阵的行数相同,其列数与相乘的第二个矩阵的列数相同。

假设 A 是一个 $m \times n$ 矩阵(m 行 n 列),B 是一个 $n \times p$ 矩阵。注意,根据需要,A 有 n 列,B 有 n 行。于是矩阵的乘积 $AB = C$ 是按如下方式按对应元素定义的:

$$\sum_{j=1}^{n} a_{ij} b_{jk} = c_{ik} \quad i = 1, 2, \ldots, m \quad k = 1, 2, \ldots, p \tag{12.4}$$

得到的矩阵 C 将包含 m 行和 p 列。

矩阵乘法是不可交换的;也就是说,乘积 BA 一般不等于乘积 AB。事实上,如果 B 的列数不等于 A 的行数,乘积 BA 甚至无法定义。如果 A 和 B 都是 $n \times n$ 的方阵,那么我们可以得到乘积 $C1 = AB$ 或者 $C2 = BA$,但是 $C1$ 通常与 $C2$ 不相等。

矩阵乘法并不像它看起来的那么复杂。计算规则是横跨 A(逐列)、竖到 X(逐行)计算。

例题 12.2　矩阵乘法

假设 A 是一个 2×3 矩阵,B 是一个 3×2 矩阵,其中每个矩阵定义为:

$$A = \begin{bmatrix} 1 & 2 & 3 \\ 4 & 5 & 6 \end{bmatrix} \quad B = \begin{bmatrix} 7 & 8 \\ 9 & 10 \\ 11 & 12 \end{bmatrix}$$

请求出矩阵乘积 $C = AB$。

我们首先观察到 A 的列数与 B 的行数相同(即都是 3),因此可以进行期望的矩阵乘法。得到的乘

积矩阵 C 有两行(因为 A 有两行)和两列(因为 B 有两列)。

由式(12.4)可得:

$$c_{11}=a_{11}\,b_{11}+a_{12}\,b_{21}+a_{13}b_{31}=(1)(7)+(2)(9)+(3)(11)=58$$

类似地,

$$c_{12} = a_{11}b_{12} + a_{12}b_{22} + a_{13}b_{32} = (1)(8) + (2)(10) + (3)(12) = 64$$
$$c_{21} = a_{21}b_{11} + a_{22}b_{21} + a_{23}b_{31} = (4)(7) + (5)(9) + (6)(11) = 139$$
$$c_{22} = a_{21}b_{12} + a_{22}b_{22} + a_{23}b_{32} = (4)(8) + (5)(10) + (6)(12) = 154$$

因此,我们可以把期望的乘积写成:

$$C=\begin{bmatrix} 58 & 64 \\ 139 & 154 \end{bmatrix}$$

如果第二个乘项是向量,则式(12.4)可以进行简化。因此,如果 A 是一个 $m \times n$ 矩阵,X 是一个含 n 个元素的向量(即 n 行),矩阵乘积 $AX=B$ 可以下列方式按对应元素写成:

$$\sum_{j=1}^{n} a_{ij}x_j = b_i \quad i=1,2,\ldots,m \tag{12.5}$$

因为 A 矩阵有 m 行,所以得到的向量 B 包含 m 个元素(m 行)。

例题 12.3 重构联立方程

从例题 12.1 所给方程的矩阵形式开始,利用式(12.5)重构原始的两个方程。

根据式(12.5)可以把第一个方程写成:

$$\sum_{j=1}^{2} a_{1j}x_j = b_1$$

代入系数值,得到:

$$2x_1+3x_2=8$$

这是原来两个方程中的第一个。

类似地,我们可以把第二个方程写成:

$$\sum_{j=1}^{2} a_{2i}x_j = b_2$$

或者

$$4x_1 - 3x_2 = -2$$

这是原来两个方程中的第二个。

其他矩阵运算

为完整起见,还应该讨论其他三种矩阵运算,但是它们都与解联立方程无关。这些运算是矩阵加法、矩阵减法和标量乘法。

如果两个矩阵包含相同的行数和列数,则可以将它们相加。因此,如果 A 和 B 都是 $m\times n$ 矩阵,那么矩阵的和就写成 $A + B = C$。在对应元素运算的基础上,矩阵的和只需要将 A 的元素加到 B 的对应元素上就可以求出。换句话说:

$$a_{ij} + b_{ij} = c_{ij} \tag{12.6}$$

注意 C 也是一个 $m\times n$ 矩阵。

矩阵减法与矩阵加法完全相似。因此,如果 A 和 B 各为 $m\times n$ 矩阵,则矩阵的差为 $A - B = C$,其

中 C 也是 $m \times n$ 矩阵。在对应元素运算的基础上，通过从 A 的对应元素中减去 B 的元素即可得到矩阵的差。也就是说：

$$a_{ij} - b_{ij} = c_{ij} \tag{12.7}$$

标量乘法涉及将 $m \times n$ 矩阵的每个元素乘以一个常数 k，因此，我们可将标量乘法写成 $kA = C$。在对应元素运算的基础上，我们可以写：

$$ka_{ij} = c_{ij} \tag{12.8}$$

同样，注意 C 是一个 $m \times n$ 矩阵。

这三种运算都没有矩阵乘法复杂。我们在这里介绍它们只是为了全面概述基本矩阵运算。

例题 12.4　矩阵加法、矩阵减法和标量乘法

假设已知矩阵：

$$A = \begin{bmatrix} 4 & 7 \\ -2 & 5 \end{bmatrix} \quad B = \begin{bmatrix} 1 & -8 \\ 4 & 4 \end{bmatrix}$$

请求出矩阵的和 $A + B$，矩阵的差 $A - B$，以及乘积 $3A$。

利用式(12.6)式(12.7)和式(12.8)，可得：

$$A + B = \begin{bmatrix} (4+1) & (7-8) \\ (-2+4) & (5+4) \end{bmatrix} = \begin{bmatrix} 5 & -1 \\ 2 & 9 \end{bmatrix}$$

$$A - B = \begin{bmatrix} (4-1) & (7+8) \\ (-2-4) & (5-4) \end{bmatrix} = \begin{bmatrix} 3 & 15 \\ -6 & 1 \end{bmatrix}$$

$$3A = \begin{bmatrix} 3(4) & 3(7) \\ 3(-2) & 3(5) \end{bmatrix} = \begin{bmatrix} 12 & 21 \\ -6 & 15 \end{bmatrix}$$

特殊矩阵

在进一步讨论之前，我们必须讨论两个特殊矩阵，单位矩阵 I 和逆矩阵 A^{-1}。

单位矩阵类似于普通代数中的常数 1。它是一个方阵，包含 n 行 n 列。例如(对于一个 5×5 矩阵)：

$$I = \begin{bmatrix} 1 & 0 & 0 & 0 & 0 \\ 0 & 1 & 0 & 0 & 0 \\ 0 & 0 & 1 & 0 & 0 \\ 0 & 0 & 0 & 1 & 0 \\ 0 & 0 & 0 & 0 & 1 \end{bmatrix} \tag{12.9}$$

单位矩阵的重要性质是：

$$IA = AI = A \tag{12.10}$$

其中 A 也是方阵，有 n 行 n 列。注意，这与普通代数里的写法类似。

$$1 \times a = a \times 1 = a \tag{12.11}$$

逆矩阵类似于普通代数中的倒数。它也是一个方阵，包含 n 行 n 列，它的重要性质是：

$$A^{-1}A = AA^{-1} = I \tag{12.12}$$

注意，这也与普通代数里的写法类似。

$$a^{-1}a = aa^{-1} = 1 \tag{12.13}$$

但是，你应该理解，A^{-1} 的元素并不是 A 的元素的倒数。事实上，计算 A^{-1} 是相当复杂的，具体内容我们将在第 12.3 节中介绍。现在，我们只是在需要的时候用 Excel 计算逆矩阵。

例题 12.5 逆矩阵的性质

例题 12.1 所示的矩阵 A 的逆(即共轭矩阵)为：

$$A^{-1} = \begin{bmatrix} 1/6 & 1/6 \\ 2/9 & -1/9 \end{bmatrix}$$

求矩阵的逆的经典方法比较复杂，并且超出了本书的范围。但请注意，逆矩阵的元素并不是 A 对应元素的倒数。

我们可以用矩阵乘法的规则来证明 $AA^{-1} = I$。

写出 AA^{-1} 的分量，得到：

$$AA^{-1} = \begin{bmatrix} 2 & 3 \\ 4 & -3 \end{bmatrix} \begin{bmatrix} 1/6 & 1/6 \\ 2/9 & -1/9 \end{bmatrix}$$

$$AA^{-1} = \begin{bmatrix} (2)(1/6)+(3)(2/9) & (2)(1/6)+(3)(-1/9) \\ (4)(1/6)+(-3)(2/9) & (4)(1/6)+(-3)(-1/9) \end{bmatrix}$$

$$AA^{-1} = \begin{bmatrix} (1/3+2/3) & (1/3-1/3) \\ (2/3-2/3) & (2/3+1/3) \end{bmatrix} = \begin{bmatrix} 1 & 0 \\ 0 & 1 \end{bmatrix} = I$$

和预想的一样。你可能希望计算出乘积 $A^{-1}A$，并证明它也等于单位矩阵 I(参见习题 12.6)。

并不是所有的方阵都有对应的逆矩阵。没有逆矩阵的方阵称为奇异矩阵。如果矩阵的行列式等于零，它就是奇异矩阵。

联立线性方程

现在我们将利用单位矩阵和逆矩阵来求解联立方程。我们先把联立方程写成：

$$AX = B \tag{12.14}$$

如果等式两边都先左乘以 A^{-1}，就得到：

$$A^{-1}AX = A^{-1}B \tag{12.15}$$

但是 $A^{-1}AX$ 可以写成 $IX = X$。因此，又可以写：

$$X = A^{-1}B \tag{12.16}$$

所以结论是，联立代数方程组 $AX = B$ 可以通过先求系数矩阵 A 的逆矩阵 A^{-1}，然后求乘积 $A^{-1}B$ 来求解。得到的乘积是向量 X，它的分量就是要求解的未知量。

例题 12.6 利用矩阵求逆法求解联立方程

用矩阵求逆法求解例题 12.1 中给出的方程组。为方便起见，所给的方程组重复如下：

$$2x_1 + 3x_2 = 8$$
$$4x_1 - 3x_2 = -2$$

我们可以把方程组写成矩阵形式，即：

$$AX = B$$

其中：

$$A = \begin{bmatrix} 2 & 3 \\ 4 & -3 \end{bmatrix} \quad X = \begin{bmatrix} x_1 \\ x_2 \end{bmatrix} \quad B = \begin{bmatrix} 8 \\ -2 \end{bmatrix}$$

此外，在上一个例子中，我们已经求得：

$$A^{-1} = \begin{bmatrix} 1/6 & 1/6 \\ 2/9 & -1/9 \end{bmatrix}$$

由式(12.16)可得解为：

$$X = A^{-1}B = \begin{bmatrix} 1/6 & 1/6 \\ 2/9 & -1/9 \end{bmatrix}\begin{bmatrix} 8 \\ -2 \end{bmatrix} = \begin{bmatrix} 8/6-2/6 \\ 16/9+2/9 \end{bmatrix} = \begin{bmatrix} 1 \\ 2 \end{bmatrix}$$

因此，期望的解是 $x_1 = 1$、$x_2 = 2$。

习题

12.1 写出下列联立方程的矩阵形式：

a. $x_1 - 2x_2 + 3x_3 = 17$
$3x_1 + x_2 - 2x_3 = 0$
$2x_1 + 3x_2 + x_3 = 7$

b. $0.1x_1 - 0.5x_2 + x_4 = 2.7$
$0.5x_1 - 2.5x_2 + x_3 - 0.4x_4 = -4.7$
$x_1 + 0.2x_2 - 0.1x_3 + 0.4x_4 = 3.6$
$0.2x_1 + 0.4x_2 - 0.2x_3 = 1.2$

c. $11x_1 + 3x_2 + x_4 + 2x_5 = 51$
$4x_2 + 2x_3 + x_5 = 15$
$3x_1 + 2x_2 + 7x_3 + x_4 = 15$
$4x_1 + 4x_3 + 10x_4 + x_5 = 20$
$2x_1 + 5x_2 + x_3 + 3x_4 + 13x_5 = 92$

12.2 求下列每对矩阵的矩阵乘积 $AB = C$：

a. $A = \begin{bmatrix} 1 & 2 \\ 3 & 4 \\ 5 & 6 \end{bmatrix}$ \quad $B = \begin{bmatrix} 7 & 8 & 9 & 10 \\ 11 & 12 & 13 & 14 \end{bmatrix}$

b. $A = \begin{bmatrix} 1 & 2 & 3 \end{bmatrix}$ \quad $B = \begin{bmatrix} 4 \\ 5 \\ 6 \end{bmatrix}$

c. $A = \begin{bmatrix} 1 \\ 2 \\ 3 \end{bmatrix}$ \quad $B = \begin{bmatrix} 4 & 5 & 6 \end{bmatrix}$

d. $A = \begin{bmatrix} 1 & 2 & 3 \\ 4 & 5 & 6 \\ 7 & 8 & 9 \end{bmatrix}$ \quad $B = \begin{bmatrix} 5 \\ -3 \\ 2 \end{bmatrix}$

12.3 根据下列矩阵方程重构联立代数方程：

$$\begin{bmatrix} 4 & -2 & 1 \\ 1 & 3 & -7 \\ -2 & 0 & -5 \end{bmatrix}\begin{bmatrix} x_1 \\ x_2 \\ x_3 \end{bmatrix} = \begin{bmatrix} 6 \\ 34 \\ 14 \end{bmatrix}$$

12.4 假设已知下列方阵：

$$A = \begin{bmatrix} 6 & 0 & -3 \\ -1 & 4 & 9 \\ 8 & -5 & 2 \end{bmatrix} \qquad B = \begin{bmatrix} 5 & -5 & -7 \\ 0 & 9 & 2 \\ 4 & -1 & 0 \end{bmatrix}$$

利用这两个矩阵，分别进行以下矩阵运算：

a. $A + B = C$　d. $2A = C$

b. $B + A = C$　e. $AB = C$

c. $A - B = C$　f. $BA = C$

矩阵的和(a)与(b)相等吗？矩阵的乘积(e)与(f)相等吗？从这两个比较中你能得出什么结论？

12.5 假设 I 是一个 3×3 的单位矩阵，A 是下面的方阵：

$$A = \begin{bmatrix} 6 & 0 & -3 \\ -1 & 4 & 9 \\ 8 & -5 & 2 \end{bmatrix}$$

a. 确定矩阵乘积 IA。

b. 确定矩阵乘积 AI。

两次的结果相等吗？

12.6 利用例题 12.1 和 12.5 中给出的矩阵确定矩阵乘积 $A^{-1}A$。并与例题 12.5 中的结果进行比较。$A^{-1}A$ 是否等于 AA^{-1}？

12.7 确定下面的矩阵是否等于习题 12.5 中给出的矩阵 A 的逆。

$$B = \begin{bmatrix} 0.132832 & 0.037594 & 0.030075 \\ 0.185464 & 0.090226 & -0.127820 \\ -0.067670 & 0.075188 & 0.060150 \end{bmatrix}$$

12.8 考虑由三个未知数组成的方程组，其矩阵形式为 $AX = B$。其中：

$$A = \begin{bmatrix} 4 & -2 & 1 \\ 1 & 3 & -7 \\ -2 & 0 & -5 \end{bmatrix} \qquad X = \begin{bmatrix} x_1 \\ x_2 \\ x_3 \end{bmatrix} \qquad B = \begin{bmatrix} 6 \\ 34 \\ 14 \end{bmatrix}$$

假设已知 A 的逆为：

$$A^{-1} = \begin{bmatrix} 0.163043 & 0.108696 & -0.119570 \\ -0.206520 & 0.195652 & -0.315220 \\ -0.065220 & -0.043480 & -0.152170 \end{bmatrix}$$

利用这个信息，解出未知数 x_1、x_2 和 x_3。

12.2　在 Excel 中进行矩阵运算

在 Excel 中可以很容易地进行矩阵运算。因为在 Excel 中矩阵被表示为数组，所以我们要用数组。

数组是一个被集体引用的单元格块，引用方式与单个单元格的相同。对数组执行的任何操作都会对数组中的所有单元格产生相同的结果。此外，可以将数组指定为函数的一个参数。这相当于指定各单元格作为函数的多个参数。

数组可以表示为包含在大括号({})中的单元格块。例如，{A1:C3}指由单元格 A1 延伸到单元格 C3 的单元格块组成的数组。括号作为数组规范的一部分，由 Excel 自动添加。因此，在书写数组时不应该再包含括号。

要在 Excel 工作表中进行数组操作(即矩阵运算)，请按下列步骤进行。

1. 选择组成结果数组的单元格块。然后将单元格标记移动到突出显示块中的左上角单元格。

2. 根据需要输入数组公式。可以在公式中包含单元格范围(例如，=B3:D4+F3:G4)。但是，在输入公式之后，不要用大括号将公式括起来。

3. 同时按 Ctrl+Shift+Enter 键(在 PC 上)或 Command+Return 键(在苹果电脑上)。这将导致公式外出现一对大括号，从而将单元格块标识为数组。然后将执行所指示的运算。

例题 12.7 在 Excel 中进行矩阵加法、矩阵减法和标量乘法

在 Excel 工作表中重复例题 12.4 所示的操作。因此，我们希望根据以下两个矩阵确定矩阵的和 $A+B$，矩阵的差 $A-B$，以及矩阵乘积 $3A$：

$$A = \begin{bmatrix} 4 & 7 \\ -2 & 5 \end{bmatrix} \qquad B = \begin{bmatrix} 1 & -8 \\ 4 & 4 \end{bmatrix}$$

Excel 工作表如图 12.1 所示。在这个工作表中，以正常方式输入矩阵 A 和 B 的元素。注意，矩阵四周的垂直线纯粹是修饰性的；它们不是必需的。

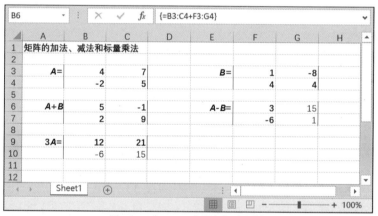

图 12.1 在 Excel 中进行矩阵运算

为求矩阵的和，我们首先选择从 B6 到 C7 的单元格块。单元格标记将出现在单元格 B6 上。然后输入公式=B3:C4+F3:G4(不带花括号)，同时按 Ctrl+Shift+Enter 键(或 Command+Return 键)。得到的矩阵的和将出现在单元格 B6 到 C7 中，如图 12.1 所示。

注意公式栏中显示的数组公式{=B3:C4+F3:G4}。当单元格标记突出显示单元格 B6 时输入此公式(不带花括号)，但是该公式适用于所选单元格的整个块。在按下 Ctrl+Shift+Enter 键或 Command+Return 键后，会自动添加花括号。

同样，通过选择从 F6 到 G7 的单元格块来确定矩阵的差。然后输入公式=B3:C4-F3:G4，不带花括号。在按下 Ctrl+Shift+Enter 键或 Command+Return 键)后，会自动添加花括号。然后矩阵减法运算的结果将出现在单元格 F6 到 G7 中。

最后，通过选择从 B9 延伸到 C10 的单元格块，输入公式=3*B3:C4，然后像前面一样按下 Ctrl+Shift+Enter 键或 Command+Return 键，就能求出标量积。

首先选择组成矩阵的单元格，然后右击任何突出显示的单元格，就可以添加构成矩阵边框的可

选垂直线。从下拉菜单中选择"设置单元格格式…"。然后单击"边框"选项卡，将出现如图 12.2 所示的对话框。在对话框中选择线宽，再单击左右边框。

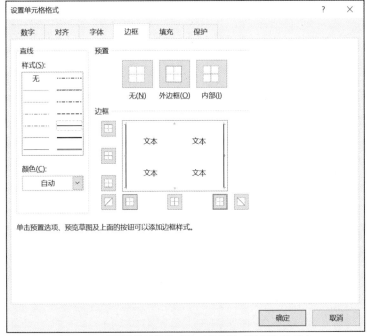

图 12.2　"设置单元格格式"对话框的"边框"选项卡

12.3　在 Excel 中用矩阵求逆法求解联立方程

在 Excel 中求解线性联立方程的方法之一就是用第 12.1 节中描述的矩阵求逆法。Excel 包含一个名为 MINVERSE 的库函数，可以求矩阵的逆，另一个函数 MMULT 可以执行矩阵乘法。因此，利用这两个函数求解方程组 $AX=B$ 是相当简单的。一般的步骤是，先用 MINVERSE 函数求 A^{-1}，然后用 MMULT 函数求矩阵乘积 $A^{-1}B$。乘积的结果是向量 X，它就包含求得的未知量。

具体流程如下：

1. 将系数矩阵 A 的元素输入 $n \times n$ 个单元格块中。

2. 在另一个包含 n 个单元格的块(单个列)中输入右边的 B。

3. 确定你想要逆矩阵 A^{-1} 出现的位置(必须留出另外 $n \times n$ 个单元格块)。然后突出显示这个单元格块，将单元格标记放在左上角的单元格中，并输入公式"=MINVERSE()"。将系数矩阵的范围放在括号内；例如"=MINVERSE(A1:B2)"，然后同时按 Ctrl+Shift+Enter 键或 Command+Return 键。A^{-1} 的元素就会出现在块中。

4. 现在确定要将解 X 放在哪里(必须在某一列中留出一个由 n 个单元格组成的块)。然后突出显示这个单元格块，将单元格标记放在顶部单元格中，并输入公式"=MMULT(,)"。将逆矩阵的范围放在圆括号内，后面跟着逗号，再后跟着右边的范围；例如"=MMULT(F1:G2, D1:D2)"，然后同时按 Ctrl+Shift+Enter 键或 Command+Return 键。然后 X 的元素(未知量)就会出现在块中。

5. 通过计算矩阵乘积 AX 来验证解决方案是一个好主意，然后将得到的乘积与原始的右侧的向量 B 进行比较。如果计算正确，它们将是相同的(或非常接近)。

6. 也可用矩阵库函数 MDETERM 来计算 A 的行列式。记住，若矩阵的行列式的值为零，那么表示这是一个奇异矩阵，它没有逆矩阵。为此，在单元格内输入公式"=MDETERM( )"，将 A 的范围放在括号内；例如"= MDETERM(A1:B2)"。注意 MDETERM 函数的返回值，该值可以是正的、负的或零。如果返回值为零(受数值舍入误差的影响，也可能非常接近于零)，那么方程组就没有解，你就不必再继续计算了。因此。可选择先计算 A 的行列式，然后试着求它的逆矩阵。

例题 12.8　用矩阵求逆法在 Excel 中求解联立方程

在例题 12.6 中，我们概述了求解下列联立方程的过程：

$$2x_1 + 3x_2 = 8$$
$$4x_1 - 3x_2 = -2$$

求解过程假设我们已经知道系数矩阵的逆。现在我们先用 Excel 计算它的行列式，再求出它的逆矩阵，然后解方程组。

图 12.3 显示了包含位于单元格 A4:B5 的系数矩阵(即矩阵 A)和位于单元格 G4:G5 的右侧(即向量 B)的 Excel 工作表。注意，该工作表已为系数矩阵的逆(A^{-1})、解向量(即向量 X)和矩阵的乘积 AX 预留了空间。这些量可以根据已知信息求得。为使工作表更清晰，每个矩阵或向量都被标记出来并放置在一个边框内。

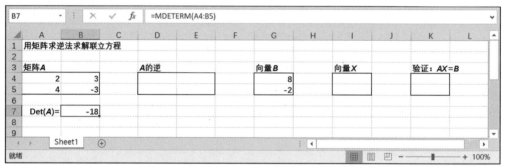

图 12.3　准备用矩阵求逆法求解两个联立方程

我们首先用 MDETERM 函数计算单元格 B7 中 A 的行列式，如公式栏所示。这个值是-18；因此，我们得出结论，A 是非奇异的，我们可以计算它的逆矩阵。

图 12.4 显示了单元格 D4:E5 中逆矩阵的元素。如公式栏所示，这些值是用 MINVERSE 函数算得的。

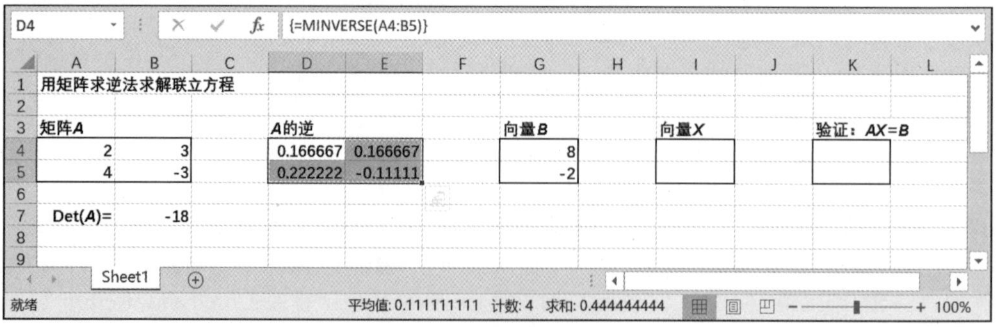

图 12.4　计算矩阵 A 的逆

在图 12.5 中，我们看到期望的解向量位于单元格 I4:I5 中。通过右乘系数矩阵的逆矩阵可得到解向量；即，计算矩阵的乘积 $A^{-1}B$。如公式栏所示，可以用 MMULT 函数进行矩阵乘法。因此，我们现在可以看到期望的解是 $x_1=1$，$x_2=2$，这与例题 12.6 中的结果一致。

最后，通过计算乘积 AX，并将其与原始的右侧向量 B 进行比较，就可以检查我们的解。图 12.6 显示了单元格 K4:K5 中的乘积结果。从公式栏中可以看到，这些值是用 MMULT 函数得到的。显然，计算值与原来的向量 B 一致，从而保证了解的正确性。

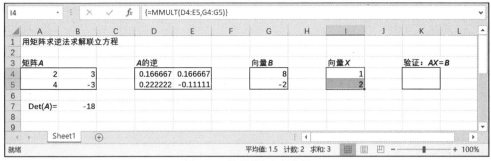

图 12.5　得到联立方程的解

图 12.6　检查解

习题

用 Excel 求解下列问题。

12.9　假设我们有下列矩阵(这些矩阵最初是在习题 12.4 中给出的)。

$$A = \begin{bmatrix} 6 & 0 & -3 \\ -1 & 4 & 9 \\ 8 & -5 & 2 \end{bmatrix} \quad B = \begin{bmatrix} 5 & -5 & -7 \\ 0 & 9 & 2 \\ 4 & -1 & 0 \end{bmatrix}$$

将每个矩阵表示为数组，并进行下列各矩阵运算。

a. $A+B=C$　　c. $A-B=C$

b. $B+A=C$　　d. $2A=C$

12.10　执行习题 12.2 所给的矩阵乘法运算。利用库函数 MMULT 执行矩阵乘法。

12.11　利用库函数 NUMVERSE 验证例题 12.5 中给出的 A^{-1} 矩阵是否正确(原矩阵 A 如例题 12.1 所示)。然后用库函数 MMULT 验证这些矩阵满足 $A^{-1}A = AA^{-1} = I$。

12.12　用 MMULT 函数求解习题 12.5。

12.13　用 MMULT 函数求解习题 12.7。

12.14　用 Excel 求解习题 12.8 中给出的联立方程。计算乘积 AX，并将其与原来的向量 B 进行比较。

12.15　求解下列习题 12.1 已给出的联立方程。在每种情况下，使用上一题中描述的方法验证解是否正确。

a.　$x_1 - 2x_2 + 3x_3 = 17$

　　$3x_1 + x_2 - 2x_3 = 0$

　　$2x_1 + 3x_2 + x_3 = 7$

　　$0.1x_1 - 0.5x_2 + x_4 = 2.7$

b.　$0.5x_1 - 2.5x_2 + x_3 - 0.4x_4 = -4.7$

　　$x_1 + 0.2x_2 - 0.1x_3 + 0.4x_4 = 3.6$

　　$0.2x_1 + 0.4x_2 - 0.2x_3 = 1.2$

c. $11x_1 + 3x_2 + x_4 + 2x_5 = 51$

$4x_2 + 2x_3 + x_5 = 15$

$3x_1 + 2x_2 + 7x_3 + x_4 = 15$

$4x_1 + 4x_3 + 10x_4 + x_5 = 20$

$2x_1 + 5x_2 + x_3 + 3x_4 + 13x_5 = 92$

12.16 解下列联立方程。在每种情况下,用习题 12.14 中描述的方法验证解是否正确。

a. $15x_1 + 20x_2 = 25$

$5x_1 + 10x_2 = 12$

b. $4x_1 - 2x_2 + x_3 = 6$

$x_1 + 3x_2 - 7x_3 = 34$

$-2x_1 - 5x_3 = 14$

c. $x_1 + x_2 + 5x_3 - 12x_4 = 29$

$x_2 + 16x_4 = 21$

$7x_1 + 2x_2 - 12x_4 = 5$

$x_3 - x_4 = 6$

12.4 在 Excel 中用 "规划求解" 解联立方程

Excel 的 "规划求解" 功能为联立方程的求解提供了一种完全不同的方法。这种方法既可用于非线性方程组,也可用于线性方程组。

请记住,"规划求解" 是一个 Excel 加载项,如第 11.5 节所述。要安装 "规划求解",请遵循第 11.5 节的说明。

现在,我们要看看如何用 "规划求解" 来解联立方程,其中方程不一定是线性的。假设方程可表示为:

$$f_1(x_1, x_2, \ldots, x_n) = 0 \qquad (12.17)$$

$$f_2(x_1, x_2, \ldots, x_n) = 0 \qquad (12.18)$$

$$\ldots$$

$$f_n(x_1, x_2, \ldots, x_n) = 0 \qquad (12.19)$$

因此,我们得到由 n 个未知数组成的 n 个方程。我们想求出 $x_1, x_2, \ldots, x_n$,使得每个方程都等于零。

第一种方法是令函数

$$y = f_1^2 + f_2^2 + \ldots + f_n^2 \qquad (12.20)$$

等于零,即求出能使式(12.20)等于零的 $x_1, x_2, \ldots, x_n$。因为式(12.20)右边的所有项都是平方项,所以它们都大于等于零。因此,y 等于零的唯一方法是每个单独的函数也等于零。因此能使 $y = 0$ 的 $x_1, x_2, \ldots, x_n$ 就是给定方程组的解。因此,"规划求解" 的一般方法是先定义一个目标函数,它由各方程的平方组成,如式(12.20)所示,然后确定 $x_1, x_2, \ldots, x_n$,使得目标函数等于零。

用 "规划求解" 求解联立方程的过程如下:

1. 在工作表的每个单元格中输入各自变量 $x_1, x_2, \ldots, x_n$ 的初始猜测值。

2. 在每个单元格中以 Excel 公式的形式输入方程 $f_1, f_2, \ldots, f_n$ 和 y。在这些公式中,将未知数 $x_1, x_2, \ldots, x_n$ 表示为包含初始猜测值的单元格的地址。

3. 从功能区的"数据"选项卡的"分析"组中，选择"规划求解"。

4. 出现"规划求解参数"对话框时，输入以下信息：

a. 在"设置目标"栏中填写 y 公式的单元格地址。

b. 在第二行中选择"目标值："。然后在对应的数据区中输入 0。换句话说，求 $x_1, x_2, \ldots, x_n$，使得目标函数等于零。

c. 在"通过更改可变单元格"栏输入包含 $x_1, x_2, x_3, \ldots, x_n$ 初值的单元格地址范围。

d. 如有必要，你可以勾选"使无约束变量为非负数"复选框。如果希望进一步限制自变量的范围，还可单击"遵守约束"栏下的"添加"按钮。然后在每个自变量的"添加约束"对话框中填写以下信息：

- 在"单元格引用"栏填写包含自变量初始值的单元格地址。
- 在下拉菜单中选择"约束类型"(即≤或≥)。
- 在"约束"栏填写约束值。
- 选择"确定"返回到"规划求解参数"对话框，或者选择"添加"按钮添加另一个约束。
- 请注意，在添加约束之后还可以更改或删除约束。

e. 如果 y 函数是连续可微的，则在标记为"选择求解方法"的区域中，选中"非线性 GRG"。否则，选择"演化"。

f. 当所有需要的信息都正确输入后，单击"求解"按钮。这将启动实际的求解过程。

然后将出现一个名为"规划求解结果"的新对话框，告诉你"规划求解"能否解决该问题。如果已经得到了一个解，自变量的期望值将出现在最初包含初始值的单元格中。包含目标函数的单元格将显示为零或接近零的值.

例题 12.9　在 Excel 中用"规划求解"解线性联立方程

用"规划求解"确定下列方程组的解。

$$3x_1 + 2x_2 - x_3 = 4$$
$$2x_1 - x_2 + x_3 = 3$$
$$x_1 + x_2 - 2x_3 = -3$$

为清楚起见，称第一个方程为 $f(x_1, x_2, x_3)$，第二个方程为 $g(x_1, x_2, x_3)$，第三个方程为 $h(x_1, x_2, x_3)$。因此，我们可以把已知的方程组写为：

$$f = 3x_1 + 2x_2 - x_3 - 4 = 0$$
$$g = 2x_1 - x_2 + x_3 - 3 = 0$$
$$h = x_1 + x_2 - 2x_3 + 3 = 0$$

我们希望求出 x_1、x_2 和 x_3，使得 $f(x_1, x_2, x_3), g(x_1, x_2, x_3)$ 和 $h(x_1, x_2, x_3)$ 都等于零。为了做到这一点，我们对它们求和：

$$y = f^2 + g^2 + h^2$$

如果 $f=0$、$g=0$ 且 $h=0$，那么 y 也等于 0。然而，对于 f, g 和 h 的任何其他值(无论是正的还是负的)，y 都大于零。因此，可通过求 x_1、x_2 和 x_3 的值来解已知方程组，这些值能使 y 等于 0。我们将用 Excel 的"规划求解"功能来求 x_1，x_2 和 x_3 的值使目标函数 y 的值趋向于 0。

包含初始设置的 Excel 工作表如图 12.7 所示。对应的单元格公式如图 12.8 所示。请注意，单元格 B3、B4 和 B5 包含 x_1、x_2 和 x_3 的初始假设值。单元格 B7、B8 和 B9 包含 $f(x_1, x_2, x_3), g(x_1, x_2, x_3)$ 和 $h(x_1, x_2, x_3)$ 的公式；单元格 B11 包含 y 的公式。图 12.7 中这些单元格中的值是基于 x_1、x_2 和 x_3 的初始值。

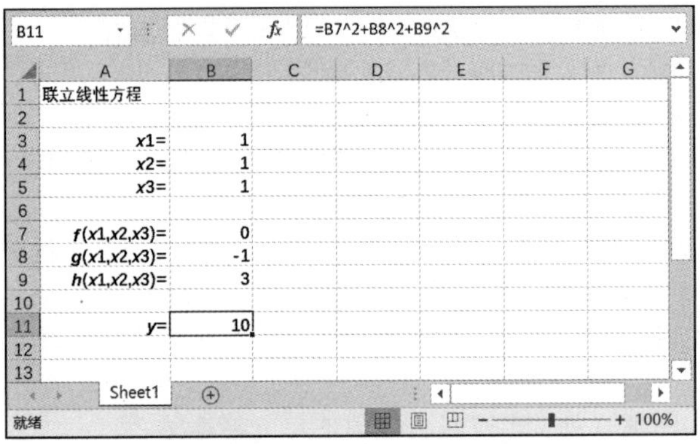

图 12.7　为"规划求解"准备三个线性方程

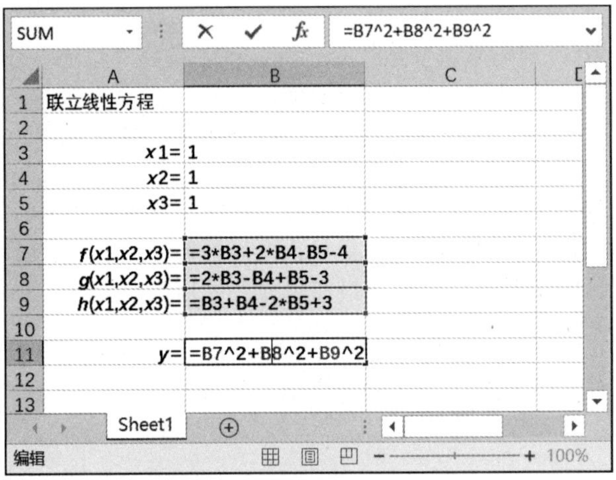

图 12.8　对应的单元格公式

接下来，如图 12.9 所示，在"数据"选项卡的"分析"组中选择"规划求解"，在"规划求解参数"对话框中输入目标函数(B11)的地址和自变量(B3:B5)的地址范围。请注意，目标函数的目标值被设置为零。然后选择求解方法"非线性 GRG"，单击"求解"按钮得到解。

图 12.9　在"规划求解参数"中设置问题

然后出现"规划求解结果"对话框，表示找到了解，如图 12.10 所示。我们单击"确定"按钮来显示实际的解。

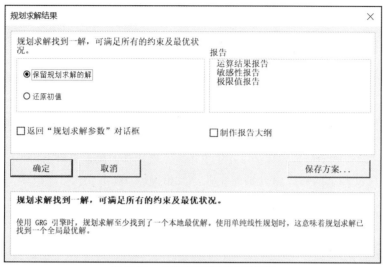

图 12.10 "规划求解结果"对话框

表示最终解的值出现在工作表中各自的单元格中，如图 12.11 所示。因此，我们看到这三个方程的解是 $x_1=1$、$x_2=2$ 和 $x_3=3$。f、g、h 和 y 的对应值都近似为零。

B11		$\times$ $\checkmark$ f_x	=B7^2+B8^2+B9^2					
	A	B	C	D	E	F	G	
1	联立线性方程							
2								
3	$x1=$	1						
4	$x2=$	2						
5	$x3=$	3						
6								
7	$f(x1,x2,x3)=$	-1.9E-06						
8	$g(x1,x2,x3)=$	-3.2E-06						
9	$h(x1,x2,x3)=$	1.36E-06						
10								
11	$y=$	1.6E-11						
12								
13								

图 12.11 最终的解

在 Excel 中求解线性方程组时要注意，即使用矩阵得到的解原则上是精确的，而用"规划求解"的广义简约梯度法得到的解是近似的。因此，通常首选矩阵方法。然而，由于数值舍入误差的积累，在矩阵求逆过程中出现了误差，因此它的准确性会变差。当有许多联立方程或者系数矩阵接近奇异时，这一点尤为重要。

上例中给出的方程都是线性的。"规划求解"也可以通过与求解线性问题相同的步骤得到非线性问题的解。但是请记住，非线性问题可能有多个解，而且解不一定是实数。因此，可能需要限制自变量的范围，如下例所示。

例 12.10 在 Excel 中用"规划求解"求解联立非线性方程

用"规划求解"确定下列两个联立非线性方程的解。将自变量的范围限制为非负值。

$$x_1^2 + 2x_2^2 - 5x_1 + 7x_2 = 40$$
$$3x_1^2 - x_2^2 + 4x_1 + 2x_2 = 28$$

我们把这些方程重新排列如下:

$$f(x_1, x_2) = x_1^2 + 2x_2^2 - 5x_1 + 7x_2 - 40 = 0$$
$$g(x_1, x_2) = 3x_1^2 - x_2^2 + 4x_1 + 2x_2 - 28 = 0$$

我们就是要求使得 $f(x_1, x_2)$ 和 $g(x_1, x_2)$ 等于零的 x_1 和 x_2 的值。

这个过程将形成目标函数:

$$y(x_1, x_2) = f^2 + g^2$$

然后,我们用"规划求解"来确定 x_1 和 x_2 的值,以及使目标函数 f 和 g 等于零的 x 的值。这些值表示给定方程的解。

图 12.12 显示了包含初始问题陈述的 Excel 工作表。请注意,如单元格 B3 和 B4 所示,x_1 和 x_2 都被赋值为初值 1。f、g 和 y 的对应值分别显示在单元格 B6、B7 和 B9 中。根据 x_1 和 x_2 的初值,对图 12.13 所示的公式进行计算,可以得到这些值。

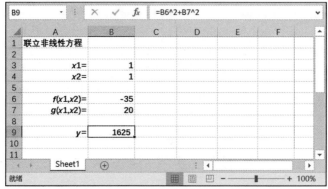

图 12.12　为"规划求解"准备两个联立非线性方程

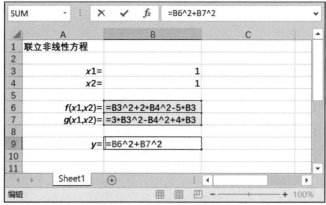

图 12.13　对应的单元格公式

现在,我们从"工具"菜单中选择"规划求解",得到如图 12.14 所示的"规划求解参数"对话框。在顶部附近输入目标函数(B9)的地址,接着指定目标函数的目标值为零。然后将自变量的取值范围(B3:B4)输入"通过更改可变单元格"栏中。在此基础上,选中"使无约束变量为非负数"复选框,并采用"非线性 GRG"作为求解方法。

图 12.15 显示了生成的"规划求解结果"对话框,表示找到了解。单击"确定"按钮显示实际的解,如图 12.16 所示。由此可知,这两个方程的解近似为 $x_1 = 2.70$ 和 $x_2 = 3.37$。f、g 和目标函数 y 的对应值都非常接近于零。

图 12.14 在"规划求解"中设置问题

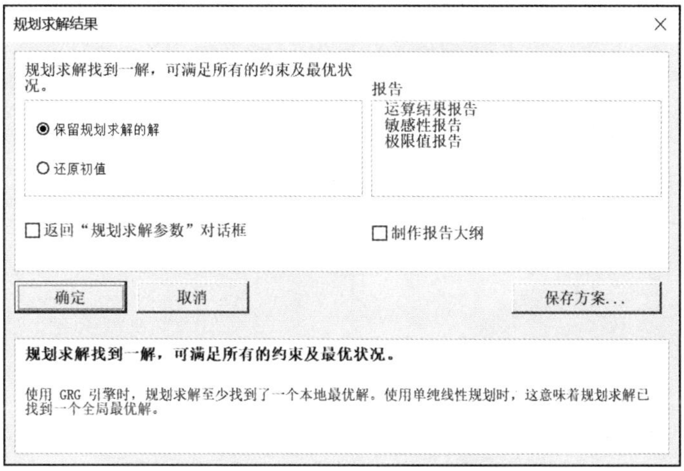

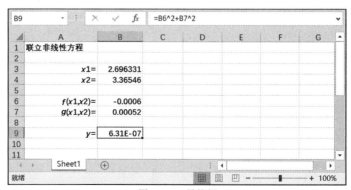

图 12.15 "规划求解结果"对话框

B9		× ✓ fx	=B6^2+B7^2			
▲	A	B	C	D	E	F	G
1	联立非线性方程					
2						
3	x1=	2.696331				
4	x2=	3.36546				
5						
6	f(x1,x2)=	-0.0006				
7	g(x1,x2)=	0.00052				
8						
9	y=	6.31E-07				
10						
11						

图 12.16 最终解

习题

12.17 在 Excel 中用"规划求解"求解习题 12.16(a)。并将解与先前得到的解进行比较。

12.18 在 Excel 中用"规划求解"求解习题 12.16(b)和习题(c)。将获得这些解所需的工作量与使用矩阵求逆法所需的工作量进行比较。

12.19 在 Excel 中用"规划求解"求解下列非线性代数方程组:

a. $4x_1^3 - \sqrt{3x_2} = 20$
$x_1 x_2^2 + 2/x_1 = 50$

b. $\sin 2x_1 + x_1 \ln x_2 = -0.3$
$\ln\left(x_1^2\right) - \cos 3x_2 = 2$

c. $\sin x_1 + \cos x_2 - \ln x_3 = 0$
$\cos x_1 + 2\ln x_2 + \sin x_3 = 3$
$3\ln x_1 - \sin x_2 + \cos x_3 = 2$

12.20 下面的方程描述了流过电路中每个电阻的电流,如图 12.17 所示。在各个外节点应用基尔霍夫电流定律,在电路内的各个闭环应用基尔霍夫电压定律,得到下列方程。这些方程对每个电流的方向做了一定的假设。

$$i_1 + i_2 + i_3 = 2 \qquad 10i_1 - 40i_2 + 10i_4 = 0$$
$$i_1 - i_4 + i_6 = 0 \qquad 10i_4 + 2i_6 - 50i_7 = 0$$
$$i_6 + i_7 + i_{10} = 3 \qquad 50i_7 - 10i_8 - 5i_{10} = 0$$
$$i_8 - i_9 - i_{10} = 0 \qquad 20i_5 - 10i_8 - 10i_9 = 0$$
$$i_3 - i_5 - i_9 = 0 \qquad 40i_2 - 5i_3 - 20i_5 = 0$$

a. 将这些方程重新排列成更传统的形式,即 10 个方程包含 10 个未知数。

b. 用本章描述的方法,在 Excel 中求解未知的电流。

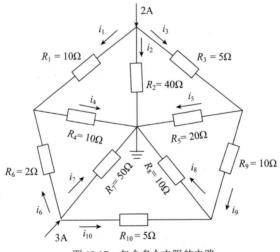

图 12.17　包含多个电阻的电路

12.21 下式描述了如图 12.18 所示的电路。将基尔霍夫电压定律应用于各闭环,得到了下列方程。

$$V_1 - i_1\left(R_1 + R_2\right) + i_2 R_2 = 0$$
$$V_2 - i_2\left(R_2 + R_3 + R_4\right) + i_1 R_2 + i_6 R_3 + i_3 R_4 = 0$$
$$V_3 - i_3\left(R_4 + R_9\right) + i_2 R_4 + i_6 R_9 = 0$$
$$-V_3 - i_4\left(R_5 + R_{10}\right) = 0$$

$$V_4 - i_6(R_3 + R_7 + R_8 + R_9) + i_2 R_3 + i_3 R_9 + i_5 R_7 = 0$$
$$-V_1 - i_5(R_6 + R_7) + i_6 R_7 = 0$$

通常，电压源(V_1 至 V_4)和电阻(R_1 至 R_{10})是已知的，只需要求出每个回路(i_1 至 i_6)内的电流。

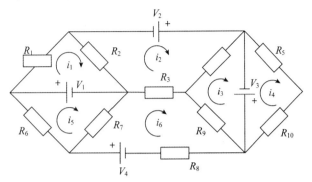

图 12.18　包含多个电阻的电路

a. 将这些方程重新排列成更传统的形式，即 6 个方程、6 个未知数。

b. 根据假设电压和电阻值，在 Excel 中求解未知电流。用本章介绍的任意一种方法求解。

$$
\begin{array}{lll}
V_1 = 12\text{V} & R_1 = 100\Omega & R_6 = 150\Omega \\
V_2 = 5\text{V} & R_2 = 200\Omega & R_7 = 50\Omega \\
V_3 = 1.5\text{V} & R_3 = 100\Omega & R_8 = 100\Omega \\
V_4 = 5\text{V} & R_4 = 150\Omega & R_9 = 50\Omega \\
& R_5 = 200\Omega & R_{10} = 100\Omega
\end{array}
$$

12.22 下面的方程描述了如图 12.19 所示的桁架。这些等式是通过令每个销座处的水平合力和垂直合力等于零而得到的。

$$R_1 + T_1 \cos 60° + T_2 = 0 \qquad\qquad 左下销$$
$$R_2 + T_1 \sin 60° = 0 \qquad\qquad 左下销$$
$$-T_2 - T_3 \cos 60° + T_4 \cos 60° + T_5 = 0 \qquad\qquad 中下销$$
$$T_3 \sin 60° + T_4 \sin 60° = 0 \qquad\qquad 中下销$$
$$-T_5 - T_6 \cos 60° = 0 \qquad\qquad 右下销$$
$$T_6 \sin 60° + R_3 = 0 \qquad\qquad 右下销$$
$$-T_1 \cos 60° + T_3 \cos 60° + T_7 - F_1 \cos \theta_1 = 0 \qquad\qquad 左上销$$
$$-T_1 \sin 60° - T_3 \sin 60° - F_1 \sin \theta_1 = 0 \qquad\qquad 左上销$$
$$-T_4 \cos 60° - T_7 + T_6 \cos 60° - F_2 \cos \theta_2 = 0 \qquad\qquad 右上销$$
$$-T_4 \sin 60° - T_6 \sin 60° - F_2 \sin \theta_2 = 0 \qquad\qquad 右上销$$

目标是当已知外力(F_1 到 F_2)及其夹角(θ_1 和 θ_2)时，求出内力(T_1 至 T_7)和反力(R_1、R_2 和 R_3)。

a. 将这些方程重新排列成更传统的形式，即 10 个方程包含 10 个未知数。

b. 用 Excel 求解未知力，假设 F_1=10 000 lbf，F_2 = 7 000 lbf，θ_1=75°，θ_2 = 45°。记住，在 Excel 中用 SIN 和 COS 函数时，要将角度从度转换为弧度。请用本章描述的任何一种方法来求得解。

12.23 炉壁由三种不同的材料组成，如图 12.20 所示。设 k_i 为材料 i 的导热系数，设 Δx_i 为相应厚度(i= 1、2、3)，设 h_1 和 h_2 为外表面对流换热系数。如果 $T_a > T_0 > T_1 > T_2 > T_3 > T_b$，则应用以下稳态传热方程：

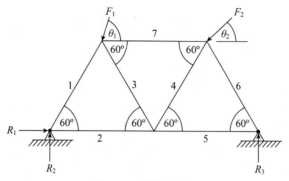

图 12.19 简单的桁架

$$h_1\left(T_a - T_0\right) = \frac{k_1}{\Delta x_1}\left(T_0 - T_1\right)$$

$$\frac{k_1}{\Delta x_1}\left(T_0 - T_1\right) = \frac{k_2}{\Delta x_2}\left(T_1 - T_2\right)$$

$$\frac{k_2}{\Delta x_2}\left(T_1 - T_2\right) = \frac{k_3}{\Delta x_3}\left(T_2 - T_3\right)$$

$$\frac{k_3}{\Delta x_3}\left(T_2 - T_3\right) = h_2\left(T_3 - T_b\right)$$

通常，外界温度(T_a 和 T_b)、导热系数、材料厚度和对流换热系数都是已知的。目标是确定表面温度(T_0 和 T_3)和界面温度(T_1 和 T_2)。

a. 将这些方程重新排列成更传统的形式，即 4 个未知数、4 个方程。

b. 根据以下已知信息用 Excel 求解未知温度(所有单位一致):

$$\Delta x_1 = 0.5\text{cm} \quad k_1 = 0.01\text{cal}/(\text{cm}\cdot\text{s}\cdot{}^\circ\text{C})$$

$$\Delta x_2 = 0.3\text{cm} \quad k_2 = 0.15\text{cal}/(\text{cm}\cdot\text{s}\cdot{}^\circ\text{C})$$

$$\Delta x_3 = 0.2\text{cm} \quad k_3 = 0.03\text{cal}/(\text{cm}\cdot\text{s}\cdot{}^\circ\text{C})$$

$$T_a = 200{}^\circ\text{C} \quad h_1 = 1.0\text{cal}/(\text{cm}^2\cdot\text{s}\cdot{}^\circ\text{C})$$

$$T_b = 20{}^\circ\text{C} \quad h_2 = 0.8\text{cal}/(\text{cm}^2\cdot\text{s}\cdot{}^\circ\text{C})$$

c. 利用(b)部分的结果来确定热通量，单位为 $\text{cal}/(\text{cm}^2\cdot\text{s})$ 热通量由上述四个方程中的任意一个方程的左边或右边表示。

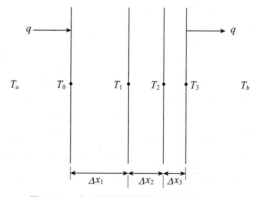

图 12.20 由三种不同材料组成的炉壁

12.24 钢铁公司生产四种不同类型的钢合金，分别称为 $A1$、$A2$、$A3$ 和 $A4$。每种合金都含有少量的铬(Cr)、钼(Mo)、钛(Ti)和镍(Ni)。每种合金所需的成分如下。

合金	铬(%)	钼(%)	钛(%)	镍(%)
$A1$	1.6	0.7	1.2	0.3
$A2$	0.6	0.3	1.0	0.8
$A3$	0.3	0.7	1.1	1.5
$A4$	1.4	0.9	0.7	2.2

假设合金材料的数量如下：

材料	产能/(千克/天)
铬	1200
钼	800
钛	1000
镍	1500

请用 Excel 求出每种合金的日产量，单位为公制单位(1 吨= 1000 千克)。

12.25 悬链线是一个经典的问题，它是关于在其自身重量下悬挂的均匀电缆的形状。图 12.21 显示了电缆及其相关坐标系的示意图。请注意，水平距离 x 是从最低点开始测量的(因此 x_a 是负的，x_b 是正的)，而最低点到垂直基准面上方的距离为 v。

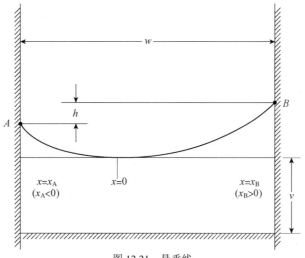

图 12.21　悬垂线

根据该坐标系，电缆的长度计算为：

$$L = v\left[\sinh\left(x_b / v\right) - \sinh\left(x_a / v\right)\right]$$

端点之间的高度差计算为：

$$h = v\left[\cosh\left(x_b / v\right) - \cosh\left(x_a / v\right)\right]$$

此外，电缆的跨度为：

$$w = x_b - x_a$$

假设有一根 100ft 长的电缆以 x_a =-30ft，h = 20ft 的方式悬挂，在 Excel 中用"规划求解"求解对应的 x_b、w 和 v 值。请注意，该问题需要解一个非线性代数方程。

12.26 在第 11 章中，我们看到一个阻尼振动物体的水平位移作为时间的函数由下列方程给出。

$$x = x_0 e^{-\beta t}[\cos(\omega t) + (\beta / \omega)\sin(\omega t)]$$

详见习题 11.24。参数 β 和 ω 与物体的质量和系统的动态特征(即弹簧常数和阻尼常数)有关。

请确定一个物体的 x_0、β 和 ω 的值,该物体在不同时间经历了下列相应的位移(位移是时间的函数):

时间(秒)	位移(英寸)
1.0	7.822
2.0	1.533
3.0	−2.979

请在 Excel 中用"规划求解"求得你要的解。

12.27 下面的方程描述了处于如图 12.22 所示的静平衡状态的框架,如图 12.22 所示。这些方程是通过令水平力和竖直力之和,以及点 E 的力矩均为零得到的。角度 α 等于 $45°$。

$$\Sigma F_x = 0 : A_x + E\cos(45) - 30 = 0$$
$$\Sigma F_y = 0 : A_y + E\sin(45) - 20 = 0$$
$$\Sigma M_E = 0 : -2A_y - 8A_x - 100 + 150 = 0$$

目标是确定销座 A_x、A_y、悬架底座 E 处的反作用力。

a. 将这些方程重新排列成更传统的形式,即 3 个方程和 3 个未知数。

b. 用 Excel 求解未知力。

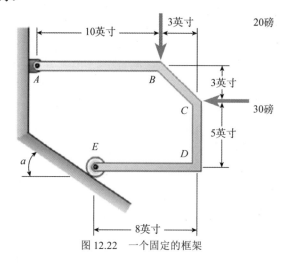

图 12.22 一个固定的框架

12.28 下式方程描述杆处于静力平衡状态,如图 12.23 所示。这些方程是通过令 A 点的合力及 x、y 和 z 方向上的力矩之和都为零得到的。

$$A_x + 0.545BE + 0.545BE + 240 = 0$$
$$A_y + 0.636BE + 0.636BD - 720 = 0$$
$$A_z + 0.545BD - 0.545BE - 300 = 0$$
$$3.273BE + 3.373BD - 7200 = 0$$
$$3.273BE - 3.273BD - 3000 = 0$$

目标是确定球窝支座处的反作用力(A_x、A_y、A_z)和沿绳 BD 和 BE 的拉力。

a. 将方程重新排列成更传统的形式,即 5 个方程、5 个未知数。

b. 用 Excel 求解未知力。

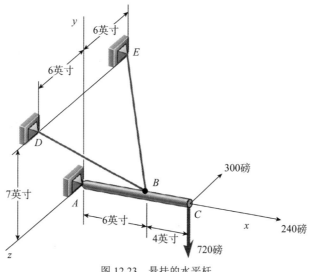

图 12.23 悬挂的水平杆

12.29 瓷砖四面处于恒温边界，如图 12.24 所示。为了确定瓷砖内部的温度分布，瓷砖被划分成小的正方形网格，并对每个控制区进行能量平衡。所得到的方程如下所示。

$$350 + 450 + T_2 + T_4 = 4T_1$$
$$350 + T_3 + T_5 + T_1 = 4T_2$$
$$350 + 500 + T_6 + T_2 = 4T_3$$
$$T_1 + T_5 + T_7 + 450 = 4T_4$$
$$T_2 + T_6 + T_9 + 450 = 4T_5$$
$$T_3 + 500 + T_9 + T_5 = 4T_5$$
$$T_4 + T_9 + 600 + T_7 = 4T_8$$
$$T_6 + 500 + 600 + T_8 = 4T_9$$

目标是确定瓷砖内部的所有温度。

a. 将方程重新排列成更传统的形式，即 9 个方程和 9 个未知数。

b. 用 Excel 求解未知力。

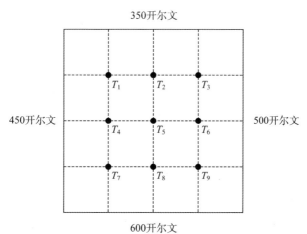

图 12.24 内部温度变化的瓷砖

第 13 章

计算积分

很多工程问题涉及积分的计算。有时，为了求面积或一些随时间变化的累加量，就需要用到积分。或者有些科学公式的计算也会用到积分。无论如何，在许多不同的工程领域，都经常要用到积分。

例如，假设某种气体被封闭在体积 V 中。如果气体的温度随时间而变化，并且气体混合良好(因此没有空间差异)，则平均温度(相对于时间)可由下式算出：

$$m = \int_{t_1}^{t_2} (\rho V A) dt \tag{13.1}$$

其中 $T(t)$ 表示任意时刻气体的温度，t 表示时间，其中 $0 \leqslant t \leqslant t_{max}$。

如果气体的压强-体积-温度关系可由范德瓦尔斯状态方程决定，即：

$$\left(P + \frac{a}{V^2} \right)(V - b) = RT \tag{13.2}$$

那么平均压强(相对于时间)可由下面的表达式算出：

$$\overline{P} = \frac{1}{t_{max}} \int_0^{t_{max}} P(t) dt \tag{13.3}$$

将式(13.2)代入式(13.3)，可得平均压强为：

$$\overline{P} = \frac{R \int_0^{t_{max}} T(t) dt}{(V - b) t_{max}} - \frac{a}{V^2} \tag{13.4}$$

因此，我们必须求出积分值，才能得到 $\overline{T}$ 或 $\overline{P}$ 的显式值。为得到显式值，我们需要一些关于温度随时间的精确变化的信息。也就是说，我们必须用显式的温度(时间的函数)公式来代替 $T(t)$ 的一般表达式。

如果 $T(t)$ 可以用一些简单的公式表示，那么利用微积分学的运算法则，就可以求出式(13.1)和式(13.4)中的积分值。然而，如果 $T(t)$ 是用一些相对复杂的公式表示的，或者是用一组图形或一组表列数据表示的，就不能用经典的微积分运算法则来计算积分。这种情况下，可以利用各种数值技术计算出精度合理的积分值。

在本章，我们将讨论一些简单的数值积分技术，并看看如何在 Excel 中实现它们。我们还将讨论当存在明显发散时对实测数据进行积分的方法。

13.1　梯形法则

假设我们已知一个连续变化的函数 $y = f(x)$，定义在区间 $a \leqslant x \leqslant b$ 上，如图 13.1 所示。那么以下积分可以解释为曲线下的面积。

$$I = \int_a^b f(x)\mathrm{d}x = \int_a^b y\,\mathrm{d}x \tag{13.5}$$

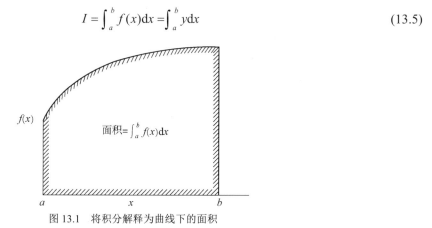

图 13.1　将积分解释为曲线下的面积

函数 $y = f(x)$ 称为被积项。

现在假设我们用大量相邻、狭窄的矩形区间来近似这个不规则形状的面积，如图 13.2 所示。我们可以把积分想成是这些矩形区间的面积和。每个区间的面积可以根据区间的高度 y 和宽度 Δx 的乘积而确定。

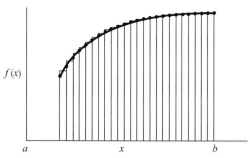

图 13.2　用一系列矩形近似曲线下的面积

$$I = \sum_{i=1}^{n} A_i \tag{13.6}$$

其中

$$A_i = y_i \Delta x_i \tag{13.7}$$

n 是区间总数。

如果我们把式(13.6)和式(13.7)结合起来，就能得到下式。

$$I = \sum_{i=1}^{n} y_i \Delta x_i \tag{13.8}$$

这就是梯形法则的基本公式，梯形法则是进行数值积分最简单的方法。区间的个数越多、每个区间的宽度越小，那么近似效果就越好。要根据特定的被积项来选取合适的区间大小。

非等间隔数据

假设有 n 个数据点：$(x_1, y_1), (x_2, y_2), \ldots, (x_n, y_n)$，其中 $x_1=a$ 且 $x_n=b$。这些数据点定义了 n-1 个矩形区间，其中第 i 个区间的宽度可表示为：

$$\Delta x_i = x_{i+1} - x_i \tag{13.9}$$

而第 i 个区间对应的矩形高度可以表示为该区间边缘的 y 值的平均值，即：

$$\overline{y}_i = \frac{y_i + y_{i+1}}{2} \tag{13.10}$$

因此，矩形区间的面积为：

$$A_i = \overline{y}_i \Delta x_i = \frac{(y_i + y_{i+1})(x_{i+1} - x_i)}{2} \tag{13.11}$$

整个积分可近似为：

$$I = \int_a^b y \mathrm{d}x = \sum_{i=1}^{n-1} A_i = \frac{1}{2} \sum_{i=1}^{n-1} (y_i + y_{i+1})(x_{i+1} - x_i) \tag{13.12}$$

式(13.12)就是非等间隔数据的梯形法则。

例题 13.1　非等间隔数据的梯形法则
通过电感器的电流可由下列方程确定：

$$i = \frac{1}{L} \int_0^t v \mathrm{d}t$$

其中：
i =电流(安培)
L=电感(亨利)
v =电压
t =时间(秒)
假设在 500 毫秒(ms)的时间内，感应电流均为 2.15 安培。在该时间段内，电压（伏）随时间（毫秒）的变化如下表所示。

t	v	t	v	t	v	t	v
0	0	40	45	90	45	180	27
5	12	50	49	100	42	230	21
10	19	60	50	120	36	280	16
20	30	70	49	140	33	380	9
30	38	80	47	160	30	500	4

请利用上述方程求出电感值。
为求出电感值，我们必须先计算积分：

$$I = \int_0^{0.5} v \mathrm{d}t$$

如果我们采用梯形法则，因为有 20 个数据点，所以就会得到 19 个区间。下表汇总了利用梯形法则进行计算的过程。

在该表中，时间单位已换算成秒(第 2 列)。第四列中的值可以用式(13.9)求得，第五列中的值可由式(13.10)求得。最后一列是第四和第五列之积(即区间的面积)。

点 编号	t /秒	v /伏	宽度，Δt /秒	高度，$\bar{v}$ /伏	面积，$\bar{v}\,\Delta t$ /(伏·秒)
1	0	0	0.005	6.0	0.030
2	0.005	12	0.005	15.5	0.0775
3	0.01	19	0.01	24.5	0.245
4	0.02	30	0.01	34.0	0.340
5	0.03	38	0.01	41.5	0.415
6	0.04	45	0.01	47.0	0.470
7	0.05	49	0.01	49.5	0.495
8	0.06	50	0.01	49.5	0.495
9	0.07	49	0.01	48.0	0.480
10	0.08	47	0.01	46.0	0.460
11	0.09	45	0.01	43.5	0.435
12	0.10	42	0.02	39.0	0.780
13	0.12	36	0.02	34.5	0.690
14	0.14	33	0.02	31.5	0.630
15	0.16	30	0.02	28.5	0.570
16	0.18	27	0.05	24.0	1.200
17	0.23	21	0.05	18.5	0.925
18	0.28	16	0.10	12.5	1.250
19	0.38	9	0.12	6.5	0.780
20	0.50	4			
				和：	10.7675

在表的底部、最后一列下面，我们看到各区间的面积和为 10.7675 伏·秒，因此，我们得出曲线下的面积(即积分值)是 10.7675，因此电感值为：

$$L = \frac{1}{i}\int_0^{0.5} v\,dt = \frac{10.7675}{2.15} = 5.0081 \text{ 亨利}$$

我们的结论是，电感大约是 5 亨利。

Excel 并没有任何内置的积分计算功能。然而，由于上述计算是以列表形式进行的，所以很自然地也适合用电子表格进行计算。因此，按照上面例子中的布局在 Excel 中计算积分也是很容易的，详见下面的例题所示。

例题 13.2　Excel 中非等间隔数据的梯形法则

重复例题 13.1 中的问题，用 Excel 进行数值积分。

该过程与例题 13.1 中进行的计算过程相同。但是，现在我们将求出 Excel 工作表中的各个区间的面积及面积总和，如图 13.3 所示。

在这个工作表中，前两列包含已知的数据。第三列包含计算的区间宽度，单位是秒而不是毫秒。因此，由式=0.001 * (A5-A4)得到单元格 C4 中的值，由式=0.001 * (A6-A5)得到单元格 C5 中的值，以此类推。

第四列是每个区间的计算高度。因此，由式=0.5*(B5+B4)可得单元格 D4 的值，由式=0.5*(B6+B5)可得单元格 D5 的值，以此类推。类似地，第五列是每个区间的面积。因此，单元格 E4 的值为=C4*D4，单元格 E5 的值为=C5*D5，以此类推。

面积总和由公式= SUM(E4:E22)在单元格 E24 中求得。我们看到这个值是 10.7675。因此，我们的结论是期望的积分值是 10.7675 伏·秒。这个值与前面例子中得到的值一致。因此，我们确定未知电感值为 5.0081 亨利，也与上例一致。

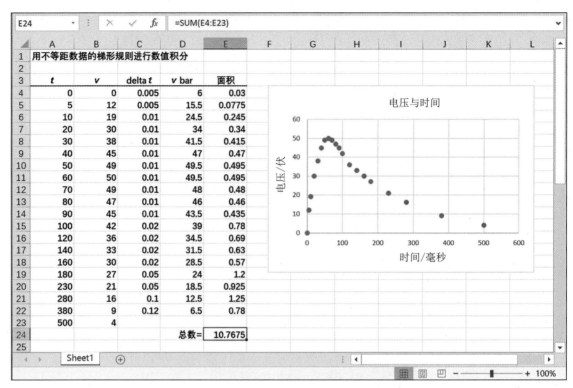

图 13.3　用非等间隔数据的梯形法则进行数值积分

注意，工作表还包含了已知数据的图表，这只是为了说明电压随时间变化的方式。这条曲线下的面积就代表要计算的积分。

等间隔数据

现在假设我们有 n 个等间隔的数据点，其中连续的 x 值被一个距离 Δx 隔开。因此式(13.12)可简化为：

$$I = \int_a^b y\mathrm{d}x = \frac{1}{2}\left(y_1 + 2y_2 + 2y_3 + \cdots + 2y_{n-2} + 2y_{n-1} + y_n\right)\Delta x \tag{13.13}$$

或者：

$$I = \left(\frac{y_1 + y_n}{2} + \sum_{i=2}^{n-1} y_i\right)\Delta x \tag{13.14}$$

式(13.14)就是等间隔数据的梯形法则。

例题 13.3　等间隔数据的梯形法则

在本章的前面，我们已经算出了在 $0 \leqslant t \leqslant t_{max}$ 区间内气体温度随时间变化时，范德瓦尔斯气体平均压强的表达式。

$$\overline{P} = \frac{R\displaystyle\int_0^{t_{max}} T(t)\mathrm{d}t}{(V-b)t_{max}} - \frac{a}{V^2}$$

这个表达式中，P 是绝对压强，V 是每摩尔体积，T 是绝对温度，R 是理想气体常数(0.082054 L atm/mol K)，符号 a 和 b 是范德瓦尔斯常数，对于每种特定的气体都是唯一的。

假设有 1 摩尔二氧化碳存放在一个 1 升容器中，如果温度随着时间的推移而根据下式升高：

$$T = 300 + 12t$$

那么请求出在 $0 \leqslant t \leqslant 100$ 秒内容器的平均压强。已知二氧化碳的范德瓦尔斯常数是 $a=3.592\,L^2 \cdot atm/mole^2$ 和 $b=0.042\,67L/mol$。

为了确定平均压强，我们必须先计算下面的表达式：

$$\overline{P} = \frac{R\int_0^{100}(300+12t)dt}{100(V-b)} - \frac{a}{V^2}$$

代入适当的数值后，这个方程变成：

$$\overline{P} = \frac{0.082\,054\int_0^{100}(300+12t)dt}{100(1-0.042\,67)} - \frac{3.592}{1^2}$$

或者：

$$\overline{P} = 8.571 \times 10^{-4}\int_0^{100}(300+12t)dt - 3.592$$

为了确定平均压强，我们先必须计算积分。这个定积分可以很容易地用经典的微积分规则来计算，结果是 $I=9\times 10^4$ 和 $\overline{P}=73.547\,atm$。不过，为便于说明，我们用梯形法则来计算积分。如果我们选择 21 个等间隔的点，就可以生成下表：

点编号	t/s	T/K	点编号	t/s	T/K
1	0	300	12	55	960
2	5	360	13	60	1020
3	10	420	14	65	1080
4	15	480	15	70	1140
5	20	540	16	75	1200
6	25	600	17	80	1260
7	30	660	18	85	1320
8	35	720	19	90	1380
9	40	780	20	95	1440
10	45	840	21	100	1500
11	50	900			

将这些值代入式(13.14)，得到：

$$I = \left[\frac{300+1500}{2} + (360+420+480+\cdots+1380+1440)\right] \times 5 = 9\times 10^4$$

这种情况下，梯形法则积分的结果与用微积分得到的结果完全一致。这是因为被积项是一条直线，所以求出的每个区间的面积值是精确的。然而，如果被积项更复杂的函数，我们将看到梯形法则只能提供准确答案的近似值，近似的精度随着区间数量(点的数量)的增加而提高。

我们现在可以按原来的要求确定气体的平均压强。压强可以确定为：

$$\overline{P} = (8.571\times10^{-4})\times(9\times10^4) - 3.592 = 73.547$$

因此，平均压强为 73.547 atm。这与用微积分得到的值相同。

在 Excel 中，使用等间隔数据点的梯形法则非常简单，因为可以用公式来构造大多数表列项。

例题 13.4　Excel 中等间隔数据的梯形法则

使用 Excel 求出当温度随时间增加时，1 升容器中 1 摩尔二氧化碳的平均压强，如例题 13.3 所述。

在例题 13.3 中，我们建立了平均压强的表达式：

$$\overline{P} = 8.571 \times 10^{-4} \int_0^{100} (300 + 12t)dt - 3.592$$

因此，这个问题要求我们用 Excel 计算上述积分。为此，我们创建如图 13.4 所示的 Excel 工作表。第一列是时间，范围从 0 秒到 100 秒。除了第一列的值以外，其他值都是用单元格公式算得的。例如，单元格 A5 中显示的值由单元格公式=A4+5 算出。然后将该公式复制到 A 列的其余单元格中。图 13.5 显示了用于计算图 13.4 中所示值的单元格公式。

例如，单元格 B5 中的值是由公式=B4+12*(A5-A4)算出的。然后将该公式复制到 B 列中其余单元格，如图 13.5 所示。

F25			f_x	=((B4+B24)/2+D25)*5							
	A	**B**	**C**	**D**	**E**	**F**	**G**	**H**	**I**	**J**	**K**	**L**
1	用等间距数据的梯形规则进行数值积分										
2											
3	**时间**	**温度**									
4	0	300									
5	5	360		360							
6	10	420		420							
7	15	480		480							
8	20	540		540							
9	25	600		600							
10	30	660		660							
11	35	720		720							
12	40	780		780							
13	45	840		840							
14	50	900		900							
15	55	960		960							
16	60	1020		1020							
17	65	1080		1080							
18	70	1140		1140							
19	75	1200		1200							
20	80	1260		1260							
21	85	1320		1320							
22	90	1380		1380							
23	95	1440		1440							
24	100	1500									
25			总和=	17100		I=	90000				
26											

图 13.4　采用等间隔数的梯形法则进行数值积分

D 列包含除第一个和最后一个之外的所有温度值。这些值是通过从 B 列(连续选择"复制"|"选择性粘贴"|"值")复制对应的值得到的。这些值的和显示在 D 列底部的单元格 D25。这个和表示式(13.14)算出的总求和项。

最后，积分值($I = 90000$)显示在单元格 F25 中。该值由式(13.14)算得。一般策略是将第一个和最后一个温度的平均值加到单元格 D25 中，然后将所得的和乘以区间宽度(5)。图 13.5 中的单元格 F25 突出显示的单元格公式说明了该策略是如何实施的。

一旦知道了积分的值，我们就可以把它代入平均压强的方程，即：

$$\overline{P} = \left(8.571 \times 10^{-4}\right) \times \left(9 \times 10^4\right) - 3.592 = 73.547$$

因此，我们得到平均压强为 73.547 个标准大气压，与例题 13.3 所示相同。

| F25 | | | f_x | =((B4+B24)/2+D25)*5 | |

	A	B	C	D	E	F
1	用等间距数据的梯形规则进行数值积分					
2						
3	时间	温度				
4	0	300				
5	=A4+5	=B4+12*(A5-A4)		360		
6	=A5+5	=B5+12*(A6-A5)		420		
7	=A6+5	=B6+12*(A7-A6)		480		
8	=A7+5	=B7+12*(A8-A7)		540		
9	=A8+5	=B8+12*(A9-A8)		600		
10	=A9+5	=B9+12*(A10-A9)		660		
11	=A10+5	=B10+12*(A11-A10)		720		
12	=A11+5	=B11+12*(A12-A11)		780		
13	=A12+5	=B12+12*(A13-A12)		840		
14	=A13+5	=B13+12*(A14-A13)		900		
15	=A14+5	=B14+12*(A15-A14)		960		
16	=A15+5	=B15+12*(A16-A15)		1020		
17	=A16+5	=B16+12*(A17-A16)		1080		
18	=A17+5	=B17+12*(A18-A17)		1140		
19	=A18+5	=B18+12*(A19-A18)		1200		
20	=A19+5	=B19+12*(A20-A19)		1260		
21	=A20+5	=B20+12*(A21-A20)		1320		
22	=A21+5	=B21+12*(A22-A21)		1380		
23	=A22+5	=B22+12*(A23-A22)		1440		
24	=A23+5	=B23+12*(A24-A23)				
25			总和=	=SUM(D5:D24)	$I=$	=((B4+B24)/2+D25)*5
26						

图 13.5 对应的单元格公式

区间宽度的影响

在进行数值积分时，区间的宽度对计算结果的精度有很大影响。使用较窄的区间可以得到更准确的答案。由于减小区间宽度会导致对应的区间数量增加，因此我们可知，区间数量越大，结果就越准确。我们将在下一个例题中说明这一点。

例题 13.5 精度和区间数量

为了阐明观点，我们再次求解已知答案的问题。特别地，我们用梯形法则来求积分：

$$I = \int_0^2 3x^2 \mathrm{d}x$$

这个问题很容易用经典微积分解决，结果值 $I=8$。我们将用梯形法则再次求解该问题，分别选择 $n=4$、10、20、50 和 100 个等间隔区间，然后将每个结果与已知解($I=8$)进行比较，就可以看出区间数量(区间宽度)对数值积分精度的影响。

采用与上例 13.4 中描述相似的方法计算数值积分。图 13.6 显示的 Excel 工作表，其中包含 $n=4$、10 和 20 个区间时的计算结果。由于结果相似，为节省空间，$n=50$ 和 $n=100$ 的计算结果没有显示出来，I 的最终值包含在下面的总和中。

利用梯形法则算得的积分值(I)汇总在图 13.7 中，作为区间数量(n)和区间大小(Δx)的函数。结果证实了我们的直觉，数值积分的精度随着给定范围内区间数量的增加而增加；或者也可以说，随着区间宽度的减小而增加。对于本函数，当计算中使用 50 个或更多的区间时，积分的值就非常接近于真实答案了($I=8$)。注意，当 $n=50$ 时，根据梯形法则得到 $I=8.0016$。然而，你应该明白，选择合理的区间数量主要取决于被积函数的曲率以及自变量的取值范围。一般来说，对于曲率较大的函数，为了获得相对准确的解，需要的区间宽度就更小，因此需要的区间数量也更大。

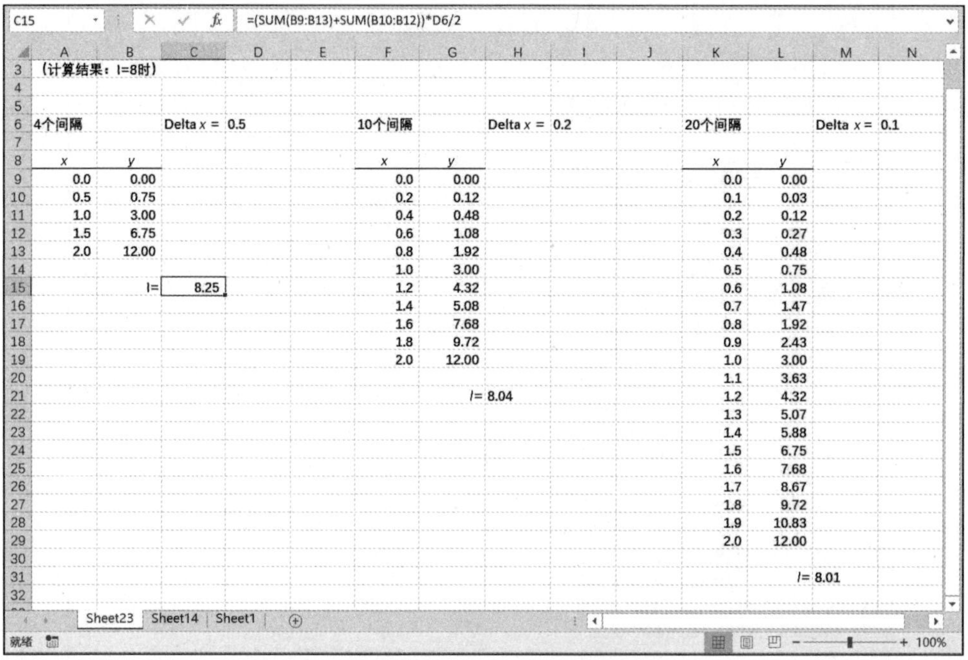

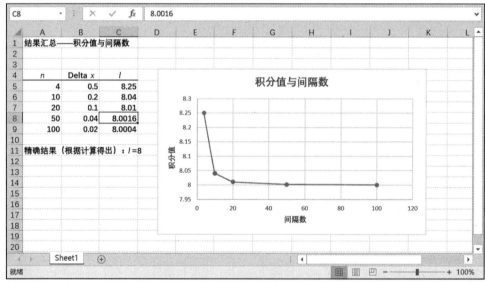

图 13.6 积分的精度与区间数量的关系

图 13.7 结果汇总

习题

13.1 用下列方法计算积分:

$$I = \int_{1}^{5} x^3 \mathrm{d}x$$

a. 经典微积分。
b. 在 Excel 工作表中用梯形法则,采用 8 个等间隔区间。
c. 在 Excel 工作表中用梯形法则,采用 20 个等间隔区间。
比较每种情况所得的答案。

13.2 对于习题 13.1 中算出的积分,用梯形法则需要多少等间隔的区间才能得到一个在经典微积分精确答案 2%范围以内的答案?请在 Excel 中利用梯形法则进行积分。

13.3 用下列方法计算积分：

$$I = \int_0^\pi \sin x \mathrm{d}x$$

a. 经典微积分。
b. 在 Excel 工作表中用梯形法则，采用 10 个等间隔区间。
c. 在 Excel 工作表中用梯形法则，采用 24 个等间隔区间。
比较每种情况所得的答案。

13.4 车辆(x)在 t_1 到 t_2 的时间间隔内所经过的总距离可由下面的表达式表示：

$$x = \int_{t_1}^{t_2} V \mathrm{d}t$$

其中 V 是车的速度。当你驾驶汽车时，一名乘客注意到在不同时刻速度表的读数如下：

时间/秒	0	3.2	7.9	10.6	13.1
速度/(英里/小时)	30.4	34.2	36.9	40.5	41.3

请用 Excel 工作表中的梯形法则求出行驶的总距离(英里)。注意 t 和 V 采用了不同的时间单位。

13.2　辛普森法则

辛普森法则是一种广泛应用的数值积分技术，兼具简单和精确的优点。在本质上，它与梯形法则是类似的，就是用许多形状简单的子区间来近似一个不规则面积。但是，不同于构建简单的矩形区间，我们现在是要构建通过三个相邻、等间隔的连续数据点集的二阶多项式(如抛物线)，如图 13.8 所示。然后通过直接积分就能得到每个多项式曲线下方的面积。

如果子区间数量是偶数(即，如果数据点个数为奇数)，则重复使用该抛物线近似，从而得到下面的简单表达式：

$$I = \int_a^b y \mathrm{d}x = \frac{1}{3}\left(y_1 + 4y_2 + 2y_3 + 4y_4 + 2y_5 + \cdots + 2y_{n-2} + 4y_{n-1} + y_n \right)\Delta x \tag{13.15}$$

其中 n 为数据点个数。注意，内部的 y 值被交替乘以 4 和 2。

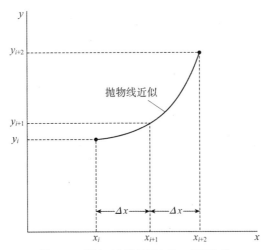

图 13.8　通过三个等间隔点的一条抛物线

例题 13.6　辛普森法则和梯形法则的比较
利用梯形法则和辛普森法则计算积分：

$$I = \int_0^1 \mathrm{e}^{-x^2} \mathrm{d}x$$

每种情况下都有 10 个等间隔的区间。将每种方法的结果与列表计算的结果(0.7468)进行比较。这个特殊积分不能用经典微积分的方法来求。然而，已用数值法算得该积分的高精度结果，并且许多参考书中都能查到其表列值。

现在有 10 个子区间，所以我们需要 11 个数据点，Δx 的值是 0.10。因此，我们可以构造如下表格：

点编号	x_i	y_i	点编号	x_i	y_i
1	0	1.000	7	0.6	0.698
2	0.1	0.990	8	0.7	0.613
3	0.2	0.961	9	0.8	0.527
4	0.3	0.914	10	0.9	0.445
5	0.4	0.852	11	1.0	0.368
6	0.5	0.779			

将这些值代入式(13.14)，根据梯形法则可得：

$$I = \left[\frac{1.000 + 0.368}{2} + (0.990 + 0.961 + \cdots + 0.527 + 0.445) \right] \times (0.1) = 0.7463$$

同样，如果我们把这些相同的值代入(13.15)，根据辛普森法则就可得到：

$$I = \frac{1}{3}[1.000 + 4 \times (0.990) + 2 \times (0.961) + 4 \times (0.914) + \cdots + 2 \times (0.527) + 4 \times (0.445) + 0.368] \times (0.1) = 0.7469$$

总结结果，我们得到：

列表法的结果　　0.7468

梯形法则　　0.7463

辛普森规则　　0.7469

因此，我们可以看到辛普森法则只需要很少的额外计算工作就能得到更精确的答案。

辛普森法则在 Excel 中很容易实现。一种方法是在一列中输入 x 值，并在下一列中输入 y 值，然后下一列是 y 值与适当系数的乘积(例如除了端点都乘以 4 或 2)。然后通过对最后一列求和并乘以 $\Delta x / 3$ 就得到了积分值。详细内容参见下面的例题。

例题 13.7　在 Excel 中使用辛普森法则

在上一个例题中，我们用辛普森法则求积分：

$$I = \int_0^1 e^{-x^2} \, dx$$

其中有 10 个等间隔区间。现在，我们在 Excel 工作表中重复求解该积分。

图 13.9 显示了包含前面描述的布局的 Excel 工作表。A 列包含 11 个等间隔的 x 值，范围从 0 到 1。从第二个开始的所有值，都是用单元格公式生成的。例如，单元格 A5 的值是用单元格公式=A4+0.1 生成的。将此公式复制到 A 列中的其余单元格，就得到如下所示的值。图 13.10 显示了用于生成图 13.9 中所示值的单元格公式。

图 13.9 中的 B 列包含对应的 y 值。这些值都是用单元格公式生成的。例如，单元格 B4 的值是用单元格公式=EXP(-($A4^2))生成的。如图 13.10 所示，该公式被复制到 B 列中的其余单元格。

图 13.9 中的 D 列是对生成 B 列数值的公式的修改。这些公式与 B 列中的公式一样，也是依据 A 列中的 x 值进行计算的，因此引用 A 列时使用了绝对寻址。但是现在，根据辛普森法则，除了第一个和最后一个以外的其他所有的单元格公式，都要乘以 4 或 2。因此，单元格 D5 包含的公式为=4*EXP(-($A5^2))，单元格 D6 包含的公式为=2*EXP(-($A6^2))，以此类推，如图 13.10 所示。

F16　=D16*(0.1/3)

	A	B	C	D	E	F
1	利用辛普森法则作数值积分					
2						
3	*x*	*y*				
4	0.0	1.0000		1.0000		
5	0.1	0.9900		3.9602		
6	0.2	0.9608		1.9216		
7	0.3	0.9139		3.6557		
8	0.4	0.8521		1.7043		
9	0.5	0.7788		3.1152		
10	0.6	0.6977		1.3954		
11	0.7	0.6126		2.4505		
12	0.8	0.5273		1.0546		
13	0.9	0.4449		1.7794		
14	1.0	0.3679		0.3679		
15						
16			和=	22.4047	*I*=	0.74682
17						
18						

图 13.9　利用辛普森法则求数值积分

回到图 13.9，单元格 D16 是 D 列各项之和的计算结果。该值表示式(13.15)中括号内的所示各项之和。这个值(22.4047)是通过单元格公式=SUM(D4:D14)求得的。

单元格 F16 包含由辛普森法则求得的积分值 $I = 0.7468$。该值是根据式(13.15)所列的单元格公式=D16*(0.1/3)求得的(注意括号中出现的值 0.1 表示区间宽度 Δx)。所得到的值与准确答案的四位有效数字一致。由于电子表格的解精度更高，这个值比例题 13.5 中用辛普森法则得到的值还要精确一些。

F16　=D16*(0.1/3)

	A	B	C	D	E	F
1	利用辛普森法则作数值积分					
2						
3	*x*	*y*				
4	0	=EXP(-($A4^2))		=EXP(-($A4^2))		
5	=A4+0.1	=EXP(-($A5^2))		=4*EXP(-($A5^2))		
6	=A5+0.1	=EXP(-($A6^2))		=2*EXP(-($A6^2))		
7	=A6+0.1	=EXP(-($A7^2))		=4*EXP(-($A7^2))		
8	=A7+0.1	=EXP(-($A8^2))		=2*EXP(-($A8^2))		
9	=A8+0.1	=EXP(-($A9^2))		=4*EXP(-($A9^2))		
10	=A9+0.1	=EXP(-($A10^2))		=2*EXP(-($A10^2))		
11	=A10+0.1	=EXP(-($A11^2))		=4*EXP(-($A11^2))		
12	=A11+0.1	=EXP(-($A12^2))		=2*EXP(-($A12^2))		
13	=A12+0.1	=EXP(-($A13^2))		=4*EXP(-($A13^2))		
14	=A13+0.1	=EXP(-($A14^2))		=EXP(-($A14^2))		
15						
16			和=	=SUM(D4:D14)	*I*=	=D16*(0.1/3)
17						
18						

图 13.10　对应的单元格公式

式(13.15)中的求和项可用 Excel 中的其他几种方法来计算。例如，我们可将端点放在第 1 列，将内部点的两倍放在第 2 列，并将每隔一个内部点的两倍放在第 3 列。通过计算每一列的和，并将各列的和相加，就能得到如例题 13.7 所示的期望的总和。

另一种方法是用 Excel 的 IF-THEN-ELSE 功能(参见第 4 章)为内部 y 值提供合适的系数(4 和 2 交替)。通过判断内部点编号是奇数还是偶数，就可以选择出合适的系数(4 或 2)。

例题 13.8　Excel 中的辛普森法则——另一种方法

现在我们介绍在 Excel 中计算积分的另一种方法：

$$I = \int_0^1 \mathrm{e}^{-x^2}\mathrm{d}x$$

同样使用辛普森法则，共 10 个等间隔区间。不过，现在我们将使用另一种布局来计算式(13.15)中的求和项。

图 13.11 显示了与例题 13.7 类似的 Excel 工作表。这个工作表与前面图 13.9 所示的类似。同样，A 列和 B 列分别包含如例题 13.6 所示的 x 值和对应的 y 值。但是，现在 D 列仅包含端点的 y 值，列 E 包含根据所有内部点计算得到的 y 值的两倍，F 列包含根据每隔一个内部点计算得到的 y 值的两倍。第 16 行包含 D、E 和 F 列各值的和。这三个和再在单元格 D18 中相加。最后，在单元格 D20 中将单元格 D18 的值乘以(0.1/3)就得到了积分值。单元格 D20 所示即为积分值，I=0.7468。

	A	B	C	D	E	F
1	利用辛普森法则作数值积分——另一种方法					
2						
3	*x*	*y*		*y*	2*y*	2*y*
4	0.0	1.0000		1.0000		
5	0.1	0.9900			1.9801	1.9801
6	0.2	0.9608			1.9216	
7	0.3	0.9139			1.8279	1.8279
8	0.4	0.8521			1.7043	
9	0.5	0.7788			1.5576	1.5576
10	0.6	0.6977			1.3954	
11	0.7	0.6126			1.2253	1.2253
12	0.8	0.5273			1.0546	
13	0.9	0.4449			0.8897	0.8897
14	1.0	0.3679		0.3679		
15						
16		各列之和=		1.3679	13.5563	7.4805
17						
18		总和=		22.4047		
19						
20			*I*=	0.7468		
21						
22						

图 13.11　在 Excel 中使用辛普森法则的另一种方法

图 13.12 显示了用于生成图 13.11 中所示值的单元格公式。

	A	B	C	D	E	F
1	利用辛普森法则作数值积分——另一种方法					
2						
3	*x*	*y*		*y*	2*y*	2*y*
4	0	=EXP(-($A4^2))		1		
5	=A4+0.1	=EXP(-($A5^2))			=2*EXP(-($A5^2))	=2*EXP(-($A5^2))
6	=A5+0.1	=EXP(-($A6^2))			=2*EXP(-($A6^2))	
7	=A6+0.1	=EXP(-($A7^2))			=2*EXP(-($A7^2))	=2*EXP(-($A7^2))
8	=A7+0.1	=EXP(-($A8^2))			=2*EXP(-($A8^2))	
9	=A8+0.1	=EXP(-($A9^2))			=2*EXP(-($A9^2))	=2*EXP(-($A9^2))
10	=A9+0.1	=EXP(-($A10^2))			=2*EXP(-($A10^2))	
11	=A10+0.1	=EXP(-($A11^2))			=2*EXP(-($A11^2))	=2*EXP(-($A11^2))
12	=A11+0.1	=EXP(-($A12^2))			=2*EXP(-($A12^2))	
13	=A12+0.1	=EXP(-($A13^2))			=2*EXP(-($A13^2))	=2*EXP(-($A13^2))
14	=A13+0.1	=EXP(-($A14^2))		=EXP(-($A14^2))		
15						
16		各列之和=		=SUM(D4:D14)	=SUM(E4:E14)	=SUM(F4:F14)
17						
18		总和=		=SUM(D16:F16)		
19						
20			*I*=	=D18*(0.1/3)		
21						
22						

图 13.12　对应的单元格公式

例题 4.3 介绍了如何用 IF 函数来进行求和(即求出图 13.11 中单元格 D18 所示的值)。

习题

13.5 在 Excel 工作表中用辛普森法则重做习题 13.1。将用辛普森法则所算的结果与先前用梯形法则算得的结果进行比较。

13.6 当求解习题 13.5 时,采用辛普森法则需要多少个等间隔区间才能得到一个与经典微积分值偏差在 2%范围以内的答案?请在 Excel 中用辛普森法则进行积分。请将所得结果与习题 13.2 采用梯形法则算得的结果进行比较。

13.7 在 Excel 工作表中用辛普森法则重新计算习题 13.3。将用辛普森法则算得的结果与先前用梯形法则算得的结果进行比较。

13.8 电容器内的电荷可由下面的表达式表示:

$$Q = \int_0^{t_0} i \mathrm{d}t$$

其中 Q 是电荷,单位库仑;i 是电流,单位是安培;t 是时间,单位是秒。假设电流随时间的变化可由下面的方程表示:

$$i = 0.2\mathrm{e}^{-0.1t}$$

使用下列方法确定电容器前 200 秒内存储的电荷:

a. 经典微积分。

b. 在 Excel 工作表中用梯形法则。

c. 在 Excel 工作表中用辛普森法则。

13.9 从水箱底部排出的总水量可由下面的表达式表示:

$$V = \int_0^t q \mathrm{d}t$$

其中 q 为体积流量(单位是立方英尺/秒),可由下面的表达式表示:

$$q = 0.1(80 - t) \quad 0 \leqslant t \leqslant 80 \text{ 秒}$$

其中,t 是时间,单位是秒。请确定:

a. 假设整个水箱可在 80 秒内清空,则水箱内的初始总水量是多少。

b. 前 40 秒的排水量。

c. 从 $t = 15$ 到 $t = 60$ 秒之间的排水量。

用下列每种方法计算每个值。

d. 经典微积分。

e. 在 Excel 工作表中用梯形法则。

f. 在 Excel 工作表中用辛普森法则。

13.10 一群学生设计了一种小型火箭,并计划从足球场发射。火箭携带燃料足够燃烧 8 秒。在此期间,火箭的垂直速度可由下面的表达式确定:

$$v = 6t^2 \quad 0 \leqslant t \leqslant 8$$

其中 v 表示垂直速度,单位是英尺/秒;t 表示时间,单位是秒。

经过 8 秒的燃烧,火箭将在重力作用下坠落到地面。因此:

$$v = v_0 - 32.2(t - 8) \quad t > 8$$

其中 v_0 是燃烧 8 秒结束时的速度。

对这两个表达式进行积分,以确定火箭可达到的最大高度和火箭返回地面所需的时间。

用下列方法计算每个值:

a. 经典微积分。

b. 在 Excel 工作表中用梯形法则。

c. 在 Excel 工作表中用辛普森法则。

13.11 固体在温度升高时所吸收的热量可由下面的表达式表示:

$$Q = m\int_{T_1}^{T_2} C_p \mathrm{d}T$$

式中 Q 为吸收的总热量,单位是 BTUs;m 为固体的质量,单位是磅;C_p 为固体的比热,单位是 BTU/(lb·°F);T 为温度,单位是华氏度。

当 20 磅质量的铜从 100 华氏度加热到 500 华氏度时,吸收了多少热量?铜的比热可由下面的表达式表示:

$$C_p = 0.0909 + 2\times10^{-5}T - 1\times10^{-9}T^2$$

用下面的方法来求出你的答案:

a. 经典微积分。

b. 在 Excel 工作表中用梯形法则。

c. 在 Excel 工作表中用辛普森法则。

13.12 当水在圆形管道内缓慢流动时,其流速随着到管壁的距离的平方而增大。因此,在管壁处速度为零,在管道中心处速度达到最大值。

假设在直径为 12 英寸的管道内速度分布可由下列表达式表示:

$$v = 0.3\left(1 - \frac{r}{0.5}\right)^2$$

其中 v 为速度,单位是英尺/秒;r 为距离管道中心的径向距离,单位是英尺($0 \leqslant r \leqslant 0.5$)。那么,通过管道的体积流量(单位为立方英尺/秒)可由下面的表达式表示。

$$Q = \int v\mathrm{d}A = 2\pi\int_0^{0.5} vr\mathrm{d}r$$

用下列方法确定管道内的体积流量:

a. 经典微积分。

b. 在 Excel 工作表中用梯形法则。

c. 在 Excel 工作表中用辛普森法则。

13.3 对测量数据积分

对解析函数积分时,数值积分的效果很好。当计算由少量散点组成的测量数据的积分时,效果也不错(注意,通常会有一些与测量数据相关的散点)。然而,当散点较多时,基于测量数据点的数值积分可能导致较大误差。这种情况下,通常可通过让曲线通过数据的聚集区(如第 7 章所讨论的),然后对所得曲线进行积分,就能得到相当准确的积分值。计算积分既可以用解析法(这是首选方法),也可以用数值法。

例题 13.9 对测量数据积分

弹簧施加的力作为其平衡位置位移的函数,可由以下数据算出(从例题 7.3 中复制)。注意,这些实例的间隔不是均匀的。

数据点编号	距离/厘米	力/牛
1	2	2.0
2	4	3.5
3	7	4.5
4	11	8.0
5	17	9.5

在第 7 章(参见例题 7.3 和例题 7.5)中，我们用最小二乘法在数据中通过如下的趋势线：

$$y=0.5147x+1.2794$$

其中 y 表示力，单位是牛；x 表示到平衡点的距离，单位是厘米。图 13.13 显示了数据和趋势线的图表[即从例题 7.5 中复制的图 7.9(b)]。注意，在测量数据中有相当大的散点。

确定在测量的间隔内拉伸弹簧所做的功；即从 $x=2$ 到 $x=17$。

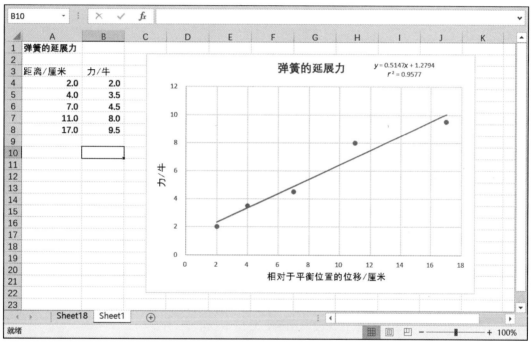

图 13.13　通过一组测量数据的线性趋势线

拉伸弹簧需做的功是通过在适当的间隔上对力积分来求得的。因此：

$$W = \int_2^{17} y\mathrm{d}x$$

我们先用梯形法则计算非等间隔数据的积分。由于数据中存在散点，我们不能期望用这种方法得到准确的结果。但是，它可以为之后与基于趋势线的积分进行比较打下基础。

图 13.14 显示了采用梯形法则计算积分的 Excel 工作表。这种方法与例题 13.2 中的积分计算基本相同(见图 13.3)。得到的积分值为 $W = 95.0$ N·cm。

现在用经典微积分来计算这个积分。如果我们用趋势线来表示力，那么通过求积分即可确定功的大小：

$$W = \int_2^{17} y\mathrm{d}x = \int_2^{17} (0.5147x + 1.2794)\mathrm{d}x = 89.977\mathrm{N \cdot cm}$$

该值远小于用梯形法则对实际数据求出的值。我们无法确定哪个值更准确，但是根据处理数据中的散点的方式不同，基于趋势线算得的值似乎更可信。这种方法也很容易实现。

图 13.14　将梯形法则应用于测量数据

习题

13.13 用 Excel 和第 7 章中描述的方法，将一个多项式拟合到例题 13.1 中已知的电压与时间的数据上。然后用经典微积分计算多项式在 $0 \leqslant t \leqslant 0.5$ 秒区间内的积分。将解的易解性和精度与例题 13.1 和例题 13.2 中的结果进行比较。

13.14 在 Excel 中用梯形法则对习题 13.13(不是实际数据)中的多项式进行积分。请计算下列条件下的积分：

a. 10 个等间隔区间。

b. 30 个等间隔区间。

c. 100 个等间隔区间。

将你的结果与习题 13.13 中的结果进行比较。关于精确度和区间个数之间的关系，你能得出什么结论？

13.15 用辛普森法则重做习题 13.14。将结果与习题 13.13 和习题 13.14 的结果进行比较。

13.16 下面的数据表示温度是垂直深度的函数，这些数据取自习题 7.12。

距离/厘米	温度/摄氏度
0.1	21.2
0.8	27.3
3.6	31.8
12	35.6
120	42.3
390	45.9
710	47.7
1200	49.2
1800	50.5
2400	51.4

用 Excel 确定整个 2400 厘米距离上的平均温度。请用你认为最合适的方法进行计算。将算得的这个值与温度的简单算术平均值进行比较。

13.17 下面的数据取自例题 7.13，它们体现了反应速率是温度的函数。

温度/开尔文	反应速率/(摩尔/秒)
253	0.12
258	0.17
263	0.24
268	0.34
273	0.48
278	0.66
283	0.91
288	1.22
293	1.64
298	2.17
303	2.84
308	3.70

确定整个温度范围内的平均反应速率。请用最合适的方法在 Excel 工作表中进行积分。将算得的这个值与反应速率数据的简单算术平均值进行比较。

13.18 以下数据取自习题 7.27，它们代表一群学生建造的风力发电机所产生的发电功率。

风速/(英里/小时)	功率/瓦特
0	0
5	0.26
10	2.8
15	7.0
20	15.8
25	28.2
30	46.7
35	64.5
40	80.2
45	86.8
50	88.0
55	89.2
60	90.3

请确定给定风速范围内的平均发电量。请在 Excel 工作表中用最合适的方法计算积分。

13.19 以下压强-应变数据取自习题 7.34，取自直径为 0.5 英寸、长度为 4.0 英寸的钢柱样品。

应变	压强/(磅/平方英寸)	应变	压强/(磅/平方英寸)
0.02	29737	0.14	57046
0.04	37166	0.16	56593
0.06	44820	0.18	53448
0.08	44074	0.20	52103
0.10	49161	0.22	49185
0.12	53002	0.24	45386

确定应变值从 0 到 0.24 范围内的平均压强(假设数据集从原点开始；即当应变为零时，压强为零)。请在 Excel 工作表中用最合适的方法计算积分。

13.20 力(F)对物体从位置 x_1 到位置 x_2 所做的功(W)之间的关系可由下列表达式表示：

$$W = \int_{x_1}^{x_2} \vec{F} \cdot \mathrm{d}\vec{x} = \int_{x_1}^{x_2} (F\cos\theta)\mathrm{d}x$$

其中 θ 为力与位移矢量的夹角。下面是在 x 不同取值条件下的 F 和 θ 值:

x/米	0.0	0.5	1.0	1.5	2.0
F/牛	10	12	11	9	6
θ/度	20	25	30	35	40

使用下列方法确定对该物体所做的总功:

a. 在 Excel 工作表中用梯形法则。

b. 在 Excel 工作表中用辛普森法则。

注意,三角函数的参数应该是弧度,而不是角度。

13.21 在 t_1 到 t_2 的时间间隔内,进入管道的总质量(m)可由下列表达式表示:

$$m = \int_{t_1}^{t_2} (\rho V A) \mathrm{d}t$$

其中 ρ 为流体密度,V 为流体通过入口的平均流体速度,A 为管道横截面积。下面是在 10 秒内流过横截面积为 0.1 平方米的管道的空气时采集到的数据。

t/秒	0	2.5	5.0	7.5	10
ρ/(千克/立方米)	1.22	1.31	1.19	1.25	1.27
V/(米/秒)	10.1	12.2	9.8	10.5	10.6

用下列方法确定流入管道的总质量:

a. 在 Excel 工作表中使用梯形法则。

b. 在 Excel 工作表中使用辛普森法则。

第 **14** 章

创建和执行宏与函数

在本章你将学习如何创建、执行、编辑和保存宏和用户自定义函数。还将了解 Excel 强大的 VBA(Visual Basic for Applications)环境，我们将用它来编辑宏和创建用户自定义函数。

14.1 录制宏

宏是一串连续的击键和/或鼠标操作，这些操作将被录制下来，以便以后回放。因此，你可以用宏在 Excel 电子表格中自动执行一系列指令。一般来说，指令越复杂，宏就越有用。每个宏都有一个唯一的名称和与之关联的快捷键(如 Ctrl+P、Ctrl+X 等)。一旦录制了宏，就只需要通过按名称选择宏或按快捷键来自动执行指令了。

为录制宏，必须在功能区中添加"开发工具"选项卡(如图 14.1 所示)。为此，单击功能区的"文件"选项卡并选择底部的"选项"。这将出现"Excel 选项"对话框。单击左边栏中的"自定义功能区"。然后，"Excel 选项"对话框就变成图 14.2 所示的样子。勾选右边"主选项卡"列中标记为"开发工具"复选框。然后单击"确定"按钮。

图 14.1 功能区的"开发工具"选项卡

一旦将"开发工具"选项卡添加到功能区，就可以访问现有的宏并录制新的宏了。要录制宏，请执行以下步骤:

1. 在功能区的"开发工具"选项卡内的"代码"组中选择"录制宏"，出现如图 14.3 所示的"录制宏"对话框。该对话框需要你填写宏名称。你也可以选择默认名称("宏 1""宏 2"等)，但是应该起一个能够更好地描述宏所采取操作的名称。注意宏名称中不能包含空格。

"录制宏"对话框还允许你指定将宏存储在何处(稍后将做更详细的介绍)。你还可以填写宏所执行操作的简要描述。

此外，你可以指定键盘快捷方式，这样按下 Ctrl 键和指定的快捷键即可访问(即运行)宏，而不必按名称访问宏。快捷键必须是字母，大写或小写都可以。注意快捷键是区分大小写的，即大写字母与小写字母是不一样的。

图 14.3 显示了所有这些功能的输入位置。

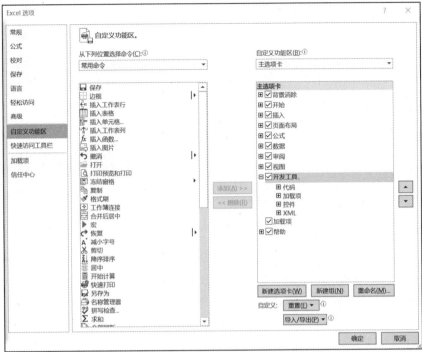

图 14.2　"Excel 选项"对话框

图 14.3　"录制宏"对话框

2. 在"录制宏"对话框中输入所需信息后，单击"确定"按钮。然后就可以开始在工作表中的任何位置输入指令了(例如，击键或移动鼠标)。完成的所有指令操作都将保存在宏中。

3. 完成录制后，单击功能区"开发工具"选项卡"代码"组中的"停止录制"按钮(参见图 14.4)。然后宏就将以指定的名称保存在指定的位置。

图 14.4　录制宏时功能区的"开发工具"选项卡

14.2　执行宏

保存宏之后，只需要按住 Ctrl 键并按下指定的快捷键就可以执行宏。或者，通过在功能区的"开发工具"选项卡的"代码"组中选择"宏"(见图 14.1 和图 14.4)，从弹出的"宏"对话框的列表中选择一个宏，然后单击"执行"(见图 14.5)。在录制宏时特别引用的单元格中将执行宏中包含的指令(在 14.3 节中将看到，还可以通过引用更大范围的单元格，以更灵活的方式录制和执行指令)。

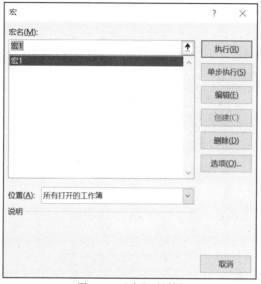

图 14.5　"宏"对话框

如果你收到一条指示禁用宏的消息，请尝试执行以下操作：从功能区"开发工具"选项卡的"代码"组中选择"宏安全"。然后从弹出的对话框中选择其他宏设置。

例题 14.1　设置单元格中的数字格式

我们录制并执行一个宏，该宏将以下列方式设置数字格式：显示两位小数、包括分隔千、百万等的逗号，并且以粗体显示。

我们首先选择任一空白单元格(比如单元格 B3)，然后从功能区的"开发工具"选项卡的"代码"组中选择"录制宏"(参见图 14.1)。这将导致"录制宏"对话框叠加显示在工作表上，如图 14.6 所示，然后我们填写宏名("数字格式")、快捷键("a")和宏存储位置("当前工作簿"，稍后会详细介绍)，以及宏的"说明"，详见图 14.6 所示。填完这些信息后，我们按"确定"按钮开始录制。此时，"停止录制"图标将出现在"录制宏"图标的位置，"正在录制"图标将出现在状态栏中，紧挨着"就绪"(位于左下方)。

图 14.6　准备录制宏

一旦开始录制,我们将执行以下步骤。

1. 右击单元格 B3 并选择"设置单元格格式"。随后弹出"设置单元格格式"对话框,并显示"数字"选项卡,如图 14.7(a)所示。

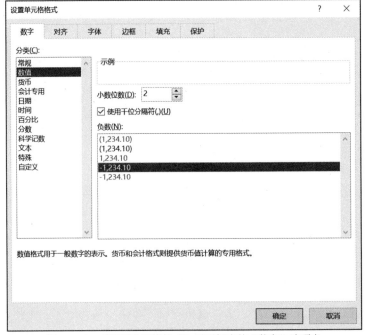

图 14.7(a) "设置单元格格式"对话框中的"数字"选项卡

图 14.7(b) "设置格式单元格"对话框中的"字体"选项卡

2. 在"设置单元格格式"对话框中,指定"小数位数"为 2,并选中"使用千位分隔符(,)"复选框。图 14.7(a)显示了正确的填写内容。

3. 接下来,单击"设置单元格格式"对话框中的"字体"选项卡。在"字形"列表中选择"加粗",

如图 14.7(b)所示。然后单击"确定"按钮。

4. 单击"开发工具"选项卡中的"停止录制"按钮结束录制(参见图 14.4)。宏现在已经完成，可以使用了。

注意，也可在功能区的"开始"选项卡中直接设置单元格格式，而不必使用"设置单元格格式"对话框。

现在，我们准备在工作表中放置数值，并用宏设置包含这些值的单元格的格式。注意，单元格 B3 的格式已经设置过了——它的格式是在我们录制包含宏的指令时设置的。因此，如果我们将数字 12345.6789 输入单元格 B3，它将显示为 12,345.68，如图 14.8(a)所示。但是，如果我们在任何其他单元格中输入相同的值，它将在我们输入后显示为 12345.6789。例如，图 14.8(b)显示了单元格 B5 中输入的这个值。但是，如果我们单击单元格 B5 使其激活，然后按 Ctrl+A 键，数字的格式就变成 12,345.68，如图 14.8(c)所示。

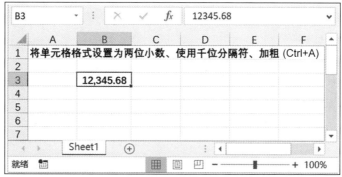

图 14.8(a) 在已经设置过格式的单元格中输入数字

图 14.8(b) 在未设置过格式的单元格中输入数字

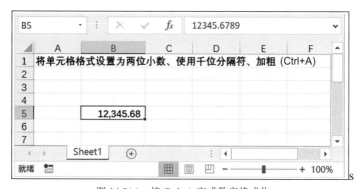

图 14.8(c) 按 Ctrl+A 完成数字格式化

14.3 宏内的单元格寻址

如果宏不引用当前活动单元格以外的任何单元格,它就可以应用于工作表中的任何单元格。例题14.1中创建的宏就属于这类。但是,如果宏确实引用了其他单元格,就必须注意如何进行单元格寻址。

宏在录制时通常采用绝对寻址来引用其他单元格。因此,宏指令将始终在录制宏时引用的相同单元格上执行。这可能将宏的执行限制为工作表中的某些单元格。

但是,通过在录制宏时使用相对寻址而不是绝对寻址也可以消除这个限制。对于某些类型的应用,通常要用相对寻址。要用相对寻址录制,需要转功能区的"开发工具"选项卡,并单击"代码"组中的"使用相对引用"按钮。请在实际录制开始之前这样做,并在录制结束后再单击一次。这个按钮是一个翻转开关。可以打开或关闭相对寻址;单击一次可打开相对寻址,再单击一次可关闭相对寻址。

例题 14.2　求多项式的值

创建宏求多项式的值:

$$y = 3x^2 - 2x + 5 \tag{14.1}$$

创建宏的方法有两种:

1. 使用默认的录制方法(绝对寻址)。
2. 使用相对寻址。

绝对寻址

在默认的录制模式下,宏使用绝对寻址。我们首先设置一个工作表,它将接受单元格 B3 中的 x 值,并将相应的 y 值放在单元格 B5 中。然后执行如下操作:

1. 将光标移动到单元格 B5。
2. 从功能区的"开发工具"选项卡中的"代码"组中选择"录制宏",然后将出现"录制宏"对话框。
3. 填写宏的名称("多项式")、快捷键("P")、存储位置("当前工作簿")以及宏的"说明",如图14.9所示。

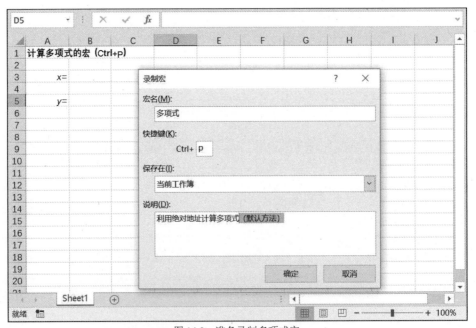

图 14.9　准备录制多项式宏

4. 单击"确定"按钮开始录制。

5. 在单元格 B5 中输入公式：

$$= 3*B3\^2-2*B3+5$$

然后按 Enter 键。

6. 单击"停止录制"按钮结束宏录制(见图 14.4)。

假设我们在单元格 B3 中输入一个 x 的值。然后，如果从工作表中的任何单元格中按 Ctrl+P 键，对应的 y 值就会出现在单元格 B5 中。例如，如果我们在单元格 B3 中输入数值 7，在 D4 单元格中按 Ctrl+P 键，数值 138 就会出现在 B5 单元格中(而不是 D4)，如图 14.10 所示。由式(14.1)可知，当 $x=7$ 时，$y=138$。

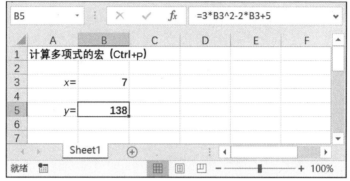

图 14.10　在单元格 B5 中按下 Ctrl+P 键计算多项式

但是，如果将 x 的值输入到单元格 B3 以外的任何地方，宏将不会返回正确的结果。这个宏总是返回一个与单元格 B3 中出现的 x 值对应的 y 值。如果单元格 B3 为空，那么按下 Ctrl+P 键将在目标单元格中出现数值 5。这是 $x=0$ 时 y 的值。

相对寻址

现在我们再创建一个宏来计算相同的多项式，这次使用相对寻址。为此，我们要进行下列操作：

1. 将光标移动到单元格 B5。

2. 像以前一样，从功能区的"开发工具"选项卡的"代码"组中选择"录制宏"，然后将出现"录制宏"对话框。

3. 填写宏名("多项式 2")、快捷键("R")、保存在("当前工作簿")以及宏的"说明"，如图 14.11 所示。

4. 单击"确定"按钮开始录制。

5. 单击"使用相对引用"按钮打开相对寻址。

6. 输入公式：

$$=3*B3\^2-2*B3 + 5$$

7. 单击"停止录制"按钮结束宏录制(见图 14.4)。

8. 单击"使用相对引用"按钮关闭相对寻址。

注意，如 3.3 节所述，在相对地址模式下录制时，如果使用$符号，仍然可以输入绝对单元地址。

要查看这个宏是如何工作的，我们可以像之前一样在单元格 B3 中输入值 7。然后看单元格 B5。结果是单元格 B5 的值为 138，如图 14.12 所示。到目前为止，这个宏的行为似乎与前面使用绝对寻址的宏相同。但是，由于该宏使用了相对寻址，所以它可以与工作表中任何单元格中的 x 值一起使用。唯一的限制是必须在执行宏的单元格上方的两个单元格中输入 x 值。否则，宏将返回值 $y =5$，对应于 $x=0$。

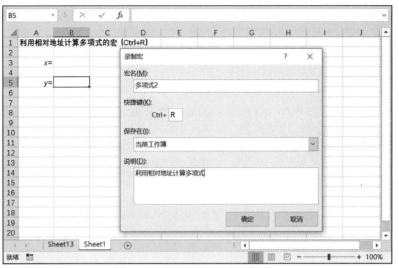

图 14.11 准备录制宏"多项式 2"

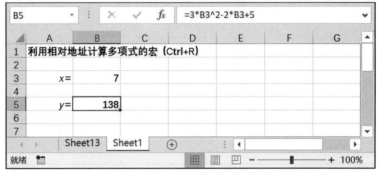

图 14.12 按 Ctrl+R 键求多项式的值

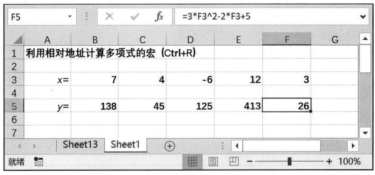

图 14.13 求几个不同 x 对应的多项式值

图 14.13 显示的工作表中,第 3 行输入了几个 x 值。对应的 y 值如第 5 行所示。在第 3 行直接输入对应的 x 值后,按 Ctrl+R 键就得到每个 y 值。

14.4 保存宏

当你准备录制宏时,"录制宏"对话框会询问你想要在哪里存储(即保存)宏。有三种选择(见图 14.14)。

1. 当前活动工作簿。
2. 新工作簿。

3. 名为"个人宏工作簿"的独立文件。

如果将宏保存在"当前活动工作簿"或"新工作簿"中，就不能在其他工作簿中使用它。但是，如果选择"个人宏工作簿"，该宏将存储在一个名为 PERSONAL.XLSB(或 PERSONAL.XLSX)的文件中。该文件中存储的宏可在当前计算机上的所有 Excel 工作簿中使用。

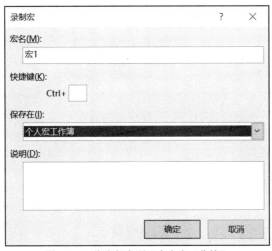

图 14.14　将宏保存到"个人宏工作簿"

习题

14.1 创建一个与"数字格式"类似的宏，如例题 14.1 所示。但是现在，要使用六位小数的科学记数法，并且用字号 12、粗斜体显示数字。将宏命名为"数字格式 2"并选择 A(大写键)作为快捷键。将宏保存到"个人宏工作簿"中。测试这个宏以确保它能正常工作。

14.2 在例题 2.2 所描述的工作表中创建一个宏，将工作表的外观从图 2.18 转换为图 3.18(参见例题 3.3)。使用名称 Fency 保存工作表中的宏，并用 F 作为快捷键。运行宏，并将结果输出与图 3.18 所示的结果进行比较。

14.3 创建宏用下面的公式进行线性插值：

$$y = y_1 + \frac{y_2 - y_1}{x_2 - x_1}(x - x_1)$$

使用相对寻址，假设工作表布局与例题 7.2 中所示的名称相同。将宏命名为 Interpolate 并且选择 L(大写)作为快捷键。将宏保存到你的"个人宏工作簿"中。用例题 7.2 所给的数据测试宏[参见图 7.2(a)]。

14.4 创建宏，用公式

$$x_1 = \frac{-b + \sqrt{b^2 - 4ac}}{2a}, \quad x_2 = \frac{-b - \sqrt{b^2 - 4ac}}{2a}$$

求解二次方程：

$$ax^2 + bx + c = 0$$

的实根，将宏建立在工作表布局的基础上，其中包含已知的 a、b 和 c 值。

14.5 创建宏，用下面的公式将温度测量值(不是温度差)从华氏度转换为摄氏度：

$$^\circ C = (5/9)(^\circ F - 32)$$

使用相对寻址，这样原始华氏温度就可以出现在工作表上的任何位置。

14.6 创建宏，求包含 20 个数字的列表的平均值、中值、众数、最小值、最大值和标准差。假设工作表与例题 6.1 中显示的相同(参见图 6.5)。

14.7 创建宏,在单元格块周围添加垂直线,如图 12.1 所示。

14.8 创建宏,求 3×3 矩阵的逆矩阵。使用相对寻址,以便给定的 3×3 矩阵可以放在工作表的任何位置。

14.9 扩展习题 14.8,用矩阵求逆法求解含三个未知数的线性代数方程。假设工作表布局与例题 12.8 中所示的类似(参见图 12.2)。

14.10 创建一个用户自定义函数来计算雷诺数:

$$\mathrm{Re} = \frac{\rho V D}{\mu}$$

其中 ρ 为流体密度,V 为管道内的平均流速,μ 为流体的绝对黏度。输入 ρ、V、D 和 μ 的值作为参数,并将函数命名为 Rey。如果雷诺数为负,则让函数显示错误消息。

14.11 在流体力学中,摩擦系数(f)是一个无量纲参数,可用于确定加压管道的摩擦损耗。Haaland 方程可用于计算湍流摩擦系数(雷诺数> 4000):

$$f = \left[-1.8\log_{10}\left(\left(\frac{\varepsilon/D}{3.7}\right)^{1.11} + \frac{6.9}{\mathrm{Re}} \right) \right]^{-2}$$

其中 ε 为管道的绝对粗糙度,D 为管径,Re 为雷诺数。雷诺数也是由下式给出的无量纲常数,

$$\mathrm{Re} = \frac{\rho V D}{\mu}$$

其中 ρ 是流体密度,V 是管道中的平均流速,μ 是为流体的绝对黏度。

创建一个名为 Haaland 的用户自定义函数,该函数以 ε、ρ、V、D 和 μ 为参数,并能计算摩擦系数。如果雷诺数小于 4000,则让函数显示错误消息。注意,log()函数在 VBA 中计算以 e 为底的对数。你需要将以 e 为底转换为以 10 为底。

14.12 空气在 273~1800 K 温度范围内的比热容为:

$$\bar{c}_p = 28.11 + 0.1967\times10^{-2}T + 0.4802\times10^{-5}T^2 - 1.966\times10^{-9}T^3 \,(\mathrm{kJ}/(\mathrm{kmol}\cdot\mathrm{K})) \,,\quad \text{其中 } T \text{ 为绝对温度(K)}。$$

创建一个名为 cpair 的用户自定义函数,该函数以 T 为参数并计算比热容。如果温度低于 273K,函数就显示错误消息;如果温度高于 1800K,函数就显示另一个错误消息。

14.5 在 VBA 中查看宏

构成宏的指令是由微软公司开发的一种特殊编程语言的成员,这种语言叫作 Visual Basic for Applications(通常简称为 VBA)。该语言使用了一个基于经典 BASIC 的指令集,并包含了许多专为 Microsoft Windows 和 Microsoft Office 环境设计的增强功能。2.6 节所列的运算符在 VBA 语言中都有,2.7 节和本书其他部分所列的许多函数也有。由于涉及编程语言的语法和许多具有特殊预定含义的VBA 标识符,因此掌握 VBA 还比较困难。但是,通过查看 VBA 环境中的宏,我们还是可以了解一些关于 VBA 的知识。

要查看宏中的指令,请选择功能区的"开发工具"选项卡并单击"代码"组中的"宏"按钮(参见图 14.4)。或者,可选择功能区"视图"选项卡中的"宏"按钮。然后,选择宏并单击"编辑"按钮就能查看宏了。这将打开如图 14.15 所示的 VBA 环境(这是在例题 14.1 中创建的宏"数字格式")。注意,在熟悉的 Excel 环境出现了 VBA 的环境。尽管 Excel 不可见,但是它仍然是活动的。要返回 Excel,只需要关闭或最小化 VBA 窗口。

图 14.15 中的大窗口包含构成宏的各条指令(即语句)。这些指令以模块形式存储在 VBA 中。如图 14.15 所示,每个宏都以 Sub 开始,以 End Sub 结束。注意,Sub 语句包含宏名,后面紧跟着一对空括号。Sub 语句后面是一个注释块。注释很容易识别,因为每一行都以撇号开头。

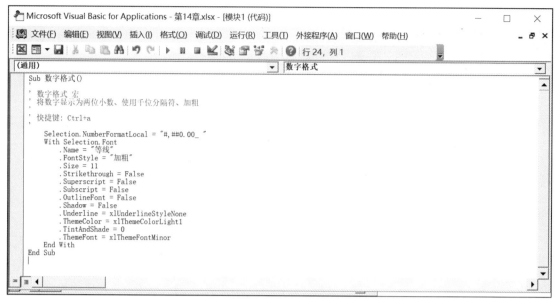

图 14.15　VBA 环境

注释后面就是模块要执行操作的语句。对这些语句的详细讨论超出了本文的范围。但是我们可以看看出现在这个简单宏中的语言的部分基本功能。例如，指令

```
Sub FormatNumber()
```

和

```
End Sub()
```

包括两个 VBA 关键字 Sub 和 End。其他一些关键字还有 For、Next、With、True 和 False 等。关键字具有特定的预定含义，不能在 VBA 程序中用于任何其他用途。

许多语句包含一个或多个句点。句点是组合指令各部分的分隔符。例如，在图 14.15 中，我们看到了指令：

```
Selection.NumberFormat = "#,##0.00"
```

该语句指定了一种数值格式。语句的第一部分(Selection)是引用对象的标识符(在本例中，是当前选中的单元格)，第二部分(NumberFormat)是对象的属性(即特性)。等号用于将右边的内容(在本例中是格式规范)赋值给左边的属性(在本例中是 Selection.NumberFormat)。因此，这条指令向表示当前选定单元格的对象赋值了一个数值格式。

有时标识符后面跟着一个方法而不是属性。方法能指定影响关联对象的操作。例如，指令：

```
Range("F1").Select
```

能使单元格 F1 成为当前活动的单元格。这条指令不是宏"数字格式"的一部分，因此没有显示在图 14.15 中。

注意，如果你要查看的宏存储在 PERSONAL.xlsb 文件(所有 Excel 工作表都可以访问它)，那么你可能需要"取消隐藏"该文件才能看到该文件的内容。为此，选择功能区的"视图"选项卡，单击"窗口"组中的"取消隐藏"按钮，并从下拉菜单中选择 PERSONAL.xlsb，如图 14.16 所示。

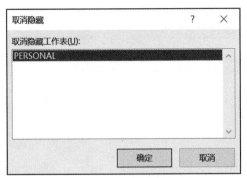

图 14.16 "取消隐藏"下拉菜单

例题 14.3 在 VBA 中查看宏

现在让我们检查构成"多项式"宏的 VBA 指令,我们在例题 14.2 的开头录制并使用了这些指令。为此,我们必须首先打开包含此宏的 Excel 文件。回顾一下,这个宏不是存储在 PERSONAL.xlsb 文件中;因此,我们必须打开包含宏的工作表。然后从功能区的"开发工具"选项卡的"代码"组中选择"宏",得到如图 14.17 所示的"宏"对话框。另外,也可从功能区的"视图"选项卡中选择"宏"来访问"宏"对话框。如果选择"多项式"宏并单击"编辑"按钮,就会得到如图 14.18 所示的 VBA 编辑窗口,其中包含所需宏的程序清单。

图 14.17 列出宏"多项式"的"宏"对话框

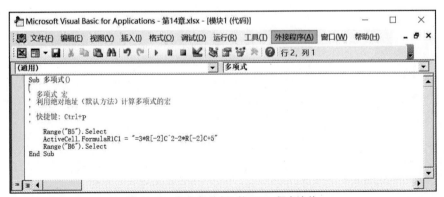

图 14.18 宏"多项式"的 VBA 程序清单

该模块以 End Sub 语句结束。在其中，可以看到下面的注释块：

```
'
' 多项式 宏
' 利用绝对地址(默认方法)计算多项式的宏
'
'快捷键: Ctrl+P
'
```

实际的宏指令位于注释下面。现在我们解释这些指令的含义。

第一条语句

```
Range("B5").Select
```

将光标移动到单元格 B5。

第二条语句

```
ActiveCell.FormulaR1C1 = "=3*R[-2]C^2-2*R[-2]C+5"
```

用位于当前位置上方两行且同列的单元格(指定为 R[-2]C)中的 x 值计算公式。注意，这是相对寻址。但是，后续语句将光标锁定在单元格 B5，因此公式将始终引用相同的单元格。

最后一条语句

```
Range("B6").Select
```

在完成计算后，将光标向下移动一个单元格，移动到单元格 B6。

从本文的讨论可以明显看出，宏录制器简化了 Excel 宏的创建。没有录制器，要完成同样的工作，就需要全面掌握 VBA 的有关知识。

14.6　在 VBA 中编辑宏

宏编辑包括在现有的宏中添加或更改一些 VBA 语句。一般来说，由于 VBA 语言很复杂，这不是一个简单过程。然而，你可以通过查看宏并对所需的更改进行有根据的猜测，从而只对现有的宏进行少量更改。或者，如果希望添加新功能，可以将所需的语句从一个宏复制到另一个宏。

要编辑宏，必须首先在 VBA 编辑环境中打开它，如 14.5 节所述。然后，可以采用与使用文本编辑器或文字处理软件相同的方法进行更改，方法是更改现有语句或添加来自其他宏的语句。当此过程完成后，你可通过单击 VBA 标准工具栏中的"保存"按钮(如图 14.15 所示，左边第三个工具)，或者从 VBA 的"文件"菜单中选择"保存"，就将以 Sub 语句中出现的名称保存宏。注意 VBA 没有"另存为"选项。因此，如果希望将编辑后的宏保存为新宏，而不是替换现有宏，就一定要修改 Sub 语句中的宏名称。

使用新名称保存宏时并没有指定快捷键。为此，关闭 VBA 编辑器(保存新宏之后)，返回 Excel。然后，在功能区的"开发工具"选项卡中，单击"代码"组的"宏"。或者在"视图"选项卡中，单击"宏"。当"宏"对话框出现时(见图 14.17)，单击"选项"按钮。然后就可以指定快捷键了。下面的例题将演示整个过程。

例题 14.4　编辑宏

在例题 14.2 中，我们创建了两个宏来计算多项式

$$y = 3x^2 - 2x + 5$$

在已知 x 值条件下的值。回顾一下第二个版本，它采用相对地址，宏名为"多项式 2"，快捷键为 Ctrl+R。

现在用 VBA 编辑器来修改这个宏，将原方程替换为：

$$y = 3(\sin x + \cos x) \qquad\qquad (14.2)$$

我们将保留例题 14.2 中使用的工作表布局,其中 y 值显示在 x 对应值下面的两行且同列的位置。此外,我们要用粗体、斜体和 12 号字体显示 y 的计算值。和"多项式 2"一样,我们将再次使用相对寻址。将这个宏命名为"三角公式",并选择 T 作为快捷键。我们可用"数字格式"宏中的 VBA 语句作为"数值显示"的指南(参见例题 14.1)。

图 14.19 显示了原始宏(多项式 2)的 VBA 清单。注意语句中的指示符 R1C1。

```
ActiveCell.FormulaR1C1 = "=3*R[-2]C^2-2*R[-2]C+5"
```

这表示相对寻址。同样,指示符 R[-2]C 是指向当前行上方的第 2 行(即当前行号减 2)和当前列的位置。

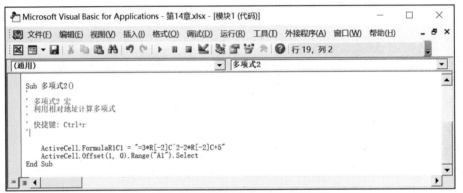

图 14.19　宏"多项式 2"的 VBA 程序清单

图 14.20 显示了例题 14.1 中开发的宏"数字格式"的 VBA 程序清单。其中包含以下语句:

```
Selection.NumberFormat = "#,##0.00"
```

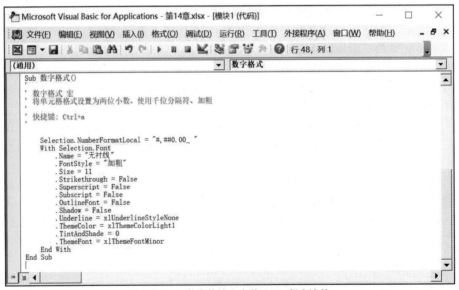

图 14.20　"数字格式"宏的 VBA 程序清单

该语句指定数字格式。其余语句块中,只有前三个缩进语句;也就是说:

```
.Name = "无衬线"
.FontStyle = "加粗"
.Size = 11
```

用于指定格式。其余语句都是由宏录制器自动生成的。

现在，我们将这两个语句块组合起来，并按如下方式修改它们(这些语句已编号，以便在下面的讨论中引用)。

```
1.  Sub 三角函数()
2.  '
3.  ' 三角函数   宏
4.  ' 用相对地址计算单元格的三角函数
5.  '
6.  ' 快捷键: Ctrl+T
7.  '
8.  ActiveCell.FormulaR1C1 = "=3*(sin(R[-2]C)+cos(R[-2]C))"
9.  Selection.NumberFormat = "#,##0.00"
10. With Selection.Font
11. .Name = "Calibri"
12. .Bold = True
13. .Italic = True
14. .Size = 12
15. .Strikethrough = False
16. .Superscript = False
17. .Subscript = False
18. .OutlineFont = False
19. .Shadow = False
20. .Underline = xlUnderlineStyleNone
21. .ThemeColor = xlThemeColorLight1
22. .TintAndShade = 0
23. .ThemeFont = xlThemeFontMinor
24. End With
25. ActiveCell.Offset(1, 0).Range("A1").Select
26. End Sub
```

在第 1 行中，根据需要将宏的名称更改为"三角函数"。第 2~7 行是修改后的注释，适用于这个宏。在第 8 行，用三角公式代换了原来的多项式。这样就改变了宏"多项式 2"中的语句。

第 9~24 行取自宏"数字格式"。第 9 行指定生成的三角公式的数字格式。第 10~24 行中的语句块指定了数字结果的外观。注意，出现在宏"数字格式"中的 FontStyle = "加粗"已被下面的两条语句所替代：Bold = True 和 Italic = True(第 12 行和第 13 行)。第一条是原来 FontStyle = "加粗"的另一种选择。第二条可实现斜体。另外，请注意语句 Size = 11(第 14 行)已经被 Size = 12 所替代。

其余语句(第 15~24 行)与"数字格式"中的对应语句相同。回顾一下，它们是由宏录制器自动生成的。

第 25 行取自宏"多项式 2"。其目的是将鼠标光标重新定位到计算数值结果下方的单元格。最后，第 26 行是宏所需的结尾。

修改完成后，我们可以从"文件"菜单中选择"保存"保存新的宏，如图 14.21 所示。新宏将自动保存并命名"三角函数"，因为"三角函数"出现在 Sub 语句中。但是，并没有自动指定新的快捷键。

要为新宏指定快捷键，需要关闭 VBA 环境。然后，我们从功能区的"开发工具"选项卡的"代码"组中选择"宏"。或者可以从功能区的"视图"选项卡的"宏"组中选择"宏/查看宏"。这将弹出如图 14.22 所示的"宏"对话框。然后选择宏"三角函数"，单击"选项"，就会出现如图 14.23 所示的"录制宏"对话框。然后，我们可以在生成的"录制宏"对话框中选择 T 作为新的快捷键。还可以根据需要更改宏的描述。

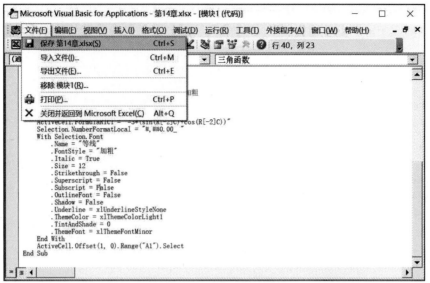

图 14.21　保存编辑后的宏

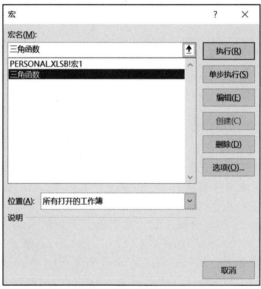

图 14.22　从"宏"对话框访问宏编辑

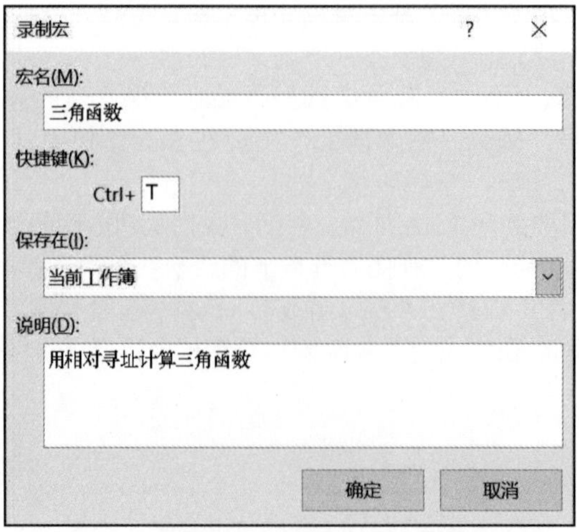

图 14.23　在"录制宏"对话框中改变快捷键和宏描述

习题

14.13 录制一个与例题 14.1 中创建的"数字格式"类似的宏。但是现在，设置数字格式，使其以红色、12 点、粗体、斜体、Arial 字体显示。查看 VBA 编辑器中的宏，将生成的 VBA 语句与例题 14.4 中所示的"数字格式"宏进行比较。注意红色是如何指定的。

14.14 重做习题 14.13，但这次使用蓝色、14 点、斜体、罗马字体显示数字。在 VBA 编辑器中查看宏。将生成的 VBA 语句与习题 14.13 和例题 14.4 中的语句进行比较。特别注意，蓝色是如何指定的。

14.15 在 VBA 编辑器中查看习题 14.3 中创建的线性插值宏。确保你了解如何在 VBA 中进行相对寻址。

14.16 用 VBA 编辑器更改习题 14.5 中创建的温度转换宏，以便将以摄氏度为单位的温度转换为华氏度。用公式

$$^{\circ}F = \left(1.8\,^{\circ}C\right) + 32$$

进行计算。使用不同的摄氏度测试宏。

14.17 使用 VBA 编辑器，按照以下方式修改习题 14.6 中创建的宏：

a. 删除计算得到的最小和最大值。

b. 添加方差的计算。

用例题 6.1 中给出的数据测试宏。用标准差的平方来验证方差是否正确。

14.7　用户自定义函数

我们首先在第 2 章遇到了 Excel 的内置库函数(也称为工作表函数)，并且在本书中一直使用它们。现在我们将注意力转向可在 VBA 中创建的用户自定义(或定制)函数。这种函数的访问方式与 Excel 库函数相同。用户自定义函数可以保存在单个工作表中，以便在该工作表中独占访问，也可以保持在 PERSONAL.xlsb 文件中，以便所有 Excel 工作表都可以访问。

请记住，函数总是返回一个且仅返回一个值。计算值由函数名引用。大多数函数包含一个或多个参数，这些参数出现在函数名后面的圆括号内(参见第 2.7 节)。参数代表函数的输入值，用于计算所需的值。因此，Excel 库函数 SQRT(X)返回参数 X 所表示值的平方根。

当访问函数时，参数可以是数字或字符串、单元格地址、单元格地址范围或者公式。因此，当访问 SQRT 函数时，我们可以写作 SQRT(3)、SQRT(A1)、SQRT(2*A3/5)等。

在进一步讨论之前，让我们简要回顾一下 VBA 的一些基本原理。赋值语句由变量名以及随后的等号和表达式组成。表达式通常由常数、变量、函数引用和运算符组成(参见第 2.6 节)。它们通常表示数值、字符串或逻辑条件(即真/假)。在赋值语句中，等号右边的表达式的值被赋给左边的变量名。

现在让我们回到用户自定义函数。每个用户自定义函数都必须以 Function 语句开始，以 End Function 语句结束。Function 语句必须包含函数名，随后是参数列表。参数必须用圆括号括起来，并以逗号分隔。函数定义的主体中必须出现赋值语句，从而将函数名赋为期望的值。

因此，用户自定义函数 Sample 的概要结构为：

```
Function Sample(a, b, c)
.
.
.
Sample = . . .
End Function
```

在这个函数中，a、b 和 c 是用于以某种未指定的方式为 Sample 赋值的参数。注意，在所需的赋值语句之前的步骤可能比较复杂，并且可能涉及其他赋值语句。一旦定义并且保存了这个函数，就可以

和 Excel 库函数一样在 Excel 公式中访问它。

要创建用户自定义函数,我们必须首先进入 VBA 编辑器。我们可以从功能区的"开发工具"选项卡中,通过在"代码"组中选择 Visual Basic,进入编辑器。这将产生空的 VBA 编辑器,如图 14.24 所示。

图 14.24　空的 VBA 编辑器

例题 14.5　创建用户自定义函数

在例题 14.2 中,我们创建了两个宏来计算多项式:

$$y = 3x^2 - 2x + 5 \tag{14.3}$$

在给定 x 值条件下的值。现在我们用 VBA 创建一个叫作 PolyFunction 的用户自定义函数,它允许我们求这个多项式的值。

下面是完整的函数。组成该函数的语句已经编号,以便在接下来的讨论中引用。

```
1. Function PolyFunction(x)
2. '
3. 'User-defined function to evaluate a polynomial
4. '
5. PolyFunction = 3 * x ^ 2 - 2 * x + 5
6. End Function
```

第 1 行包含函数名称 PolyFunction,后面跟着一个参数 x,x 在括号里。参数表示在 Excel 公式中访问函数时要提供给函数的值。第 2~4 行是注释。在第 5 行,我们看到一条赋值语句,其中一个表达式(其值表示给定的多项式)被赋值给函数名 PolyFunction。最后,在第 6 行中,我们看到了必需的 End Function 语句,它完成了用户自定义函数。

现在,我们必须在 VBA 编辑器中输入函数的定义。为此,我们选择功能区的"开发工具"选项卡,并在"代码"组中单击 Visual Basic。然后,我们从"插入"菜单中选择"模块"|"模块 1",并在 VBA 编辑器中输入六行函数定义。图 14.25 显示了带有所需 VBA 代码的 VBA 编辑器。然后,单击工具栏最左边的 Excel 图标返回 Excel。也可以从"视图"菜单中选择 Microsoft Excel,或者直接按 Alt+F11 键。

现在让我们看看在 Excel 工作表中访问新函数时会发生什么情况。图 14.26 显示了一个 Excel 工作表,其布局类似于示例 14.2 中的宏工作表(参见图 14.10)。同样,给定的 x 值被输入单元格 B3。但是现在,要在单元格 B5 中输入公式"=PolyFunction(B3)"。这使得单元格 B3 中 x 的当前值(7)被传递到 PolyFunction。然后在该函数内对多项式求值,并将所得的 y 值(138)返回到工作表的单元格 B5。

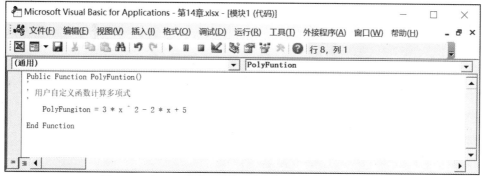

图 14.25　在 VBA 编辑器中将用户自定义函数输入"模块 1"

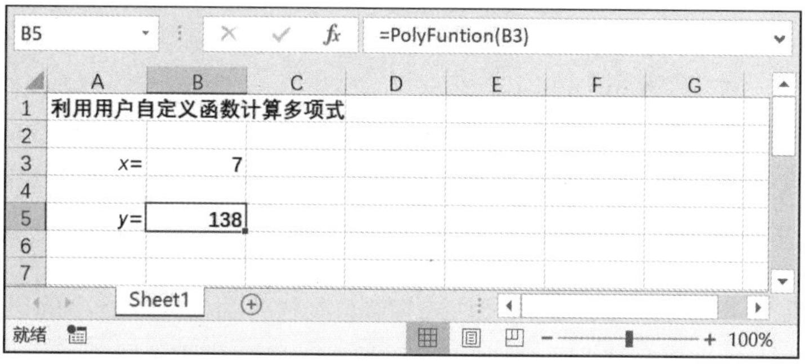

图 14.26　通过函数引用计算多项式

你应该了解的是，VBA 也有它自己的库函数，在编写用户自定义函数时可以用它们(参考 VBA 中的列表)。有些 Excel 库函数(也被称为工作表函数)不包含在 VBA 中，但是也可以使用。当在 VBA 中定义用户自定义函数时，可以使用这些 Excel 工作表函数，只要在每个 Excel 工作表函数名之前加上关键字 Application，然后加上句点即可；例如：

```
Area = Application.PI() * Radius ^ 2
```

还可以编写包含可选参数的用户自定义函数。例如，你可能希望创建一个含有三个参数的函数，但是在访问该函数时只需要指定两个参数。这两个参数的选择将取决于函数的使用方式。下面的例题说明了这是如何做到的。

例题 14.6　创建含有可选参数的用户自定义函数

许多气体的压强、体积和温度之间的关系可用理想气体定律近似，即：

$$PV = RT$$

可参见习题 2.10 和习题 5.3。在该方程中，P 为绝对压强，V 为每摩尔体积，R 为理想气体常数 (0.082054 L·atm/mol·K)，T 为绝对温度。现在创建名为 IdealGas 的用户自定义函数，它接受三个参数(P、V 和 T)中的两个，并返回第三个参数的值。

IdearGas 函数有几种不同的写法。其中一个版本如下所示。同样，这些行已经编号，以便在后面的讨论中引用。

```
1. Function IdealGas(Optional P, Optional V, Optional T)
2. '
3. '用户自定义函数计算理想气体定律
4. '
5. 'P = 压强，单位标准大气压
6. 'V = 体积，单位升
7. 'T = 温度，单位开尔文
8. '
9. '输入任意两个参数，该函数将返回第三个参数
```

```
10. '
11. R = 0.082054
12. If (Not IsMissing(V) And Not IsMissing(T)) Then '判断 P
13. IdealGas = R * T / V
14. Exit Function
15. End If
16. If (Not IsMissing(P) And Not IsMissing(T)) Then '判断 V
17. IdealGas = R * T / P
18. Exit Function
19. End If
20. If (Not IsMissing(P) And Not IsMissing(V)) Then '判断 T
21. IdealGas = P * V / R
22. Exit Function
23. End If
24. IdealGas = "参数错误——请重新输入"
25. End Function
```

注意，第 1 行中的每个参数前面都有关键字 Optional，每个可选参数都需要使用关键字 Optional。

第 2~10 行是不需要进一步讨论的注释。第 11 行通过为变量 R 指定一个数值常量(一次且仅有一次)，稍微简化了代码。

第 12~15 行一起工作。它们由第 12 行中的 If‐Then 语句控制。在第 12 行中，关键字 If 和 Then 被逻辑表达式(true 或 false)分隔。如果逻辑表达式为真，则执行第 13~14 行中的语句；否则，这些语句将被忽略。

现在我们要更加仔细地考虑逻辑表达式。从逻辑函数 IsMissing 开始。如果函数的参数不存在，则 IsMissing 返回 true。如果参数存在，则返回 false。

如果我们在 IsMissing 函数之前加上逻辑运算符 Not，则 true/false 条件反过来；即，如果参数存在，则 Not IsMissing 返回 true，否则返回 false。最后，如果我们将两个 Not IsMissing 条件 And 逻辑运算符连接起来，就会得到一个复合逻辑表达式，如果两个条件都为 true，则为 true，否则为 false。因此，如果 V 和 T 都存在，则第 12~15 行将把表达式 $R*T/V$ 赋给 IdealGas。否则，此语句块将被忽略。

我们在第 16~19 行和第 20~23 行看到两个类似的语句块，其中，当且仅当 P 和 T 都存在时，第一个语句块将表达式 $R*T/P$ 赋给 IdealGas；当且仅当 P 和 V 都存在时，第二个语句块将表达式 $P*V/R$ 赋给 IdealGas。

你可能想知道，如果用户使用 IdealGas 函数时错误地同时提供了这三个参数，那么会发生什么。这种情况下，第 12 行中的逻辑 If 测试将为 true，因此将执行第 13~14 行中的语句块。其余的 If 测试(第 16~20 行)将不会执行，因为在第 14 行有 Exit Function 语句。

如果用户只提供一个参数或不提供参数，那么所有三个 If 测试都将为 false。因此，第 24 行所示的错误消息将被指定给 IdealGas，如果在 Excel 工作表中访问该函数，将显示此错误消息。

图 14.27 显示了 VBA 编辑器中的完整函数。

现在让我们看看在 Excel 工作表中访问 IdealGas 函数时会发生什么。图 14.28(a)显示了 Excel 工作表，其中给出了 P 和 V，并使用 IdealGas 函数计算了 T。因此，如果 1 摩尔理想气体在 1.2atm 的压强下占据了 20L，那么相应的温度大约是 292.5K。注意用于计算单元格 B5 中的温度的公式；即

```
=IdealGas(B3,B4)
```

图 14.28(b)显示了一个类似的工作表，其中 P 和 T 已知，并使用 IdealGas 函数计算了 V。注意单元格 B4 中用于计算 V 的公式。

```
=IdealGas(B3,,B5)
```

分隔第一个和第三个参数的两个逗号(B3 和 B5)是必需的，因为缺少第二个参数。

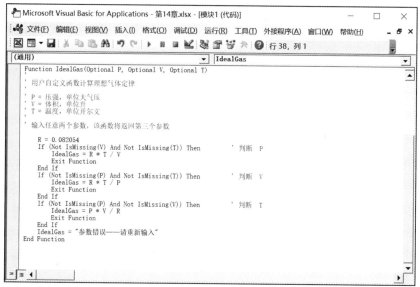

图 14.27　VBA 编辑器中的用户自定义函数 IdealGas

图 14.28(a)　当 P 和 V 已知时，用 IdealGas 函数计算 T

图 14.28(b)　当 P 和 T 已知时，用 IdealGas 函数计算 V

在图 14.28(c)中，我们看到一个工作表，其中 V 和 T 已知，并使用 IdealGas 函数计算了 P。注意在 B3 单元格中计算 P 的公式；即

```
=IdealGas(,B4,B5)
```

特别要注意第二个参数(B4)前面的逗号，因为没有第一个参数。

图 14.28(c)　当 V 和 T 已知时，用 IdealGas 函数计算 P

最后，在图 14.28(d)中，我们看到了由于使用 IdealGas 函数不正确而导致的错误消息。工作表的列 B 已展开，以显示整个错误消息。注意 B3 单元格中的错误公式(参数太少)，即=IdealGas()。

图 14.28(d)　错误地使用理想气体函数，导致了错误信息

请记住，VBA 本身就是一个复杂的主题。在对用户自定义函数的这个简短讨论中，我们只是接触了 VBA 的皮毛。

习题

14.18 创建用户自定义函数，利用下面的公式进行线性插值

$$y = y_1 + \frac{y_2 - y_1}{x_2 - x_1}(x - x_1)$$

将 x、x_1、x_2、y_1 和 y_2 的值作为参数传递给该函数。将函数命名为 LinearInterp。使用例题 7.2 中给出的数据对函数进行测试[参见图 7.2(a)]。假设工作表布局与例题 7.2 中所示相同。

14.19 创建用户自定义函数来计算公式

$$x = x_0 e^{-\beta t}[\cos(\omega t) + (\beta / \omega)\sin(\omega t)]$$

可参见习题 11.24。提供 x_0、t、β 和 ω 作为参数。将函数命名为 DampedOsc。使用 x_0=8、β=0.1、ω=0.5 和几个不同的 t 值来计算函数。

14.20 创建用户自定义函数，用下列公式：

$$x = \frac{-b + \sqrt{b^2 - 4ac}}{2a} \quad 当 b^2 \geqslant 4ac 时$$

解出以下二次方程的正实根：

$$ax^2 + bx + c = 0$$

测试条件 $b^2 < 4ac$。当此条件成立时，函数显示错误消息。输入 a、b 和 c 的值作为参数。

14.21 创建用户自定义函数，用下列任何一个公式将温度测量值(不是温度差)转换为摄氏度：

$$°C = (5/9)(°F - 32)$$
$$°C = K - 273$$
$$°C = (5/9)(°R - 492)$$

就像例题 14.6 那样，将以°F、K 和°R 为单位的温度作为可选参数。并且具备如例题 14.6 所示，在没有提供任何可选参数的情况下生成错误消息的能力。

第 15 章

经济性选择的比较

新的工程设计往往会为赞助公司带来潜在的投资机会。因此，所提设计的可取性往往是用经济学术语而不是技术术语来衡量的。此外，如果提出了若干不同的设计，那么一种投资机会相对于另一种投资机会的可取性一般是基于某些经济学标准。因此，工程师除了应掌握技术基础之外，还必须具备一定的工程经济分析知识。

电子表格为进行工程经济分析提供了一种很好的手段，它可用于分析针对未来一段时期提出的复杂投资方式，并且包括进行所需计算的库函数。Excel 在这方面表现得尤为突出。

在本章，我们将介绍工程经济性分析中的一些基本概念。本章特别讨论了复利和货币的时间价值，说明了如何用这些概念来分析复杂的现金流，并讨论了如何方便地使用 Excel 来进行这些研究。

15.1 复利

货币是一种用来购买货物和服务的商品。因此，它具有价值。如果个人或组织要贷款、存款或投资一笔钱，那么出借人就有权向这笔钱的使用方收款。同样，如果一个人或一个组织借了一笔钱，那么借款人必须为使用这笔钱付款。借出或借入的钱的总和叫作本金；为使用他人的钱而支付的款项称为利息。

计算利息总要以利率为基础。利率通常用百分数表示，但必须换算成小数才能进行经济性分析计算。为此，我们先将百分比中的分数部分表示成小数形式，然后将其除以 100。例如，5½ %的年利率可以用小数形式表示为 0.055(注意，我们并没有说明利息支付的频率，例如，每年、每季、每月等)。

确定适当的利率通常基于两个因素：与预期投资相关的风险程度和总体经济条件。高风险的投资比保守、安全的投资的利率更高。

经济性计算一般基于复利进行。当进行复利计算时，假设总时间跨度被分解为若干连续的计息周期(如连续几年)，并且利息能从一个计息周期累积到下一个计息周期。

假设我们投资一定数量的本金(P)，它在连续的每个计息周期都以固定利率(i)赚取利息。在已知的计息周期内，当前利息(I)是总累积金额(即，本金加上到目前为止累积的利息)的一部分。因此，在第 1 个计息周期内，所赚取的利息为：

$$I_1 = iP \tag{15.1}$$

在第 1 个计息周期结束时，积累的总金额为：

$$F_1 = P + I_1 = P + iP = P(1+i) \tag{15.2}$$

在第 2 个计息周期内, 所赚取的利息为:

$$I_2 = iF_1 = iP(1+i) \tag{15.3}$$

在第 2 个计息周期结束时, 积累的总金额为:

$$F_2 = P + I_1 + I_2 = P + iP + iP(1+i)$$
$$= P[(1+i) + i(1+i)] = P(1+i)^2 \tag{15.4}$$

对于第 3 个计息周期, 我们可得:

$$I_3 = iP(1+i)^2 \tag{15.5}$$

$$F_3 = P(1+i)^3 \tag{15.6}$$

等等。

一般情况下, 如果有 n 个计息周期, 那么在最后一个计息周期结束时, 累积的总金额为:

$$F_n = F = P(1+i)^n \tag{15.7}$$

这就是所谓的复利"定律"。方程(15.7)可用于确定投资时所累积的金额, 或贷款时所欠的金额。它很容易在电子表格中实现。

Excel 自带的 FV 函数, 提供了一个简单的方法来计算式(15.7)。见本节后面的表 15.1。

例题 15.1 累积复利

一个学生在银行账户上存了 2000 美元, 利息为 5%, 每年复利。如果该学生之后既不存款也不取款, 那么 20 年后能积累多少钱? 根据逐年分析, 计算并绘制每年积累金额曲线。

在这个问题中, 我们知道 $P = 2000$ 美元, $i = 0.05$ 和 $n = 20$。因此, 我们可以用式(15.7)来计算 20 年后的累积金额:

$$F = \$2000 \times (1 + 0.05)^{20} = \$2000 \times (1.05)^{20} = \$5306.60$$

请注意, 20 年周期内累积的利息是:

$$F = \$2000 \times (1 + 0.05)^{20} = \$2000 \times (1.05)^{20} = \$5306.60$$

这比原来的存款高得多。

确定逐年累积金额的最简单方法是在反复使用式(15.7)的基础上构造 Excel 工作表, 如图 15.1 所示。每年年末积累的金额列在 E 列, 从第 0 年末(初始存款的时间)开始, 到第 20 年末结束。E 列的每个值都是用式(15.7)根据单元格 B3 的本金, 单元格 B5 的利率, 以及 D 列相邻单元格的年数算得的。注意, 例如, 高亮显示的单元格 E25 所示的 5306.60 就是用公式算得的最终值。因此, 改变单元格 B3 或单元格 B5 中的值, 就会导致 E 列中显示的所有累加值都随之改变。

式(15.7)可以用来确定一次性还贷的成本, 以及累积总额。在处理这类贷款时, 本金(P)表示最初借款额, 终值(F)表示在 n 个计息周期后必须偿还的金额(本金加上累积利息)。

例题 15.2 一次性偿还贷款

某小型制造公司计划借 50 万美元来扩大其装货码头。利息按每年 7% 的利率收取, 并且每年复利。该公司计划只允许利息累积四年, 到四年结束时, 公司将偿还本金加上所有累积的利息。请问公司在贷款期限结束时必须偿还多少钱? 按累积利息计算, 这笔贷款将花费公司多少钱?

这个问题可以用式(15.7)求解, 其中 $P = \$500,000$, $i = 0.07$ 且 $n = 4$。将这些值代入式(15.7), 得到:

$$F = \$500\,000 \times (1 + 0.07)^4 = \$500\,000 \times (1.07)^4 = \$655\,398$$

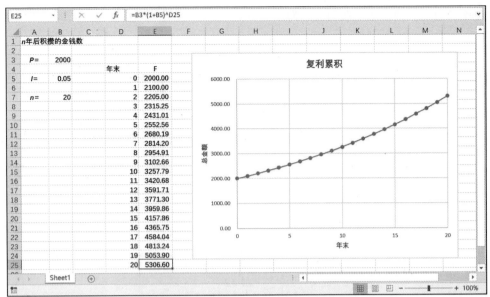

图 15.1　由于复利而累积的钱数

因此，该公司必须在 4 年后偿还 655,398 美元。贷款成本，即累积利息为 655,398 美元-500,000 美元= 155,398 美元。

虽然利率通常是按年计算的，但利息往往重复得更频繁。因此，如果 i 是年利率，m 是每年复利周期的个数(例如，每月复计时 $m = 12$)，n 为复利周期的总数(即，$n = m \times$ 年数)，于是式(15.7)可修改为:

$$F = P(1 + i/m)^n \tag{15.8}$$

因此，如果每季度复计，式(15.8)可写成:

$$F = P(1 + i/4)^n \tag{15.9}$$

其中 n 是总季度数。同样，如果利息是每月复利，则式(15.8)变为:

$$F = P(1 + i/12)^n \tag{15.10}$$

其中 n 现在表示总月份数。

利息甚至可以每日复利。这种情况下，式(15.8)就变成:

$$F = P(1 + i/365)^n \tag{15.11}$$

其中 n 代表总天数。银行业有时用每 360 而不是 365 来计算每日复计，因为 360 是 4 和 12 的倍数。这使得年利率、季利率、月利率和日利率之间的关系简单。显然，这种做法先于计算机在银行业的应用。

例题 15.3　复利: 复计的频率

在例题 15.1 中，我们考虑了 2000 美元的存款利息，年利率为 5%，每年复计。20 年后，我们发现累积了 5306.60 美元。现在我们根据年利率 5%和下列条件重新计算一下累积的金额:

a. 每季度复计。

b. 每月复计。

c. 每日复计。

采用式(15.9)确定每季度复计的累积金额; 因此，

$$F = \$2000 \times (1 + 0.05/4)^{4 \times 20} = \$5402.97$$

如果是每月复计，那么用式(15.10)可得:

$$F = \$2000 \times (1 + 0.05/12)^{12 \times 20} = \$5425.28$$

类似地，如果每日复计，那么式(15.11)可得：

$$F = \$2000 \times (1 + 0.05/365)^{365 \times 20} = \$5436.19$$

研究结果汇总如下：

复计频率	累积金额
每年	$5306.60
每季	$5402.97
每月	$5425.28
每日	$5436.19

将每年复计与每日复计进行比较，我们发现由于复计更加频繁，每日复计多获得了 130 美元(近似值)。

上述计算可在 Excel 工作表中进行，如图 15.2 所示。在给定的复计周期内，使用合适的复利方程，算得的累积结果位于 G 列。例如，请注意用于获得突出显示的单元格 G3 值的公式。该公式与每年复计的式(15.7)相对应。

图 15.2　不同复计频率对 20 年累积的影响

图 15.3 包含了用于计算图 15.2 所示数值的单元格公式。单元格宽度已经调整成足以显示其全部内容。注意用于生成 G 列值的单元格公式。这些公式对应于式(15.7)、式(15.9)、式(15.10)和式(15.11)。

请注意，我们还可以用 Excel 的 FV 函数(见表 15.1)来求解这个问题，而不必使用式(15.7)、式(15.9)、式(15.10)和式(15.11)。

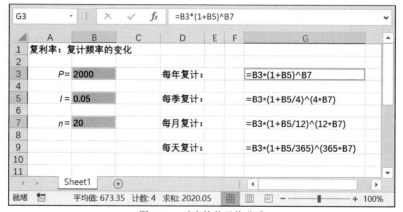

图 15.3　对应的单元格公式

有时 F 和 P 都是已知的，需要求解利率(i)或计息周期数(n)。如果 n 已知但是 i 未知，那么可以将式(15.7)重写为：

$$i = (F/P)^{1/n} - 1 \tag{15.12}$$

另一方面，如果 i 已知但是 n 未知，那么可以用式(15.7)求解 n，得到：

$$n = \frac{\log(F/P)}{\log(1+i)} \tag{15.13}$$

式(15.9)、式(15.10)、式(15.11)也可用于求解 i 和 n，所得结果相似。

注意，Excel 的 RATE 和 NPER 函数分别提供了一种简单的方法来求解 i 和 n。可参见表 15.1。

例题 15.4 每月复计的一次性偿还贷款

在例题 15.2 中，我们求出了四年期 500,000 美元贷款的成本，利率为每年 7%，每年复计。我们发现，四年后应偿还的总金额为 655,398 美元。

a. 假设每月复计，四年后到期应付的款项总额为 70 万元，那么公司支付的年利率是多少？

b. 假设公司每年支付 7%的利息，每月复计，但是公司最多只能偿还 62.5 万美元。请问这笔贷款应该借多少个月？

这个问题的第一部分可以通过求解式(15.10)得到年利率，从而有：

$$i = 12\left[(F/P)^{1/n} - 1\right]$$

把数值代入这个表达式：

$$i = 12 \times \left[(700,000/500,000)^{1/(12 \times 4)} - 1\right] = 12 \times \left[(1.4)^{1/48} - 1\right] = 0.0844$$

因此，根据每月复计得到年利率为 8.44%。

为了回答问题的第二部分，我们从方程(15.10)解出 n，得到：

$$n = \frac{\log(F/P)}{\log(1+i/12)}$$

将数值代入该表达式，并取以 10 为底的对数，得到：

$$n = \frac{\log(620\,000/500\,000)}{\log(1+0.07/12)} = \frac{\log(1.250)}{\log(1.0058)} = \frac{0.096\,910\,0}{0.002\,526\,02} = 38.36$$

因此，贷款期限为 38 个月。注意，我们用自然对数而不是以 10 为底的对数也会得出同样的结果。

还有一种情况是，当其他三个参数已知时，我们可以用 Excel 的"单变量求解"功能(参见第 11 章)求解 i 或者 n。下面的例题将对此详细介绍。

例题 15.5 Excel 中每月复计的一次性贷款

在 Excel 工作表中重算例题 15.4。使用 Excel 的"单变量求解"功能来求解所需的利率和月数。

图 15.4 显示了包含必要信息的 Excel 工作表。注意，P=500,000、i= 0.07 和 n =48 分别被直接输入单元格 B3、B5 和 B7 中。单元格 B9 中对应的值 F= 661,026.94 是由根据式(15.10)所列的单元格公式算得的。

图 15.5 显示了"单变量求解"对话框。回顾一下，从功能区的"数据"选项卡中的"预测"组能启动"单变量求解"。从"预测"组中的"模拟分析/单变量求解"也可以启动。"单变量求解"对话框指定单元格 B9 中的公式的计算值必须达到 700,000。这个值将通过改变单元格 B5 中的利率值来获得。

图 15.4　每月复计算得的终值

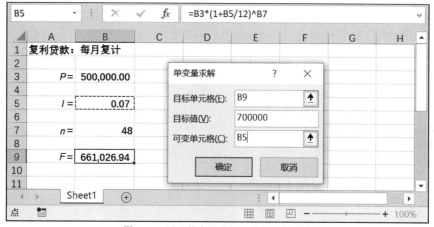

图 15.5　用"单变量求解"准备求解利率

图 15.6 显示了最终解。我们看到按要求计算的累积数额为 70 万美元。为得到这个结果，"单变量求解"选择 B5 单元格中的值为 0.0844(即年利率为 8.44%)。这对应于例题 15.4 的结果。

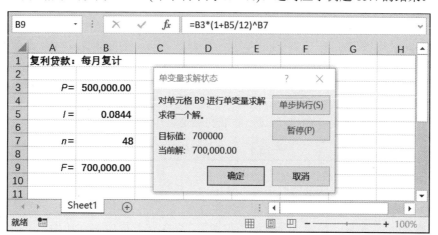

图 15.6　将产生预期终值的年利率

为求解问题的第二部分，我们将单元格 B5 中的年利率重置为 0.07，并再次从功能区的"数据"选项卡的"预测"组中选择"单变量求解"。然而，现在，我们要求单元格 B9 中的公式的值为 625,000。要获得此值，我们必须更改单元格 B7 中的值(月份数)。图 15.7 显示了这个问题的"单变量求解"对话框。

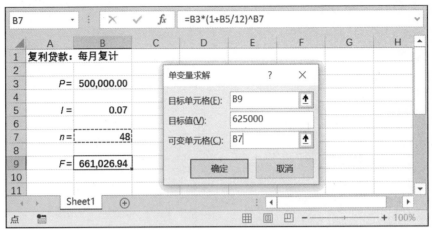

图 15.7　准备求解复计周期个数

　　如图 15.8 所示。请注意，按要求计算的累积金额为 625,000 美元。该值是通过将贷款期限从 48 个月(最初输入单元格 B7 的值)更改为 38.36 个月获得的。这个结果与例题 15.4 得到的结果一致。将该数四舍五入到最接近的下整数，我们的结论是贷款期限不应超过 38 个月。

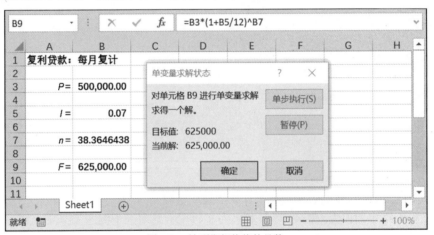

图 15.8　达到期望终值的月数

Excel 的财务函数

　　Excel 包含了大量财务函数，其中一些在工程经济性分析中非常有用。表 15.1 总结了这些函数。当使用这些函数时，请注意，正如前面推导出的方程中所示，利率必须以小数表示。但是，该利率对应于特定的复计周期；它并不是年利率(当然，除非利息是每年复计的)。

表 15.1　常用的财务函数

函数	目的
$FV(i, n, A)$	返回 n 期投资的终值，其中每次投资 A 美元，利率为 i
$IRR(A_1, A_2, ...)$	返回一系列现金流的内部收益率
$NPER(i, A, P)$	返回一笔 P 元贷款的还款期数，每笔还款固定支付 A 美元，利率为 i
$NPV(i, A_1, A_2, ...)$	返回一系列现金流的净现值，利率为 i
$PMT(i, n, P)$	返回 n 期(如每月)P 美元贷款的每期还款额，利率为 i
$PV(i, n, A)$	返回一系列 n 期支付的现值，每期固定支付 A 美元，利率为 i
$RATE(n, A, P)$	返回一系列 n 期等额支付的利率，每期固定支付 A 美元，现值为 P

习题

15.1 在例题 15.1 中，假设这个学生想找一家一年支付一次以上利息的银行。请用 Excel，确定如果利息按下述条件复计时的累积金额。

a. 每季。

b. 每月。

c. 每天。

假设每种情况的年利率均为 5%。将总累积量与例题 15.1 中计算的每年复计进行比较。

15.2 某学生大学毕业时收到了一些现金礼物。她希望 40 年后当自己退休时能积攒 5 万美元。如果当地银行每年支付 4.5% 的利息，每月复计，那么该学生毕业时必须存多少钱才能达到她的目标？请用 Excel 求解该问题。

15.3 假设某学生大学毕业时在银行账户上存了 5000 美元。请用 Excel 确定学生想在 40 年后累积 50,000 美元所需的年利率。假设利息是按下列条件复计。

a. 每年。

b. 每季。

c. 每月。

d. 每天。

15.4 假设某学生大学毕业时在银行账户上存了 5000 美元。银行每年支付 5% 的利息。请用 Excel 确定按照下列条件复计时，她的钱需要存多久才能翻倍。

a. 每年。

b. 每季。

c. 每月。

d. 每天。

15.5 假设某学生大学毕业时在银行账户上存了 5000 美元。她计划把钱在银行里存 40 年。请用 Excel 确定如果年利率分别为下列值时，40 年后能积累多少钱。

a. 4%。

b. 5%。

c. 8%。

假设在每种情况下，都是每季复计。

15.6 假设你在大学四年级刚开始时借了 3000 美元来交付学费。如果你 10 年内都不还款，然后一次性偿还全部贷款和累积的利息，那么你将会欠多少钱？请用 Excel 求解。假设年利息是 6%，复计方式分别为：

a. 每年。

b. 每季。

c. 每月。

d. 每天。

复计的频率有多大影响？

15.7 一家公司计划借 15 万美元建造一个产品测试实验室。如果该公司在 7 年后必须偿还 27.5 万美元，假设每年复计，那么利率是多少？请用 Excel 求解。

15.8 一家公司计划借 25 万美元来推广一种新产品。目前的利率是每年 8%，每月复计。假设该公司在贷款期限结束前不打算偿还贷款，等贷款到期时，公司将偿还全部贷款。如公司偿还能力不超过 325,000 元，那么最高可允许的贷款期是多少？

15.9 一家公司最近开发了一种便宜的、电池驱动的割草机。目前，该公司年生产能力仅占总生产能力的 40%。然而，随着对电池驱动割草机需求的增加，该公司预计其年销售额(以及因此而产生的年生产率)将以每年 9% 的速度增长。如果是这样的话，再过多长时间公司就会满负荷地生产这种割草机？

15.10 当地的一个海滩每年都会监测化学污染物。目前，某些有害化学物质的浓度为 6ppm(百万分之六)。这种化学物质的最高安全浓度是 20ppm。如果该浓度以每年 5%的速度增长,那么还有多长时间就必须关闭海滩?

15.11 某工程专业的毕业生想借 3 万美元买车。假设年利率为 5.9%,每年复计。这笔贷款计划每月偿还,并将在三年内还清。请用 Excel 求出每月的还款金额。

15.2 金钱的时间价值

因为钱能赚取利息,所以它的价值随时间而增加。因此,如果年利率是 5%,每年复计,那么今天的 100 美元就相当于一年后的 105 美元。因此,也就是说,如果 i = 5%,每年复计且 n=1,那么 100 美元的终值是 105 美元。

如果钱从现在到未来的过程中会增值,那么它从未来到现在的过程中就必然会贬值。因此,如果年利率是 5%,那么一年后的 100 美元相当于今天的 95.24 美元(注意 95.24 美元×1.05=100 美元)。因此,如果 i = 5%,每年复计且 n = 1,那么我们就说 100 美元的现值是 95.24 美元。现值也称为净现值。

例题 15.6　未来一笔钱的现值

一名学生将在三年内继承一万美元。该学生有一个储蓄账户,年利率为 5.5%,每年复计。请问该学生继承遗产的现值是多少?

该问题可通过重新整理式(15.7)来求解:

$$P = F /(1+i)^n$$

把数值代入这个表达式:

$$P = \$10,000 /(1+0.055)^3 = \$8516.14$$

因此,该学生继承的遗产的现值为 8516.14 美元(如果该学生将 8516.14 美元存入一个年利率为 5.5%的储蓄账户,每年复计,那么三年后将积累 1 万美元)。

工程师们经常将一种投资策略的现值与另一种投资策略的现值进行比较。因此,现值为各种经济选择提供了比较的基础。当一种投资策略的期限与另一种不同时,这一概念尤其有用。

例题 15.7　两种经济性选择的比较

一家工程咨询公司面临两个不同的客户。第一个客户想让公司对一个新型净水系统的设计进行研究。这项研究将在两年内获得 70 万美元的资助。第二个客户希望公司对现有的净水系统进行一系列测试,然后根据测试结果对系统的重新设计提出建议。这项研究将在五年内得到 80 万美元的资助。如果咨询公司只能再接受一个客户,应该选哪个?请用 Excel 求解,假设该公司正常情况下每年的资产收益率为 8%。

我们希望使用 8%的利率来确定每种支付款的现值。从而使我们能够比较未来两年收到的一笔付款和未来五年收到的另一笔付款。

图 15.9 的 B 栏和 E 栏是与这两笔支付款有关的数值。因此,与第一个客户对应的现值在单元格 B9 中,显示为 P_1=\$600,137.17,与第二个客户对应的现值在单元格 E9 中,显示为 P_2=\$544,466.56。因为 $P1$ 超过 $P2$,所以咨询公司应该选择第一个客户。

用每列给出的 F、i 和 n 的值,根据式(15.7)求得 P,结果在单元格 B9 和 E9 中,单元格公式如图 15.10 所示。

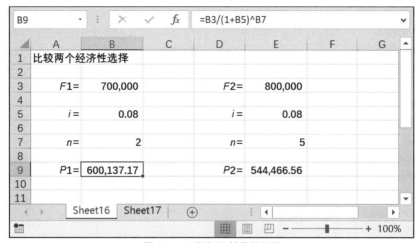

图 15.9 两笔拟议付款的现值

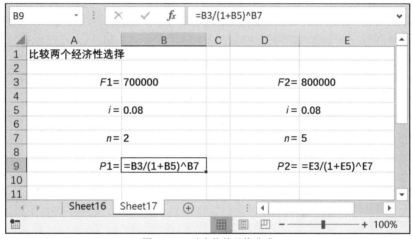

图 15.10 对应的单元格公式

习题

15.12 哪个现值更大?

a. 5 年后的 10000 美元。

b. 8 年后的 12500 美元。

假设利率为 7%,每年复计。

15.13 重做习题 15.12,年利率为 8%,每年复计。把你的答案和习题 15.12 的答案比较一下。

15.14 重做习题 15.12,年利率为 7%,每日复计。把你的答案和习题 15.12 的答案比较一下。

15.15 哪个现值更大?

a. 5 年后的 10000 美元。

b. 9 年后的 12500 美元。

假设利率为 7%,每年复计。把你的答案和习题 15.12 的答案比较一下。

15.3 等额多期支付现金流

最现实的经济性选择是在数年期间内涉及大量现金流入(收入)和(或)现金流出(支出)。每笔金额可能都相同,也可能都不同,或者它们可能在一个整体不规则的模式中又包含一些重复的项目。一种特别常见的投资模式是在初始现金流出(即初始投资)之后,又有一系列的现金流入。

总体上讲，与拟议投资相关的现金流入和流出统称为现金流。如图 15.11 所示，用现金流图来表示一系列现金通常是很方便的。在现金流图中，我们将单个现金流项目绘制为沿时间轴的垂直箭头。现金流入用向上的箭头表示，现金流出用向下的箭头表示。

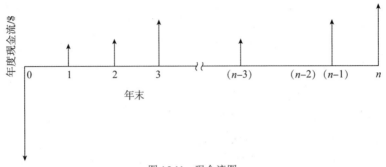

图 15.11　现金流图

有一种特殊的现金流模式，是由一次性初始投资和 n 笔等额付款组成，其中每笔付款都是在复计周期结束时支付的。这种现金流模式可能代表一种贷款，其中初始投资就是贷款的金额(从出借人的角度来看，就是一种投资)，而等额的定期付款是在每个复计周期结束时(例如，在每个月末)偿还的金额。图 15.12 从出借人的角度显示了该现金流图。

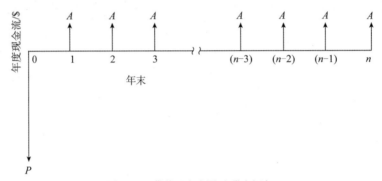

图 15.12　贷款现金流图(出借人视角)

这个现金流模式可以用下面的数学表达式表示为：

$$A = P\left[\frac{(i/m)(1+i/m)^n}{(1+i/m)^n - 1}\right] \tag{15.14}$$

其中 P 为初始投资，A 为每次支付的金额，i 为年利率，m 为每年的复计周期数，n 为总支付次数(即复计周期的总数)。

例题 15.8　确定贷款成本

假设你想借 10,000 美元买一辆车，你计划在三年内每月偿还(即，36 个等额月还款)。如果当前的年利率是 8%，每月复计，你每月要还多少钱？

这个问题可以通过式(15.14)来回答。

$$A = \$10,000 \times \left[\frac{(0.08/12)(1+0.08/12)^{12\times3}}{(1+0.08/12)^{12\times3} - 1}\right] = \$313.36$$

因此，我们的结论是，每月支付的金额为 313.36 美元。请注意，偿还总额(包括利息)为 313.36 美元×36 = 11,280.96 美元。因此，支付的利息总额为 11,280.96 美元-10,000 美元 = 1280.96 美元。

式(15.14)在 Excel 中很容易计算。然而，Excel 包含两个库函数，它们还可以进一步简化等额付款的贷款计算。特别是 PMT 函数，写作 PMT(i, n, P)，能够返回利率为 i、贷款额为 P 美元的 n 期贷款的每周期还款额(A)。注意，i表示每个还款周期的利率，而不是年利率。同样，PV函数写作PV(i, n, A)，能够返回一系列n期支付的现值(P)，其中每期支付A美元，利率为i。下一个例题将介绍如何使用式(15.14)和PV函数。

例题 15.9 在 Excel 中计算拟议投资的现值

一家公司正在考虑投资 100 万美元开发一种新产品。这项投资将在未来 12 年的每年年底带来 14 万美元的回报。该公司通常预计的投资年回报率为 8%，每年复计。该公司是否应该投资这个产品？请用 Excel 求解。

我们可以通过计算每年支付的 12 笔 14 万美元的现值，然后将这个值与 100 万美元所需的初始成本进行比较，从而解决这个问题。如果 12 笔付款的现值高于实际的初始成本，则投资是可取的。

图 15.13 包含一个 Excel 工作表，显示了所得解 $P = 1,055,051$ 美元(四舍五入到最接近的美元)。为便于说明，用两种不同的方法求解：直接使用式(15.14)(结果如单元格 B9 所示)和用 PV 函数(结果如单元格 B11 所示)。用 PV 函数得到的值为负，表示现金流出。如图 15.11 所示，当使用 Excel 财务函数时，现金流分量的符号与现金流图中的符号约定一致。由于拟投资的现值(1,055,051 美元)超过了其成本(100 万美元)，我们认为该公司应该对该产品进行投资。

图 15.14 显示了公式。

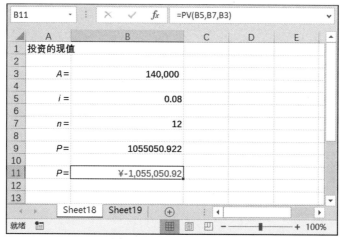

图 15.13　拟议投资的现值

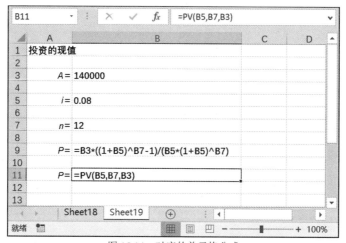

图 15.14　对应的单元格公式

另一个被广泛研究的现金流模式是 n 个等额支付的终值。支付可以看作是现金流出，积累可以看作是现金流入。这种现金流模式代表了银行储蓄存款计划，即每月底存入固定数额的钱 A，以年利率 i

累计利息,每年复计 m 次。累积款 F 在年底被收回。图 15.15 为现金流图。

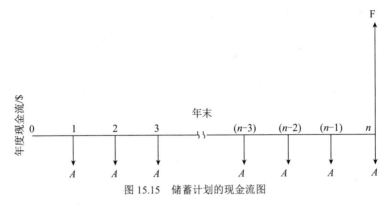

图 15.15 储蓄计划的现金流图

式(15.15)给出了 F 与 A 之间的关系,利用 Excel 中包含的等价库函数 FV(见表 15.1),该式可以直接在 Excel 中实现。下一个例题将说明如何使用式(15.15)和 FV 函数。

$$F = A\left[\frac{(1+i/m)^n - 1}{(i/m)}\right] \tag{15.15}$$

例题 15.10 一系列等额支付的终值

某学生在当地银行参加了一项储蓄计划。银行要求学生在每月末(1 月至 11 月)将 100 美元存入储蓄计划,为期 11 个月。然后,学生将在日历年年底(12 月底)收到累积总金额。如果年利率是 5%,每月复计,那么学生将总共积攒了多少钱?

可以用式(15.15)回答这个问题。但请注意,应用于这个问题的式(15.15)将提供 12 笔等额月付款所累积的款额。最后一笔款项将在 12 月底支付,与取款(一种数学技巧)同时支付。实际上只会支付 11 笔款项。因此,我们必须从式(15.15)中算得的 F 值中减去 1 次月支付金额($100)。

代入式(15.15),得到:

$$F = \$100 \times \left[\frac{(1+0.05/12)^{12} - 1}{(0.05/12)}\right] = \$1227.89$$

减去不存在的 12 月付款的 100 美元,我们的结论是,累积金额为 1127.89 美元。

图 15.16 显示了一个包含解的 Excel 工作表。单元格 B11 中的值直接由式(15.15)算得,单元格 B13 中的值是用 FV 函数算得。这两种方法的结果都是 F=1127.89 美元,与前面的结果一致。

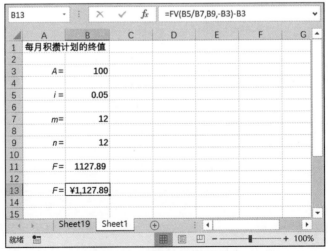

图 15.16 一系列等额支付的终值

图 15.17 所示为相应的单元格公式。单元格 B11 所示的公式对应于式(15.15)。请注意，由于 12 月付款不存在，因此已扣除一个月的付款。

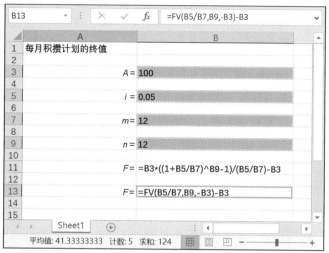

图 15.17　对应的单元格公式

单元格 B13 显示了使用 FV 函数的公式。函数的参数分别表示月利率、复计周期数和月支付额。请注意，每月的付款是负数，表明这是现金流出。另外，请注意，由于 12 月的付款不存在，因此已经从 FV 函数中减去了一个月的付款。

习题

15.16 从借款人的角度重新绘制如图 15.12 所示的现金流。

15.17 从银行的角度重新绘制如图 15.15 所示的现金流。

15.18 对于例题 15.9 中描述的投资，若 12 年后，公司要想收支平衡，那么每年要取出多少钱？请用 Excel 求解。

15.19 某工程师在退休计划中积累了 30 万美元，现在正考虑提前退休。为此，工程师计划在未来 20 年的每年年底提取一笔固定金额的钱。如果积累的钱每年赚取 6%的利息，每年复计，那么他每年最多可支取多少钱？请用 Excel 求解。

15.20 一家电子公司计划投资 150 万美元开发一种新的电子产品。假设从第一年年底开始，该公司将从该产品的销售中获得每年 25 万美元的回报，为期 10 年。假设每年复计，那么对应的年利率是多少？这是一项好的投资吗？请用 Excel 求解。

15.21 某公司计划每年借款 15 万美元，利率为 9%，每年复计，用于资助安装减污设备。这笔贷款将以 8 笔等额的年款偿还。请用 Excel 确定每次还款的金额。

15.22 假设习题 15.21 中描述的公司年偿还能力不超过 15,000 美元。假设年利率为 9%，每年复计，那么这笔贷款可以借多长时间？

15.23 一位工程师计划借 8 万美元买一套房子。假设年利率是 9%，每月复计。

a. 如果还款期为 30 年，那么工程师的月还款额是多少？

b. 整个 30 年的贷款利息是多少？请用 Excel 求解。

15.24 一位工程学应届毕业生打算买一辆跑车。为此，该工程师必须借款 12,000 美元，还款期四年，按月偿还。请用 Excel 求解。

a. 如果银行按每年 10%的利率收取利息，每月复计，那么工程师月还款额是多少？

b. 整个贷款期间支付的利息总额是多少？

15.25 某工程师每年年底都向退休帐户存入 3000 美元。该账户每年支付 6%的利息，每年复计。请用 Excel 确定：

a. 30 年能积累多少钱？

b. 需要多长时间才能积累到 30 万美元？

15.26 某工程师在每年年底将预定数额的钱存入储蓄账户。银行按每年 6%的利率支付利息，每年复计。为在 30 年后积累 30 万美元，工程师每年必须存多少钱？请用 Excel 求解。

15.27 重做习题 15.26，假设钱是在每年年初存入的。请用 Excel 求解。将你的答案与习题 15.26 中的结果进行比较。

15.28 某国家大量拥有一种基本矿物，以目前的消费速度还可使用 400 年。然而，预计消费速度将以每年 5%的速度增长。如果是这样，再过多长时间该国的矿产储备就会枯竭？请用 Excel 求解。

15.29 某化学公司开发了一种新型轻质、高强度塑料。该公司计划斥资 2000 万美元建立一家制造厂，以便开始全面生产。因此，该公司预计从第一年年底开始，10 年内每年将获得 240 万美元的收益。请用 Excel 确定相应的利率，假设每年复计。

15.30 一名学生刚刚中了 100 万美元的彩票。她可以选择 20 年内每年领取 5 万美元，或者一次性领取 65 万美元。假设学生还能把钱存入一个货币市场基金，该基金每年支付 5.5%的利息，每月复计。请用 Excel 确定最佳投资策略。

15.31 某公司正在考虑两种投资选择。每个项目的初始投资都是 1000 万美元。据估计，第一个方案将在 10 年内，每年年底返回 180 万美元。第二个方案将在 12 年内，每年年底返还 150 万美元。如果该公司通常每年能从其投资中获得 10%的收益，那么该公司应该选择哪种方案呢？请用 Excel 求解。

15.32 考虑在习题 15.31 中所述的公司，预计在未来的 12 年里，它每年可以从投资中获得 13%的收益。如果是这样，该公司是否应该从这两种方案中选择一种进行投资？如果是，应该选哪一个？如果没有，为什么没有？请用 Excel 求解。

15.4 不规则现金流

与工程投资相关的现金流通常与上一节描述的简单现金流模式不同。相反，它们往往是不规则的，每个付款周期对应不同的付款额。因此，上一节所提出的简单数学关系并不适用，所以很难计算出不规则现金流的现值。这种情况下，使用电子表格尤其有用。

计算 Excel 工作表中不规则现金流的现值的方法之一，是在某列中输入现金流分量，在相邻列中输入每个分量的现值。式(15.7)或相关方程[即式(15.9)~式(15.11)]可求出各分量的现值。然后，整个现金流的现值可以通过对各个分量的现值求和得到。下面的例题演示了该过程。

例题 15.11 Excel 中不规则现金流的现值

一家制造公司正在考虑推出一种新产品。为此，公司必须在第 1 年年初投资 100 万美元(即第 0 年末)，并且一年后再投资 800 万美元。市场研究表明，这项投资将在第 3 年至第 12 年期间产生一系列不规则的收入。预计的现金流分量汇总如下：

年末	收益/美元	年末	收益/美元
0	−10,000,000	7	5,000,000
1	−8,000,000	8	6,000,000
2	0	9	5,000,000
3	1,000,000	10	4,000,000
4	2,000,000	11	3,000,000
5	3,000,000	12	2,000,000
6	4,000,000	13	1,000,000

将这些现金流输入 Excel 工作表，并确定拟投资额的现值，假设公司通常投资的回报率为每年 8%，每年复计。注意，初始投资在第 0 年和第 1 年结束时显示为负值的现金流分量。根据现金流的现值，决定这个新产品是否代表一个有吸引力的投资策略。

图 15.18 显示了一个 Excel 工作表，其中 B 列包含现金流分量，列 D 包含现金流现值。图中还显示了现金流分量(列 D)的条形图。

单元格 D21 包含现金流分量的现值之和。该值($2,380,571)为正数，表明未来现金流入的现值超过最初投资的现值。因此，这个新产品是一个有吸引力的投资机会。

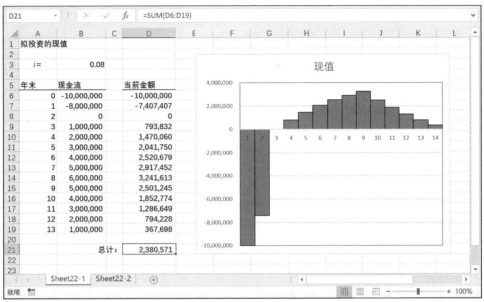

图 15.18　不规则现金流的现值

图 15.19 显示了用于生成图 15.18 中现值的单元格公式。由单元格 D7 到 D19 所示的公式分别代表式(15.7)，以及作为 F(B 列)、i(单元格 B3)和 n(A 列)函数的 P。单元格 D21 的公式利用 SUM 函数求出了各个现值之和。

图 15.19　对应的单元格公式

NPV 函数也可以用来确定 Excel 中不规则现金流的现值。这个函数被写成 NPV(i,$A1$,$A2$,...)，其中 i 表示利率，$A1$ 表示第一个周期末的现金流分量，$A2$ 表示第二个周期末的现金流分量，以此类推(见表 15.1)。现金流分量的总数(n)不需要指定。

注意，NPV 函数的参数不包括第一年开始时(即第 0 年年末)的现金流分量。因此，如果现金流包括第一年年初的初始投资(很多人都是这样做的)，就必须从 NPV 函数返回的值中减去初始投资。下一个例题将演示该过程。

例题 15.12　在 Excel 中使用 NPV 函数

使用 Excel 的 NPV 函数来确定习题 15.11 所给的现金流的现值。

图 15.20 显示了包含所需解的 Excel 工作表。现金流的现值位于单元格 B21，为 2,380,571 美元。该值与例题 15.11 中得到的值一致，这与预期一致。

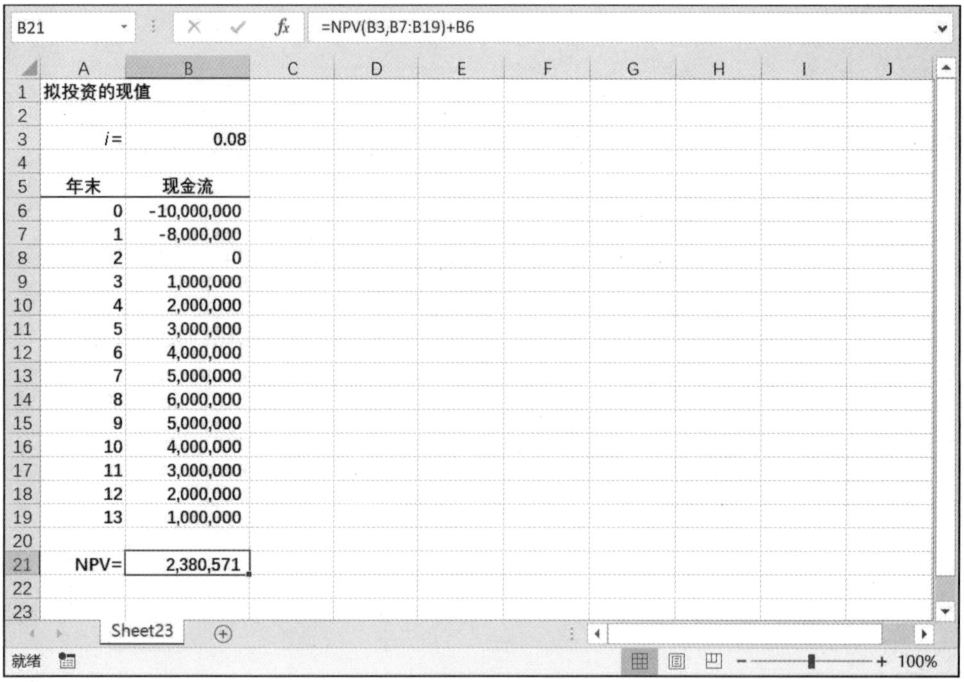

B21　=NPV(B3,B7:B19)+B6

	A	B
1	拟投资的现值	
2		
3	*i*=	0.08
4		
5	年末	现金流
6	0	-10,000,000
7	1	-8,000,000
8	2	0
9	3	1,000,000
10	4	2,000,000
11	5	3,000,000
12	6	4,000,000
13	7	5,000,000
14	8	6,000,000
15	9	5,000,000
16	10	4,000,000
17	11	3,000,000
18	12	2,000,000
19	13	1,000,000
20		
21	NPV=	2,380,571

图 15.20　用 NPV 函数计算不规则现金流的现值

如公式栏所示，得到该值的公式为=NPV(B3, B7:B19) + B6。第一个参数是 B3 单元格中的年利率(0.08)。第二个参数给出了单元格 B7 到 B19 中现金流分量的范围。请注意，这些分量的范围是从第 1 年年底到第 13 年年底。单元格 B6 中的初始投资发生在第 0 年末，不作为 NPV 函数的参数。因此，这个值必须从 NPV 函数返回的值中减去(单元格地址 B6 被添加到单元格公式中，因为它包含一个负数，这导致现金流现值下降)。

在比较一个投资机会和另一个投资机会时，使用 NPV 函数特别方便。在 Excel 工作表中单独的一列中输入与每笔投资相关的现金流，在该列的底部是现金流的现值。最大正现值对应的投资即为最理想投资。如果拟投资中没有一个的现值为正数，那么认为这些投资都不可取(然后，该公司应该投资于它通常做的任何事情，以赚取题目所述的利率)。

例题 15.13　比较两个投资机会

某公司开发出了两种很有前途的新产品，但它只能生产并销售其中一种。每个产品都需要初始投资 3,500,000 美元，且每笔投资都预计在六年期间产生 7,200,000 美元的回报。如下面的现金流所示，预期收益按时间而分配不同。如果公司正常情况下每年能赚到相当于 10%的利息，每年复计，那么公司应该投资哪一种产品呢？请用 Excel 求解。

年末	方案 A 收益/美元	方案 B 收益/美元
0	−3,500,000	−3,500,000
1	1,200,000	600,000
2	1,200,000	900,000

3	1,200,000	1,100,000
4	1,200,000	1,300,000
5	1,200,000	1,500,000
6	1,200,000	1,800,000

图 15.21 包含解。在 C 列输入与方案 A 相关的现金流，在 E 列输入与方案 B 相关的现金流。每个现金流的最下面是由 NPV 函数求出现值。因此，单元格 C15 显示方案 A 的现值为 1,726,313 美元。这个值是用公式=NPV($B$3, C8:C13)+C7 得到的。同样，单元格 E15 显示方案 B 的现值为 1,451,055 美元，它是由公式=NPV($B$3, E8:E13)+E7 得到的。在每个公式中，第一个参数表示单元格 B3 的年利率，第二个参数表示包含现金流分量的单元格范围。请注意，初始投资(在第 0 年年底)不包括在现金流分量的范围内，因此必须在每个公式的末尾单独相加。

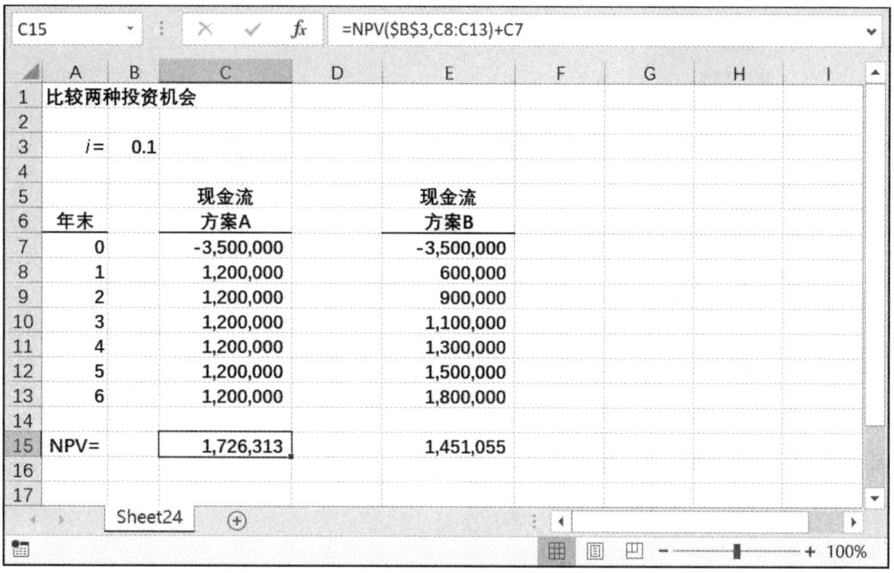
C15 =NPV($B$3,C8:C13)+C7

	A	B	C	D	E
1	比较两种投资机会				
2					
3	*i*=	0.1			
4					
5			现金流		现金流
6	年末		方案A		方案B
7	0		-3,500,000		-3,500,000
8	1		1,200,000		600,000
9	2		1,200,000		900,000
10	3		1,200,000		1,100,000
11	4		1,200,000		1,300,000
12	5		1,200,000		1,500,000
13	6		1,200,000		1,800,000
14					
15	NPV=		1,726,313		1,451,055

图 15.21 用 NPV 函数比较两种不同的投资机会

每项方案的现值都是正数；因此，任何一项方案都代表着一个可行的投资机会。由于方案 A 的现值大于方案 B 的现值，所以正确的决策是选择方案 A。

习题

15.33 确定下列现金流的现值，年利率为 6%，每年复计。请用 Excel 求解。

a. 式(15.7)。

b. NPV 函数。

年末	收益/美元
0	−1,000,000
1	0
2	200,000
3	250,000
4	300,000
5	350,000
6	400,000

15.34 重做习题 15.33，年利率为 12%，每年复计。把你的答案和习题 15.33 的答案进行比较。解

释为什么这两种解在根本上不同。

15.35 根据以下两种投资机会的现值，请用 Excel 判断哪一种更可取。假设年利率为 12%，每年复计。

年末	方案A收益/美元	方案B收益/美元
0	−500,000	0
1	200,000	−800,000
2	200,000	0
3	200,000	400,000
4	200,000	400,000
5	0	400,000

请将结果与不考虑金钱的时间价值时的结果进行比较。

15.36 根据下列两种投资机会的现值，请用 Excel 判断哪一种更可取。假设年利率为 10%，每年复计。请注意，这两笔现金流的总和相等，但是每种方案的分量顺序不同。

年末	方案A收益/美元	方案B收益/美元
0	−25,000	−25,000
1	20,000	10,000
2	12,000	12,000
3	10,000	15,000
4	15,000	20,000
5	20,000	20,000

15.37 请用 Excel 确定下列两种投资机会中哪一种更可取。

年末	方案A收益/美元	方案B收益/美元
0	−500,000	−500,000
1	150,000	50,000
2	150,000	70,000
3	150,000	100,000
4	150,000	200,000
5	150,000	400,000

假设每年复计，年利率为：

a. 0%。

b. 6%。

c. 12%。

方案的选择是否受到利率的影响？

15.38 根据 8% 的年利率、每年复计，请用 Excel 确定以下两项投资机会中哪个更可取。

年末	方案A收益/美元	方案B收益/美元
0	−750,000	−450,000
1	0	−400,000
2	150,000	100,000
3	150,000	150,000
4	200,000	200,000

5	200,000	250,000
6	200,000	250,000
7	200,000	250,000

如果不考虑钱的时间价值，这两项投资该如何比较？

15.39 一家汽车制造商计划投资 2700 万美元扩大生产设施。目前正在考虑两个不同的方案。第一个方案是扩大目前中西部的一家装配厂。这将使制造商每年多生产 5 万辆汽车，每辆汽车的平均净利润为 200 美元。第二个方案是在西海岸新建一个装配厂。这家工厂的年产量只有 4 万辆，但预计每辆车的利润为 300 美元。

中西部的工厂在第一年就可以开始生产(即与初始投资同年)。然而，西海岸的工厂需要一年的启动时间，所以要到第二年才能开始生产。为便于规划，假定每个装配厂的实际生产寿命都为五年。

如果公司使用 12%的年利率，每年复计，那么哪种方案更好？请用 Excel 求解。

15.40 在上一题中，假设由于劳动力和公用事业成本的上升，西海岸工厂的预期利润降低到每辆 265 美元。现在哪个方案更可取？

15.41 电脑公司的大型区域办事处需要增加 40 万平方英尺的储物空间。其中一个方案是立刻建造一座 40 万平方英尺的大楼，每平方英尺造价 25 美元。另一个方案是，现在以每平方英尺 26 美元的价格建造一座 25 万平方英尺的大楼，三年后以每平方英尺 30 美元的价格再增加 15 万平方英尺。基于 8%的年利率，哪个方案更好？使用 Excel 求解。

15.42 对于上一题所描述的情况，假设年利率是 12%而不是 8%。哪个方案更好？

15.5　内部收益率

内部收益率(IRR)是另一个衡量投资机会优劣的标准。就像净现值(NPV)一样，它来源于与投资相关的现金流。然而，与净现值不同，在计算内部收益率时，没有必要指定利率。由于这个原因，内部收益率是一个流行的标准。

为了理解内部收益率，我们从现金流开始，它由初始现金流出(即初始投资)，和随后的一系列不一定规则的现金流入组成，其中现金流入的总和大于最初的现金流出。因此，如果我们忽视金钱的时间价值(即如果我们使利率为零)，那么现金流的净值为正数。

现在假设我们将现金流的净现值绘制成利率的函数，如图 15.22 所示。我们看到净现值随利率的增大而减小，最终越过横坐标、变成负数。交点就是内部收益率；也就是说，IRR 是净现值为零时的利率值。例如，图 15.22 显示了略高于 15%的内部收益率。

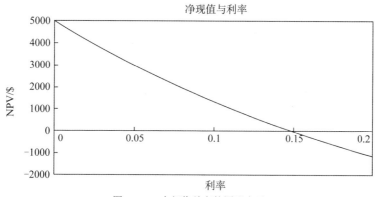

图 15.22　内部收益率的图形表示

当利率为零时，净现值等于现金流分量的代数和。当现金流入的总和大于初始现金流出时，该值为正。然而，当利率变得非常大时，净现值将逐渐接近初始现金流出值(负数)。

例题 15.14　计算内部收益率

确定 Excel 工作表中下列现金流的内部收益率。为此，请按照以下步骤进行。

a. 确定每一种不同利率条件下的现金流的现值。

b. 绘制现金流的净现值作为利率的函数曲线。

c. 从所得结果图中，确定内部收益率。

年末	收益/美元
0	−100,000
1	15,000
2	20,000
3	25,000
4	30,000
5	35,000
6	40,000

图 15.23 包含了所需的信息。单元格 B4~B10 是输入的现金流分量。单元格 A14~A21 包含各种利率。使用 NPV 函数得到的对应 NPV 值显示在单元格 B14~B21 中。注意，单元格 B14 中的值(对应于零利率)简化为等于每个现金流分量之和。随着利率的增加，NPV 值下降，当利率高于 0.12 时，NPV 值变为负值。

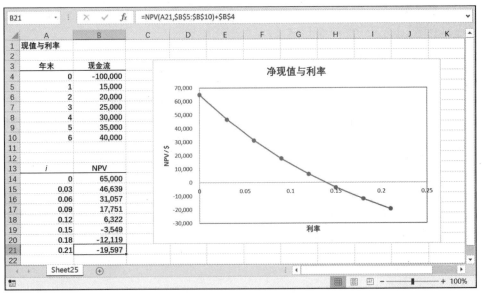

图 15.23　在 Excel 中计算内部收益率

图中还包含了 NPV 与利率的关系图。与预期一样，NPV 值随着利率的增加而减小，它与横坐标的交点约为 $i = 0.14$。因此，得出的结论是，内部收益率约为 0.14(14%)。

图 15.24 显示了得出图 15.23 所示 NPV 数值的单元格公式。

与现值一样，内部收益率在选择多种投资机会时特别有用。内部收益率最大的现金流就是更可取的选择。大多数情况下，这等价于选择净现值最大的现金流。

Excel 包含一个库函数(IRR)，它能直接算出内部收益率，从而避免了将现金流的现值当作利率的函数来计算。该函数可写为 IRR(P,A1,A2,…)，其中 P 表示初始现金流出量，A1, A2, …表示各种现金流入(见表 15.1)。注意，该函数与 NPV 函数不同，它的参数列表中的确包含了初始现金流出。所有的现金流出，包括初始现金流出，都必须表示为负数。

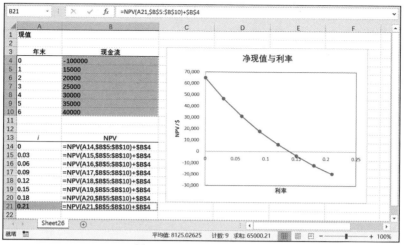

图 15.24　对应的单元格公式

例题 15.15　用 IRR 比较两个投资机会

例题 15.13 列出了与两种不同投资机会有关的现金流量，并根据它们的现值进行了比较。现在我们根据这些方案的内部收益率来比较它们。为此，将修改如图 15.21 所示的 Excel 工作表，使其包含 IRR 函数和 NPV 函数的使用。为了方便起见，现将现金流量复制如下。

年末	方案A收益/美元	方案B收益/美元
0	−3,500,000	−3,500,000
1	1,200,000	600,000
2	1,200,000	900,000
3	1,200,000	1,100,000
4	1,200,000	1,300,000
5	1,200,000	1,500,000
6	1,200,000	1,800,000

图 15.25 显示了包含两个现金流的 Excel 工作表，其中显示了每个现金流的现值和内部收益率。现值由 NPV 函数计算得到，内部收益率由 IRR 函数计算得到。基于每种判据的结论是一致的，每种情况下，方案 A 看起来都更有吸引力。即方案 A 的收益现值(1,726,313 美元)高于方案 B(1,451,055 美元)，而方案 A 的内部收益率(26%)也超过方案 B(21%)。

图 15.25　用 IRR 比较两种投资机会

图 15.26 揭示了用于生成显示在图 15.25 中的 NPV 和 IRR 值的单元格公式。请注意，这两个公式中输入的现金流分量是不同的。特别是，NPV 函数的参数清单中不包含最初的现金流出(第 0 年底)。相反，初始现金流出要添加到由 NPV 函数返回的未来现金流入中(由于最初的现金流出是负数，我们实际上是在减去该美元值，而不是把它加起来)。另外，IRR 函数接受所有现金流分量作为参数，包括初始现金流出。因此，没必要单独处理这个现金流分量。

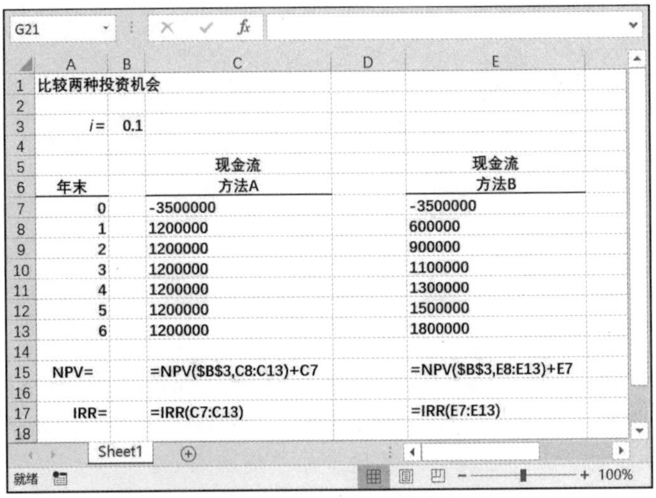

	A	B	C	D	E
1	比较两种投资机会				
2					
3	i=	0.1			
4					
5			现金流		现金流
6	年末		方法A		方法B
7	0		-3500000		-3500000
8	1		1200000		600000
9	2		1200000		900000
10	3		1200000		1100000
11	4		1200000		1300000
12	5		1200000		1500000
13	6		1200000		1800000
14					
15	NPV=		=NPV($B$3,C8:C13)+C7		=NPV($B$3,E8:E13)+E7
16					
17	IRR=		=IRR(C7:C13)		=IRR(E7:E13)
18					

图 15.26　对应的单元格公式

内部收益率实际上是关于利率(i)的多项式方程的根，因此，为了确定内部收益率，我们必须解一个多项式方程，并求出一个正实根。当使用 IRR 函数时，会自动完成上述计算。但是要记住，有些多项式没有实根，还有些多项式有多个实根。因此，有些现金流的内部收益率无法确定。此外，其他现金流的内部收益率有多个值(这种情况下，通常的处理方法是选择最小的正值)。这就限制了使用内部收益率作为比较现金流的基础。另外，对于任何现金流都可以计算出其现值。

在求解内部收益率时，收敛性也是一个问题，因为多项式方程通常要迭代求解(参见 11.3 节和 11.4 节)，所以不能保证解会收敛到最小的正实根或者根本无法收敛到任何实根。这个限制适用于 IRR 函数，也适用于可能用 Excel 的“单变量求解”功能尝试的求解。另外，虽然单调乏味，但是只要实根存在，那么图形求解法总能得到解。

例题 15.16　内部收益率作为多项式的根

在例题 15.14 中，我们计算了以下现金流的内部收益率：

年末	收益/美元
0	−100,000
1	15,000
2	20,000
3	25,000
4	30,000
5	35,000
6	40,000

请证明这个现金流现值方程是关于 i 的多项式，内部收益率就是这个多项式的正实根。

我们利用式(15.7)来确定这个现金流的现值。因此，我们可以把现值写成：

$$\mathrm{NPV} = -100{,}000 + 15{,}000\frac{1}{(1+i)} + 20{,}000\frac{1}{(1+i)^2} + 25{,}000\frac{1}{(1+i)^3} +$$

$$30{,}000\frac{1}{(1+i)^4} + 35{,}000\frac{1}{(1+i)^5} + 40{,}000\frac{1}{(1+i)^6}$$

内部收益率是使 NPV 等于零的 i 值。

$$-100{,}000+\frac{15{,}000}{(1+i)}+\frac{20{,}000}{(1+i)^2}+\frac{25{,}000}{(1+i)^3}+\frac{30{,}000}{(1+i)^4}+\frac{35{,}000}{(1+i)^5}+\frac{40{,}000}{(1+i)^6}=0$$

如果我们把这个方程两边同乘以 $(1+i)^6$，可得：

$$-100{,}000(1+i)^6+15{,}000(1+i)^5+20{,}000(1+i)^4+25{,}000(1+i)^3+$$
$$30{,}000(1+i)^2+35{,}000(1+i)+40{,}000=0$$

这个方程是关于利率 i 的 6 次多项式。它可以用几种不同的方法求解，包括第 11 章介绍的技术(见下面的习题 15.45)。

习题

15.43 将例题 15.14 中给出的现金流输入到 Excel 工作表。如例题 15.15 所述，使用 IRR 函数求出内部收益率。将你的答案与例题 15.14 中的答案进行比较。

15.44 下面的现金流最初是在例题 15.11 中给出的。为方便起见，现将它复制如下：

年末	收益/美元	年末	收益/美元
0	−10,000,000	7	5,000,000
1	−8,000,000	8	6,000,000
2	0	9	5,000,000
3	1,000,000	10	4,000,000
4	2,000,000	11	3,000,000
5	3,000,000	12	2,000,000
6	4,000,000	13	1,000,000

a. 将该现金流填入 Excel 工作表。如例题 15.14 所示(见图 15.23)，用 NPV 函数确定几种不同利率条件下的现金流的现值。选择一个足够大的利率范围(从 $i=0$ 开始)，使得当利率较大时现值变为负值。

b. 绘制现值与利率的关系图，如图 15.23 所示。

c. 通过观察曲线穿过横坐标的位置来确定内部收益率(即当利率为多少时，现金流的现值为零)。

d. 利用 IRR 函数确定内部收益率。将你的答案和(c)部分的答案进行比较。

15.45 使用 Excel 的"单变量求解"功能，确定例题 15.16 中给出的多项式的最小正实根。将此值与例题 15.14 和习题 15.43 中获得的内部收益率值进行比较。提示，以 u 为变量重写多项式，其中 $u=(1+i)$。解出 u，然后确定内部收益率为 $i=(u-1)$。多项式的根是否等于内部收益率？

15.46 下列每个前述习题都包含两个不同投资机会的现金流。对于每个习题，请构建一个 Excel 工作表，并根据内部收益率确定更可取的投资机会。以现值为基础，与之前得到的结果进行比较。

a. 习题 15.35。

b. 习题 15.36。

c. 习题 15.38。

15.47 下列现金流量描述了两种相互竞争的投资机会。这些现金流量以前已在习题 15.37 中出现过。

年末	方案A收益/美元	方案B收益/美元
0	−500,000	−500,000
1	150,000	50,000
2	150,000	70,000
3	150,000	100,000
4	150,000	200,000
5	150,000	400,000

a. 将两笔现金流都输入 Excel 工作表。

b. 年利率为 5%，每年复计，请根据现值确定哪种投资更具吸引力。

c. 请根据内部收益率确定哪种投资更具吸引力。

d. 绘制每笔现金流的现值与利率曲线，解释任何明显的异常。

15.48 根据内部收益率，利用 Excel 求解习题 15.39。将所得结果与之前用现值和年利率 12%得到的结果进行比较。

15.49 下列现金流量描述了两种相互竞争的投资机会：

年末	方案A收益/美元	方案B收益/美元
0	−750,000	−750,000
1	130,000	10,000
2	130,000	20,000
3	130,000	30,000
4	130,000	40,000
5	130,000	50,000
6	130,000	100,000
7	130,000	150,000
8	130,000	200,000
9	130,000	250,000
10	130,000	500,000

a. 将两笔现金流都输入 Excel 工作表。

b. 年利率 6%，每年复计，请根据现值确定哪种投资更具吸引力。

c. 请根据内部收益率确定哪种投资更具吸引力。

第 16 章

寻找最优解

工程中的许多问题都有多种解，在这些解中进行选择是一项重要的任务。通常，有一些判据，比如成本、利润、重量或收益，可以用来区分不同的解决方案。当用数学方法表示时，它被称为目标函数(也可以称为代价函数或性能判据)。此外，有些条件必须始终满足，比如守恒定律、容量限制或其他技术关系。在数学形式上，这些条件被称为约束条件(它们也被称为辅助条件或设计需求)。

在选择最优解时，目标是确定在满足所有约束条件下使目标函数最大化或最小化的特解。例如，假设我们想确定满足给定设计需求集的重量最轻的桥。目标函数是桥梁的重量，用主要结构构件的尺寸来表示。约束将是必须满足的各种力和力矩关系。该问题就是求出主要结构构件的尺寸，以便在适用的约束条件下使重量最小化。这类问题被称为最优化问题。

Excel 提供了解决各种最优化问题的解决方案。最大化和最小化问题，线性的或非线性的，有约束的或无约束的，都可以很容易地解决。然而，最优化问题的公式化一般需要相当的关注。在这一章，我们将看到最优化问题是如何公式化的，以及是如何用 Excel 的"规划求解"功能求解。

16.1 最优化问题的特点

一般来说，最优化问题可以这样写：确定自变量 x_1、x_2、…、x_n 的值，使得目标函数最大化或最小化。

$$y = f(x_1, x_2, ..., x_n) \tag{16.1}$$

自变量通常被称为决策变量或策略变量。此外，目标函数有时也被称为性能判据、性能指标、利润函数(用于最大化问题)或代价函数(用于最小化问题)。

在许多问题中，最优解必须满足一个或多个被称作约束的辅助条件。每个约束可以用方程或不等式表示；即：

$$g_j(x_1, x_2, ..., x_n) = 0 \tag{16.2}$$

或者

$$g_j(x_1, x_2, ..., x_n) \leqslant 0 \tag{16.3}$$

或者

$$g_j(x_1, x_2, ..., x_n) \geqslant 0 \tag{16.4}$$

其中，$j = 1, 2, ..., m$，m 是约束的总数。

此外,自变量的容许值通常被限制为非负的。因此,

$$x_i \geq 0 \quad i = 1, 2, \ldots, n \tag{16.5}$$

现在,我们的讨论只涉及两个自变量的问题,即 $n=2$。下一节将讨论更高维数的问题,并将讨论基于 Excel 的求解过程。

通过下面两个例题的介绍,这些概念将变得更加清晰,这两个例题介绍了两种不同类型的最优化问题及其各自的解的特点。

例题 16.1 调整生产计划使利润最大化

假设某公司生产了两种产品,A 和 B,分别以每台 120 美元和每台 80 美元的价格出售。管理部门要求每月至少生产 1000 台。产品 A 每台需要 5 工时,产品 B 每台需要 3 工时。人工成本为每小时 12 美元,且每月可用的总工时为 8000 小时。请确定一个月的生产计划,使得公司的利润最大化。

为了从数学上表达这个问题,我们首先定义以下变量:

$x_1 =$ 每月生产的产品 A 的数量

$x_2 =$ 每月生产的产品 B 的数量

这些变量被称为决策变量或策略变量。

现在考虑目标函数,它表示利润。我们把目标函数写成:

$$y = [120 - (5 \times 12)]x_1 + [80 - (3 \times 12)]x_2$$

或者

$$y = 60x_1 + 44x_2 \tag{16.6}$$

接下来,我们给出约束。最低生产要求可表示为:

$$x_1 + x_2 \geq 1000 \tag{16.7}$$

注意,因为问题规定每月至少要生产 1000 台,所以该条件表示为不等式,而不是等式(即,严格相等)。如果这个问题需要生产计划正好每月 1000 台,那么式(16.7)就要写成等式而不是不等式。

类似地,对可用工时的限制可以表示为:

$$5x_1 + 3x_2 \leq 8000 \tag{16.8}$$

最后,我们必须将决策变量限制为非负的;即:

$$x_1 \geq 0, x_2 \geq 0 \tag{16.9}$$

现在我们可以用一种简洁的方式来表述最优化问题:确定 x_1 和 x_2 的值,在满足式(16.7)~(16.9)所表示的辅助条件约束下,使得式(16.6)最大化。

图形化地看待这个问题很有指导意义。因此,图 16.1 给出了 x_2 与 x_1 的关系图,图中只显示了右上象限,因为这是满足式(16.9)所表示的非负性条件的区域。下对角线表示式(16.7)。该线上或该线以上的任何点都能满足最低生产要求。同样,上对角线表示式(16.8)。该线上或该线以下的任何点都能满足劳动力约束。

注意,这三个约束构成一个多边形,如图 16.1 中的阴影区域所示。这称为可行解区域。可行解区域内的任意点都能满足所有约束条件。

现在我们在可行解区域上叠加几条线,分别表示目标函数的不同值,如图 16.2 所示。目标函数的不同值被表示为一簇平行线。注意,目标函数的值随着从左下角到右上角的移动而增加。我们就是要找出能使目标函数在可行解区域内或可行解区域边缘上取最大值的线。

解是代表 $y = 11.7 \times 10^4$ 的直线,它与可行解区域在 $x_1 = 0$ 和 $x_2 = 2667$ 的左上角相接。该直线下方的任意点都表示较小的 y 值。同样,该直线上方的任意点不在可行解区域内,因此约束条件不满足。

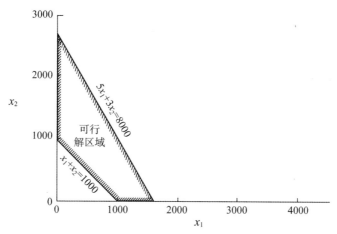

图 16.1 三个约束条件定义的可行解区域

注意，解落在方程(16.8)所表示的直线上。因此，在最优点处，严格对应于式(16.8)所示约束条件中的相等条件。因此，我们说这个约束是紧约束(或有效约束)。另外，由于最优值不在式(16.7)表示的这条线上，所以式(16.7)表示的约束条件是非紧约束(即无效约束)。

因此，我们得出的结论是，最大利润的策略是每月生产 0 台产品 A 和 2667 台产品 B。结果利润为 117 000 美元。

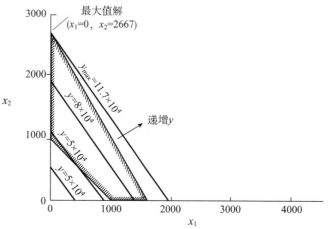

图 16.2 可行解区域和目标系列函数

注意，上例中目标函数和约束可以表示成线性(即直线)关系。这类最优化问题被称为线性规划问题。线性规划已经得到了广泛的研究，对可行解区域和最优解的性质也有深入了解。特别是：

1. 如果解存在的话(即约束前后不矛盾)，那么可行解区域总是一个多面体。

2. 可行解区域可以是闭的，也可以是开的(无界的)。如果可行解区域是闭的，那么最优解总是出现在其中某个顶点上。

3. 如果可行解区域是开的，那么最优解可能是无界的(无穷大)。但是请注意，一个开的可行解区域并不一定要求目标函数是无界的。

4. 最优解如果存在，那么它可能不是唯一的。也就是说，表示目标函数的线(或面)可能平行于约束可行解区域的某条线(面)。因此，在两个或多个顶点会得到相同的解。这种情况下，目标函数的最优值在每个顶点都是相同的，但是最优策略(即自变量的值)是不同的。

线性规划问题可以通过一种精确但复杂的求解过程，即所谓的单纯线性规划法(还有几种变形体)来解决。这个过程包含在 Excel 的"规划求解"功能中。我们将在下一节中看到如何使用"规划求解"功能。

在下一个例题中，我们将研究另一个涉及非线性的最优化问题。非线性问题的解特征与线性规划问题截然不同。因此，求解过程要比求解线性规划问题的过程复杂得多。

例题 16.2　最小重量的结构

考虑一个主要由两个圆柱形承重柱组成的结构，其半径(单位是英尺)分别为 x_1 和 x_2。其结构的重量(达数千磅)可由下面的表达式表示：

$$y = 10 + (x_1 - 0.5)^2 + (x_2 - 0.5)^2 \tag{16.10}$$

确定 x_1 和 x_2 的值，使得在满足下列要求的条件下，结构的重量最小。

1. 两根柱子的总横截面积必须至少有 10 平方英尺。

$$\pi(x_1^2 + x_2^2) \geqslant 10 \tag{16.11}$$

2. 结构上的考虑要求第一根柱子的半径不超过第二根柱子半径的 1.25 倍。

$$x_1 \leqslant 1.25 x_2 \tag{16.12}$$

此外，半径必须是非负的。

$$x_1 \geqslant 0, x_2 \geqslant 0 \tag{16.13}$$

图 16.3 为约束条件定义的可行解区域。阴影区域内的任何点都满足式(16.11)到式(16.13)所示的所有约束条件。注意，由于式(16.11)表示的是非线性约束条件，所以可行解区域现在有一条曲线边界。此外，注意可行解区域是无界的(有些线性问题也表现出这种特性)。

目标函数表示一系列圆心为($x_1 = 0.5$，$x_2 = 0.5$)的圆。如图 16.4 所示，我们叠加几个表示目标函数在可行区域上取不同值的圆弧。注意，目标函数的值随着我们从中心向外径向的移动而增加。满足所有约束条件的目标函数的最小值是在 $x_1 = x_2 = 1.26$ 处与可行解区域相切的圆。这个圆的大小是 11.16。因此，满足所有约束条件的最轻结构重 11 160 磅。每根支撑柱的半径为 1.26 英尺。

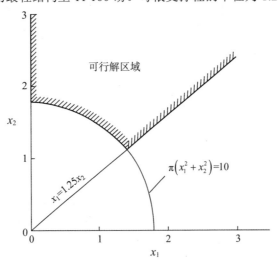

图 16.3　由三个约束条件定义的可行解区域

注意，式(16.11)表示的约束条件在最优解处是有效的，而由式(16.12)表示的另一个约束是无效的。但是，如果目标系列函数的方向不同(即，如果圆心位于其他位置)，则最优解可能位于式(16.11)与 x 轴相交处，或者式(16.11)与式(16.12)相交处。此外，最优解也可能出现在可行解区域内，此时没有任何约束是有效的。

最后一个例题说明了线性最优化问题和非线性最优化问题之间的一些基本区别。也就是说，在非线性问题中，可行解区域不一定是多面体，最优解不一定出现在某个角上。实际上，最优解可能出现在某个边界曲面上或者可行解区域内部。

此外，有些非线性问题具有多个最优点(称为局部最优)。因此，这类问题获得的最大值点可能只代表最近山峰的高度，而不是全部最高山峰的高度。这些特性对求解非线性问题最优解的数学过程提出了更高要求。

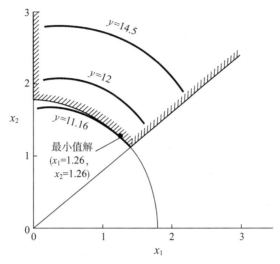

图 16.4　可行解区域和目标系列函数

在结束本节之前，我们注意到工程最优化问题通常有两个明显特征。首先，大多数现实的最优化问题包含多个自变量。这样的高维问题无法用图形表示；因此，我们必须依靠复杂的数学过程来获得最优解。我们介绍简单的二维问题，只是为了提供对最优化问题本质的洞察和理解。

其次，我们要认识到工程最优化问题的主要分为以下两类：

1. 大型线性最优化问题，可能有数百个甚至数千个自变量。涉及生产计划、库存控制、产品调配等方面的问题往往属于这一类。

2. 涉及一个或多个非线性的问题。一般来说，这些问题的自变量数比纯线性问题的要少，但由于非线性的缘故，它们可能难解得多。工程设计问题通常属于这一类。

Excel 提供了这两类问题的数学求解过程。我们将在下一节中看到如何使用它们。

习题

16.1 下面的每个问题都是例题 16.1 中给出的线性最优化问题的一个变体。对于每个问题，请先画出可行解区域，然后通过在可行解区域上叠加几条代表目标函数不同值的直线或曲线来确定最优解。确定目标函数的最优值和相应的最优策略。

a. 最小化

$$y = 60x_1 + 44x_2$$

约束条件如下：

$$x_1 + x_2 \geqslant 1000$$
$$5x_1 + 3x_2 \leqslant 8000$$
$$x_1 \geqslant 0, x_2 \geqslant 0$$

b. 最大化

$$y = 60x_1 + 30x_2$$

约束条件如下：

$$x_1 + x_2 \geqslant 1000$$
$$5x_1 + 3x_2 \leqslant 8000$$
$$x_1 \geqslant 0, x_2 \geqslant 0$$

c. 最大化

$$y = 50x_1 + 30x_2$$

约束条件如下：

$$x_1 + x_2 \geqslant 1000$$
$$5x_1 + 3x_2 \leqslant 8000$$
$$x_1 \geqslant 0, x_2 \geqslant 0$$

d. 最大化

$$y = 60x_1 + 44x_2$$

约束条件如下：

$$x_1 + x_2 \geqslant 1000$$
$$5x_1 + 3x_2 \leqslant 8000$$
$$x_1 \geqslant 0, x_2 \geqslant 0$$

e. 最小化

$$y = 60x_1 + 44x_2$$

约束条件如下：

$$x_1 + x_2 \geqslant 1000$$
$$5x_1 + 3x_2 \geqslant 8000$$
$$x_1 \geqslant 0, x_2 \geqslant 0$$

f. 最大化

$$y = 60x_1 + 44x_2$$

约束条件如下：

$$x_1 + x_2 \leqslant 1000$$
$$5x_1 + 3x_2 \leqslant 8000$$
$$x_1 \geqslant 0, x_2 \geqslant 0$$

16.2 下面的线性最优化问题是相互变化的。对于每个问题，先画出可行解区域。然后通过在可行解区域上叠加几条表示目标函数不同值的直线或曲线来确定最优解。确定目标函数的最优值和相应的最优策略。

a. 最大化

$$y = x_1 + x_2$$

约束条件如下：

$$x_1 + 2x_2 \leqslant 6$$
$$2x_1 + x_2 \leqslant 8$$
$$x_1 \geqslant 0, x_2 \geqslant 0$$

b. 最小化

$$2x_1 - x_2 \geqslant 3$$
$$x_1 \geqslant 0, \ x_2 \geqslant 0$$
$$y = x_1 + x_2$$

约束条件如下：

$$x_1 + 2x_2 \leqslant 6$$
$$2x_1 + x_2 \leqslant 8$$
$$x_1 \geqslant 0, x_2 \geqslant 0$$

c. 最小化

$$y = x_1 + x_2$$

约束条件如下：

$$x_1 + 2x_2 \geqslant 6$$
$$2x_1 + x_2 \geqslant 8$$
$$x_1 \geqslant 0, x_2 \geqslant 0$$

d. 最大化

$$y = x_1 + x_2$$

约束条件如下：

$$x_1 + 2x_2 \geqslant 6$$
$$2x_1 + x_2 \geqslant 8$$
$$x_1 \geqslant 0, x_2 \geqslant 0$$

e. 最小化

$$y = 2x_1 + 4x_2$$

约束条件如下：

$$x_1 + 2x_2 \geqslant 6$$
$$2x_1 + x_2 \geqslant 8$$
$$x_1 \geqslant 0, x_2 \geqslant 0$$

16.3 下面的每个问题都是例题 16.2 中给出的非线性最优化问题的一个变种。对于每个问题，先画出可行区域，然后通过在可行区域上叠加几条代表目标函数不同值的直线或曲线来确定最优解。确定目标函数的最优值和相应的最优策略。

a. 最小化

$$y = 10 + \left(x_1 - 0.5\right)^2 + \left(x_2 + 2\right)^2$$

约束条件如下：

$$\pi\left(x_1^2 + x_2^2\right) \leqslant 10$$
$$x_1 - 1.25x_2 \leqslant 0$$
$$x_1 \geqslant 0, x_2 \geqslant 0$$

b. 最小化

$$y = 10 + \left(x_1 + 2\right)^2 + \left(x_2 - 0.5\right)^2$$

约束条件如下:

$$\pi\left(x_1^2 + x_2^2\right) \geqslant 10$$
$$x_1 - 1.25x_2 \leqslant 0$$
$$x_1 \geqslant 0, x_2 \geqslant 0$$

c. 最小化

$$y = 10 + \left(x_1 - 0.5\right)^2 + \left(x_2 - 0.5\right)^2$$

约束条件如下:

$$\pi\left(x_1^2 + x_2^2\right) \leqslant 10$$
$$x_1 - 1.25x_2 \leqslant 0$$
$$x_1 \geqslant 0, x_2 \geqslant 0$$

d. 最大化

$$y = 10 + \left(x_1 - 0.5\right)^2 + \left(x_2 - 0.5\right)^2$$

约束条件如下:

$$\pi\left(x_1^2 + x_2^2\right) \leqslant 10$$
$$x_1 - 1.25x_2 \leqslant 0$$
$$x_1 \geqslant 0, x_2 \geqslant 0$$

e. 最小化

$$y = 10 + \left(x_1 - 0.5\right)^2 + \left(x_2 - 0.5\right)^2$$

约束条件如下:

$$\pi\left(x_1^2 + x_2^2\right) \leqslant 10$$
$$x_1 - 1.25x_2 \geqslant 0$$
$$x_1 \geqslant 0, x_2 \geqslant 0$$

f. 最大化

$$y = 10 + \left(x_1 - 0.5\right)^2 + \left(x_2 - 0.5\right)^2$$

约束条件如下:

$$\pi\left(x_1^2 + x_2^2\right) \leqslant 10$$
$$x_1 - 1.25x_2 \leqslant 0$$
$$x_1 \geqslant 0, x_2 \geqslant 0$$

16.4 对下列非线性最优化问题,先分别画出可行解区域。然后通过在可行解区域上叠加若干条表示目标函数不同值的直线或曲线来确定最优解。确定目标函数的最优值和相应的最优策略。

a. 最小化

$$y = x_1^2 + (x_2 - 2)^2$$

约束条件如下：

$$2x_1 - x_2 \geqslant 3$$
$$x_1 \geqslant 0, x_2 \geqslant 0$$

b. 最小化

$$y = x_1 - 2x_2$$

约束条件如下：

$$(2x_1 - x_2)^2 \geqslant 3$$
$$x_1 \geqslant 0, x_2 \geqslant 0$$

c. 最大化

$$y = (x_1 - 2x_2)^2$$

约束条件如下：

$$2x_1 - x_2 \leqslant 3$$
$$x_1 \geqslant 0, x_2 \geqslant 0$$

16.2　用 Excel 求解最优化问题

Excel 在其"规划求解"功能中包含求解最优化问题的数学过程。回顾一下，"规划求解"是一个 Excel 加载项(参见第 11.5 节)。要安装"规划求解"，先单击功能区的"文件"选项卡并选择窗口底部的"选项"。然后从左边的列表中选择"加载项"。这将生成一个"加载项"列表(参见图 6.1)。如果"规划求解加载项"不在活动应用程序加载项列表中，请单击底部的"管理"|"Excel 加载项"|"转到"。然后选中"规划求解加载项"复选框，并单击"确定"(参见图 6.2)。一旦安装了"规划求解"功能，它将保持安装，除非通过上述过程的逆过程将它删除。

在 Excel 中求解一个最优化问题，步骤如下。

1. 为 Excel 工作表中相邻单元格中的每个自变量输入一个值。这些值将用作初始猜测(求解线性问题时不需要初始值)。

2. 输入目标函数方程，用 Excel 公式表示。在这个公式中，用单元格地址表示自变量。

3. 为每个约束条件输入一个方程，用 Excel 公式表示。自变量仍然用其单元格地址表示。

4. 从功能区的"数据"选项卡中，选择"分析"|"规划求解"。

5. 出现"规划求解参数"对话框时，输入以下信息：

a. 在"设置目标"中输入包含目标函数的单元格地址。

b. 在"设定目标"下面标为"到"的适当区域内选择"最大值"或"最小值"。

c. 在"通过更改可变单元格："区域内，输入包含自变量的单元格地址范围。

d. 输入包含每个约束条件的单元格地址、约束条件的类型及其右边的值(详情如下)。要添加约束条件，请单击"添加"按钮并提供以下信息：

- 在"单元格引用："栏中输入约束条件的单元格地址。
- 从下拉菜单中指定约束的类型(即≤、≥或=)。
- 在"约束"栏中输入右侧的值。

不必添加自变量的非负性条件(见下文)。注意，你可以通过单击适当的按钮来更改或删除已添加的约束。

　　e. 如有必要，请选中"使无约束变量为非负数"复选框。

　　f. 从标记为"选择求解方法"栏中选择求解方法：

- 如果目标函数和所有约束条件都是线性的，则从下拉菜单中选择"单纯线性规划"。
- 如果问题包含非线性，则选择"非线性 GRG"或者"演化"。

　　g. 当所有所需信息均已正确添加后，单击"求解"按钮。这将启动实际的求解过程。

　　6. 一旦得到解，自变量的最优值、目标函数的对应值以及每个约束条件的值都会出现在各自的单元格中。还将出现"规划求解结果"对话框，其中有显示和保存最优解的各种选项。从中可以选择"保留规划求解的解"并选择"运算结果报告"。然后将生成结果报告，并将其放在单独的工作表中。

　　如果单击"选项"按钮，将在此对话框中显示"选项"对话框，你可能希望从"所有方法"选项卡中选择标记为"显示迭代结果"的功能。此功能将导致求解过程在每次迭代(即每个重复步骤)之后暂停，从而提供逐步计算的历史。如果你正在学习或者曾经学习数学最优化过程的课程，这个功能就尤其有用。

　　你可能还希望在"选项"对话框中选择"使用自动缩放功能"。如果自变量的大小与目标函数或约束条件右边的大小明显不同，这个功能就非常有用。

例题 16.3　在 Excel 中求解生产调度问题

用 Excel 的"规划求解"功能求解例题 16.1 中给出的生产调度问题。

简单回顾一下，我们希望解决以下问题。

最大化

$$y = 60x_1 + 44x_2 \tag{16.6}$$

约束条件如下：

$$x_1 + x_2 \geqslant 1000 \tag{16.7}$$

$$5x_1 + 3x_2 \leqslant 8000 \tag{16.8}$$

$$x_1 \geqslant 0, x_2 \geqslant 0 \tag{16.9}$$

这个问题完全是线性的。因此，我们将用"规划求解"的"单纯线性规划"功能来解决这个问题。

我们首先将模型输入 Excel 工作表中，如图 16.5 所示。在此工作表中，A 列包含 B 列中提供的项目的标签。注意单元格 B3 和 B4 中自变量的假设值，单元格 B6 中目标函数的对应值，以及单元格 B8 和 B9 中分别由式(16.7)和式(16.8)表示的约束值。

图 16.5　在 Excel 中定义一个线性最优化问题

单元格 B6、B8 和 B9 中所显示的值是由式(16.6)~式(16.8)所对应的单元格公式得到的。这些值来自单元格 B3 和 B4 中提供的自变量的初始值。图 16.6 显示了对应的单元格公式。

B6
=60*B3+44*B4
A
B
C
D
利润最大化的生产调度
生产A部门每月的产量(x1):
1
生产B部门每月的产量(x2):
1
利润(y):
=60*B3+44*B4
最小生产量(g1):
=B3+B4
可用人力(g2):
=5*B3+3*B4
Sheet1
就绪
平均值: 1
计数: 3
求和: 2
100%

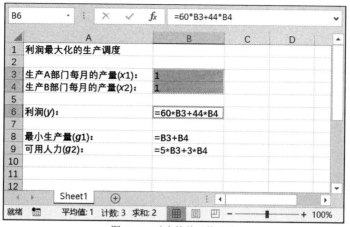

图 16.6　对应的单元格公式

一旦将问题规范输入工作表中，就可从功能区的“数据”选项卡的“分析”|“规划求解”中调用“规划求解”程序。图 16.7 显示了生成的对话框。注意，将目标函数(B6)的地址填入顶部的“设置目标：”栏。在输入的单元格地址下方的“到：”区域选择问题类型。本题我们选择“最大值”。然后在“通过更改可变单元格：”栏填入包含自变量的单元格地址范围(B3:B4)。

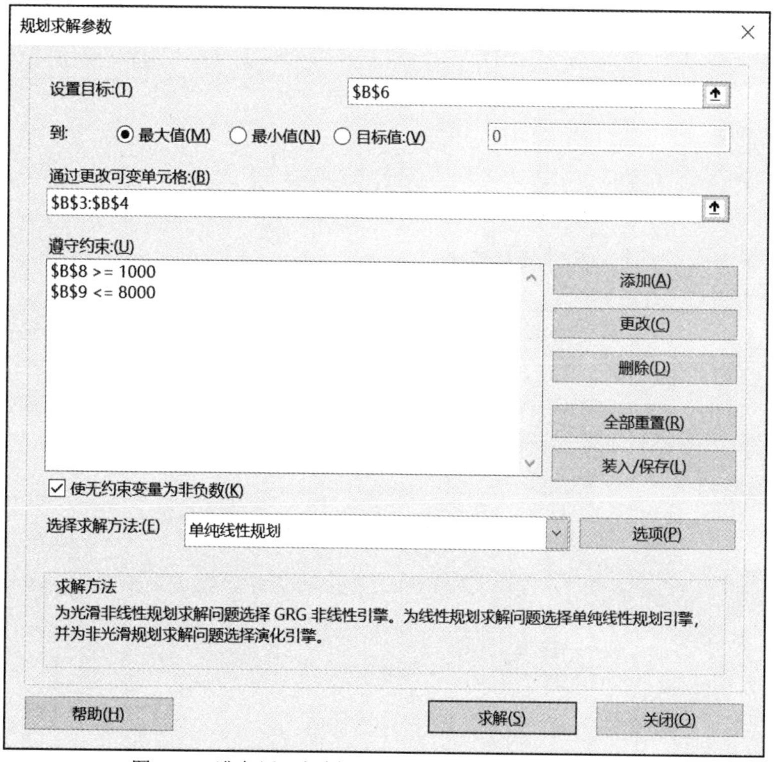

规划求解参数
设置目标:(T)
$B$6
到:
最大值(M)
最小值(N)
目标值:(V)
0
通过更改可变单元格:(B)
$B$3:$B$4
遵守约束:(U)
$B$8 >= 1000
$B$9 <= 8000
添加(A)
更改(C)
删除(D)
全部重置(R)
装入/保存(L)
使无约束变量为非负数(K)
选择求解方法:(E)
单纯线性规划
选项(P)
求解方法
为光滑非线性规划求解问题选择 GRG 非线性引擎。为线性规划求解问题选择单纯线性规划引擎，并为非光滑规划求解问题选择演化引擎。
帮助(H)
求解(S)
关闭(O)

图 16.7　准备用“规划求解”程序求解线性最优化问题

然后，通过单击“添加”按钮并提供所请求的信息，一次添加一个约束，如图 16.8 所示。为每个约束条件添加单元格地址、约束类型(≤、≥或=)以及右侧的值。注意，本问题有两个约束，分别对应于式(16.7)和式(16.8)。非负条件不作为约束条件。相反，我们在约束条件下面的框中勾选了“使无约束变量为非负数”选项，如图 16.7 所示。

图 16.8　添加约束

最后，由于这是一个线性最优化问题，我们选择"单纯线性规划"作为求解方法。然后选择"求解"启动实际计算。

一旦求得了解(在一个如此小的问题中，基本上是瞬时完成的)，就会出现"规划求解结果"对话框，表示找到了一个解。图 16.9 显示了"规划求解结果"对话框。请注意，结果已被突出显示，并生成了一个可选的详细报告(解释如下)。

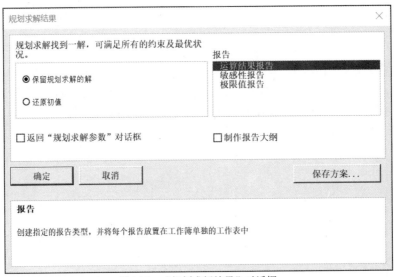

图 16.9　"规划求解结果"对话框

最终解显示在原始工作表中，并且替代了初始值。图 16.10 显示了工作表的最终形式。因此，我们看到最大利润为 117 333 美元，对应于每月生产 0 台产品 A 和 2667 台产品 B(产品 B 的产量四舍五入到最近的整数)。此外，我们看到式(16.7)的左边是 2667(四舍五入)，式(16.8)的左边是 8000。因此，我们得出结论，第一个约束是无效的(非紧约束)，但是第二个约束是有效的(紧约束)。注意，这些结果与例题 16.1 中的图形结果一致。

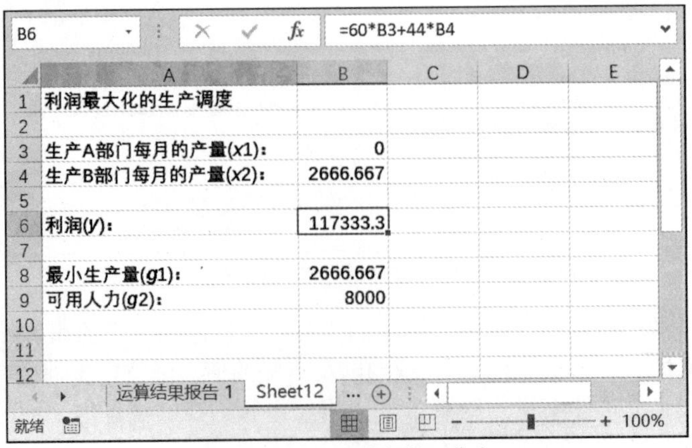

图 16.10　显示最优解的工作表

现在回到图 16.9 所示的"规划求解结果"对话框。注意,"报告"栏中突出显示了"运算结果报告"。这将生成描述解的详细报告, 如图 16.11 所示。

该报告包含自变量、目标函数和每个约束的原始值和最终值。还指出了每个约束(紧约束或非紧约束)的状态。此外, 每个约束都显示一个名为"松弛"的值。对于不等式类型的约束, 这是约束方程右边所表示的极限值与实际约束值之间的绝对值之差。对于≤型约束, 松约束可以看作是产能过剩;而对于≥型约束, 松约束可以看成产量不足。另外, 等式约束总是紧约束。因此, 与等式约束相关的松弛值始终为零。图 16.11 所报告的"松弛"值表明, 每周 1667 台(四舍五入)的生产率超过了最低要求的生产率, 使得工人满负荷工作(零闲置)。

注意, 结果报告出现在单独的工作表中。还要注意, 图 16.11 中所示的报告已定义了良好的格式, 适合打印并包含在更全面的书面报告中。当生成报表时, 将自动提供美观的格式。结果报告在求解非线性最优化问题时特别有用, 因为此时答案可能有多个解, 每个解都依赖于自变量的初值。

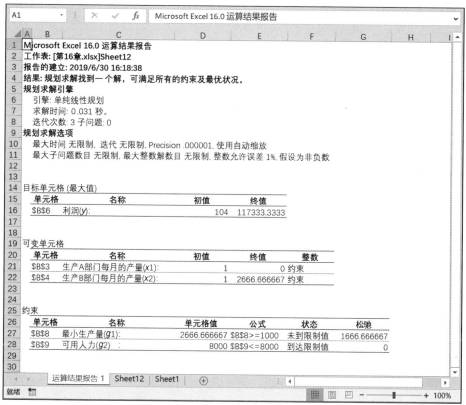

图 16.11　查看"结果报告"中解的细节

请记住,"规划求解"包含不同的过程来寻找线性和非线性问题的最优解。由于用于求解线性问题的求解过程(即单纯线性规划)比非线性问题的求解过程更有效, 在求解线性最优化问题时就应始终使用它。然而, 该方法不能用于求解非线性问题。

此外, 如果一个非线性最优化问题有多个最优解, 那么得到的解可能依赖于初始猜测。因此, 必须指定一个初始猜测, 并且如果信息已知, 就应该尽可能接近最终结果。

例题 16.4　在 Excel 中求解非线性最小化问题
用 Excel 求解以下非线性最优化问题。

最小化

$$y = x_1 + x_2$$

约束如下:

$$2x_1^2 + 3x_2^2 \geqslant 12$$
$$x_1 \geqslant 0, x_2 \geqslant 0$$

注意，这个问题包括一个线性目标函数和一个非线性约束。

该问题的解以图形方式显示在图 16.12 中。可行解区域位于第一个约束所表示的椭圆上方。这个特定问题有两个局部最小值，每个角各有一个。与每个局部最小值相关的值如下所示。

第一局部最小值	第二局部最小值
$y = 2$	$y = 2.45$
$x_1 = 0$	$x_1 = 2.45$
$x_2 = 2$	$x_2 = 0$

第一个点 $y = 2$(位于 $x_1 = 0$，$x_2 = 2$)表示全局(绝对)最小值。

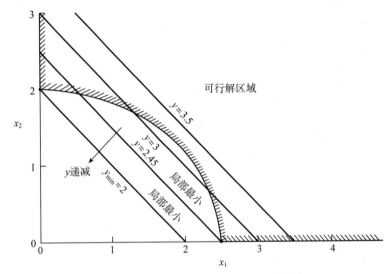

图 16.12　非线性最优化问题的图形化表达

现在让我们看看如何在 Excel 中求解这个问题。求解过程与例题 16.3 中的求解过程非常相似，只是我们必须选择一个不同的求解技术。我们会发现最优解取决于 x_1 和 x_2 的初值。

图 16.13 显示了包含问题规范的工作表，初始值为 $x_1 = x_2 = 2$。注意，单元格 B6 所示的目标函数和单元格 B8 所示的非线性约束是由公式生成的。单元格公式如图 16.14 所示。

图 16.15 显示了"规划求解参数"对话框(通过从菜单栏选择"数据"|"分析"|"规划求解"将其打开)，为这个问题填写了合适内容。注意针对本问题选择了"非线性 GRG"。

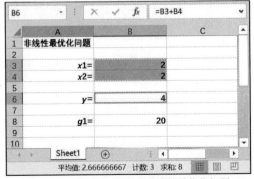

图 16.13　在 Excel 中定义非线性最优化问题

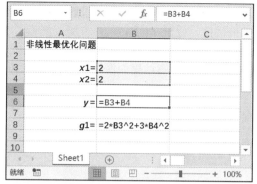

图 16.14　对应的单元格公式

图 16.15　准备用"规划求解"解非线性最优化问题

正确输入所有信息后，单击"求解"按钮，就得到如图 16.16 所示的解。我们看到期望的最小解是 $y=2$，位于 $x_1=0$ 和 $x_2=2$ 处。这是两个局部最小值中的一个(事实上，这也是两个最小解中更好的一个)，也正是我们在本例题开始时用图形化方法求得的解。

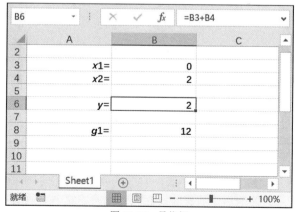

图 16.16　最优解

现在让我们看看，如果从 $x_1=2$ 和 $x_2=0$ 开始重复整个求解过程会怎么样。从之前的图形化分析中可知，该初始点接近另一个局部最优值，位于 $x_1=2.45$、$x_2=0$ 处。然而，在更现实的高维度问题中，我们可能无法对在何处可能找到最小解有同样的见解。

图 16.17 显示了包含初始值的工作表。求解结果如图 16.18 和图 16.19 所示(后者包含四舍五入到两位小数的结果)。正如期望的那样，所得解四舍五入后为 $y=2.45$，位于 $x_1=2.45$、$x_2=0$ 处。

图 16.17　从不同的起始点启动优化

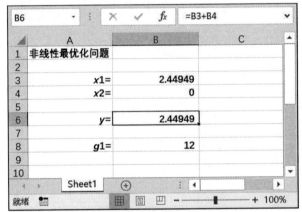

图 16.18　最优解

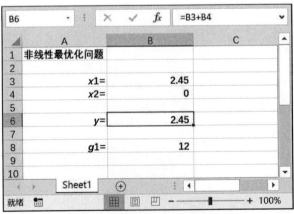

图 16.19　四舍五入后的最优解

遗憾的是，没有迹象表明此解是局部最小值，但不是全局最小值。在处理高维问题时，这可能是一个严重缺陷。这并不是 Excel 的缺点，而是非线性最优化问题复杂本质的一个表现。

找到最优解后，"规划求解结果"对话框允许你创建三种不同的报告，分别称为"运算结果报告"

"敏感性报告"和"极限值报告"。我们已经讨论过"运算结果报告",并且在图 16.11 中看过一个例子。"敏感性报告"提供了有关目标函数对自变量变化或约束变化的敏感性信息。对于线性问题,"敏感性报告"还提供了有关自变量变化与约束变化之间关系的信息。

"极限值报告"指出在违反约束之前,可以在多大程度上更改自变量,并且给出了目标函数的相应变化。

习题

16.5 用 Excel 的"规划求解"功能,采用"单纯线性规划"方法求解习题 16.1 中给出的每个线性最优化问题。将每个解与从习题 16.1 得到的相应图形解进行比较。

16.6 用 Excel 的"规划求解"功能,采用"单纯线性规划"方法求解习题 16.2 中的每个线性最优化问题。将每个解与从习题 16.2 得到的相应图形解进行比较。

16.7 用 Excel 的"规划求解"功能,采用"非线性 GRG"方法求解习题 16.2 中的每个线性最优化问题。将计算结果与从习题 16.6 得到的计算结果进行比较。

16.8 用 Excel 的"规划求解"功能,求解习题 16.3 中的每个非线性最优化问题。将每个解与习题 16.3 得到的相应图形解进行比较。

16.9 用 Excel 的"规划求解"功能,求解习题 16.4 中的每个非线性最优化问题。将每个解与从习题 16.4 得到的相应图形解进行比较。

16.10 用 Excel 的"规划求解"功能,求解下列线性最优化问题。

a. 最大化

$$y = 4x_1 + 2x_2 + 3x_3$$

约束条件如下:

$$3x_1 + 4x_2 + 6x_3 \leqslant 24$$
$$10x_1 + 5x_2 - 6x_3 \leqslant 30$$
$$x_1 \geqslant 0, x_3 \geqslant 0$$
$$0 \leqslant x_2 \leqslant 4$$

b. 最小化

$$y = x_1 + 2x_2 + 2x_3 - x_4$$

约束条件如下:

$$2x_1 - x_2 + 3x_3 + x_4 \leqslant 10$$
$$x_1 + x_2 - x_3 + 2x_4 \geqslant 1$$
$$-x_1 - x_3 + x_4 \leqslant 12$$
$$3x_1 + 2x_2 + x_4 = 5$$
$$x_1 \geqslant 0, x_2 \geqslant 0, x_3 \geqslant 0, x_4 \geqslant 0$$

c. 最大化

$$y = 4x_1 + 5x_2 - x_3 - 2x_4$$

约束条件如下:

$$4x_1 - x_2 + 2x_3 - x_4 = 6$$
$$x_1 + 2x_2 - x_3 - x_4 = 3$$
$$-3x_1 + 3x_2 - 2x_3 + x_4 \leqslant 6$$
$$x_1 \geqslant 0, x_2 \geqslant 0, x_3 \geqslant 0, x_4 \geqslant 0$$

16.11 用 Excel 的"规划求解"功能，求解下列非线性最优化问题。

a. 最大化

$$y = x\sin x$$

约束条件如下：

$$0 \leqslant x \leqslant \pi$$

b. 最小化

$$0$$

约束条件如下：

$$x_1 \geqslant 0, x_2 \geqslant 0$$

c. 最小化

$$y = 100\left(x_2 - x_1^2\right)^2 + \left(1 - x_1\right)^2$$

约束条件如下：

$$x_1 \geqslant 0, x_2 \geqslant 0$$

d. 最小化

$$y = 3\left(x_1 - 1\right)^2 + \left(x_2 + 2\right)^2 + 5\left(x_3 - 4\right)^2$$

约束条件如下：

$$x_1 \geqslant 0, x_2 \geqslant 0, x_3 \geqslant 0$$

16.12 钢通常与几种不同的合金(如镍和锰)混合，以便具备特殊的属性。此外，所有钢的碳含量，也会影响钢的属性。

假设一家专业钢铁公司收到一份 200 吨的订单，要求至少含有 3%的镍和 2%的锰，且碳含量不超过 3.5%。这些钢将以每吨 25 美元的价格出售。假设钢可由三种不同合金以任意比例混合，相应属性如下所示。

	镍/%	锰/%	碳/%	每吨成本/美元
合金1	5	8	3	18
合金2	4	2	3	15
合金3	2	2	5	10

建立线性最优化模型，以确定能满足属性需求的最便宜合金混合物(提示：假设 x_i 是用来炼钢的合金 i 的吨数)。请用 Excel 的"规划求解"功能求解该问题。

16.13 在上一题中，假设只有 50 吨合金 2 可用。这对最佳混合有何影响？

16.14 一家办公家具制造商生产两种款式的会议桌，即初级和高级。每种款式都有胡桃木和橡木两种材质。配套的椅子也以这两种款式制造，要么是胡桃木，要么是橡木。

每种产品的材料和人工需求如下。假设在这些需求中胡桃木和橡木没有区别。

	初级桌子	高级桌子	初级椅子	高级椅子
木材/平方英尺	100	140	16	20
人工/小时	9	12	4	5

每种产品的售价如下。

	初级桌子	高级桌子	初级椅子	高级椅子
胡桃木/美元	1200	1500	200	250
橡木/美元	1000	1200	180	220
	美元			

家具级胡桃木的价格为每平方英尺 5 美元,橡木价格为每平方英尺 4 美元。人工为每小时 18 美元,且每周总工时最多只有 3000 小时。

建立线性最优化模型,确定利润最大化的周生产计划(提示:有 8 种不同的产品,即两种胡桃木桌、两种橡木桌子、两种胡桃木椅子和两种橡木椅子。设 x_i 为每周生产的第 i 种产品的数量,其中 $i=1,2,\cdots$ 8)。请用 Excel 的"规划求解"功能求解该问题。

16.15 求解习题 16.14,并增加每张桌子至少配四把椅子的限制条件(即,每张初级胡桃木桌子至少要配四把初级胡桃木椅子等)。

16.16 求解习题 16.15,并增加核桃木的用量每周不能超过 10 000 平方英尺的限制条件。

16.17 一家电视机制造商有三家工厂,分别位于费城、圣路易斯和菲尼克斯。该公司有四个配送中心,分别位于亚特兰大、芝加哥、丹佛和西雅图。所有产品都要从工厂运到配送中心,然后从配送中心分发给全国各地的客户。

工厂生产能力和配送要求(每月生产的单位个数)和运输费用(每个单位所需的美元数)列在下面。

费城	圣路易斯	凤凰城
5000	8000	12 000

亚特兰大	芝加哥	丹佛	西雅图
6000	8000	5000	6000

	从	费城	圣路易斯	凤凰城
到	亚特兰大	100	125	300
	芝加哥	125	60	250
	丹佛	200	100	75
	西雅图	325	225	175

建立线性最优化模型,以确定向配送中心提供工厂产品的最便宜方式(提示:设 $x_{i,j}$ 代表每月从工厂 i 发货到配送中心 j 的产品数量)。用 Excel 的"规划求解"功能求解该问题。

16.18 炼油厂用四个不同加工单元来生产一连串的碳氢化合物基燃料。加工单元的日产量分别为每天 C_1、C_2、C_3、C_4 桶。基础燃料的一部分被送入中央混合站,在那里基础燃料被混合成三种等级的汽油。每种基础燃料的剩余部分在炼油厂"按原样"出售。如有必要,混合站还备有临时储存混合汽油的设施。

设 N_1、N_2、N_3 和 N_4 为每种基础燃料的辛烷值,S_1、S_2、S_3 和 S_4 为直接销售所得利润。令 O_1、O_2 和 O_3 为这三个等级汽油的辛烷值,它们可以随时混合以满足客户需求 D_1、D_2 和 D_3。令 R_1、R_2 和 R_3 分别为三个等级混合汽油的最低辛烷值需求,令 P_1、P_2 和 P_3 为出售 1 加仑各等级混合汽油获得的利润。最后,设 x_{ij} 为混合第 j 种汽油所用的第 i 种基燃料的数量。

每种汽油的辛烷值可用其所含基础燃料的辛烷值的加权平均值来表示。权重系数是每种汽油中基燃料的比例。因此:

$$O_1 = \frac{x_{11}N_1 + x_{21}N_2 + x_{31}N_3 + x_{41}N_4}{x_{11} + x_{21} + x_{31} + x_{41}}$$

$$O_2 = \frac{x_{12}N_1 + x_{22}N_2 + x_{32}N_3 + x_{42}N_4}{x_{12} + x_{22} + x_{32} + x_{42}}$$

$$O_3 = \frac{x_{13}N_1 + x_{23}N_2 + x_{33}N_3 + x_{43}N_4}{x_{13} + x_{23} + x_{33} + x_{43}}$$

建立一个线性最优化模型，以确定汽油中每种基础燃料应混合多少？并且应该"按原样"出售多少，才能获得最大利润。请用下面的数值数据求解模型（C 和 D 的单位为桶/天，N 和 R 的单位为辛烷值，S 的单位为美元/桶，P 的单位为美分/加仑）。

$C_1 = 13\,000$	$N_1 = 82$	$S_1 = 0.90$
$C_2 = 7\,000$	$N_2 = 95$	$S_2 = 1.05$
$C_3 = 25\,000$	$N_3 = 102$	$S_3 = 1.25$
$C_4 = 15\,000$	$N_4 = 107$	$S_4 = 1.60$
$D_1 = 13\,000$	$R_1 = 87$	$P_1 = 3.5$
$D_2 = 25\,000$	$R_2 = 89$	$P_2 = 4.5$
$D_3 = 18\,000$	$R_3 = 93$	$P_3 = 6.0$

注意，42 加仑=1 桶

16.19 在习题 16.18 中，如果汽油的销售价格分别改为 3 美分/桶、4.5 美分/桶(和之前一样)和 5.5 美分/桶，利润和最优政策会受到什么影响？如果日产量 D_2 减少 7000 桶/天，同时日产量 D_3 增加 2000 桶/天，那么又会产生什么后果？

16.20 与一套电力输电线路有关的费用为：

$$C_1 = 10\,000n(1 + 2d^2)$$

其中 n 是这套线路中的电线数，d 是线直径，单位是英寸。此外，整个生命周期内在线路上传输的电力的成本为：

$$C_2 = 150\,000/(nd^2)$$

为了防止在线路中断时发生大规模的断电，则需要 $n \geqslant 10$。

建立非线性最优化模型，确定最低总成本 $C=C_1+C_2$。假设 n 是连续变量。用 Excel 的"规划求解"功能求解此题。

16.21 石油管道可将原油从油轮停泊区输送到大型炼油厂。所需的泵功率如下。

$$P = 0.4 \times 10^{-12} w^3 / (\rho^2 d^5)$$

其中 w 为原油流量，单位为 lbm/hr，ρ 为原油密度，单位为 lbm /ft³，d 为管道直径，单位为英尺。则发生的费用为(单位是美元)：

$$C_p = 10\,000d^2 + 170P$$

其中，第一项表示管道的成本，第二项表示泵的成本和炼油厂使用年限内油泵功率的现值。

假设原油流速保持在 10^7lbm/hr，油密度为 50 lbm/ft³。为防止污泥在管道中沉淀，流速 v 必须至少为 9 英尺/秒(注意，$w = 3\,600\pi d^2 \rho v / 4$)。建立非线性最优化模型，求出成本最小的管径。用 Excel 的"规划求解"功能求解本题。

16.22 在习题 16.21 中描述的管道所携带的石油将在高温下在密闭的管道中运输。热损失为：

$$Q = \frac{500}{2.5 \times 10^{-4} + 0.0025t}$$

其中 Q 为热损失，单位为 BTU/hr，t 为绝缘层厚度，单位为英尺。

绝缘层的成本是：

$$c_i = 5 \times 10^5 td$$

其中 d 为管道直径，单位是英尺，可以假设炼油厂全寿命周期能量损失的现值为：

$$c_e = 0.5Q$$

假设管道尚未建成，请建立非线性最优化模型来确定管道直径和绝缘层厚度，使得总成本最小：

$$C = C_p + C_i + C_e$$

用 Excel 的"规划求解"功能求解本题，限制为 $d \geqslant 2$ 英尺和 $v \geqslant 9$ 英尺/秒。

16.23 蒸汽发电厂由一台抽汽涡轮和一台发电机组成。蒸汽通过涡轮时驱动发电机。工厂可以出售电力或者在低压和高压时提取蒸汽以产生收入，为防止涡轮过热和轴上载荷不均，会对可以提取的蒸汽量加以限制。如果高压蒸汽和低压蒸汽的提取率分别为 x_1 和 x_2，则产生的收益为：

$$R = 1.8x_1 + 1.5x_2$$

约束如下。
蒸汽容量：

$$x_1 + x_2 \leqslant 2.5$$

涡轮过热：

$$x_1 + 4x_2 \leqslant 7.5$$

轴载荷：

$$4x_1 + 3x_2 \leqslant 9.8$$

使用 Excel 中的"规划求解"功能来确定将最大化收益时的提取速率。

16.24 管壳式换热器的直径为 D，长度为 L，如下图所示。安装成本包括管材的固定成本，表示为 $C_1 = \$1500$，管壳的成本表示为 $C_2 = 1200D^{2.5}L$。而地面空间的成本为 $C3 = 350DL$。换热器的总管长为 150m，并且横跨外壳横截面的管密度为 200tubes/m^2。请建立非线性最优化模型确定最低总安装成本 $C = C_1 + C_2 + C_3$，总管长约束为 $150 = 50\pi D^2 L$。使用 Excel 的"规划求解"功能求解直径 D 和长度 L。

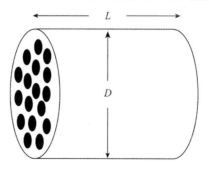

工程应用中常用的 Excel 函数

函数	目的
ABS(x)	返回 x 的绝对值
ACOS(x)	返回余弦值为 x 的角度(以弧度为单位)
ASIN(x)	返回正弦值为 x 的角度(以弧度为单位)
ATAN(x)	返回正切值为 x 的角度(以弧度为单位)
AVERAGE(x1,x2, …)	返回 x1,x2,…的平均值
CONVERT(x, ul, u2)	将 x 值从单位 ul 转换为单位 u2
COS(x)	返回 x 的余弦值
COSH(x)	返回 x 的双曲余弦值
COUNT(x1, x2, …)	确定参数列表中有多少个数字
DEGREES(x)	将 x 值由弧度转换为度数
EXP(x)	返回 ex, 其中 e 是自然对数系统的底
FORECAST (x, range1, range2)	返回与给定的 x 值对应的 y 值。基于线性趋势线，x 值位于 rangel 内，y 值位于 range2 内
FV(i, n, x)	返回在利率 i 下 n 次支付 x 美元的终值
IF(e, vl, v2)	如果逻辑表达式 e 为真，则在活动单元格中放置值 vl。否则(如果 e 为假)在活动单元格中放置 v2。注意,vl 和 v2 可以是数字、字符串、公式或其他 IF 语句
INT(x)	把 x 向下舍入到最近的整数
IRR(x1, x2, …)	返回一系列现金流的内部收益率
LN(x)	返回 x(x> 0)的自然对数
LOG10(x)	返回以 10 为底的 x(x > 0)的对数
MAX(x1, x2, …)	返回 x1,x2,…中的最大值
MEDIAN(x1, x2, …)	返回 x1,x2,…的中值
MIN(x1, x2, …)	返回 x1,x2,…的最小值
MDETERM(range)	返回由 range 定义的非奇异方阵的行列式。
MINVERSE(range)	返回由 range 定义的非奇异方阵的逆矩阵
MMULT(rangel, range2)	返回分别由 rangel 和 range2 定义的两个矩阵的矩阵乘积。这些矩阵必须符合矩阵乘法的规则
MOD(x1, x2)	返回 x1 除以 x2 的余数
MODE(xl, x2, …)	返回 x1,x2,…的众数

(续表)

函数	目的
NPER(i, x, P)	返回在利率 i 下，每笔固定支付 x 美元的 P 美元贷款的还款期数
NPV(x1, x2, ...)	返回按利率 i 计算的一系列现金流的净现值
PI	返回 π 的值。(需要使用空括号)
PMT(i, n, x)	返回 n 期 x 美元贷款的每期还款额，利率为 i
PV(i, n, x)	返回一系列 n 次支付的现值，每次支付 x 美元，利率为 i
RADIANS(x)	将 x 值由度数转换为弧度
RAND()	返回 0 和 1 之间的一个随机值(需要使用空括号)
RANDBETWEEN(nl, n2)	返回 nl 和 n2 之间的一个随机整数
RATE(n, A, P)	返回 n 期 A 美元等额支付的利率，每期的现值为 P
ROUND(x, n)	把 x 四舍五入到 n 位小数
SIGN(x)	返回 x 的符号(如果 x>0，返回+1；如果 x<0，返回-1)
SIN(x)	回 x 的正弦值
SINH(x)	返回 x 的双曲正弦
SQRT(x)	返回 x 的平方根(x> 0)
STDEV(x)	返回 x1,x2,...的标准差
SUM(xl, x2, ...)	返回 x1,x2,...的和
TAN(x)	返回 x 的正切值
TANH(x)	返回 x 的双曲正切值
TEXT(x, f)	将数值 x 转换为数字格式为 f 的文本(注意,数字格式位于在"格式"|"单元格"|"数字"下)
TRUNC (x, n)	将 x 截短为 n 位小数
VAR (x1, x2, ...)	返回 x1,x2,...的方差

访问精选的 Excel 2016 功能

访问 Excel：

"开始/Excel 2016"

退出 Excel：

"文件"｜"关闭"(或单击右上角的 X)

获取帮助：

"快速访问工具栏"中的"帮助"按钮(包含问号的圆圈)或按 F1 键

使左上角成为活动单元格：

Ctrl+Home

使数据块的右下角成为活动单元格：

Ctrl+End

格式化单元格内的数字：

"开始"｜"格式""设置单元格格式..."｜"数字"

或(在选定的一个单元格或单元格块内右击，选择"设置单元格格式..."｜"数字"

保存新工作表：

"文件"｜"另存为"｜"浏览"

保存现有工作表：

"文件"｜"保存"

或单击"快速访问工具栏"中的"保存"图标

检索(打开)工作表：

"文件"｜"打开"｜"浏览"

打印工作表：

"文件"｜"打印"

删除智能标记：

在"文件"｜"选项"｜"高级"｜"剪切、复制和粘贴"中，取消勾选"粘贴内容时显示粘贴选项按钮"和"显示插入选项按钮"

显示单元格公式：

在"文件"|"选项"|"高级"|"此工作表的显示选项"中，勾选"在单元格中显示公式而非其计算结果"

创建图：

"插入"|"推荐图表"(在"图表"组中)，然后选择特定的图表类型。

或"插入"|"图表"，然后选择特定的图表类型

编辑图：

单击图表，然后选择"图表设计"或"格式"。

或者右击活动的图表中的组件

安装加载项：

"文件"|"选项"|"加载项"

在数据"分析工具库"中访问"描述统计"：

"数据"|"数据分析"|"描述统计"

在数据"分析工具库"中访问"直方图"：

"数据"|"数据分析"|"直方图"

用一条曲线拟合绘制的数据点

单击图表，然后选择"图表设计"|"添加图表元素"|"趋势线"

或右击任何数据点，选择"添加趋势线…"

访问回归：

"数据"|"数据分析"|"回归"

访问"单变量求解"：

"数据"|"模拟分析"|"单变量求解…"

访问"规划求解"：

"数据"|"规划求解"

执行矩阵运算：

选择目标单元格，输入适当的公式，然后按 Ctrl+Shift+Enter 键

麦格劳-希尔教育教师服务表

尊敬的老师：您好！

感谢您对麦格劳-希尔教育的关注和支持！我们将尽力为您提供高效、周到的服务。与此同时，为帮助您及时了解我们的优秀图书，便捷地选择适合您课程的教材并获得相应的免费教学课件，请您协助填写此表，并欢迎您对我们的工作提供宝贵的建议和意见！

麦格劳-希尔教育 教师服务中心

★ 基本信息

姓		名		性别	
学校			院系		
职称			职务		
办公电话			家庭电话		
手机			电子邮箱		
省份		城市		邮编	
通信地址					

★ 课程信息

主讲课程-1		课程性质	
学生年级		学生人数	
授课语言		学时数	
开课日期		学期数	
教材决策日期		教材决策者	
教材购买方式		共同授课教师	
现用教材 书名/作者/出版社			

主讲课程-2		课程性质	
学生年级		学生人数	
授课语言		学时数	
开课日期		学期数	
教材决策日期		教材决策者	
教材购买方式		共同授课教师	
现用教材 书名/作者/出版社			

★ 教师需求及建议

提供配套教学课件 （请注明作者 / 书名 / 版次）	
推荐教材 （请注明感兴趣的领域或其他相关信息）	
其他需求	
意见和建议（图书和服务）	

是否需要最新图书信息	是/否	感兴趣领域	
是否有翻译意愿	是/否	感兴趣领域或意向图书	

填妥后请选择电邮或传真的方式将此表返回，谢谢！
地址：北京市东城区北三环东路36号环球贸易中心A座702室，教师服务中心，100013
电话：010-5799 7618/7600 传真：010-5957 5582
邮箱：instructorchina@mheducation.com
网址：www.mheducation.com, www.mhhe.com

欢迎关注我们的微信公众号：
MHHE0102